Eduard Ferdinand Angerstein

Theoretisches Handbuch für Turner

Zur Einführung in die turnerische Lehrthätigkeit

Eduard Ferdinand Angerstein

Theoretisches Handbuch für Turner
Zur Einführung in die turnerische Lehrthätigkeit

ISBN/EAN: 9783744632379

Hergestellt in Europa, USA, Kanada, Australien, Japan

Cover: Foto ©berggeist007 / pixelio.de

Weitere Bücher finden Sie auf **www.hansebooks.com**

Theoretisches

Handbuch für Turner,

zur

Einführung in die turnerische Lehrthätigkeit.

Eine Uebersicht

über das

Wissensgebiet des Turnens.

Von

Eduard Angerstein,

Dr. med., pract. Arzt, Stabsarzt, städt. Ober-Turnwart und Dirigenten
der städt. Turnhalle in Berlin.

„Des Turnlehrers Wirken ist unzertrennlich von
Kennen und Können. — Geht ihm auch die Erwerbung einzelner Turnfertigkeiten nicht von Statten;
so muß er doch in alle Theile der Turnkunst einbringen, und in den Geist des Turnwesens.“
Deutsche Turnkunst v. Jahn u. Eiselen, 1816.

———————

Halle,
Verlag der Buchhandlung des Waisenhauses.
1870.

„Wie oft kam ich aus einer Schule in die andre, sah hier diese Art der (Wund-)behandlung, und fand dort gerade die entgegengesetzten Ansichten vertreten. Ich lernte Bescheidenheit im Urtheil, und wenn man mich um meine Meinung befragte, begann ich: Es führen viele Wege nach Rom! — Man wird toleranter, je mehr man seine Erfahrungen mehrt, und das Wort Göthe's muß gelten: „„mit dem Wissen wächst der Zweifel!"".

Prof. Szymanowski: Das chirurgische Resultat meiner Reise nach dem Kriege von 1866. (Prager Vierteljahrsschrift für die pract. Heilkunde. Jahrg. 1867, Bd. 3.)

Vorwort.

Der Verfasser des vorliegenden Buches ist durch seine amtliche Stellung verpflichtet, alljährlich Turnlehrer für die Berliner Gemeindeschulen auszubilden. In dieser Beschäftigung kommt es, bei kurz zugemessener Zeit, darauf an, Männer, welche fast alle als Schüler oder Seminaristen früher eine, wenn auch geringe, turnerische Thätigkeit gehabt haben, welche also bereits einige Vorübung und Vorkenntniß auf dem zu bearbeitenden Gebiet besitzen, sowohl in ihrer eigenen Turnfertigkeit möglichst zu vervollkommnen als auch in das Wissensgebiet des Turnens soweit einzuführen, daß sie eine allgemeine Uebersicht über dasselbe und die Fähigkeit gewinnen, sich durch eigenes Studium weiterzubilden. Diese Aufgabe versuchte der Verfasser theils durch Vor-

nahme practischer Uebungen und damit verbundene gele=
gentliche Erörterungen, theils durch längere Vorträge
zu lösen. Da ihm nun von Lehrern, welche diese Aus=
bildung genossen hatten, wiederholentlich der Wunsch
ausgesprochen wurde, ihnen den Inhalt jener Erörterun=
gen und Vorträge zu dauerndem Besitze zugänglich zu
machen, damit sie denselben als Wegweiser auf dem
nunmehr genauer von ihnen zu durchforschenden Gebiet
benutzen könnten; so entschloß er sich, den nur lose
zusammenhängenden Stoff zu sichten und zu ordnen
und in der vorliegenden Gestalt, die so entstand, zu
veröffentlichen.

Der Verfasser glaubt in Anbetracht der neuerdings
angestrebten Verbreitung und Entwicklung des Schul=
turnens annehmen zu dürfen, daß in nächster Zeit noch
viele Lehrer auch außerhalb seines Wirkungskreises das
Bedürfniß fühlen werden, sich behufs der Uebernahme
des Turnunterrichts in ihren turnerischen Kenntnissen
zu vervollkommnen, und daß ihnen in diesem Bestreben
das gegenwärtige Buch ein brauchbarer Führer sein
könne, der sie mit kurzen Andeutungen auf beachtens=
werthe Punkte des Turngebietes hinweist und ihnen die
wegsamen Straßen, die bebauten Felder und die noch
brachliegenden Stellen desselben zeigt.

Wie aber Niemand Lehrer in einer Sache werden
kann, der nicht zuvor wenigstens die Elemente derselben
überwunden hat, so ist auch hier angenommen worden,
daß nur derjenige mit Erfolg seine Ausbildung zum
Turnlehrer versuchen könne, der bereits ein Turner ist
und als solcher einige Uebung und Kenntniß im Turnfach besitzt. —

Da dem Verfasser für Privatarbeiten nur geringe
Zeit zur Verfügung steht, so wurde die Vollendung
dieses Buches einigermaßen verzögert. Dem geschichtlichen Theile, der vor Jahresfrist fertig und gedruckt
wurde, sind in Folge dessen einige kleine Ergänzun-
gen hinzuzufügen: nämlich: 1) zu S. 233: Im Sommer 1869 wurde an Stelle des versetzten Major
Stecken dem Hauptmann von Waldow die Leitung
der königl. Central-Turnanstalt in Berlin übertragen. — 2) zu S. 236: Seit dem Herbst 1869 ist
Friedländer Schuldirector in Leipzig. — 3) zu S. 238:
Die nunmehr fünfte und letzte deutsche Turnlehrer-
Versammlung fand am 16. und 17. Juli 1869
in Görlitz statt. Im Uebrigen ist zu bemerken, daß
die gesammte Entwicklung des Turnwesens bis auf
die neusten Erscheinungen desselben verfolgt und angegeben worden ist.

Schließlich werden die geehrten Leser ersucht, folgende Druckfehler zu verbessern: Seite 11, Zeile 14 von oben: statt Vorderarm, zu lesen: Oberarm; Seite 164, Zeile 2 von unten: statt orginell, zu lesen: originell; und S. 286, Zeile 16 von oben in der Ueberschrift: statt 2, zu lesen: 3.

Berlin, im Mai 1870.

Eduard Angerstein.

Inhalt.

Zweiter Theil.

Grundzüge der Geschichte und Entwicklung der Leibesübung.

Dritter Theil.

Systematik des Turnens.

Vierter Theil.

Methodik des Turnens.

Einleitung.

Leib und Seele des Menschen stehen in einer untrennbaren Verbindung, sie sind nur zwei durch unsre Anschauung geschiedene Seiten des menschlichen Wesens. Die Vorgänge auf der einen spiegeln sich auf der anderen wieder. Leibliche Gesundheit erzeugt einen frischen freien Geist, der offen und empfänglich für äußere Eindrücke, zum Denken aufgelegt und darum besonders bildungsfähig ist.

Leibliche Krankheit bringt auch geistiges Unwohlsein, Verstimmung hervor, stumpft die Empfänglichkeit ab und macht unlustig, oft unfähig zu geistiger Arbeit.

Umgekehrt zeigen sich auch die Wirkungen geistiger Vorgänge in dem körperlichen Leben. Die Erschütterungen des Schreckens, der Angst, die nagenden Sorgen, Trauer und Kummer, Geisteskrankheiten drücken nicht bloß die Schnellkraft des Geistes herab, sie zehren auch von den Säften des Leibes. Dagegen hilft ein starker muthiger Geist dem Körper auf, und geistige Erregung verleiht dem schwachen Leibe oft Riesenkraft. — —

Jedes belebte Wesen in der Natur strebt nach Raum zu weiterer Ausdehnung, nach Vergrößerung, Entwicklung, Vervollkommnung. Auch beim Menschen ist dieses Streben — bewußt oder unbewußt, oft auch auf verkehrten Bahnen sich zur Geltung bringend — vorhanden. Soll es in rechter Weise erfüllt werden, so muß es gleichmäßig den Menschen in allen oder möglichst vielen seiner Anlagen und Eigenschaften, leiblichen wie geistigen, entwickeln.

Darum, wer die Entwicklung des Menschen zu sei=
nem Beruf gemacht hat, Lehrer, Jugend= und Volks=
Erzieher, muß daran denken, Leib und Seele zu erziehen,
wenn er aus seinen Zöglingen ganze Menschen machen
will. Nicht immer hat die Kunst und Lehre der Erziehung
solche Grundsätze befolgt. Die mönchischen Anschauungen
des Mittelalters meinten den Menschen vollkommner und
reiner darzustellen, seinen Geist fessselloser und göttlicher
zu machen, wenn sie den Leib nicht nur vernachlässigten,
sondern geradezu entkräfteten.

Daher die Bußübungen, Fasten, Geißelungen und
andre Pein, die man sich selbst auferlegte, um die natür=
lichen Triebe und Bedürfnisse des Leibes zu ersticken. So
wurde der Leib, der „ein Tempel des Geistes" — und als
solcher geachtet, nicht verachtet — sein sollte, zu einem durch=
löcherten Gefäß, zu einer morschen Stütze, zu einer schwan=
kenden Grundlage des Geisteslebens gemacht, das zur
gesunden Entwicklung als erster Bedingung eines gesunden
Leibes bedarf. Denn nur in einem gesunden Leibe gehen
dauernd alle Lebensverrichtungen leicht und gut von Statten,
verdaut der Magen schnell und vollständig, schlägt das
Herz regelmäßig, spannen sich kräftig die Muskeln, em=
pfinden scharf und richtig die Sinne, diese Eingangsthore
aller Erkenntniß, und denkt und fühlt das Gehirn unver=
stimmt. Zwar sind jene mittelalterlichen Anschauungen bei
uns zu Grabe gegangen; zur menschlichen Vervollkommnung
werden von uns keine Kasteiungen mehr angewandt. Aber
wenn man jetzt auch nicht absichtlich und unmittelbar der
leiblichen Entwicklung schadet, so hindert man sie doch
häufig, weil man in Nachlässigkeit, Leichtsinn oder Irr=
thum dem Körper die Mittel zu seiner gesundheitsgemäßen
Erhaltung und Entwicklung vorenthält oder entzieht. Frei=

lich hungern und darben die Menschen nicht ohne Noth, aber die herrschenden Vergnügungen, übermäßiges Tanzen, Gelage mit übermäßigem oder unzweckmäßigem Genuß von Speise und Trank, Nachtschwärmereien, auch geschlechtliche Ausschweifungen entziehen dem Körper Kräfte, die ihm anderweitig nicht wieder ersetzt werden. Auch ist noch immer zu wenig Gelegenheit gegeben, die Entwicklung des Leibes in rechter Art durch Uebung unmittelbar zu fördern. Für die geistige Ausbildung des Menschen arbeiten zahl= reiche niedere und hohe Schulen und viele andre gesell= schaftliche Einrichtungen, für die Entwicklungsschulen leib= licher Tüchtigkeit aber sind nur unzureichende Mittel gewährt. Der Turnanstalten und Turnlehrer sind noch zu wenige, und viele von den wenigen noch ungenügend. Zwar giebt es Verordnungen des Staates über die Einführung des Tur= nens, aber das Meiste davon ist unausgeführt, und steht nur auf dem Papier. Und das Wenige, was zur Benutzung sich darbietet, wird nur von wenigen Menschen benutzt.

Vielleicht wird gegen unsre Forderungen der Einwand erhoben: wenn die Ausbildung des Leibes durch directe Uebung eine natürliche, nothwendige Bedingung allgemeinen Wohlbefindens wäre, so würden auch die natürlichen Mittel und Anregungen zu einer solchen Ausbildung ohne Wei= teres überall vorhanden sein, weil die Erfahrung lehrt, daß, wo ein natürliches Bedürfniß entsteht, auch die natürlichen Mittel und Anregungen zur Befriedigung desselben von vorn herein daneben stehen; oder daß die Empfindung des Bedürfnisses erst eine Folge des Vorhan= denseins der zur Befriedigung desselben nöthigen natürlichen Anregungen, Mittel und Kräfte ist.

Dagegen ist zu bedenken, daß unsre Lebensverhält= nisse sich weit von dem ursprünglichen Naturzustande ent=

fernt haben, daß aber dieser in der That dem Menschen
von selbst genug Anregung zur Entwicklung des Leibes
darbot. Die Mittel zu seiner leiblichen Ausbildung hat
aber jeder Mensch jeder Zeit in den natürlichen Kräften
und Fähigkeiten seines Leibes.

Betrachten wir ein Volk im Naturzustande, das nur
durch steten Kampf mit der belebten und unbelebten Natur
sich zu erhalten vermag, das in der Jagd allein seinen
Unterhalt findet. Eine vielseitige Leibesübung, Laufen,
Klettern, Springen, Schwimmen, Werfen, Schleudern und
Ringen ist ihm alltäglich, ja fast allstündlich nöthig. Kein
Wunder, daß da Kraft, Gewandtheit und Tüchtigkeit des
Leibes und alle günstigen Folgen derselben sich zeigen.

Nahe steht in Bezug auf die Nothwendigkeit leiblicher
Uebung dem Jägervolk die nächst höhere Kulturstufe, das
umherziehende Hirtenvolk. Doch ist hier in der ruhig sich
entwickelnden Heerde, die nur Schutz und Nahrung bedarf,
schon ein Besitz gegeben, der nicht in jedem Augenblick
erst errungen zu werden braucht; deßhalb mehr Ruhe und
Bequemlichkeit. Noch mehr auf der wiederum höheren
Entwicklungsstufe des menschlichen Geschlechtes, bei dem
Ackerbauer. Ruhige Wohnsitze, zwar körperliche Arbeit,
aber schon einseitiger geworden, weil ohne große Abwech=
selung dieselben Thätigkeiten sich wiederholen, dabei ziem=
lich sicherer Ertrag der Arbeit, das sind Verhältnisse des
Ackerbauers, die zwar eine wünschenswerthe Sicherheit
und Bequemlichkeit des Lebens gewähren, aber für die
Vielseitigkeit leiblicher Ausbildung viel weniger Gelegenheit
geben als das Leben des zuerst genannten Menschen. Noch
weniger solche Gelegenheit bietet die Thätigkeit des Hand=
werksmannes, der zwar mit seinem Körper arbeitet, aber
in sehr beschränkten Formen der Bewegung, weil er stets

dieselben, engen Zwecken dienenden Gegenstände hervor=
bringt. Einseitig wie die Thätigkeit, ist daher die Aus=
bildung seines Leibes. Das eine Handwerk macht starke
Oberarme, das andre starke Vorderarme und Hände,
beide dabei vielleicht schwache Schenkel, ein drittes ver=
schieft, ein viertes läßt in dauernder Sitzarbeit Stockungen
in den Säften des Unterleibes entstehen, u. s. w. Zur
gesundheitsgemäßen Entwicklung des Körpers kann aber
nur diejenige Leibesthätigkeit führen, welche allseitig und
gleichmäßig den Körper in seiner gesammten Gliederung
durchübt, weil nur so ein Gleichgewicht aller Thätig=
keiten und Kräfte, wie es zur Gesundheit nöthig ist,
erzielt wird. Natürlich können diejenigen Lebensberufe,
welche sehr geringe oder gar keine Körperthätigkeit bedin=
gen, wie der Stand des Kaufmanns, des Künstlers und
Gelehrten, auch keine leibliche Ausbildung hervorbringen.

Indem nun der Mensch von dem ursprünglichen
Naturzustande allmählig durch diese verschiedenen Stufen
der Entwicklung und Bildung gegangen ist, hat er zwar
an leiblicher Tüchtigkeit verloren, aber an geistiger immer
mehr und mehr gewonnen, und während der Sohn der
Natur unbewußt wie ein unmündiges Kind die natürliche
Leibesübung unmittelbar aus der Hand der gütigen Mut=
ter empfing, läßt die Natur den mündig gewordenen
Kulturmenschen selber nachdenken und finden, daß ihm in
seinem Bildungszustande Etwas fehle, was der Natur=
mensch besessen, und daß er, wenn er nicht Schaden
leiden wolle, dieses Fehlende sich wieder aneignen, und
wie er es sich aneignen müsse.

Wie soll dies nun geschehen? Sollen die Menschen
in die Wälder zurückkehren und wieder Naturmenschen
werden? Nein, denn die Bildung ist ein unschätzbarer, in

langer Arbeit errungener Besitz, der nicht weggeworfen werden kann ohne sittliche Erniedrigung. Wir sind keine Naturmenschen, und können die Gelegenheit zur leiblichen Uebung, welche die Natur ihrem unmündigen Sohne gab, nicht unmittelbar in derselben Weise benutzen, unsre künst= lichen Verhältnisse bedürfen eines künstlichen Mittels.

Dieses Mittel finden wir

1) durch theoretische Betrachtung unsrer natürlichen menschlichen Beschaffenheit, Verrichtungen und Bedürnisse;

2) durch Betrachtung einerseits der ursprünglichen Leibesübungen des menschlichen Naturzustandes nach ihrem wesentlichen Inhalt und ihrer , nothwendigen Wirkung, anbrerseits der künstlichen Entwicklung solcher ursprünglichen Leibesübungen bei verschiedenen Culturvölkern und in ver= schiedenen Culturzuständen;

3) durch Uebertragung, Verwerthung und Ausbildung früherer Leibesübungen in und für unsre jetzigen Verhält= nisse, nach Maaßgabe der theoretischen Erkenntniß, die wir aus den Betrachtungen erster Reihe erlangt haben. Durch ein solches Verfahren entsteht eine Lehre der Leibesübun= gen, welche in folgende Theile zerfällt:

1. eine naturgeschichtliche Darstellung des Menschen und seiner Lebensverhältnisse;

2. eine Geschichte und Entwicklung der Leibesübungen von den ältesten Zeiten bis jetzt;

3. eine Darstellung des Uebungsstoffes, mit Rücksicht

a) auf systematische Ordnung und innere Zusam= mengehörigkeit der Uebungen,

b) auf die Bedürfnisse des unmittelbaren Betriebes.

Erster Theil.

Naturgeschichtliche Vorkenntnisse des Turnens.

———

1. Aeußere Gestalt des menschlichen Körpers.

Die Gestalt des menschlichen Körpers zeigt drei Haupt= abtheilungen: Kopf, Rumpf und Gliedmaßen oder Extre= mitäten. Der oberste Theil, der Kopf, besteht aus dem nach oben und hinten liegenden Schädel, welcher eine knöcherne, das Gehirn einschließende Kapsel darstellt, und aus dem nach vorn und unten liegenden Gesicht. Der höchste Theil des Schädels wird der Scheitel, der vor= derste Theil die Stirn genannt. An den Seiten des Schädels befinden sich die Schläfen und die äußeren Ohren. Das Gesicht enthält vier Höhlen: Die beiden Augenhöhlen, die durch eine Scheidewand in zwei Seiten= hälften getheilte Nasenhöhle und die Mundhöhle.

Der Rumpf besteht aus dem Halse, der Brust und dem Bauch oder Unterleib. Die gemeinschaftliche Stütze dieser drei Theile ist die von oben nach unten verlaufende, aus über einander liegenden knöchernen Ringen bestehende Wirbelsäule oder der Rückgrat, welcher in seinem Innern einen Kanal zur Aufnahme des Rückenmarks darstellt. Der Hals schließt sich an die Grundfläche des Schädels und des Gesichts. Er enthält im Innern nach vorn den Kehl= kopf und den an diesen nach unten sich anschließenden oberen Theil der Luftröhre, hinter dem Kehlkopf den Schlundkopf, der sich nach unten als der obere Theil der Speiseröhre fortsetzt. An seiner vorderen Fläche zeigt der Hals eine vom Kehlkopf gebildete Hervorragung, den Adamsapfel, und unterhalb desselben eine Vertiefung, die Kehlgrube. Die hintere Fläche des Halses heißt der Nacken.

Die Brust erhält ihre Form und Stütze durch ein aus verbundenen Knochen gebildetes Gebäude, den Brust= korb oder Brustkasten. Dieser ist zusammengesetzt hinten aus einem Theile der Wirbelsäule, seitlich aus den nach

außen gewölbten Rippen und vorn aus dem Brustbein.
Der Brustkasten schließt die Brusthöhle ein, welche von
dem Herzen und den Lungen ausgefüllt wird. Nach unten
wird die Brusthöhle von der Bauchhöhle durch das Zwerch=
fell abgeschlossen.

Auf der vorderen Fläche der Brust liegen oben zu
beiden Seiten die Schlüsselbeine, welche die Brust
von dem Halse trennen, in der Mitte von oben nach unten
die Brustbeingegend, und zu beiden Seiten derselben die
Brüste.

Auf der hinteren Brustseite befinden sich rechts und
links die Schulterblätter und zwischen diesen der
Rücken, welcher von dem Nacken durch den merkbar her=
vorragenden siebenten Halswirbel geschieden wird.

Der Bauch oder Unterleib besteht aus einem
oberen Theile, dem eigentlichen Bauch, und einem unteren,
dem Becken. Beide stellen in ihrem Innern eine große
zusammenhängende Höhle, die Bauch= und Beckenhöhle
dar, in welcher sich die Verdauungs=, Harn= und
Geschlechtsorgane befinden.

Die vordere nach außen gewölbte Bauchseite zeigt
dicht unterhalb des Brustbeins die Herzgrube, darunter
die Magengegend, noch weiter nach unten in der Mitte
den Nabel und zu unterst die äußeren Geschlechtstheile.
Von diesen schräg nach oben und außen in der Vertiefung,
welche die Verbindung des Oberschenkels mit dem Bauche
darstellt, liegen beiderseits die Leistengegenden oder
Weichen.

An diese schließen sich nach oben und außen die
Hüftgegenden an, deren obere Gränze von den her=
vorragenden oberen Rändern der Beckenknochen, den Hüft=
beinkämmen, gebildet wird. Oberhalb der Hüftbein=
kämme liegen — an der hinteren Bauchseite jederseits bis
zur Mitte sich fortsetzend —, die Lendengegenden.

Die hintere Seite des Bauches ist in ihrem oberen
Theile, der Lendengegend, nach innen gebogen, in dem
unteren nach außen gewölbt. Letztere Gegend, das Kreuz

genannt, stellt ein Dreieck dar, dessen Grundlinie nach oben, dessen Spitze nach unten gerichtet ist und in der Gesäß= spalte endigt, in welcher der After liegt. Seitlich von der Gesäßspalte liegen die von großen Muskelmassen gebildeten Hinterbacken oder das Gesäß. Der Raum zwischen dem After und den äußeren Geschlechtstheilen heißt der Damm.

Die oberen Gliedmaßen oder Arme sind durch die Schlüsselbeine und Schulterblätter mit der Brust ver= bunden. Ihr oberster Theil ist die Schulter oder Achsel, an welche sich der Oberarm anschließt, welcher wieder= um im Ellenbogen mit dem Vorder= oder Unter= arm zusammenhängt. Unter der Achsel zwischen dem Vorderarm und der Brust liegt die Achselhöhle. An den Vorderarm schließt sich die Hand an mittelst der Handwurzel, auf welche die Mittelhand folgt, von der dann die fünf Finger: Daumen, Zeigefinger, Mittel= finger, Ringfinger und kleiner Finger abgehen. An der Hand unterscheidet man außerdem den Handrücken oder Handrist, die Hohlhand, den vorderen Rand oder Daumen= oder Speichrand, den hinteren Rand oder Kleinfinger= oder Ellrand.

Die unteren Gliedmaßen oder Beine oder Schenkel verbinden sich mit dem Becken und bilden mit demselben die Hüften. An diese schließen sich die Oberschenkel an, welche in dem Knie mit dem Unterschenkel verbunden sind. Am Knie unterscheidet man vorn die Kniescheibe, hinten die Kniekehle. Der Unterschenkel stellt in seinem oberen Theil auf der hinteren Seite die Wade, und in seinem unteren Theile auf der inneren und äußeren Seite die beiden Knöchel dar. An den Unterschenkel schließt sich der Fuß an, zunächst mit der Fußwurzel, auf welche der Mit= telfuß und dann die fünf Zehen folgen. Am Fuß unterscheidet man den Fußrücken oder Fußrist, die Fußsohle, den Hacken oder die Ferse, einen inneren und äußeren Rand, die große Zehe und den Ballen am inneren Fußrande. —

Symmetrie des Körpers. Der Bau des menschlichen Körpers zeigt eine große Symmetrie, die besonders zwischen den beiden Seitenhälften, weniger zwischen der oberen und unteren Hälfte, noch weniger zwischen der vorderen und hinteren Seite des Körpers besteht. Eine Linie, die vom Scheitel durch die Grundfläche des Schädels, hinter dem Gesicht, dann vor der Wirbelsäule, zwischen den Schenkeln bis zu den Füßen unterhalb der inneren Knöchel hinabgezogen gedacht wird — **die Mittellinie des Körpers** — theilt denselben in zwei symmetrische seitliche Hälften. In diesen liegen die meisten Organe paarweise einander gegenüber zur rechten und linken Seite in gleicher Entfernung von der Mittellinie. Einige Organe sind unpaarig vorhanden und liegen, mit wenigen Ausnahmen, in der Mittellinie, aus zwei seitlichen symmetrischen in der Mitte verschmolzenen Hälften bestehend. Die seitliche Symmetrie des Körpers ist vorzüglich äußerlich sichtbar, aber auch in den inneren Theilen vorhanden, und zwar am meisten im Knochen=, Muskel= und Nervensystem. Nur einige unpaare in der Brust= und Bauchhöhle liegende Organe zeigen nicht die erwähnte Symmetrie, indem sie entweder nicht in der Mittellinie, sondern in einer der beiden Seitenhälften liegen, oder indem sie, wenn auch in der Mittellinie liegend, nicht aus zwei einander symmetrisch entsprechenden Hälften bestehen. Die Symmetrie zwischen oberer und unterer Körperhälfte ist nur an den Gliedmaßen deutlich bemerkbar, indem die Ober= und Unterglieder einander sowohl in ihrer Bildung im Allgemeinen als auch in ihren einzelnen Theilen entsprechen, nämlich die Schulter der Hüfte, der Oberarm dem Oberschenkel, der Vorderarm dem Unterschenkel, die Hand dem Fuße. Die vordere und hintere Körperseite entsprechen einander in ihrer Bildung sehr wenig. Die vor und hinter der Mittellinie liegenden Körpertheile sind ungleich vertheilt; die größte Masse des Körpers liegt vor der Mittellinie.

Die symmetrische Bildung des Körpers bedingt für den Betrieb des Turnens — wenn dasselbe eine harmo=

nische Entwicklung des Leibes bewirken soll — die Rück=
sicht, daß gleichmäßig sowohl die rechte und linke Kör=
perhälfte, als auch die Ober = und Unterglieder geübt
werden. Eine vorwiegende Thätigkeit einer Seitenhälfte
des Körpers, z. B. der rechten, oder des oberen oder
unteren Gliederpaares, etwa der Beine durch Sprung=
übungen, würde eine einseitige Ausbildung hervorbringen,
und ist darum turnerisch unzulässig. — —

Maaße des Körpers. Die mittlere Höhe des
erwachsenen menschlichen Körpers beträgt beim Manne 64,
beim Weibe 58—60 Zoll; die des Kopfes beim Manne
8″, beim Weibe 7½″; des Rumpfes beim Manne 24″,
beim Weibe 22½″; die mittlere Länge des ganzen Bei=
nes (Ober= und Unterschenkel und Fußwurzel) beim Manne
32″, beim Weibe 28″; des Fußes beim Manne 9¾″,
beim Weibe 8½″; des Ober= und Unterarms beim Manne
21¾″, beim Weibe 19½″; der Hand beim Manne 7¼″,
beim Weibe 6½″. Die Breite der Schultern beträgt
14—18″, der Hüften ungefähr 12″. Die Mitte der
Körperhöhe liegt im Allgemeinen in der Gegend der äuße=
ren Geschlechtstheile, das oberste Viertel reicht vom Scheitel
bis zur Herzgrube, das folgende Viertel von der Herzgrube
bis zu den Geschlechtstheilen, das dritte Viertel von den
Geschlechtstheilen bis zum Knie und das unterste Viertel
vom Knie bis zur Fußsohle. Bei wagerecht nach beiden
Seiten ausgestreckten Armen ist die Entfernung von der
Spitze des rechten bis zur Spitze des linken Mittelfingers
der Höhe des Körpers gleich. Die Höhe des Rumpfes
ist der dreifachen Kopfhöhe, die Länge des Ober= und
Unterarms der dreifachen Handlänge, die Länge des Ober=
und Unterschenkels der dreifachen Fußlänge gleich. Die
Oberfläche des erwachsenen menschlichen Körpers wird auf
ungefähr 15 Quadratfuß berechnet, das Gewicht desselben
schwankt zwischen 90 und 180 ℔.

Die angegebenen Maaße erleiden im Kindes = und
Jugendalter je nach der mehr oder weniger vorgeschrittenen
Entwicklung wesentliche Abänderungen. Ein neugebornes
Kind hat eine Körperlänge von ungefähr 18″ und ein

Gewicht von ungefähr 6 — 7 ℔. Das Wachsthum ist
im ersten Lebensjahr am schnellsten; zu Ende desselben
beträgt die Körperlänge ungefähr 24 — 26" und das
Gewicht ungefähr 18 ℔. Von da ab bis zum siebenten
Jahre geht das Wachsthum, wenn auch langsamer, doch
immer noch rege von Statten. Im siebenten Jahre beträgt
die Länge des Körpers ungefähr 40 — 42", das Gewicht
ungefähr 40 ℔. Darauf wächst der Körper langsamer,
bis zur Zeit der beginnenden Geschlechtsreife (beim Manne
im 15. — 17. Jahre, beim Weibe im 14. — 16. Jahre)
wiederum das Wachsthum beschleunigt wird. Beendigt ist
dasselbe beim Manne im 21. — 25. Jahre, beim Weibe
im 18. — 23. Jahre. Beim neugebornen Kinde ist das
Verhältniß der Körpertheile zu einander ein anderes als
beim Erwachsenen. Kopf und Rumpf sind beim Kinde
verhältnißmäßig groß, der Kopf sogar sehr groß, dagegen
die Gliedmaßen, besonders die Beine kurz.

Bei den verschiedenen Geschlechtern sind gleichfalls
die Verhältnisse der Körpertheile verschieden. Beim Manne
sind die Schultern breiter als das Becken, beim Weibe
sind beide gleich breit oder das Becken sogar breiter. Der
Kopf des Mannes ist verhältnißmäßig größer als der des
Weibes; beim Manne erscheint die Brust breit und im
Verhältniß zum Unterleib überwiegend entwickelt, beim
Weibe ist die Brust schmal, aber die Hüften breit und
die Entwicklung des Unterleibes vorwiegend.

Der Rumpf zeigt sich beim Weibe verhältnißmäßig
lang und die Beine kurz, während beim Manne das umge=
kehrte Verhältniß Statt findet. Außerdem erscheinen beim
Manne in Folge strafferer Muskulatur die äußeren For=
men schärfer und härter in ihren Umrissen, dagegen zeigen
sie sich beim Weibe wegen eines reichlicheren Fettpolsters
unter der Haut weich und abgerundet. Das Weib ent=
wickelt sich schneller als der Mann, aber es erreicht im
Allgemeinen in keiner Entwicklungsstufe ganz die Größe
und das Gewicht desselben. Ein stärkerer Knochenbau und
kräftiger entwickelte Muskeln zeichnen diesen aus, weßhalb
er geeigneter für körperliche Anstrengungen ist als das Weib.

Darum müssen auch die Turnübungen des weiblichen Geschlechts ein im Verhältniß geringeres Maaß der Muskelthätigkeit verlangen als das Turnen der Knaben und
Männer. —

Die größere oder geringere Stärke des Knochenbaues
und der Muskulatur sowie der Fettablagerung im ganzen
Körper, besonders aber unter der Haut bedingt den verschiedenen Wuchs und die Haltung (Statur und Habitus).
Man unterscheidet in dieser Beziehung: schlank, hager,
mager, dünn, schlaff und untersetzt, kräftig, straff, dick,
fett u. s. w.

Die Fettablagerung herrscht im Kindesalter, besonders
im jüngeren, bei beiden Geschlechtern und im Allgemeinen
beim weiblichen Geschlecht im Alter der Reife vor; Muskulatur und Knochenbau überwiegen beim älteren Knaben,
Jüngling und im kräftigen Mannesalter. Im höheren
Mannesalter pflegt indeß auch reichlichere Fettablagerung
sich einzustellen.

Beim Greise schwinden das Fett und die Muskulatur, die Gewebe verlieren ihre Spannung und die äußere
Form wird welk und schlaff, die Haut faltig und runzlig.
Auch der Knochenbau sinkt zusammen und die Körperhöhe
wird geringer.

2. Formbestandtheile des menschlichen Körpers.

Die Bestandtheile des menschlichen Körpers lassen
sich ihrer Form nach zunächst in flüssige und feste unterscheiden. Die flüssigen Bestandtheile durchdringen theils
die Masse aller festen Theile, diese weich und feucht erhal-
tend, theils fließen sie in häutigen Röhren (Gefäßen) durch
den ganzen Körper. Aus den mit den dünnsten Wänden
versehenen Theilen der Gefäße treten die flüssigen Bestandtheile, indem sie durch die Gefäßwand hindurchsickern, in
die umliegenden festen Theile, zu deren Bildung sie verwandt werden. Letztere können sich wiederum in flüssige

auflösen, und als solche von den Gefäßen aufgesogen wer=
den. Die flüssigen Bestandtheile des Körpers enthalten
in größter Menge Wasser, außerdem in dem Wasser auf=
gelöst Eiweiß, Faserstoff, Fett und Salze. Die festen
Theile erscheinen überall ursprünglich aus Zellen hervor=
gegangen. Die Zelle ist ein rundliches, kugelförmiges
oder ovales Gebilde, umgeben von einer häutigen Hülle,
der Zellwand. Innerhalb dieser befindet sich die Zellen=
höhle, in welcher ein kleinerer rundlicher Körper, ein Bläs=
chen, der sogenannte Zellenkern, liegt. In diesem Zellen=
kern ist oft noch ein kleinerer Körper, das Kernkörperchen
enthalten. In die Zellenhöhle treten von außen her durch
die Zellenwand Flüssigkeiten ein, und ebenso von innen
hinaus. Die Zellenhöhle enthält also außer dem Zellen=
kern einen ursprünglich flüssigen, aber vielfältigen Umwand=
lungen unterworfenen Inhalt.

Die Bildung neuer Zellen erfolgt in der die festen
Theile durchtränkenden Flüssigkeit niemals frei, sondern
immer nur aus einer schon vorhandenen Zelle, indem
diese sich theilt oder in sich als der Mutterzelle eine Anzahl
neuer Zellen, Tochterzellen, gestaltet, welche erst, indem
die Hülle der Mutterzelle platzt, frei werden. Die Gestalt
der ursprünglich runden Zelle kann sich in ihrer weiteren
Entwicklung mannigfach ändern, und zu einer vieleckigen,
cylindrischen, scheiben=, spindel= oder sternförmigen werden.
Alle festen Theile des Körpers aber bilden sich aus Zellen,
indem diese sich entweder einfach an einander legen, wobei
durch gegenseitigen Druck die kugelige Grundform der Zelle
zu einer vieleckigen und abgeplatteten wird, wie im Horn=
gewebe der Oberhaut; oder indem die Zellen sich nicht
unmittelbar neben einander legen, sondern durch eine von
ihnen selbst ausgeschiedene bald weichere, bald festere
Zwischenmasse, Intercellularsubstanz, verbunden sind, wie
im Bindegewebe, in der Lederhaut, im Knorpelgewebe;
oder endlich indem die Zellen sich eigenthümlich zu Fasern
oder Röhrchen ausbilden, wie im Muskel=, Gefäß= und
Nervengewebe. Durch derartige Vorgänge in der Ent=
wicklung der Zellen entstehen die verschiedenen Gewebe

des Körpers. Diese bilden, indem sie sich an bestimmten Stellen zu einem Ganzen vereinigen, welches einem einheit=lichen Zwecke dient, die Organe des Körpers. Die verschiedenen Organe lassen sich nach Gruppen zusammen=stellen, für welche als Bestimmungsgrund gleiches Gewebe, gleiche Eigenschaften und Verrichtungen gelten. Solche Gruppen heißen organische Systeme, wie das Knochen=system, Muskel=, Gefäß= und Nervensystem.

Außerdem sind im Körper, vorzüglich· in den großen Höhlen des Rumpfes, einige Organe vorhanden, welche in ihrer Zusammensetzung, ihren Eigenschaften und Ver=richtungen so verschieden von einander und von allen übrigen Organen sind, daß sie — obgleich sie zwar Gewebstheile enthalten, die in mehreren von ihnen und auch in anderen Systemen vorkommen — sich doch weder zu einem System vereinigen, noch auch einem anderen zuordnen lassen. Diese Organe sind die Eingeweide. Zu denselben gehören die Sinnesorgane, die Stimm= und Sprechorgane, Athmungs=, Verdauungs=, Harn= und Geschlechtsorgane.

---

3. Gewebe.

Die Gewebe, welche durch die im vorigen Abschnitt geschilderte Entwicklung der Zellen gebildet werden, stellen drei Hauptformen dar:

1) Epithelialgewebe, bei welchen sich Zelle unmittelbar an Zelle legt. Hierzu gehören die Oberhaut, Nägel, Haare, die Epithelien der Schleimhäute und das Drüsengewebe.

2) Gewebe der Bindesubstanz, bei welchen die Zellen durch eine zwischen ihnen liegende Masse ver=bunden sind. Zu diesen gehören das eigentliche Binde=gewebe, das Gewebe der Lederhaut, der Schleim= und serösen Häute, der sehnigen Gebilde, das elastische Gewebe, das Knorpel= und Knochengewebe.

3) Höhere thierische Gewebe, welche durch eine eigenthümliche Aus= und Umbildung der Zellen zu

Handbuch für Turner. 2

Fasern und Röhrchen entstehen. Hierher sind Muskeln, Nerven und Gefäße zu zählen. — Die wichtigsten Gewebe werden demnächst eingehender besprochen werden.

Bindegewebe. Das Bindegewebe (früher Zell= gewebe genannt) ist das im Körper am meisten verbreitete Gewebe. Es umgiebt die meisten Organe und verbindet sie mit einander, die Zwischenräume zwischen denselben ausfüllend. Entweder ist alsdann die verbindende Masse fest und straff, und läßt nur eine geringe Ortsveränderung der verbundenen Organe zu, oder sie ist — und dies ist der häufigere Fall — locker und schlaff, und gestattet — unter Dehnung des Bindegewebes — den verbundenen Organen eine größere Entfernung von einander. In zuletzt genannter Weise erscheint das Bindegewebe in mehr oder weniger dicker Lage in den meisten Theilen des Kör= pers unter der äußeren Haut als sogenanntes Unterhaut= zellgewebe, durch welches die Haut mit den in größerer Tiefe liegenden Organen, wie Muskeln, Knochen u. s. w. zusammenhängt. Das Bindegewebe enthält eine bedeutende Menge Fett, welches in Gestalt von Tröpfchen den In= halt vieler Bindegewebszellen, der Fettzellen, bildet. Das Fett erleichtert, indem es als weiche geschmeidige Masse zwischen den Organen liegt, die Bewegung der= selben, und bildet nach außen hin ein schützendes Polster, welches die Einwirkungen äußerer Gewalt, wie Schlag, Druck, Stoß, von den inneren Theilen abhält oder mildert, und einen schnellen Wärmeverlust des Körpers verhindert. Am reichlichsten ist daher die Fettablagerung in der Um= gebung sehr beweglicher und empfindlicher Organe, z. B. in der Augenhöhle, Bauchhöhle, in den Aushöhlungen zwischen einzelnen Muskeln und überhaupt im Unterhaut= zellgewebe. — Das Bindegewebe erscheint auch im Innern vieler Organe, die einzelnen Theile derselben — z. B. in den Muskeln und Nerven die Fasern und Bündel, in den Drüsen die Röhren, Säcke und Lappen — mit einander verbindend oder häutige Ausbreitungen darstel= lend, die zur Bildung einzelner Organe beitragen. Durch Kochen wird das Bindegewebe in Leim verwandelt.

Hautgewebe. Eine Haut ist ein über eine Fläche ausgebreitetes, eine mehr oder weniger dünne Schicht darstellendes Gewebe. Ein solches findet sich als Ueberzug der ganzen Körperoberfläche (äußere Haut, Oberhaut und Lederhaut), sowie die Wandung innerer Höhlen bekleidend (Schleim- und seröse Häute), ferner in manchen Organen zu deren Bildung beitragend (sehnige und Muskelhäute).

Die äußere Haut bedeckt die Oberfläche des ganzen Körpers, nur einzelne größere Oeffnungen, die des Mundes, Afters u. s. w. in sich lassend. Sie besteht aus der Oberhaut und der Lederhaut. Letztere, die Grundlage der äußeren Haut, ist von einem dichten und festen Bindegewebe gebildet, welches nach außen von der Oberhaut bedeckt ist, nach innen aber, allmählig lockerer werdend, in das Unterhautzellgewebe übergeht. Die Lederhaut ist dehnbar und elastisch, mit vielen Blut- und Lymphgefäßen und sehr vielen Nerven versehen; ihre Farbe ist röthlich weiß. Auf ihrer äußeren Fläche befinden sich zahlreiche kleine warzenähnliche Hervorragungen, Gefühlswärzchen, welche durch Gefäßschlingen und Nervenendigungen gebildet werden.

Am zahlreichsten sind diese Wärzchen in der Hohlhand und Fußsohle, besonders an den äußersten Gliedern der Finger und Zehen, wo sie gekrümmte in Schneckenwindungen laufende Streifen darstellen.

Die Lederhaut enthält ferner viele kleine Oeffnungen, welche durch die Ausführungsgänge der in derselben liegenden Haarbälge, Talg- und Schweißdrüsen gebildet werden. Die Talgdrüsen sind kleine länglich runde Säckchen, welche eine fettige Masse, die Hautschmiere, absondern. Sie befinden sich am zahlreichsten an den behaarteren Stellen der Haut; ihre Ausführungsgänge münden meist in den Haarbälgen, oder auch frei an der Oberfläche der Haut. — Die Schweißdrüsen, welche den Schweiß absondern, bestehen aus engen röhrenförmigen Schläuchen, deren unterster Theil, in der Tiefe der Lederhaut liegend, knäuelförmig gewunden ist. Von diesem Knäuel aus geht der röhrenförmige Ausführungsgang

2 *

zuerst in korkzieherartigen Windungen, dann gestreckt zur Oberfläche der Haut.

Die Oberhaut oder Epidermis, von welcher die Leberhaut auf ihrer äußeren Fläche überall bedeckt wird, besteht aus zwei Schichten, einer inneren weicheren (Schleimschicht) und einer äußeren härteren (Hornschicht). Das Gewebe der Epidermis, ein Epithelialgewebe ohne alle Gefäße und Nerven, erzeugt sich aus der Leberhaut, und stellt in seiner tieferen unmittelbar auf der letzteren liegenden Schicht rundliche mit Flüssigkeit gefüllte Zellen dar, welche, indem in der Tiefe immer neue derartige Zellen entstehen, allmählig an die Oberfläche geschoben werden. Dabei drücken sich die älteren Zellen zu vieleckigen kleinen Platten zusammen, trocknen aus und werden hornig. Diese Hornplatten der Epidermis werden an der Oberfläche beständig abgenutzt, und sie ersetzen sich um so schneller, je stärker die Abnutzung Statt findet. Daher ist die Oberhaut am dicksten an der Fußsohle und in der Hohlhand, wo sie zuweilen Schwielen bildet. Die Hautfarbe hängt von der Epidermis ab. Wo diese dünn und durchsichtig ist, scheint die Leberhaut weißröthlich durch. An dickeren Stellen, wo dieses Durchscheinen nicht Statt finden kann, erscheint die eigentliche Farbe der Epidermis: weiß, gelblich, gelb, braun, schwarz.

In die Ausführungsgänge der Haarbälge und kleinen Drüsen der Haut stülpt sich die Oberhaut trichter= oder röhrenförmig ein. —

Ein von der Oberhaut nicht wesentlich verschiedenes, nur in der äußeren Form verändertes Gewebe stellen die hornigen Anhänge der Oberhaut, die Nägel und Haare, dar.

Die Nägel, dünne, gebogene Hornplatten auf der oberen Seite der letzten Finger= und Zehenglieder, stecken mit ihrem hinteren und den beiden seitlichen Rändern in einer Falte der Leberhaut. Der hintere Theil des Nagels, die Nagelwurzel, erscheint als ein weißer halbmondförmiger Fleck. Von hier aus wächst der Nagel nach vorn, indem die älteren Zellen immer weiter vorgeschoben werden; aber er wächst auch in die Dicke von unten nach oben durch Bildung neuer Zellen an seiner unteren Fläche, von dem Theil der Lederhaut aus, auf welchem er auf= liegt, dem sogenannten Nagelbett.

Die Haare, cylindrische, ovale oder rundlich abge= plattete Fäden, sind fast über den ganzen Körper verbrei= tet, obwohl sie an einzelnen Stellen besonders lang und zahlreich erscheinen. Sie bestehen aus der in der Haut verborgenen Wurzel und dem freistehenden Schaft. Die Wurzel steckt in dem Haarbalge, einem länglich runden Säckchen; sie besteht aus einer Verlängerung des Schaftes, die mit einer Anschwellung, der Haarzwiebel, endigt, und aus einer doppelten Scheide. Im Grunde des Haarbalges befindet sich ein mit Blutgefäßen versehenes Knötchen (Haarkeim), auf welchem mittelst einer Aushöhlung die Haarzwiebel aufsitzt. — —

Die Schleimhäute bekleiden die Wandungen der= jenigen inneren Höhlen des Körpers, welche mit der Oberfläche desselben in Verbindung stehen, also der Luft= wege und des Verdauungskanals, der Harn= und Ge= schlechtsorgane, der inneren Fläche der Augenlider und der vorderen Fläche der Augapfels. Sie bestehen aus Bindesubstanz, und stellen weiche, gefäß= und nervenreiche, mit vielen kleinen Drüsen (Schleimdrüsen oder Schleim= bälgen) versehene Häute dar, welche durch eine zähe Flüssigkeit (Schleim) stets feucht und schlüpfrig erhalten werden. Dieser Schleim, aus der Schleimflüssigkeit und den Schleimkörperchen bestehend, wird vorzüglich von den Schleimdrüsen, aber auch von der Schleimhaut selbst abgesondert. —

Die serösen Häute bilden vollständig in sich geschlossene, aus Bindesubstanz bestehende Säcke, welche — in den inneren Höhlen des Körpers liegend — Eingeweide in sich einschließen. Hierher gehören das Bauchfell, das Brustfell und der Herzbeutel. Sie sondern eine dünne Flüssigkeit ab, welche ihre Oberfläche glatt und feucht erhält. — Die Synovialkapseln, Säcke, welche die Gelenkenden zweier Knochen umgeben; die Sehnenschei= den, Canäle, welche die langen und schlanken Sehnen loder umhüllen; die Schleimbeutel, platt gedrückte Säcke, welche an Körperstellen liegen, die häufig starkem Druck ausgesetzt sind, vorzüglich zwischen Knochen und Sehnen und auch unter der äußeren Haut, stellen insgesammt Gewebe dar, die mit dem der serösen Häute übereinstimmen. Auch sie sondern eine der Absonderung der serösen Häute ähnliche, aber klebrige und dickflüssige Masse, die Synovia oder Gelenkschmiere ab. —

Wie die äußere Oberfläche der Lederhaut von einem aus neben und über einander liegenden Zellen gebildeten Gewebe, der Epidermis, bekleidet ist, so sind auch die inneren freien Oberflächen der Schleim- und serösen Häute von einem ganz ähnlichen Gebilde, dem Epithelium, bedeckt, dessen Zellen nur loser zusammen hängen als die der Epidermis. —

Einige andre hautförmige Gewebe, wie die sehnigen und die Muskelhäute, werden später bei Betrachtung der sehnigen Gebilde und des Muskelgewebes erwähnt werden. — —

Elastisches Gewebe. Durch eine eigenthümliche Umwandlung der Zellen des Bindegewebes, durch eine Verdichtung und Verdickung, bilden sich elastische Fasern, welche entweder ein selbstständiges, festes, sehr elastisches Gewebe von gelber Farbe, das sogenannte elastische Gewebe, darstellen, wie z. B. in einigen Bändern der Wirbelsäule und des Kehlkopfs und in der mittleren Haut der Arterien, oder welche in anderen Geweben eingebettet, z. B. in den tieferen Schichten der Lederhaut, vorkommen.

Sehniges Gewebe. Aus dem Bindegewebe bildet sich das sehnige Gewebe, indem die von den einzelnen Zellen desselben ausgeschiedene Zwischenmasse sich zu festen, unelastischen, nicht dehnbaren, aber biegsamen, weißen glänzenden Fasern gestaltet, welche sich zu Bündelchen und diese wieder zu größeren Bündeln an einander legen. Das sehnige Gewebe stellt entweder sehnige Häute dar, welche als feste Hülle andre Organe umgeben, wie z. B. die Beinhaut der Knochen, die weiße harte Haut, welche die äußere Hülle des Augapfels bildet, die

Umhüllungshaut der Nieren; oder es kommt in der Form
von Faserkapseln vor, welche die Gelenkenden zweier Kno=
chen wie ein fester Sack umgeben und die Synovialkapseln
einschließen; oder in der Form von Bändern, festen,
platten, bandförmigen Strängen, welche von einem Knochen
zum andern laufen und sie zusammenhalten; oder endlich
als Sehnen oder Flechsen, welche eine Vereinigung
mit dem Muskelgewebe eingehen und eine Fortsetzung der
Muskeln darstellen, mittelst deren dieselben an anderen
Theilen, meist an Knochen, befestigt sind. Die Sehnen
erscheinen entweder platt, breit und hautähnlich dünn
(sog. Aponeurosen) als Endigungen platter breiter Muskeln,
oder strangförmig, entweder kurz und dick oder dünn,
lang und schlank.

Knorpelgewebe. Die Knorpel gehören den Gewe=
ben der Bindesubstanz an. Sie sind elastisch und biegsam,
und gehören zu den festesten Theilen des Körpers. Man
unterscheidet wahre Knorpel, Netz= und Faserknorpel.

Die wahren Knorpel haben ein bläulich=weißes,
durchscheinendes Aussehen. Sie bestehen aus Zellen, zwi=
schen denen eine gleichmäßige, durchsichtige oder durchschei=
nende Zwischenmasse liegt. Hierher gehören die Knorpel,
welche die Gelenkenden der Knochen überziehen. — Die
Netzknorpel unterscheiden sich von den wahren Knorpeln
dadurch, daß bei ersteren um die Zellen herum sich dicke
steife Fasern in der Zwischenmasse ausbilden. Zu ihnen
gehören die Knorpel des Ohrs und der Nase. — Die
Faserknorpel enthalten in ihrer Intercellularsubstanz
elastische Fasern. Sie sind von gelber Farbe, weniger
durchsichtig als die wahren Knorpel, aber elastischer, bieg=
samer und von festerem Zusammenhang ihrer Masse.
Man findet sie zwischen zwei Knochenflächen liegend, z. B.
zwischen den Wirbelkörpern, ferner in der Gestalt von
ringförmigen Streifen am Rande von Gelenkgruben oder
in Form dünner Scheiben innerhalb einiger Gelenke.

Drüsengewebe. Das Drüsengewebe stellt im We=
sentlichen eine Anhäufung von Epithelialzellen dar, und
die Funktion der ganzen Drüse ist nicht wesentlich von

der Funktion der einzelnen Zelle unterschieden; sie besteht in einer Umgestaltung, Entwicklung und Ausscheidung von Stoffen. Ihrer äußeren Form nach bilden die Drüsen einfache oder zusammengesetzte Hohlräume, von welchen aus die umgebildeten und ausgeschiedenen Stoffe meist durch besondere röhrenförmige Ausführungsgänge nach außen geleitet werden. Einfache Drüsen sind die sack = oder schlauchförmigen Schleimbälge, welche mit einem Ausführungsgange in der Schleimhaut münden. Die Talgdrüsen stellen mehrfächerig getheilte Säckchen dar, welche in der Lederhaut liegen. Die gelappten Drü = sen bestehen aus Säckchen, von denen jedes einen beson= dren Ausführungsgang hat. Mehrere solcher kleinen Gänge treten zu einem größeren Gange zusammen, und mehrere dieser letzteren wiederum zu noch größeren, bis sich endlich alle Ausführungsgänge der Drüse zu einem gemeinsamen Hauptgang vereinigen. Dadurch wird die Drüse ein traubenartiges Gebilde, bestehend aus einzelnen größeren Lappen, und diese wieder aus Läppchen, welche aus den zunächst zusammenliegenden und mit einander verbundenen kleinen Säckchen gebildet werden. Zu den gelappten Drüsen gehören die Speicheldrüsen, Thränendrüsen, Brust = oder Milchdrüsen und die Leber. Die röhrigen Drü = sen bestehen aus Röhrchen, welche knäuelförmig gewunden sind oder in gerader Richtung verlaufen; bei den einfachen Schweißdrüsen besteht jede Drüse aus einer einzigen Röhre, in den Nieren und Hoden sind viele solcher Röhren vor= handen, von denen immer mehrere sich vereinigen, um endlich gemeinsam zu münden. Außer den genannten Drü= sen sind noch die Blutgefäßdrüsen zu erwähnen, welche keinen Ausführungsgang haben, deren Absonderungen also durch den Blutlauf fortgeführt werden müssen. Zu ihnen gehören die Milz, die Nebennieren, die in der Gegend des Kehlkopfs liegende Schilddrüse und die dem kindlichen Alter angehörende Thymus = oder innere Brustdrüse. — —

Von dem Gewebe der Knochen, Muskeln, Gefäße und Nerven wird in dem Folgenden in besondren Abschnit= ten ausführlich gehandelt werden. —

4. Knochensystem.

Die Knochen oder Beine bilden die feste Grund=
lage des ganzen Körpers, sie dienen den Weichtheilen
theils zur Stütze, theils — indem sie dieselben in feste
Höhlen eingeschlossen enthalten — zum Schutze, und vermit=
teln als Hebelarme, an welche die Muskeln sich ansetzen,
die Ortsbewegung. Sie sind die härtesten Theile des
Körpers, von gelbweißer Farbe, aus einer dichten und
einer schwammig = porösen Masse bestehend. Die erstere,
die sog. compacte oder Rindensubstanz befindet sich am
Umfange der Knochen in mehr oder weniger dicker Lage,
die letztere, schwammige Substanz, mehr im Innern,
wo sie viele kleine Hohlräume in sich einschließt. Ihrem
Gewebe nach sind beide Substanzen nicht von einander
verschieden, da sie beide aus dem von Knochenzellen (sog.
Knochenkörperchen) und Blättchen (Lamellen) gebildeten
Knochengewebe bestehen. Die Knochenlamellen stellen die
eigentliche Masse des Knochens dar. Sie füllen den
Raum zwischen den Knochenzellen aus, lassen aber in
ihrer Masse kleine Zwischenräume in Form von Röhren
(sog. Markkanäle). Diese bilden durch Verzweigungen
ein Röhrennetz, in welchem die kleinen Gefäße des Kno=
chens verlaufen. Auch von jeder Knochenzelle gehen nach
allen Seiten Röhrchen aus, die mit den von der nächsten
Zelle kommenden Röhrchen sowie mit den nächsten Mark=
kanälen in Verbindung treten, so daß sich durch die ganze
Masse des Knochens von außen nach innen ein in sich
zusammenhängendes Röhrensystem zieht. — Nach außen
sind die Knochen von einer festen Haut, der Beinhaut,
bedeckt, in welcher sich zahlreiche Gefäße befinden, die
mittelst kleiner Löcher in den Knochen eindringen, um ihn
zu ernähren. — Der Gestalt nach unterscheidet man drei
Arten von Knochen: 1) Lange oder Röhrenknochen,
an welchen ein längliches, walzenförmiges Mittelstück und
zwei dickere kugelige Enden zu bemerken sind. Das
Mittelstück besteht zum größten Theil aus Rindensubstanz,
und enthält im Inneren eine große Höhle, die Mark=

höhle. Die Enden dagegen sind fast ganz aus schwam=
miger Substanz gebildet. Die Röhrenknochen dienen
meist den Gliedmaaßen zur Stütze. 2) Platte oder
breite Knochen, bestehend aus zwei dünnen Platten
von Rindensubstanz, zwischen denen sich eine dünne Schicht
schwammiger Substanz befindet. Sie kommen nur am
Kopf und Rumpf vor, wo sie zur Bildung von Höhlen
dienen. 3) Kurze und unregelmäßige Knochen,
von rundliger oder eckiger Gestalt, wie die Wirbel und
die Knochen der Hand= und Fußwurzel. Sie bestehen
aus schwammiger Substanz, und enthalten nur an der
Oberfläche eine dünne Schicht Rindensubstanz. — Die
Markhöhle der Röhrenknochen, ebenso die Hohlräume der
schwammigen Substanz sind überall von Fettzellen ange=
füllt, welche das sog. Knochenmark bilden. —

Ihrer chemischen Zusammensetzung nach bestehen die
Knochen aus einer biegsamen, elastischen, die Grundlage
des ganzen Knochens ausmachenden Masse, dem Knochen=
knorpel, welcher sich beim Kochen in Leim verwandelt,
und aus der Knochenerde, welche die Knorpelmasse
innig durchdringt, und dem Knochen seine Härte und
Festigkeit, aber auch seine Sprödigkeit und Brüchigkeit
giebt. Die Knochenerde besteht hauptsächlich aus phosphor=
saurem und kohlensaurem Kalk. Beim Erwachsenen beträgt
sie zwei Drittel, der Knochenknorpel ein Drittel der Kno=
chenmasse an Gewicht. In früheren Lebensaltern ist das
Gewicht des Knochenknorpels bedeutender, in höherem
Alter das der Knochenerde. Deßhalb sind die Knochen
der Kinder elastischer und biegsamer, und beim Fallen
weniger zu Brüchen geneigt, die Knochen der Greise aber
spröde und leicht brüchig. Ursprünglich bestehen die Knochen
gänzlich aus Knochenknorpel, der erst allmählig verknöchert,
d. h. sich in Knochenmasse umwandelt. Die Verknöcherung
beginnt schon vor der Geburt, ist aber erst in den zwan=
ziger Jahren gänzlich beendet. —

Die einzelnen Knochen sind mit einander durch
besondre Verbindungsmittel zu einem Ganzen, dem Ge=
rippe oder Skelet verbunden. Die Verbindung der

Knochen ist entweder eine unbewegliche oder eine bewegliche. Die unbewegliche Knochenverbindung erscheint als Naht bei den flachen Knochen des Schädels, deren Ränder mit Zacken in einander greifen; als Anlage, wenn zwei rauhe Knochenränder dicht an einander liegen, und durch eine dünne knorpelige Zwischenschicht zusammengehalten werden; als Einkeilung, wenn ein zapfenförmiger Knochen in eine Vertiefung eines anderen Knochens eingekeilt ist, wie die Zähne in den Kiefer; als Knorpelfuge, wenn zwei Knochenflächen durch einen zwischen ihnen liegenden Knorpel oder Faserknorpel, der mit beiden verwachsen ist, verbunden werden; als Bandhaft, wenn zwei Knochen durch feste Bänder zusammengehalten werden.

Die bewegliche Knochenverbindung, Gelenk genannt, ist eine solche, bei der die einzelnen Knochen ihre Lage zu einander verändern können. Hierbei berühren sich dieselben mit glatten, überknorpelten, an einander verschiebbaren Flächen, und werden durch eine um das ganze Gelenk herumgelegte sackförmige Kapsel, die im Innern eine von der Synovia oder Gelenkschmiere schlüpfrig erhaltene Höhle darstellt, zusammengehalten. Nach der geringeren oder größeren Beweglichkeit der Gelenke unterscheidet man: 1) Das straffe Gelenk, bei welchem sich die Knochen mit wenig gekrümmten Flächen berühren, und durch kurze und straffe Bänder so zusammen gehalten werden, daß sie sich nur wenig an einander hin und her schieben können, wie die Knochen der Hand- und Fußwurzel. — 2) Das Drehgelenk, bei welchem sich von zwei gleichlaufend an oder neben einander liegenden Knochen der eine in einem halben oder Drittel-Kreise um seine Achse dreht, ohne seine Richtung zu verändern. Das Gelenkende des sich drehenden Knochens liegt dabei in einem Ringe, der von der Gelenkfläche des anderen Knochens und einem Bande gebildet wird. Ein derartiges Drehgelenk findet sich zwischen den beiden Knochen des Vorderarms, der Speiche und der Elle, von denen erstere die Achsendrehung ausführt; ferner zwischen dem ersten und zweiten Halswirbel, von denen der erste

sich auf dem zweiten dreht. — 3) Das Charnier=
gelenk, bei welchem ein Knochen mit seinem die Gestalt
einer halben Rolle darstellenden Gelenkende in das ver=
tiefte Gelenkende eines anderen Knochens eingreift, während
zu den beiden Seiten des Gelenks die Knochen durch straffe
Bänder verbunden sind, so daß keine seitlichen Bewegun=
gen, sondern nur in einer Ebene die Bewegungen zweier
Winkelschenkel, die sich — auf und ab — einander nähern
oder von einander entfernen, d. h. Beugung und Strek=
kung, möglich sind. Diese Einrichtung des Gelenkes fin=
det sich im Ellenbogen=, Knie=, in den Finger=, Zehen=
und im Kiefergelenk. — 4) Das freie Gelenk, bei
welchem das Gelenkende des einen Knochens, der Gelenk=
kopf, eine kugelige oder knopfförmige Gestalt hat, und
in eine rundliche Vertiefung eines anderen Knochens, die
Gelenkgrube, paßt. Es findet bei diesem Gelenk eine
Drehung in der Achse und eine Bewegung in vier Rich=
tungen, auf und ab oder nach vorn und hinten, und
seitwärts rechts und links Statt. Die Bewegung ist um so
freier, je vollkommner die Kugelgestalt des Gelenkkopfes
und je größer derselbe im Verhältniß zur Gelenkgrube
oder je flacher diese ist. Beschränkt ist die Bewegung
einiger Maßen, wenn die Gelenkgrube sehr tief und von
kugeliger Gestalt ist, und den Gelenkkopf fast ganz in sich
aufnimmt. In diesem Falle nennt man die Gelenkgrube
Pfanne, und das so gebildete Gelenk Kugel= oder
Nußgelenk. Diese Form des Gelenks befindet sich
im Hüftgelenk; das freiste Gelenk ist das Schulterge=
lenk. — —
Das Skelet besteht aus 225 Knochen, wovon 28
den Kopf bilden, nämlich 7 Schädelknochen, 6 Gehörknö=
chelchen und 15 Gesichtsknochen. Die 32 Zähne werden
nicht zum Skelet gerechnet. Dem Rumpf gehören 51
Knochen an, nämlich der Wirbelsäule 26, dem Brustkasten
25. Die Ober=Extremitäten werden aus 74, die Unter=
Extremitäten aus 72 Knochen gebildet.

Fig. 1.*)

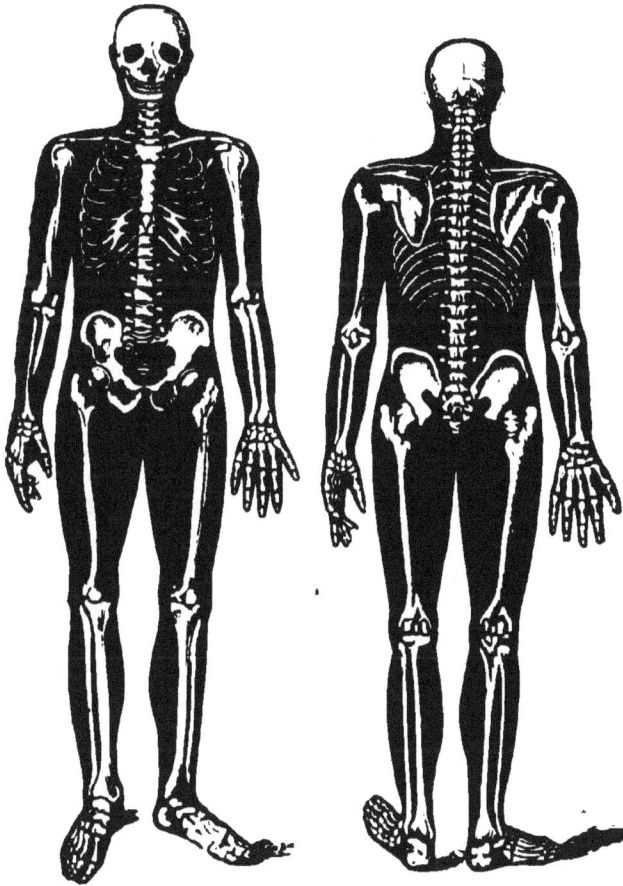

Von den Knochen des Kopfes bilden die 7
Schädelknochen (1 Grundbein, 2 Scheitelbeine, 2 Schlä=
fenbeine, 1 Stirnbein, 1 Siebbein) eine feste Kapsel zur
Aufnahme des Gehirns, die Gehörknöchelchen (2 Hämmer,
2 Amboße, 2 Steigbügel) liegen im Innern des Gehör=
organs, und die Gesichtsknochen (2 Oberkiefer, 2 Gaumen=

---

*) Fig. 1. Das Skelet, von der vorderen und hinteren
Seite gesehen.

beine, 2 Wangenbeine, 2 Nasenbeine, 2 Thränenbeine, 2 untere Muscheln, 1 Pflugscharbein, 1 Unterkiefer, 1 Zungenbein) geben dem Gesicht eine feste Grundlage, und bilden die Augenhöhlen, Nasen = und Mundhöhle. Von allen Kopfknochen ist nur dem Unterkiefer eine Gelenk= bewegung gestattet; die übrigen sind unbeweglich mit einander verbunden.

Die dem Rumpf angehörenden Knochen bilden die Wirbelsäule und den Brustkasten. Die Wirbelsäule oder der Rückgrat stellt eine in der Mitte der hinteren Wand des Rumpfes von oben nach unten sich hinziehende, aus Knochenringen gebildete, feste, den Weichtheilen des Rumpfes als Stütze dienende, und doch in sich beweg= liche und biegsame Säule dar. Die Richtung derselben ist keine gerade senkrechte Linie, sondern eine in schlangenför= migen Windungen von oben nach unten verlaufende. Der Halstheil der Wirbelsäule ist nämlich nach vorn, der Rückentheil nach hinten, der Lendentheil wieder nach vorn und der Beckentheil nach hinten ausgebogen. Sie besteht aus 26 Knochen, nämlich 24 Wirbeln, dem Kreuz = und Steißbein. Die Wirbel stellen jeder einen wagerecht liegenden Knochenring dar, der sich vorn zu einer dicken Knochenplatte, dem Wirbelkörper, gestaltet. Von dem nach den Seiten und hinten liegenden Theile des Wirbels, dem Wirbelbogen, gehen mehrere Fortsätze ab, nämlich nach hinten der Dornfortsatz, nach rechts und links je ein Querfortsatz und nach oben und unten je zwei schräge oder Gelenkfortsätze. Die Dornfortsätze sämmtlicher Wir= bel bilden einen auf der hinteren Seite der Wirbelsäule von oben nach unten verlaufenden scharfen Kamm. In= dem die einzelnen Wirbel sich über einander legen, und durch Bänder fest verbunden werden, stellen sie einen geschlossenen Kanal her, in welchem das Rückenmark ge= schützt liegt. Obgleich die Wirbelkörper mit einander durch Faserknorpel, und die Bogen und Fortsätze der Wirbel mit einander vielfach durch feste Bänder verbunden sind, und deßhalb die zwischen zwei auf einander liegenden Wirbeln mögliche Bewegung nur gering erscheint, so ist

doch die Beweglichkeit und Biegsamkeit der ganzen Wirbel=
säule nicht unbedeutend. Sie kann nach vorn, hinten,
rechts und links gebogen, und nach rechts und links in
einem Viertel=Kreise um ihre Achse gedreht werden. —
Die sieben obersten Wirbel heißen Halswirbel. Der
erste von ihnen, der Atlas oder Träger, besitzt kei=
nen Wirbelkörper, sondern nur einen vorderen und hinteren
Bogen. Er trägt den Kopf, mit welchem er durch ein
Charniergelenk verbunden ist. Der zweite Wirbel, der
Dreher, besitzt einen von seinem Körper senkrecht nach
oben abgehenden zahnförmigen Fortsatz, um welchen sich
der Atlas — und auf diesem der Kopf — mittelst eines
Drehgelenks nach rechts und links in seiner Achse dreht.
Demnach vermitteln die beiden ersten Wirbel die Bewe=
gungen des Kopfes, der Atlas die Vor= und Rückbeugung,
der Dreher die Seitwärts=Drehungen. Das Charnier=
gelenk zwischen Kopf und Atlas gestattet auch eine geringe
Seitwärts=Beugung des Kopfes nach rechts und links,
welche durch Mitbewegung der übrigen Halswirbel ergie=
biger werden kann. Auch die Seitwärts=Drehungen des
Kopfes können durch Mitbewegung der unterhalb des
Drehers liegenden Halswirbel sich weiter ausdehnen. —
Der siebente Halswirbel hat einen sehr langen Dornfort=
satz, welcher am unteren Ende des Nackens eine Hervor=
ragung, die Gränze zwischen Nacken und Rücken, bil=
det. — Auf die Halswirbel folgen nach unten die zwölf
Brust= oder Rückenwirbel, an deren jedem zwei
Rippen, auf der rechten und linken Seite je eine, befestigt
sind. Den Rückenwirbeln schließen sich die fünf Lenden=
wirbel an. Mit dem untersten Lendenwirbel verbindet
sich das Kreuzbein, ein aus fünf verschmolzenen Wir=
beln bestehender, starker, nach hinten und außen gewölbter,
nach innen und vorn ausgehöhlter, dreieckiger Knochen,
dessen Grundfläche nach oben, dessen Spitze nach unten
gerichtet ist. An diese Spitze schließt sich wiederum das
Steißbein an, der unterste und kleinste Knochen der
Wirbelsäule, welcher aus vier bis fünf wirbelähnlichen
Knochenstücken besteht.

Zu den Knochen des Rumpfes gehören ferner die den Brustkasten bildenden Rippen und das Brustbein. Die Rippen, 24 an der Zahl, 12 rechtsseitige und 12 linksseitige, sind lange, reifenähnlich gebogene, platte und schmale Knochen, welche den Brustkasten seitlich begränzen. Mit ihren hinteren Enden sind sie an den Rückenwirbeln befestigt, ihre vorderen Enden gehen in Knorpelstreifen über, welche als eine Fortsetzung der Rippen diese mit dem Brustbein oder die tiefer gelegene Rippe mit der nächst höheren verbinden. Die sieben oberen (sog. wahren) Rippen sind durch ihre Knorpel unmittelbar mit dem Brustbein verbunden, von den fünf unteren (sog. falschen) Rippen ist die zehnte mit der nächst höheren neunten, die neunte mit der achten, die achte mit der siebenten verbunden, die elfte und zwölfte aber bleiben ohne Verbindung, und liegen mit ihrem vorderen Ende frei zwischen den Bauchmuskeln. Das Brustbein, ein länglicher, platter, schwammiger Knochen liegt in der vorderen Brustwand in der Mitte von oben nach unten gerichtet. Er besteht aus drei durch Knorpelfuge mit einander verbundenen Stücken, zu oberst dem sog. Handgriff, dann dem Mittelstück und zu unterst dem Schwertfortsatz. Mit dem Brustbein sind, sowohl am rechten wie am linken Rande desselben, sieben Rippen und oberhalb der ersten das Schlüsselbein verbunden. — Der Brustkasten, gebildet von dem Rückentheil der Wirbelsäule, den Rippen mit ihren Knorpeln und dem Brustbein, stellt einen kegelförmigen mit der breiteren Grundfläche nach unten liegenden Korb dar, welcher in Folge der etwas beweglichen Verbindung der Rippen mit den Wirbeln, der Elasticität der Rippenknorpel und der knorpeligen Verbindung der Brustbeinstücke beim Einathmen erweitert, beim Ausathmen verengert werden kann.

Die Knochen der oberen Extremitäten oder Arme sind das Schlüsselbein und Schulterblatt, welche zusammen die Schulter oder Achsel bilden; das Oberarmbein; die Elle und Speiche, welche dem Vorderarm angehören; acht Knochen der Handwurzel; fünf Knochen der

Mittelhand; 14 Fingerglieder und fünf Sesambeine an
jeder Hand. Das Schlüsselbein, ein S=förmig
gekrümmter Röhrenknochen, liegt über der ersten Rippe,
vom Brustbein bis zur Schulter reichend, und dort mit
einem Theile des Schulterblatts sich verbindend.
Letzteres, ein dünner und platter, dreieckiger Knochen,
befindet sich, mit der Spitze nach unten gekehrt, an der
hinteren Wand des Brustkastens. Auf der hinteren Flä=
che des Schulterblattes erhebt sich eine starke Knochenleiste,
die Schultergräte, welche ziemlich wagerecht von innen
nach außen verläuft, und zu äußerst einen starken Fort=
satz, die sog. Schulterhöhe, den höchsten Theil der Schul=
ter, bildet. Mit diesem Theil des Schulterblatts ist
das Schlüsselbein verbunden. An dem äußeren oder
vorderen Winkel des Schulterblattes befindet sich nach
außen gewandt eine Gelenkgrube zur Aufnahme des
Gelenkkopfes des Oberarmbeins, welches so mit seinem
oberen Ende zur Bildung des Schultergelenkes beiträgt.
Das Oberarmbein ist ein starker Röhrenknochen, der
dem Oberarm zur festen Grundlage dient, und mit sei=
nem unteren Ende — welches in der Mitte eine Rolle,
seitlich außen und innen zwei vorspringende Knorren dar=
stellt — das Ellenbogengelenk bilden hilft. Dieses Char=
niergelenk, dessen einer Schenkel der Oberarm ist, wird
andrerseits von den beiden Knochen des Vorderarms als
anderem Schenkel gebildet. Der Vorderarm besteht aus
den beiden gleichlaufenden Röhrenknochen, der größeren
Elle oder dem Ellenbogenbein, an der Kleinfinger=
seite, und der etwas kleineren Speiche, an der Daumen=
seite des Vorderarms gelegen. Das obere Gelenkende
der Elle bildet an der hinteren äußeren Seite einen star=
ken hakenförmig gekrümmten Fortsatz, den Ellenbogen,
welcher an seiner inneren vorderen Seite halbmondförmig
ausgehöhlt ist und sich so um die Rolle am unteren Ge=
lenkende des Oberarmbeins herumlegt. Mit der Elle ist
das obere Gelenkende der Speiche, welches die Gestalt
eines auf die hohe Kante gestellten breiten und dicken
Knopfes hat, durch ein Drehgelenk verbunden, so daß

Handbuch für Turner. 3

sich die Speiche um ihre Längenachse und um den unteren Theil der Elle im Halbkreise drehen kann, wobei — wenn der Arm senkrecht herabhängt — entweder der Daumen nach außen und die Hohlhand nach vorn (sog. Supina=tion), oder der Daumen nach innen und der Handrücken nach vorn (sog. Pronation) gedreht wird. Speiche und Elle verbinden sich an ihrem unteren Ende mit den Knochen der Handwurzel. Diese, acht an Zahl, unregelmäßig geformte, kleine Knochen, sind zu je vieren in zwei Reihen geordnet, und durch Bänder so unter einander und mit den Vorderarmknochen verbunden, daß sie mit diesen ein ziemlich bewegliches Gelenk bilden. An die Handwurzel schließen sich die fünf kleinen Röhren=knochen der Mittelhand, von denen zu jedem Finger einer gehört. Der Mittelhandknochen des Daumens ist durch ein freies Gelenk, die übrigen vier sind durch straffe Gelenke mit der Handwurzel verbunden. Mit den Mit=telhandknochen sind die Finger gelenkig verbunden, von denen der Daumen aus zwei, jeder der anderen Finger aus drei Gliedern besteht. Das erste Fingergelenk zwi=schen den Mittelhandknochen und den ersten Fingergliedern ist bei dem Daumen ein Charniergelenk, bei den vier anderen Fingern ein freies, aber ohne Achsendrehung; alle übrigen Fingergelenke sind Charniergelenke.

An der Hohlhandseite einiger Fingergelenke finden sich kleine plattrunde Knochen von der Größe einer hal=ben Erbse, sog. Sesambeine, in die Gelenkbänder oder die über dieselben hinlaufenden Sehnen eingewebt. Am ersten Gelenk des Daumens sind zwei, am zweiten Daumengelenk ein, ebenso am ersten Gelenk des Zeige= und kleinen Fingers je ein Sesambein vorhanden. Die=selben dienen zur Unterstützung der Bewegung.

Die Knochen der Unter=Extremitäten oder Beine sind zunächst die Beckenknochen, das Oberschenkel=bein, die Kniescheibe, das Schienbein und Wadenbein, welche beide dem Unterschenkel angehören, sieben Fußwur=zelknochen, fünf Mittelfußknochen und 14 Zehenglieder, außerdem fünf Sesambeine an jedem Fuß. Die Becken=

knochen sind zwei große meist platte Knochen, welche
sich seitlich rechts und links an das Kreuzbein anschließen,
von diesem nach außen und vorn gehen, wo sie sich
in der Mitte durch die Schambeinfuge vereinigen, und
welche mit dem Kreuzbein das Becken, eine knöcherne
Schale am unteren Theile des Rumpfes, bilden. Die
Beckenknochen bestehen aus mehreren, beim Kinde getrennten, beim Erwachsenen mit einander verschmolzenen Theilen, dem Darmbein oder Hüftbein, welches das
obere, dem Schambein, welches das vordere, und dem
Sitzbein, welches das untere Stück bildet. An der
Vereinigungsstelle dieser drei Stücke liegt jederseits rechts
und links die Pfanne, eine tiefe Gelenkgrube zur Aufnahme des großen Gelenkkopfes des Oberschenkel-
beins. Dieses, der größte Röhrenknochen des Körpers,
zeigt an seinem oberen Ende unterhalb des Gelenkkopfes
einen schräg nach unten und außen gerichteten engeren
Hals, welcher von zwei Höckern, einem größeren äußeren
und einem kleineren inneren, den sog. Rollhügeln, begränzt
wird. Der äußere Rollhügel bildet unterhalb der Hüfte
eine durch die Haut fühlbare Hervorragung. An den
Hals schließt sich unter einem stumpfen Winkel der mittlere Theil des Oberschenkelknochens an, welcher, ein wenig
schräg nach innen gerichtet, zum Knie hinabsteigt, wo er
ein dick angeschwollenes Gelenkende bildet. Mit diesem
verbindet sich von unten her das Gelenkende des Schien-
beins zum Kniegelenk, einem künstlich zusammengesetzten Charniergelenk, welches innerhalb der Gelenkkapsel zwei
sichelförmige Knorpelplatten und zwei gekreuzte Bänder enthält. Nach vorn ist das Kniegelenk durch eine dicht vor
demselben liegende Knochenplatte, die Kniescheibe, bedeckt
und geschützt. Das Schienbein steigt ziemlich senkrecht
vom Knie zur Fußwurzel hinab. Neben ihm nach außen und
hinten liegt das gleichlaufende aber viel kleinere Wadenbein, welches mit dem Schienbein fast unbeweglich verbunden ist, und mit ihm den Unterschenkel bildet. Am
unteren Ende zeigen Schienbein sowohl als Wadenbein eine
Anschwellung, welche beim Schienbein als innerer, beim

Wadenbein als äußerer Knöchel sichtbar wird. An den Unterschenkel schließt sich die Fußwurzel, bestehend aus sieben unregelmäßig gestalteten Knochen, welche bedeutend größer als die Handwurzelknochen sind, und ähnlich wie diese, aber nicht so regelmäßig, in zwei Reihen liegen. Der hinterste und unterste Theil der Fußwurzel, die Ferse, wird von dem größten Fußwurzelknochen, dem Fersen= bein, gebildet. Das Fußgelenk (zwischen Unterschenkel und Fußwurzel) ist ein Charniergelenk, welches aber auch Seiten= und Kreisbewegungen des Fußes erlaubt. Mit der Fußwurzel sind durch straffe Gelenke die fünf röhren= förmigen Mittelfußknochen verbunden, an welche sich die Zehen mit 14 Gliedern für jeden Fuß anschließen, indem die große Zehe aus zwei, jede der anderen aus drei Gliedern besteht. Die Gelenke zwischen den Zehen und den Mittelfußknochen, ebenso zwischen den einzelnen Zehengliedern sind Charniergelenke.

Am Fuße kommen, ähnlich wie an der Hand, Sesambeine vor, von denen zwei am ersten, eines am zweiten Gelenk der großen Zehe, die übrigen (2) an der Fußwurzel auf der Sohlenseite liegen.

5. Muskelsystem.

Die Muskeln sind diejenigen Organe des Körpers, welche vorzugsweise die Bewegungen desselben hervorbrin= gen. Sie stellen eine weiche Masse von blaßrother oder dunkelrother Farbe, das sog. Fleisch, dar, und bilden den größten Theil der Weichtheile des Körpers. Sie sind meist mit Knochen, aber auch mit Knorpeln, Bändern und Häuten verbunden, bilden ferner selbstständige, in den Höhlen des Körpers liegende Organe, z. B. das Herz, oder nehmen an der Bildung zusammengesetzter Organe, z. B. des Magens und Darmkanals, Theil.

Die wesentlichste Eigenschaft der Muskeln ist ihre Contractilität, d. h. die Fähigkeit, sich zusammen= ziehen und verkürzen zu können. Diese Zusammenziehung der Muskeln wird durch die Einwirkung gewisser Nerven, der Bewegungsnerven, hervorgebracht, und ist theils vom Willen des Menschen abhängig, bei den animalischen oder willkürlichen Muskeln, theils ohne den Willen, bei den organischen oder unwillkürlichen Muskeln, zu Stande kommend. Die willkürlichen Muskeln bestehen aus zahlreichen neben einander liegenden Bündeln, deren jedes sich wieder aus kleineren, und diese endlich aus kleinsten Bündeln, sog. Primitivbündeln, zusammensetzen. Die Primitivbündel sind von cylindrischer Form, und zeigen eine rings um ihre Oberfläche laufende Querstreifung. Außer dieser ist an ihnen aber auch eine Längsstreifung bemerkbar. Jedes Primitivbündel ist von einer glatten häutigen Hülle umgeben, welche einen als rothe Masse erscheinenden Inhalt hat. Dieser ist's nun, in welchem sowohl die Quer= als die Längs= streifung hervortritt. Letztere wird dadurch bewirkt, daß der Inhalt jedes Primitivbündels aus feinen Längsfasern besteht. Jede dieser Fasern ist aber aus kleinen der Länge nach neben einander liegenden Körnern zusammen= gesetzt. Die sämmtlichen in einer Ebene liegenden Körn= chen aller Fasern eines Primitivbündels bilden nun in diesem gleichsam eine Scheibe, und die verschiedenen über einander liegenden Scheiben erzeugen in dem Primitiv= bündel die Querstreifung.

Dem Inhalt des Primitivbündels kommt die Eigen= schaft der Contractilität zu. In diesem Inhalt lassen sich auch Zellenkerne wahrnehmen.

Sämmtliche dem Willen unterworfenen Muskeln, welche stets ein dunkelrothes Ansehn haben, zeigen die erwähnte Querstreifung, außerdem ein unwillkürlicher Muskel, das Herz. Alle übrigen unwillkürlichen Mus= keln, welche von blaßrother Farbe sind, besitzen die Querstreifung nicht, sondern bestehen aus glatten Fasern.

Die einzelnen Bündel eines Muskels sind von Bin= begewebe scheidenförmig umgeben, und durch dasselbe mit einander zu größeren Bündeln verbunden. Auch diese

und endlich der ganze Muskel befinden sich in einer sol=
chen Scheide von Bindegewebe.

Der Form nach sind die Muskeln in solide und
hohle zu unterscheiden. Letztere bilden entweder selbst=
ständige Organe, wie das Herz, oder nehmen als Mus=
kelhäute an der Bildung andrer Organe, z. B. des Magens,
Theil. Die soliden Muskeln dagegen sind die Organe
für die eigentlich sichtbaren Bewegungen der Knochen des
Kopfes, des Rumpfes und der Gliedmaßen. Sie zerfallen
in lange, breite, kurze und ringförmige Muskeln.

Die langen Muskeln sind entweder von länglich
runder, oft spindelförmiger oder von länglich platter Gestalt.
Sie gehen an ihren beiden Enden in Sehnen über, mittelst
welcher sie an Knochen — hauptsächlich an denen der
Gliedmaßen — befestigt sind. Das eine Ende des Mus=
kels, welches von einem festen Punkte ausgeht, heißt der
Ursprung oder Kopf, das andre, an einen beweglichen
Theil angeheftete Ende, der Ansatz oder Schwanz des
Muskels. Das zwischen beiden liegende Mittelstück wird
der Bauch des Muskels genannt. Zuweilen entspringt ein
Muskel von verschiedenen Punkten mit mehreren (2 oder
3) Köpfen, welche sich alsdann zu einem Bauche vereini=
gen, oder der eine Bauch des Muskels theilt sich gegen
das Ansatzende hin in mehrere Zipfel, die sich an ver=
schiedenen Punkten befestigen.

Die breiten Muskeln sind platt und dünn, und
gehen an ihren Enden häufig in sehnige Häute über.
Einige derselben entspringen mit mehreren Zacken. Sie
kommen besonders am Rumpfe vor, und nehmen hier
an der Begränzung der großen Körperhöhlen Theil. Die
kurzen Muskeln sind von ungefähr gleicher Länge
und Breite und ziemlich dick. Sie liegen meist in tiefe=
ren Muskelschichten dicht auf den Knochen. Die ring=
förmigen Muskeln (oder Schließmuskeln) bilden
kreisförmige oder ovale Ringe um mehrere Körperöffnun=
gen, z. B. Mund, After, Augenspalte, welche durch sie
verengert und geschlossen werden.

Die Muskeln üben ihre bewegende Wirkung aus, indem sie sich zusammenziehen, und dadurch kürzer, dicker und härter werden. Die Verkürzung eines Muskels beträgt im Allgemeinen 75 %, also ³/₄ seiner Länge, bei kräftigen Muskeln auch noch mehr. Indem nun ein Muskel sich derartig verkürzt, zieht er den beweglichen Theil, an dem sein Ansatzende haftet, an den festen Punkt, mit welchem sein Ursprungsende verbunden ist, heran. Bei dieser Thätigkeit wirken die Muskeln an den Knochen wie an Hebeln, für welche die gewöhnlichen physikalischen Gesetze gelten. Darnach werden zwei Haupt= arten des Hebels, der zweiarmige und einarmige, unter= schieden. Bei ersterem liegen die Angriffspunkte der Last und der Kraft auf verschiedenen Seiten des Unterstützungs= punktes, bei letzterem liegen die Angriffspunkte der Last und Kraft auf derselben Seite vom Unterstützungspunkte. Die Verbindung der Muskeln mit den Knochen stellt gewöhnlich einarmige, in wenigen Fällen zweiarmige, *) Hebel dar. Hierbei ist der Knochen selbst als der Hebel, die Gelenkverbindung als Unterstützungspunkt, der Ansatz des Muskels als Angriffspunkt der Kraft und die Schwere des zu bewegenden Körpertheiles, der auch noch ein fremdes Gewicht tragen kann, als die Last zu betrachten. Je näher nun der Angriffspunkt der Kraft, je ferner dagegen der Angriffspunkt der Last dem Unterstützungs= punkte liegt, desto größer ist die Anstrengung des Mus= kels, um die Last zu bewegen. Dieses ungünstige Ver= hältniß der Muskelwirkung ist aber im Körper allgemein vorhanden, da die Ansatzenden der Muskeln sich so nahe als möglich an den Gelenken befestigen. Außerdem tritt noch in andrer Weise ein für die Muskelwirkung ungün= stiger Umstand dadurch ein, daß die Muskeln nicht recht= winklig sondern spitzwinklig, also schräg, auf den Knochen gerichtet sind. Was aber bei diesen Einrichtungen an

---

*) Zweiarmige Hebel bilden: der Kopf mit dem Halse, das Becken mit den Oberschenkelbeinen und der Fuß mit dem Unter= schenkel.

Kraftäußerung verloren geht, das wird anderweitig an
Umfang und Schnelligkeit der Bewegung gewonnen, so
wie auch in Folge der Anheftung der Muskeln dicht neben
den Gelenken der Körper in allen seinen Theilen schlank,
fein gegliedert und frei beweglich ist, während er, wenn
die Ansatzpunkte der Muskeln von den Gelenken entfernt
lägen, bei jeder Bewegung plump und unbehülflich erschei=
nen würde.

Als besondre Arten der Bewegungen,
welche von den einzelnen Muskeln ausgeführt werden,
werden hauptsächlich unterschieden

1) Beugung und Streckung. Bei der Beu=
gung findet eine Zusammenfaltung, eine Winklung eines
vorher geradlinigen Körpertheils Statt, wie z. B. beim
Vorneigen des Oberkörpers, beim Einschlagen der Finger;
bei der Streckung tritt eine Entfaltung, eine Geradrichtung
eines vorher gekrümmten oder gewinkelten Theiles ein,
wie z. B. beim Aufrichten des vorgeneigten Oberkörpers,
beim Ausstrecken der eingeschlagenen Finger.

Die Beugemuskeln der Glieder liegen an den Char=
niergelenken auf der Seite des Gliedes, nach welcher sich
die Einbiegung des Gelenkes richtet (Beugeseite), während
sich die Streckmuskeln auf derjenigen Seite des Gliedes
befinden, wohin der Rücken des Charniergelenks gewandt
ist (Streckseite).

2) Anziehen und Abziehen. Beim Anziehen
wirkt die Muskelthätigkeit nach der Mittellinie des Kör=
pers hin, zieht also einen von derselben entfernten Kör=
pertheil an dieselbe heran, wie z. B. beim Schließen der
seitwärts gegrätschten Beine. Beim Abziehen wirkt ein
Muskel in entgegengesetzter Richtung, indem er also einen
Körpertheil von der Mitte nach außen zieht, wie z. B.
beim Seitwärtsgrätschen der Beine.

3) Drehen (oder Rollen), wobei ein Körpertheil
im Viertel= oder Halbkreise um seine eigne Achse (wie
der Kopf nach rechts und links) oder um einen ande=
ren Körpertheil (wie die Speiche um das Ellenbogenbein
bei der Pronation und Supination) gedreht wird.

Zuweilen unterstützen sich mehrere Muskeln in der gleichzeitigen Ausführung einer Bewegung, und werden dann in Bezug darauf Genossen genannt. Dagegen besteht auch das umgekehrte Verhältniß zwischen einzelnen Muskeln oder Muskelgruppen, wenn nämlich von dem einen Muskel oder der einen Gruppe der Thätigkeit des oder der andern gerade entgegen gewirkt wird, wie z. B. bei den Streck = und Beugemuskeln oder den Muskeln, welche die Wirbelsäule einerseits nach rechts, andrerseits nach links beugen. Wenn in solchem Falle die entgegengesetz= ten Muskeln gleich stark wirken, so wird der Körpertheil, auf den sie wirken, gar nicht bewegt, sondern in der Mitte zwischen ihnen festgestellt. Derartige Muskeln wer= den Gegner oder Antagonisten genannt.

Die Zahl der willkürlichen Muskeln ist nicht in allen menschlichen Körpern dieselbe, beträgt aber immer etwas mehr als 300. Von diesen sind die allermeisten paarig vorhanden, und symmetrisch auf die beiden Sei= tenhälften des Körpers vertheilt. Die wenigen (6 — 7) unpaaren Muskeln liegen in der Mittellinie des Körpers, und bestehen aus symmetrischen Seitenhälften. An den meisten Stellen des Körpers liegen die Muskeln in meh= reren Schichten über einander.

Die einzelnen Muskeln theilt man ein in:

1) Kopfmuskeln, welche wieder in Schädel =, Ohren =, Augen =, Nasen =, Wangen =, Lippen = und Unter= kiefermuskeln zerfallen.

2) Muskeln des Rumpfes, welche aus Hals =, Nacken =, Brust =, Rücken =, Bauch = und Beckenmuskeln bestehen. — Die Hals = und Nackenmuskeln bewe= gen den Kopf und Hals, bringen die Beugungen des Kopfes vorwärts, rückwärts, rechts und links seitwärts, die Drehungen des Kopfes rechts und links, sowie das Kopfkreisen hervor. — Die Brustmuskeln, welche theils in den Zwischenräumen der Rippen, theils auf letzteren rechts und links vom Brustbein liegen, bewegen den Brustkasten, besonders bei der Einathmung, und die=

Fig. 2.*)

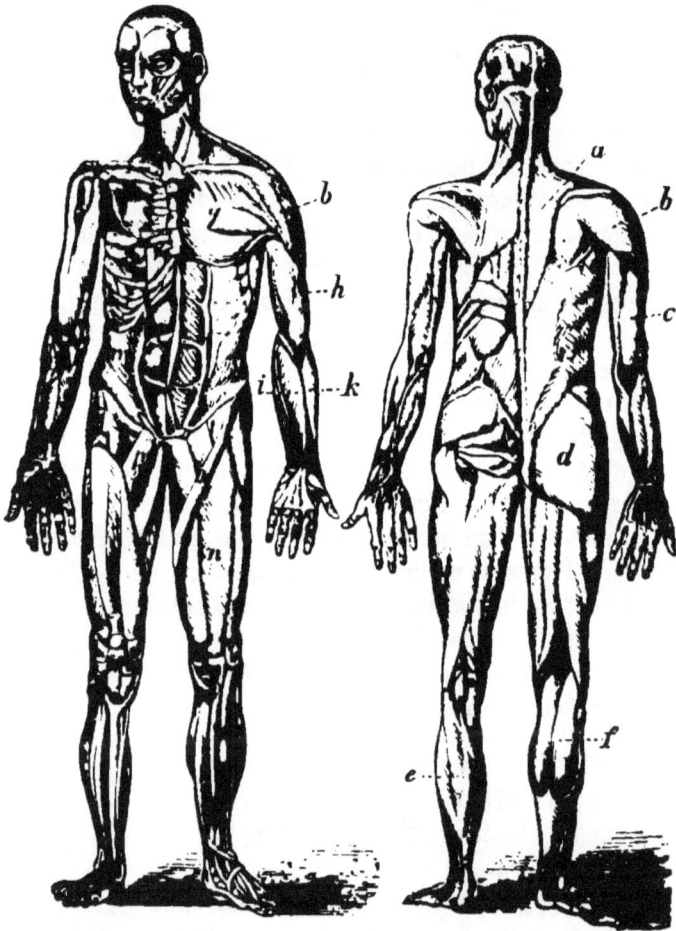

*) Fig. 2. Darstellung der Muskulatur; a) Rückenmus-
kel der oberflächlichen Schicht, derselbe ist auf der linken Seite
der Wirbelsäule weggeschnitten; b) Schulter- (Delta-) Muskel;
c) Oberarmmuskel, Streckmuskel; d) Becken- (Gesäß-) Muskel;
f) Oberflächlicher Wadenmuskel, derselbe ist am anderen Bein
weggeschnitten, und dadurch sichtbar: e) Der tiefer liegende Wadenmuskel; g) Brustmuskel, auf der anderen Seite des Brustbeins
weggeschnitten; h) Oberarmmuskel, Beugemuskel (zweiköpfiger
Armmuskel); i) und k) Vorderarmmuskeln; l) und m) Bauchmus-

nen außerdem zum Anziehen der Schulter und des Armes. Das Zwerchfell ist ein Muskel, welcher die Brusthöhle von der Bauchhöhle als eine quer zwischen beiden ausge= spannte Decke scheidet, und bei der Athmung eine wich= tige Thätigkeit hat. — Die Rückenmuskeln strecken und stützen die Wirbelsäule, beugen sie seitwärts und rückwärts, und helfen bei der Bewegung der Schulter und des Armes und bei der Athmung. — Die Bauch = muskeln, welche die Bauchhöhle vorn und seitlich begrän= zen, können dieselbe verengern und dadurch einen Druck auf die Baucheingeweide ausüben, auch bei der Ausath= mung mitwirken, und ferner den Rumpf vor= und seit= wärts beugen. — Die Beckenmuskeln gehören zum Theil (die Hüftmuskeln) der Unterextremität an, zum Theil (die Dammmuskeln) bilden sie die untere Wand der Bauch = und Beckenhöhle.

3) Muskeln der Obergliederder. Dieselben zer= fallen in Schulter =, Oberarm =, Vorderarm = und Hand= muskeln. — Die Schultermuskeln, welche vom Schulterblatt und Schlüsselbein zum Oberarm gehen, heben denselben nach vorn, außen und hinten empor, und drehen ihn um seine Achse nach innen und außen. Besonders sichtbar tritt äußerlich der das Schultergelenk bedeckende Deltamuskel hervor. — Die Oberarmmuskeln lie= gen zum Theil an der inneren und vorderen, theils an der hinteren Seite des Oberarms. Erstere, in ihrer Zu= sammenziehung äußerlich deutlich sichtbar (besonders der zweiköpfige Armmuskel) veranlassen die Beugung, letztere die Streckung des Vorderarms. — Die Vorderarm = muskeln bewirken die Pronation und Supination, und das Beugen und Strecken, so wie das An = und Abziehen der Hand und der Finger. — Die Handmuskeln betheiligen sich an der Bewegung der Finger. Sie bil=

ben an der Hohlhand den Ballen des Daumens und des kleinen Fingers.

4) **Muskeln der Unterglieder.** Dieselben theilt man in Hüft=, Oberschenkel=, Unterschenkel= und Fußmuskeln. — Die **Hüftmuskeln** liegen größtentheils an der äußeren und inneren Fläche des Hüftbeins, an den Wänden des Beckens, und gehen von hier aus an den Oberschenkel. Sie beugen den Oberschenkel nach vorn und oben, strecken ihn nach hinten, ziehen ihn ab, und drehen ihn um seine Achse nach außen und innen. Bei feststehendem Oberschenkel beugen sie den Rumpf nach vorn. Aeußerlich besonders hervortretend sind die am hinteren Theile des Beckens liegenden Gesäßmuskeln, welche die Hinterbacken bilden. — Die **Oberschenkelmuskeln** sind theils An= und Abzieher des Beines, theils Strecker und Beuger des Unterschenkels. Die Strecker liegen an der vorderen, die Beuger an der hinteren Seite des Oberschenkels. Die Strecker des Unterschenkels setzen sich sämmtlich an die Kniescheibe an, welche wiederum durch Bandmasse mit dem Schienbein verbunden ist. — Die **Unterschenkelmuskeln** strecken und beugen den Fuß und die Zehen. Die Strecker bilden an der hinteren Seite des Unterschenkels die äußerlich hervortretende Wade, deren nach unten gehende Ansatzsehne (Achillessehne) sich an die Ferse anheftet. Die Wadenmuskeln heben, wenn bei ihrer Contraction die Füße auf dem Boden stehen, den Körper zum Zehenstande in die Höhe. — Die **Fußmuskeln**, welche besonders in der Fußsohle liegen, dienen zum Beugen, Strecken, An= und Abziehen der Zehen.

6. Gefäßsystem.

Die **Gefäße oder Adern** sind häutige Röhren, welche in baumförmigen Verzweigungen alle Theile des Körpers, mit Ausnahme der hornigen Gebilde, durchzie=

hen. Sie stellen ein zusammenhängendes Ganze, das
Gefäßsystem, dar, dessen Mittelpunkt das Herz ist.
Nach der Verschiedenheit ihres Inhaltes werden sie zu=
nächst in Blutgefäße und Lymphgefäße getheilt.
Die Blutgefäße zerfallen wieder in Pulsadern (Arte=
rien), Haargefäße (Capillaren) und Blutadern
(Venen). Während die Blutgefäße in unmittelbarer Ver=
bindung mit dem Herzen stehen, sind die Lymphgefäße,
die einen Anhang des Venensystems bilden, nur mittelbar
mit dem Herzen verbunden.

Der Inhalt des Herzens und der Blutgefäße ist
das Blut, welches vom Herzen aus durch die Arterien
zu allen Theilen des Körpers hingeführt wird. Der
Anfang der Arterien ist im Herzen, von welchem aus sie
zunächst als größere Stämme, dann in baumförmiger
Verästelung zu immer kleineren Zweigen werdend, zu
den Organen verlaufen, und endlich in die sehr engen
und feinen Capillaren übergehen. Aus diesen setzen sich
wieder zunächst kleinere, dann durch mehrfache Vereini=
gung immer größer werdende Wurzelstämme der Venen
zusammen, die endlich in ihren vereinigten Hauptstämmen
das Blut zum Herzen zurückführen.

Das Blut ist eine klebrige Flüssigkeit von eigen=
thümlichem Geruche und salzigem Geschmacke, welche in
den Arterien eine hellrothe, in den Venen eine dunkel=
rothe Farbe hat. Es ist schwerer als Wasser, und besitzt
eine Wärme von etwa 30° R. Die mikroscopische Unter=
suchung des Blutes zeigt in einer gleichmäßigen Flüssig=
keit (Blutplasma) schwimmende geformte Bestandtheile
(Blutkörperchen). Die Blutkörperchen sind entweder
farbig oder farblos. Die farbigen oder rothen
Blutkörperchen sind kleiner, aber viel zahlreicher als die
farblosen. Sie stellen kreisrunde, münzenähnliche, aber
auf beiden Seiten in der Mitte vertiefte Scheiben dar.
Von ihnen rührt die rothe Farbe des Blutes her, obwohl
sie selber, einzeln betrachtet, gelb erscheinen. Sie beste=
hen aus einer Umhüllungshaut und einem zähflüssigen
Inhalt, in welchem sich ein eigenthümlicher Stoff, das

Hämatin oder Blutroth, findet. Dieses wird durch Ein=
wirkung von Sauerstoff hell, durch Kohlensäure dunkel
gefärbt. Die farblosen Blutkörperchen sind größer, aber
leichter und viel seltener als die farbigen, und von kuge=
liger Gestalt.° — Das Blutplasma ist eine durch=
sichtige, schwachgelbliche Flüssigkeit, welche zum größten
Theile aus Wasser besteht, und in demselben aufgelöst
Eiweiß, Faserstoff, Fette und Salze, sowie Gasarten,
nämlich Kohlensäure, Sauerstoff und Stickstoff, enthält.

Wenn das Blut nach Verletzungen aus dem Gefäß=
system hinaustritt, und in einem Behälter aufgefangen
wird, so gerinnt der vorher in dem Plasma aufgelöste
Faserstoff und bildet, indem er die wegen ihrer Schwere
zu Boden sinkenden rothen Blutkörperchen in sich ein=
schließt, zuerst eine gallertartige, dann sich mehr und
mehr zusammenziehende und fester werdende rothe Masse,
den Blutkuchen. Dieser wird von den flüssig blei=
benden Theilen des Blutes, dem Blutserum oder
Blutwasser, umspült. In demselben sind die in dem
Plasma aufgelösten Theile außer dem Faserstoff, ferner
die farblosen Blutkörperchen enthalten.

Die Lymphgefäße enthalten kein Blut, sondern
entweder Lymphe oder Chylus. Die Lymphe ist eine
blaßgelbe, klare und durchsichtige Flüssigkeit von salzigem
Geschmacke; sie enthält viel Wasser und in demselben auf=
gelöst Faserstoff, Eiweiß, Salze und Fette. Die mikro=
scopische Untersuchung zeigt bei der Lymphe wie beim Blute
in der Flüssigkeit (dem Lymphplasma) geformte Körperchen
(die Lymphkörperchen). Aus den Gefäßen entfernt gerinnt
die Lymphe zu einer weichen Gallerte.

Die Lymphe rührt von den flüssigen Theilen des
Blutes her, welche durch die Capillaren den Geweben
zugeführt und zu deren Ernährung verwandt werden.
Nachdem dieselben ausgenutzt sind, werden die über=
flüssigen Theile von den Lymphgefäßen aufgesaugt, und
wieder dem Blute zugeführt.

Der Chylus ist eine milchweiße Flüssigkeit, welche
aus dem Speisebrei gewonnen wird, und aus dem Darm

zunächst in die Lymphgefäße, dann mit der Lymphe ver=
mischt in das Blut übergeht. —

Das Herz ist ein hohles, länglichrundes und
annähernd kegelförmiges Organ, dessen Wände von
Muskelfleisch gebildet werden. Es liegt, eingeschlossen
in einem häutigen Sacke, dem Herzbeutel, innerhalb
der Brusthöhle, hinter dem Brustbein, zwischen beiden
Lungen, und zwar in schräger Richtung, nämlich mit
der Spitze nach unten, links und vorn, und mit der
Grundfläche nach oben, rechts und hinten. Es hat eine
nach oben und vorn gegen das Brustbein gerichtete con=
vexe, und eine nach unten und hinten gerichtete platte
Fläche, welche letztere auf dem Zwergfell aufliegt. Sei=
ner schrägen Richtung wegen liegt es mehr in der linken
als in der rechten Brusthälfte. Der innere Raum des
Herzens ist durch eine Scheidewand der Länge nach in
zwei Hälften, eine rechte und eine linke, getheilt. Jede
dieser Hälften ist wiederum durch eine Querwand in eine
obere kleinere und eine untere größere Höhle geschieden,
von denen die oberen kleineren Vorkammern, die unteren
größeren Herzkammern genannt werden. Somit enthält
das Herz vier Abtheilungen: eine rechte Vorkammer,
eine rechte Herzkammer, eine linke Vorkammer
und eine linke Herzkammer. Die linke Vorkammer
steht mit der linken Herzkammer, die rechte Vorkammer
mit der rechten Herzkammer durch je eine Oeffnung, die
sich in der Querscheidewand befindet, in Verbindung.
In die Vorkammern münden große Venenstämme, von
den Herzkammern aus gehen große Arterien. Die Oeff=
nungen zwischen den Vorkammern und Herzkammern,
ebenso die aus den Herzkammern in die Arterien führen=
den können durch am Rande der Oeffnungen angebrachte
Klappen geschlossen werden. Diese Klappen sind derartig
eingerichtet, daß sie sich bei der normalen Strömung des
Blutes aus den Vorkammern in die Herzkammern und
aus diesen in die Arterien öffnen, dagegen bei einem
Anstauen und Zurückstreben des Blutes sich schließen, so
daß kein Rückfluß desselben erfolgen kann. Die Wände

der Vorkammern sind dünn, die der Herzkammern aber, besonders der linken, dick.

Das Herz zieht sich, da es aus Muskelfleisch besteht, nach Art eines Muskels zusammen, wobei seine Höhlen verengert werden, und es erschlafft nach der Contraction, indem die Höhlen sich erweitern. Die Zusammenziehung des Herzens (Herzschlag) und seine Erweiterung geschehen mit einer gewissen Schnelligkeit und einem gewissen Rhythmus. Die Zahl der Herzschläge beträgt bei einem gesunden Erwachsenen ungefähr 70 in der Minute, im jüngeren Alter mehr, im höheren weniger. Der Herzschlag ist äußerlich sichtbar, indem bei der Zusammenziehung des Herzens dessen Spitze gegen die Brustwand stößt, und diese ein Wenig hervortreibt. Auch hörbar ist der Herzschlag, wenn man das Ohr an die Brustwand legt. Es werden alsdann zwei Töne (Herztöne) bei jedem Herzschlage in unmittelbarer Aufeinanderfolge gehört.

Die Strömung des Blutes durch das Gefäßsystem geschieht in folgender Weise: Die linke Herzkammer treibt das ihr zugeflossene hellrothe, mit Sauerstoff gesättigte Blut in die große Körperpulsader, Aorta, welche von der linken Herzkammer ausgehend in die Höhe steigt, dann bogenförmig gekrümmt nach links und hinten geht, und darauf links neben und theilweise vor der Wirbelsäule durch die Brust= und Bauchhöhle abwärts bis zum Becken läuft, wo sie sich in die rechte und linke Hüftpulsader theilt. Auf diesem Wege giebt die Aorta als Hauptpulsaderstamm alle anderen Pulsadern, welche das Blut allen Theilen des Körpers zuführen, als Zweige ab, und zwar gehen von dem Bogen der Aorta diejenigen Arterien aus, welche das Blut dem oberen Theile des Körpers, dem Halse, Kopfe und den Armen mittheilen.

Von dem absteigenden Theile der Aorta zweigen sich diejenigen Arterien ab, welche die Wände und Eingeweide der Brust= und Bauchhöhle mit Blut versorgen. Die beiden Hüftpulsadern, in welche die absteigende Aorta

sich theilt, bilden in ihrer weiteren Verzweigung die Arte=
rien, welche den Wänden und Eingeweiden des Beckens,
der Gefäßgegend, den äußeren Geschlechtstheilen und den
Unter = Extremitäten das Blut zuführen.

Die kleinsten Zweige der Arterien gehen in die sehr
feinen Haargefäße über, welche in netzförmiger Zertheil=
lung die Gewebe durchziehen. Aus solchen Haargefäßnetzen
setzen sich dann wieder kleine Stämme zusammen, welche
die Wurzeln der kleinsten Venen darstellen. Diese bilden
durch ihre Vereinigung mit anderen Venen immer größere
Venenstämme, welche das während seines Laufes durch
die Capillaren abgenutzte, dunkelroth und an Sauerstoff
ärmer, dagegen an Kohlensäure reicher gewordene Blut
wieder zum Herzen zurückführen. Alle Venen des Kör=
pers finden ihre endliche Vereinigung in zwei großen
Hauptvenenstämmen, der unteren und der oberen
Hohlvene. Diese führt das Blut aus den oberen,
jene aus den unteren Theilen des Körpers zum Herzen.
Beide Hohlvenen münden nahe bei einander in die rechte
Vorkammer. Von dieser aus strömt das dunkelrothe Blut
in die rechte Herzkammer, und wird von hier in die von
der rechten Herzkammer ausgehende Lungenarterie
getrieben. Letztere theilt sich in einen rechten und einen
linken Ast, welche das Blut zu den beiden Lungen führen.
In denselben verzweigen sich die Aeste der Lungenarterie
weiter, endlich ein Capillarnetz bildend, welches sich in
den Wänden der Lungenbläschen vertheilt. Die Lungen=
arterie führt nicht — wie die Arterien des Aortensystems
— hellrothes, sondern dunkelrothes Blut. Dieses giebt
innerhalb der Lunge vermöge der Athmung Kohlensäure
ab, nimmt dagegen Sauerstoff auf und wieder eine hell=
rothe Farbe an. Aus den Capillaren, welche die letzten
Verzweigungen der Lungenarterie darstellen, treten wie=
derum kleine Venen zusammen, um das in der Lunge
hellroth gewordene Blut aus derselben zu entfernen.
Diese Lungenvenen, welche nicht — wie die zu den
Hohlvenen gehörigen Venen — dunkelrothes Blut führen,
münden endlich in vier Stämmen, zwei von der rechten

Handbuch für Turner. 4

und zwei von der linken Lunge kommend, in die linke Vorkammer des Herzens.

Die Blutbahn, auf welcher das Blut aus der lin= ken Herzkammer durch die Aorta und deren Verzweigun= gen, die Arterien des Körpers, ferner durch die Capil= laren, die Venen und endlich durch die Hohlvenen zur rechten Vorkammer des Herzens zurückströmt, heißt der große oder Körper=Kreislauf, die Bahn dagegen, auf der das Blut aus der rechten Herzkammer durch die Lungenarterie in die Lungen, und von diesen zurück durch die Lungenvenen der linken Vorkammer und demnächst der linken Herzkammer zugeführt wird, heißt der kleine oder Lungen=Kreislauf. Der große Kreislauf führt das hellrothe Blut den Organen des Körpers zu, die sich aus demselben ernähren, wobei es in dunkelrothes verwandelt wird; der kleine Kreislauf bringt das dunkelrothe Blut in die Lungen, wo es durch die Athmung neuen Sauerstoff erhält, dadurch wieder hellroth gefärbt und ernährungsfähig wird.

Die verschiedenartigen Gefäße zeigen in ihrer Be= schaffenheit mancherlei Abweichungen von einander. Die Arterien haben feste und steife Wandungen, weßhalb sie sich schwer zusammendrücken lassen, und, wenn sie quer durchschnitten und leer sind, nicht zusammensinken, sondern klaffend offen stehen. Sie besitzen eine große Elasticität. Die Arterienwände bestehen aus Binde= gewebe, elastischem Gewebe, Muskelfasern und Epithe= lium, woraus drei Häute gebildet werden, eine innere, mittlere und äußere Gefäßhaut. Die innere Haut besitzt elastische Längsfasern; die mittlere oder Ring= faserhaut, die stärkste von den dreien, hat kreisförmige Fasern, welche hauptsächlich Muskelfasern, zum Theil aber auch elastische Fasern sind; die äußere, sehr dehnbare aber feste Haut besteht aus elastischen und Bindegewebs= fasern. — Indem durch die Zusammenziehung des Her= zens das Blut stoßweise in die Arterien getrieben wird, werden diese ausgedehnt. Die Ausdehnung der Arterien, der Puls, welcher fast gleichzeitig mit den Zusammen= ziehungen des Herzens erfolgt, ist an den Arterien, die

der Oberfläche des Körpers nahe liegen, äußerlich fühl=
bar. Vermöge ihrer Elasticität streben nun die durch
das stoßweise einströmende Blut ausgedehnten Arterien
sich zusammenzuziehen, und drücken somit das Blut vor=
wärts in die Capillaren, in welchen es nicht mehr stoß=
weise, sondern stetig und ·gleichmäßig strömt, an denen
daher auch kein Puls mehr bemerkbar ist. Die Capil=
laren besitzen sehr dünne, nur aus einer Haut beste=
hende Wandungen, welche für Flüssigkeiten und Gase
durchdringbar sind. Daher können die flüssigen und gas=
förmigen Bestandtheile des Blutes aus den Capillaren
durch die Wände derselben in die Gewebe des Körpers
zu deren Ernährung einbringen (gewissermaßen hinein=
sickern), ebenso aber können auch Bestandtheile der Säfte
des Körpers, die in den Geweben nicht weiter verwend=
bar sind, in den Blutstrom zurückgehen, und mit diesem
fortgeführt werden. (Endosmose und Exosmose.) Die
Fortführung des Blutes der Capillaren, welches so Be=
standtheile an die Gewebe des Körpers abgegeben und
wiederum andre von diesen aufgenommen hat, geschieht
in den Venen. Die Wände derselben bestehen zwar
auch aus drei Häuten wie die der Arterien, sind aber
dünner als diese und ohne Steifigkeit, weßhalb die Venen
sich leicht zusammendrücken lassen und im leeren Zustande
zusammensinken. In vielen Venen finden sich halbmond=
förmige häutige Klappen, welche an der inneren Gefäß=
wand befestigt sind, und mit ihrem freien Rande in der
Richtung zum Herzen hin in den Gefäßkanal hineinragen.
Diese Klappen verhindern ein Rückwärtsfließen des nur
langsam und stetig ohne Puls strömenden Venenblutes.
Die Venen pflegen, nachdem sie aus den Haargefäßnetzen
hervorgegangen sind, sich der Arterie zu nähern, welche
in das entsprechende Capillarnetz sich aufgelöst hat, und
diese in ihrem Laufe, aber mit entgegengesetzter Strömung
ihres Inhalts, zu begleiten. Doch laufen auch viele
Venen entfernt von Arterien, und dann der Oberfläche
des Körpers näher als diese, welche mehr in der Tiefe
verlaufen. — Ein bisher noch nicht genannter Theil

des Venensystems, das Pfortadersystem, welches
einen Anhang des unteren Hohlvenensystems bildet, zeigt
eine eigenthümliche Einrichtung. Die aus den Capillar=
netzen der Baucheingeweide mit Ausnahme der Leber
hervorgehenden Venen treten nämlich zu einem Haupt=
stamm, der Pfortader, zusammen. Diese aber ver=
einigt sich nicht wie die übrigen Venen ohne Weiteres
mit dem Hohlvenensystem, sondern geht in die Leber und
verzweigt sich in derselben nach Art einer Arterie, ein
zweites Capillarnetz bildend, aus dem sich nun erst die
Lebervenen entwickeln, welche ihr Blut der unteren Hohl=
vene zuführen. Aus dem Blute der Pfortader wird in
der Leber die Galle bereitet.

Dem Gefäßsystem gehören auch die Lymphgefäße
an, die einen Anhang des Venensystems bilden. Die
Lymphgefäße oder Saugadern beginnen mit feinen
Wurzeln innerhalb aller Organe, welche Blutgefäße besitzen,
und saugen entweder die aus den Capillargefäßen in die
Gewebe im Ueberschuß eingetretenen Ernährungssäfte (Lym=
phe) oder innerhalb des Darmkanals den aus dem Speise=
brei bereiteten Milchsaft (Chylus) auf. Sie verlaufen
meist in gerader Richtung, Venen begleitend, sind aber
in ihrem Kaliber viel schwächer als diese. Sie besitzen
innerhalb ihres Kanales ähnliche Klappen wie die Venen.
In dem Verlaufe der Lymphgefäße befinden sich an vie=
len Stellen Lymphdrüsen, rundliche Körper, welche
besonders am Halse, in der Achselhöhle, in der Leisten=
gegend, an der Lungenwurzel, im Gekröse in größerer
Anzahl vorhanden sind. Die Lymphgefäße dringen an
einer Stelle in die Lymphdrüse ein, und verlassen die=
selbe meist auf der entgegengesetzten Seite. Die Thätig=
keit der Lymphdrüse in Bezug auf die durch sie hindurch=
gehende Flüssigkeit ist der Wirkung eines Filtrirapparates
zu vergleichen.

Sämmtliche Lymphgefäße vereinigen sich schließlich zu
zwei Hauptstämmen, von denen der Milchbrustgang
der bedeutendste ist. Dieser entsteht in der Bauchhöhle
vor dem zweiten Lendenwirbel, geht längs der Wirbelsäule

bis zum vierten Brustwirbel in die Höhe, wendet sich dann nach links, und mündet in eine der größeren Venen des oberen Hohlvenensystems. Der andre Stamm, der rechte Lymphgefäßstamm, vereinigt Lymphgefäße der rechten Seite der oberen Körperhälfte, und mündet auf der rechten Brustseite in eine größere Vene des oberen Hohlvenensystems. An den Mündungsstellen beider Hauptlymphstämme in das Venensystem befinden sich Klappen, welche das Eintreten des Blutes in die Lymphgefäße verhindern. Die Strömung der Flüssigkeit in den Lymphgefäßen wird nicht (wie in den Blutgefäßen, selbst in den Venen noch) durch die Herzthätigkeit, sondern durch die in den Anfängen des Lymphsystems stets fortdauernde Aufsaugung bewirkt, in Folge deren die schon aufgesaugte Flüssigkeit immer vorwärts geschoben wird. Ein Zurückfließen aber kann auch hier in Folge der schon erwähnten Klappen nicht eintreten. Uebrigens kann sowohl die Strömung des Blutes in den Venen, als auch die der Säfte in den Lymphgefäßen angeregt und beschleunigt werden durch Körperbewegungen, bei welchen die sich contrahirenden Muskeln einen Druck abwechselnd auf verschiedene Stellen der Gefäße ausüben.

7. Nervensystem.

Das Nervensystem besteht aus einem Centraltheil, dem Gehirn und Rückenmark, von denen das erstere in der Schädelhöhle, das letztere in dem Rückgratskanale liegt; und aus einem peripherischen Theile, den Nerven, welche sich in Gestalt von Strängen oder Fäden durch den ganzen Körper verbreiten. Alle Theile des Nervensystems bilden ein zusammenhängendes Ganze.

Das Gewebe, aus welchem das Nervensystem gebildet ist, stellt eine weiche Masse von weißer oder grauröthlicher Farbe dar, und wird entweder als weiße oder als graue Substanz bezeichnet. Die mikrosco-

pische Untersuchung ergiebt in dem Nervengewebe theils
Nervenfasern, theils Nervenzellen, von denen die ersteren
allein die weiße Substanz, die ersteren mit den letzteren
vermischt die graue Substanz bilden. Die Nerven=
fasern sind runde Fäden von verschiedener Dicke. Sie
bestehen entweder aus der Hülle oder Scheide, einer sehr
dünnen Haut, von welcher die Nervenfaser begränzt wird,
aus dem Nervenmark oder der Markscheide, einer ölarti=
gen Flüssigkeit, welche die Hülle ausfüllt, und aus dem
Axencylinder, einer runden oder bandartigen Faser, welche
in der Mitte des Nervenmarks liegt; oder sie bestehen
nur aus der Hülle und dem Axencylinder, während ihnen
das Nervenmark fehlt. Die Nervenzellen sind rund=
liche, spindelförmige, vieleckige oder sternförmige Zellen,
welche aus einer zarten Hülle, einem körnigen Inhalt
und einem Kern nebst Kernkörperchen bestehen. Die Ner=
venzellen kommen immer in Verbindung mit Nervenfasern
vor, theils zwischen diesen liegend, theils unmittelbar mit
ihnen zusammenhängend. — Die mit bloßem Auge sicht=
baren Nervenfäden bestehen aus kleineren Unterabtheilun=
gen, Bündeln, welche wieder aus noch kleineren Bündel=
chen zusammengesetzt sind. Die letzten Bestandtheile der
kleinsten Bündelchen sind die mikroscopischen Nervenfasern.
Wie diese von einer Hülle eingeschlossen sind, so sind auch
die Bündelchen, die kleineren und größeren Bündel und
endlich der ganze Nervenfaden oder Strang, jedes für
sich, von einer aus Bindegewebe bestehenden Hülle oder
Scheide umgeben. — —

Das Gehirn liegt in der von den Schädelknochen
gebildeten Kapsel, die es vollständig ausfüllt. Sein
Gewicht beträgt beim Erwachsenen etwa 3 ℔. Es besteht
theils aus grauer, theils aus weißer Substanz, von denen
die letztere den größeren, inneren Theil des Gehirns bil=
det, während die erstere sie von außen rindenartig um=
giebt. Das Gehirn zerfällt in drei Theile, das große
Gehirn, das kleine Gehirn und das verlängerte Mark.
Das große Gehirn erfüllt den größeren Theil der
Schädelkapsel, nach vorn und oben sich erstreckend. Es

ift in der Mitte von vorn nach hinten durch einen tiefen
senkrechten Spalt in eine rechte und eine linke Hälfte (die
beiden Halbkugeln oder Hemisphären) getheilt.
An seiner Oberfläche zeigt es zahlreiche darmähnlich
gewundene Wülfte (Windungen), in seinem Inneren
befinden sich drei Höhlen. Jede Halbkugel des großen
Gehirns besteht aus einem vorderen, mittleren und hinteren Lappen. — Das kleine Gehirn liegt unten
und hinten in der Schädelhöhle, unter den hinteren Lap=
pen des großen Gehirns. Es besteht gleichfalls aus
zwei seitlichen Hälften, die durch einen Mitteltheil ver=
bunden sind. An seiner Oberfläche zeigt es Furchen, die
rings um dasselbe herumgehen, und ihm ein geschichtetes
Ansehen geben. An seiner unteren Fläche befindet sich
die vierte Hirnhöhle. — Das verlängerte Mark
ist der unterste und kleinste Theil des Gehirns. Es bildet
eine Verbindung zwischen dem großen und kleinen Gehirn
und dem Rückenmark. — Das ganze Gehirn innerhalb
der Schädelkapsel ist von drei einander bedeckenden Häuten
eingeschlossen. Die äußerste derselben ist die starke sehnige
harte Hirnhaut, die mittlere die seröse Spinn=
webenhaut und die innerste die gefäßreiche weiche
Hirnhaut. Das Gehirn enthält eine reiche Blutmenge,
die in ausgedehnten Capillargefäßnetzen besonders in der
grauen Substanz sich verbreitet. —

Das **Rückenmark**, welches in dem Rückgratskanale
liegt, hängt unmittelbar mit dem verlängerten Mark und
durch dieses mit den anderen Theilen des Gehirns zusam=
men. Es stellt einen Strang dar, der aus zwei in der
Mitte verbundenen Seitenhälften besteht. Jede Hälfte
wird wiederum aus drei Strängen gebildet. In der
Mitte des Rückenmarks befindet sich graue, nach außen
von dieser in den Seitenhälften weiße Substanz. Wie
das Gehirn ist auch das Rückenmark von drei (ähnlichen)
Häuten eingeschlossen. —

Die **Nerven** zerfallen in die Hirnrückenmarksner=
ven und das Gangliennervensystem. Die Hirnrücken=
marksnerven sind dünnere oder dickere weiße Stränge,

welche mit ihrem einen Ende (dem centralen Ende oder
der Wurzel) im Gehirn oder Rückenmark entspringen,
dann in meist gerader Richtung, baumförmig sich ver-
ästelnd, symmetrisch die rechte und linke Körperhälfte
durchziehen, und mit ihrem anderen (dem peripherischen)
Ende zu den Organen des Körpers gehen. Häufig verbinden sich in ihrem Laufe Aeste benachbarter Nerven,
einen Winkel oder eine bogenförmige Schlinge oder auch
(durch Verbindung mehrerer Aeste) ein netzförmiges Geflecht
bildend. Bei einer solchen Verbindung von Nerven ver-
schmelzen jedoch nicht die Fasern des einen mit denen des
anderen, sondern legen sich, in einer besonderen Binde-
gewebsscheide für sich bleibend, nur an einander an. In
ähnlicher Weise sind die aus einem gemeinschaftlichen
Nervenstamm hervorgehenden Aeste in dem Stamm nicht
mit einander verschmolzen, sondern schon hier durch eigene
Bindegewebsscheiden von einander gesondert, und nur
zugleich während ihres gemeinsamen Laufes von einer
gemeinschaftlichen Hülle umschlossen. An verschiedenen
Stellen ihres Verlaufes zeigen die Hirnrückenmarksnerven
graue rundliche Anschwellungen, Nervenknoten oder
Ganglien.

Die Hirnrückenmarksnerven zerfallen wiederum in
Hirnnerven und Rückenmarksnerven. Erstere,
welche im Gehirn ihren Ursprung haben, treten in zwölf
Paaren, je aus der rechten und linken Hirnhälfte, hervor. Unter ihnen befinden sich die Nerven, welche dem
Geruchs-, Gesichts-, Gehörs- und Geschmackssinn dienen. Die Rückenmarksnerven, die aus dem Rückenmark
hervorgehen, erscheinen in 31 Paaren und zwar jeder Ner-
venstrang mit zwei Wurzeln, einer vorderen und einer hinteren. — Das Gangliennervensystem oder der
sympathische Nerv besteht aus einer Anzahl von
Nervenknoten, welche mit einander und mit den Hirnrückenmarksnerven durch dünne Nerven zusammenhängen,
und solche auch zu den Organen, namentlich den Eingeweiden und Gefäßen, schicken. Man bezeichnet unter
den Gangliennerven als den Gränzstrang oder Stamm

des Sympathicus eine Reihe von Nervenknoten, welche
längs der Wirbelsäule von dem oberen bis zum unteren
Theile derselben liegen, und durch Nervenfäden verbunden
sind. Von diesem Gränzstrang gehen nun sowohl die
Verbindungsnerven zu den Hirnrückenmarksnerven wie auch
die peripherischen Nerven ab, welche, zu den Organen
und Gefäßen sich begebend, Geflechte mit eingestreuten
Knoten darstellen. Eine Eigenthümlichkeit der Gangliennerven ist es, daß sie sich nicht baumförmig veräfteln,
sondern von den Knoten in verschiedenen Richtungen abgehen und Geflechte bilden. — —

Verrichtungen des Nervensystems. Das Nervensystem leitet und regulirt sämmtliche Lebensthätigkeiten
des menschlichen Organismus, die sogenannten vegetativen,
wie Ernährung, Absonderung, und die sog. animalen, wie
Bewegung, Empfindung und Seelenthätigkeit. Die animalen Verrichtungen werden hauptsächlich von den Centraltheilen und den Hirnrückenmarksnerven, die deßhalb
auch animales Nervensystem heißen, geleitet, die vegetativen
Thätigkeiten dagegen vom Gangliennervensystem, welches
deßwegen auch vegetatives Nervensystem genannt wird.

Uebrigens ist für alle Lebensverrichtungen das Gehirn die eigentliche Quelle und Veranlassung, während
die Nerven nur eine ab- und zuleitende Fähigkeit haben.
Das Rückenmark steht den Nerven als Leitungsapparat
gleich, besitzt aber noch andre, besonders reflectorische
Kräfte, wovon weiter unten die Rede sein wird. Ausschließlich ist das Gehirn der Sitz der Seele und der
Geistesthätigkeiten, des Bewußtseins und des Willens, und
die ab- und zuleitenden Nervenapparate leiten entweder
Anregungen vom Gehirn zu den einzelnen Organen, oder
von diesen aus Empfindungen zum Gehirn. Die Leitung
ist also eine vom Mittelpunkt nach außen gehende (centri-
fugale), oder von außen nach dem Mittelpunkte erfolgende
(centripetale). Für beide Arten von Leitungen giebt es
besondre Nervenfasern, von denen die nach außen wirkenden motorische oder Bewegungsnervenfasern,
die nach dem Mittelpunkt leitenden sensitive oder

Empfindungsnervenfasern heißen. Jede Art von Fasern kann besondre Nervenstränge bilden, es können aber auch beiderlei Fasern — obwohl durch eigene Scheiden gesondert — in einem und demselben Nervenstrange vorkommen. So besitzen die Rückenmarksnerven, welche mit zwei Wurzeln entspringen, aus der vorderen kommende motorische, aus der hinteren kommende sensitive Fasern. In dem animalen Nervensystem ist die Thätigkeit der motorischen Nerven größtentheils bewußt und willkührlich und veranlaßt Muskelzusammenziehungen, während die sensitiven Nerven mit Bewußtsein Eindrücke von Reizen aufnehmen, die an ihren peripherischen Endigungen auf sie wirken, und diese Eindrücke als allgemeine Gefühlsempfindungen oder als besondre Empfindungen des Sehens, Hörens, Riechens und Schmeckens dem Gehirn mittheilen. Diejenigen sensitiven Nerven, welche diese letzteren besonderen Empfindungen leiten, heißen Sinnesnerven. In dem vegetativen Nervensystem ist die auf die Anregung der vegetativen Organe zu ihrer naturgemäßen Thätigkeit gerichtete Leitung der motorischen Fasern unbewußt und unwillkührlich, und ebenso die Thätigkeit der sensitiven Fasern, welche in den Organen aufgenommene Eindrücke zum Gehirn leiten, unbewußt.

Da das Gangliennervensystem nicht in so unmittelbarer Verbindung mit den Centraltheilen des Nervensystems steht wie die Hirnrückenmarksnerven, so ist seine auf die Verrichtungen der vegetativen Organe wirkende Thätigkeit der Einwirkung der Centraltheile weniger unterworfen als die der Hirnrückenmarksnerven, denn es hören die Thätigkeiten der vom sympathischen Nerven versehenen Theile nach Verletzungen des Gehirns und Rückenmarks nicht sogleich auf. Dennoch sind die Centraltheile die eigentliche Quelle der Thätigkeit auch für den sympathischen Nerven, da dieselbe — wenn letzterer überhaupt nicht mehr vom Centrum neue Anregung empfängt — allmählig erlischt. — Die Thätigkeit des Gehirns findet nur unter materieller Abnutzung desselben Statt, deßhalb bedarf es, wenn es dauernd seine Verrichtungen ausüben soll, eines Stofferfaßes. Dieser tritt genügend nur in einer Ruhepause der Hirnthätigkeit ein, meßhalb in regel= mäßigen Zwischenräumen Ruhe und Thätigkeit des Gehirns wechseln. Die Pause der Hirnthätigkeit ist der Schlaf. In demselben ruhen auch die unmittelbar von den Cen= traltheilen abhängigen animalen Nerven, während die vegetativen ihre Thätigkeit (wie Bewegung des Herzens, Thätigkeit des Darmkanals) fortsetzen. — — Die eigen= thümliche Thätigkeit des Nervensystems wird veranlaßt durch eine demselben inne wohnende Kraft, die man Nervenkraft, Nervenfluidum, Nervenprincip oder Innervation nennt, die sich selber an und für sich sinnlich nicht wahrnehmen, aber aus ihren Wirkungen erkennen läßt, und die in dieser wie in mancher andren Beziehung der Electricität vergleichbar ist. Zunächst beruht diese Nervenkraft auf der nothwendigen Grund= lage eines gesunden Nervengewebes, dann aber bedarf dieselbe, um in Thätigkeit zu treten, gewisser Anregun= gen, die man Nervenreize nennt. Solche Nervenreize können sowohl äußere, d. h. durch Verhältnisse der Außen= welt auf den Körper hervorgebrachte, als auch innere, d. h. durch Zustände des Körpers selbst veranlaßte sein. Ein gesundes Nervensystem muß eine gewisse Empfindlichkeit gegen Reize (Reizbarkeit) haben, die krankhaft gestei= gert oder vermindert sein kann. Der Zustand gänzlichen Fehlens der Nervenreizbarkeit heißt Lähmung. Aber ein gesundes Nervensystem bedarf, um seine Wirkungen zur Erscheinung zu bringen, auch der (und zwar gesunden) Organe des Körpers, mit denen es im Zusammenhange steht, und in denen es wahrnehmbare Vorgänge veranlaßt. Die Art der Thätigkeit eines gesunden Nervensystems ist nun die, daß — nachdem zunächst innere oder äußere Reize auf einen sensitiven Nerven gewirkt haben — die durch diese Reize hervorgebrachten Eindrücke mittelst des sensitiven Nerven dem Gehirn zugeleitet werden. Dabei nehmen die sensitiven Nerven die ihnen zukommenden Ein= drücke mit Hülfe zusammengesetzter Organe auf, z. B. der Sehnerv durch das Auge, der Gehörnerv durch das Ohr

u. f. w., und es würden die Eindrücke bei mangelhafter Beschaffenheit dieser Organe selbst mangelhaft sein. Nachdem nun solche Eindrücke zum Gehirn geleitet und dort empfunden worden sind, veranlaßt die Thätigkeit des Centralorganes den Empfindungen entsprechende Vorgänge. Diese Vorgänge aber werden, wenn sie in irgend einem Organe des Körpers Erscheinungen hervorrufen sollen, auf den Bahnen der motorischen Nerven als besondre Thätigkeitsanregungen den Organen zugeleitet. Wenn z. B. ein Mückenstich auf der Hand eines Menschen einen Reiz auf einen Gefühlsnerven hervorbringt, so wird zunächst dieser Reiz dem Centralorgan zugeleitet, dort empfunden, und in Folge dessen vom Centrum aus eine Anregung auf gewisse motorische Nerven hervorgebracht, welche ihrerseits zweckentsprechende Muskelcontractionen zur Abwehr des unangenehm empfundenen Reizes des Mückenstiches veranlassen. Die Leitung im Nervensystem ist demnach der eines electrischen Telegraphen vergleichbar. Von einer Centralstation, welche dem Gehirn entspricht, werden Meldungen nach den Außenstationen (den Organen) vermittelst der telegraphischen Leitungsdrähte (der motorischen Nerven) befördert. Diese Meldungen gelten in den Außenstationen als auszuführende Befehle. Umgekehrt aber werden auch Vorgänge, die auf den Außenstationen wahrgenommen sind, der Centralstation gemeldet (entsprechend der centripetalen Leitung der sensitiven Nerven), und veranlassen im Centrum weitere Anordnungen. — In den Leitungsvorgängen der Nerven tritt als ein wichtiges Gesetz das der isolirten Leitung hervor, wonach jede Nervenfaser in ihrem ganzen Verlauf von ihrer Wurzel im Centralorgane bis zu ihrem peripherischen Ende isolirt, d. h. von anderen neben ihr in demselben Nervenstrange liegenden Fasern abgesondert erscheint, so daß sie ihre Reize nur zwischen ihren beiden Endpunkten von außen nach dem Centrum (sensitiv) oder vom Centrum nach außen (motorisch) leitet, nirgend aber dieselben auf nebenliegende Fasern überträgt; ebenso wie in einem Telegraphen=Kabel mehrere Leitungsdrähte zwar neben ein=

ander liegen, aber durch besondre Hüllen ein jeder von
den anderen isolirt ist, und nur zwischen den Stationen
leitet, nicht aber die electrische Strömung auf einen der
neben ihm in demselben Kabel liegenden Drähte übersprin=
gen läßt. In den Centralorganen, dem Gehirn und
Rückenmark, finden dagegen Uebertragungen der Reizung
von einer auf die andre Faser Statt. Die aus solchen
Uebertragungen hervorgehenden Erscheinungen sind Refle=
xionserscheinungen, Mitbewegungen und Mitempfindungen.
Bei den **Reflexionserscheinungen** findet die Ueber=
tragung des Reizes von einer sensitiven auf eine moto=
rische Faser Statt, und es treten in Folge dessen Bewe=
gungen, sog. **Reflexbewegungen**, ein. Solche sind
z. B. vorhanden bei dem Niesen nach Kitzel in der Nase
durch Schnupftaback, beim Erbrechen nach Kitzel im
Schlunde, beim Husten durch Reizung der Luftwege in
Folge von Schleim oder eingeathmeten schädlichen Gas=
arten, bei Krämpfen der Kinder in Folge von Krankheiten
des Darmkanals. Die Reflexionserscheinungen können
unwillkührlich und unbewußt vor sich gehen. Sie finden
auch zwischen den Thätigkeiten der animalen und vegeta=
tiven Nerven gegenseitig Statt. Häufig kommen Refle=
xionserscheinungen im Rückenmark zu Stande, so daß die=
ses durch solche reflectorische Thätigkeit seine hauptsächliche
Bedeutung erhält. — Bei den **Mitbewegungen** oder
associirten Bewegungen findet die Uebertragung
eines Reizes von einer Bewegungsfaser auf eine andre
Bewegungsfaser Statt. Solche Bewegungen entstehen
unwillkührlich und selbst wider Willen, und sind immer
unzweckmäßig. So schließen die meisten Menschen beide
Augen, wenn sie nur das eine schließen wollen; oder sie
bewegen die Finger beider Hände, wenn nur die der einen
bewegt werden sollen; oder sie bewegen die Beine mit,
während nur die Arme thätig sein müßten. Bei zusam=
mengesetzten Bewegungen, wie sie beim Turnen, beim
Klavierspielen u. dgl. vorkommen, sind unwillkührliche Mit=
bewegungen häufig. Sie können allmählig durch Uebung
beseitigt werden, indem der Wille lernt, die Innervation

auf bestimmte Fasern zu richten und nicht unnöthig zu
verbreiten. Solche Uebung, deren Erfolge als körperliche
Gewandtheit sich darstellen, und eine Herrschaft des Wil=
lens über den Körper anzeigen, wird durch die geregelten
Bewegungen des Turnens in hohem Maaße hervor=
gebracht. — Mitempfindungen entstehen durch Ueber=
tragung des Reizes von einer sensitiven auf eine andre
sensitive Faser. So breitet sich der Zahnschmerz von
einem kranken über eine ganze Reihe gesunder Zähne aus,
so entsteht ein Schauergefühl beim Hören gewisser unan=
genehmer Töne, z. B. der durch Kratzen auf Glas her=
vorgebrachten. Hierbei ist zu bemerken, daß die Reizung
eines sensitiven Nerven, an welcher Stelle seines Verlaufs
sie ihn auch treffen mag, doch immer so empfunden wird,
als ob sie an seinem peripherischen Ende vorhanden wäre.
So wird (in obigem Beispiel) der mitgetheilte Zahnschmerz,
obgleich der übertragene Reiz auf die Nerven der gesun=
den Zähne an ihrem Wurzelende im Gehirn wirkt, doch
so empfunden, als ob er an ihrem peripherischen Ende,
in dem gesunden Zahne selbst, vorhanden wäre. Ebenso
wird bei einem Stoße auf den am Ellenbogen verlau=
fenden Nerven der dadurch veranlaßte kribbelnde Schmerz
an den peripherischen Endigungen des Nerven, nämlich
im vierten und fünften Finger empfunden.

8. Eingeweide.

Die Eingeweide sind Organe des Körpers, welche
besonders in den großen Höhlen des Rumpfes vorkommen,
einen sehr zusammengesetzten Bau zeigen, aus sehr ver=
schiedenartigen Geweben bestehen, und mannigfache eigen=
thümliche Verrichtungen haben. Nach letzteren unterschei=
det man bei ihnen folgende Gruppen: 1) Sinneswerk=
zeuge, 2) Athmungs = und Stimmwerkzeuge, 3) Ver=
dauungsorgane, 4) Harnorgane, 5) Geschlechtsorgane.

Sinneswerkzeuge. Die Sinneswerkzeuge sind
Vorrichtungen, welche dazu dienen, die sinnliche Wahr=

nehmung eigenthümlicher Nervenreize, wie des Lichts, des
Schalles, des Geruchs, des Geschmackes und des Tast=
gefühls für die Sinnesnerven zu vermitteln. Ohne diese
Vorrichtungen würden die genannten Nervenreize nicht in
ihrer Besonderheit zur Wahrnehmung kommen. Der Sin=
neswerkzeuge giebt es folgende fünf: Gehörwerkzeug (Ohr),
Sehwerkzeug (Auge), Geruchswerkzeug (Nase), Geschmacks=
werkzeug (Zunge und Gaumen) und Tastorgan (äußere
Haut). Von diesen liegen die vier ersten in besonderen
Höhlen des Kopfes, während das letzte sich über die ganze
Körperoberfläche verbreitet. Da aus einer Betrachtung
der Gestaltung und Verrichtung der Sinnesorgane für
System und Methode der Leibesübungen keinerlei förder=
liche Ergebnisse hervorgehen, so fällt eine solche Betrach=
tung hier fort.

Athmungs= und Stimmwerkzeuge. Die Ath=
mungswerkzeuge bestehen aus den Luftwegen und
den Lungen. Die Luftwege, welche den Hindurchtritt
der Luft beim Athmen gestatten, zerfallen in die Nasen=
höhle, die Mund= und Rachenhöhle, den Kehlkopf und
die Luftröhre. Diese Theile stellen zugleich die Stimm=
und Sprachwerkzeuge dar. Als solche sind sie für
unsre Zwecke von geringer Bedeutung und nur kurz zu
berühren. Sie sind sämmtlich an ihren Wänden mit
Schleimhaut bekleidet. Die Nasenhöhle steht in ihrem
hinteren Theile mit der Rachen= und durch diese mit
der Mundhöhle in Verbindung, von denen weiter unten
bei den Verdauungsorganen gehandelt werden wird. Der
Kehlkopf, welcher einen aus Knorpeln gebildeten Hohl=
raum darstellt, ist das eigentlich stimmbildende Organ.
Er liegt hinter und unter der Zunge in der Mitte des
Halses, an dessen vorderer Fläche er eine spitze Hervor=
ragung (Adamsapfel) bildet. In seiner Höhle befinden
sich von vorn nach hinten ausgespannt die Stimmbän=
der, ein oberes und ein unteres Paar. Zwischen den
unteren Stimmbändern zeigt sich eine schmale wagerechte
Spalte, die Stimmritze. Von dem hinteren Theile
der Rachenhöhle gelangt man in den Kehlkopf, die Oeff=

nung zwischen beiden kann aber verschlossen werden durch
den Kehldeckel, eine bewegliche hinter der Zunge vorn
angewachsene Klappe. Nach unten steht der Kehlkopf in
unmittelbarer Verbindung mit der Luftröhre, in deren
Hohlraum seine Höhle übergeht. Die Luftröhre ist
eine aus 16 bis 20 über einander liegenden C = förmigen
Ringen bestehende Röhre, welche sich, etwa 4 Zoll lang,
vom unteren Theile des Kehlkopfes längs der Mitte des
Halses senkrecht nach unten in die Brusthöhle hinein
erstreckt. Dort spaltet sie sich, hinter dem Brustbein, in
der Höhe des dritten Rückenwirbels unter einem stumpfen
Winkel in einen rechten und linken Ast, von denen jener
zur rechten, dieser zur linken Lunge geht, um sich in
derselben weiter zu verzweigen. Die Lungen, eine
rechte und eine linke, sind zwei kegelförmige Körper,
welche, das Herz zwischen sich einschließend, die rechte
und linke Seitenhälfte der Brusthöhle vollständig ausfül=
len. Jede Lunge liegt mit ihrer etwas ausgehöhlten
Grundfläche auf dem die Brusthöhle nach unten abschlie=
ßenden Zwerchfell. Die oberen Enden oder Spitzen der
Lungen sind stumpf abgerundet und reichen bis über die
erste Rippe hinauf. Die rechte Lunge ist durch zwei
Einschnitte in drei, die linke durch einen Einschnitt in
zwei Lappen getheilt. Das Lungengewebe ist weich,
schwammig und elastisch, und besteht aus größeren und
diese wieder aus kleineren Läppchen, welche mit einander
durch Bindegewebe vereinigt sind. Die endlichen Bestand=
theile der kleineren Läppchen sind rundliche Bläschen, die
Lungenbläschen oder Luftzellen. Die beiden Aeste
der Luftröhre treten, der eine in die rechte, der andre in
die linke Lunge ein, und verzweigen sich in denselben
nach Art der Arterien, immer kleinere Zweige bildend.
Die kleinsten Zweige der Luftröhrenäste endigen zuletzt in
den äußerst zahlreich vorhandenen Lungenbläschen. Außer
den Luftröhrenästen bringt die Lungenarterie in die Lun=
gen ein, verzweigt sich in denselben, und bildet ein feines
Capillarnetz, welches sich in den Wänden der Lungenbläs=
chen verbreitet. Aus diesem Haargefäßnetz bilden sich die

Lungenvenen, welche — nachdem das durch die Lungen=
arterie in die Lungen eingeführte dunkelrothe Blut inner=
halb derselben durch die Athmung hellroth geworden ist —
das so verwandelte Blut wieder aus den Lungen abfüh=
ren. Die Lungenarterie wie die Vene gehören dem klei=
nen Kreislaufe an. Aber auch Gefäße des großen Kreis=
laufs befinden sich in der Lunge, die Ernährung derselben
bewirkend. Ebenso sind Lymphgefäße und Nerven in der
Lunge vorhanden. Die Farbe der Lungen ist im jüngeren
Alter hellroth, bei Erwachsenen aber grauroth und blau
und schwärzlich marmorirt. — Die innere Wand der
Brusthöhle ist von einer serösen Haut bekleidet, welche
sich auch auf die Lungen hinüberschlägt, indem sie sich
einstülpt, dann jede Lunge überzieht, so daß dieselbe in
einem Sacke ruht. Diese Haut heißt das Brustfell.

Die Thätigkeit der Athmungswerkzeuge
ist das Athmen, die Athmung oder Respiration,
welche aus der Einathmung (Inspiration) und
der Ausathmung (Exspiration) besteht. Bei der
Einathmung wird die Brusthöhle ausgedehnt, indem einer=
seits durch dazu bestimmte Muskeln die Rippen empor=
gehoben werden, andrerseits das aus Muskelfleisch beste=
hende Zwerchfell, welches im Ruhezustande sich nach oben
in die Brusthöhle hineinwölbt, sich zusammenzieht und
dabei nach unten abflacht. Während so durch Muskel=
thätigkeit der Raum der Brusthöhle erweitert wird, strömt
von außen durch die Mund= oder Nasenhöhle, die Rachen=
höhle, den Kehlkopf und die Luftröhre die atmosphärische
Luft in die Lungen ein, und erfüllt in denselben die
Lungenbläschen. Wenn aber die genannten Muskelkräfte
wieder zu wirken aufhören, so sinken die Rippen, das
Zwerchfell wölbt sich empor, der Raum der Brusthöhle
wird verkleinert, und die in den Lungen befindliche Luft
wird durch die Luftwege nach außen getrieben. Letzterer
Vorgang ist die Ausathmung. So wechseln unaufhörlich
Ein= und Ausathmung und lassen Luft ein= und ausströ=
men, wie bei einem Blasebalg, der abwechselnd geöffnet
und geschlossen wird. Die Häufigkeit der Athemzüge steht

Fig. 3.*)

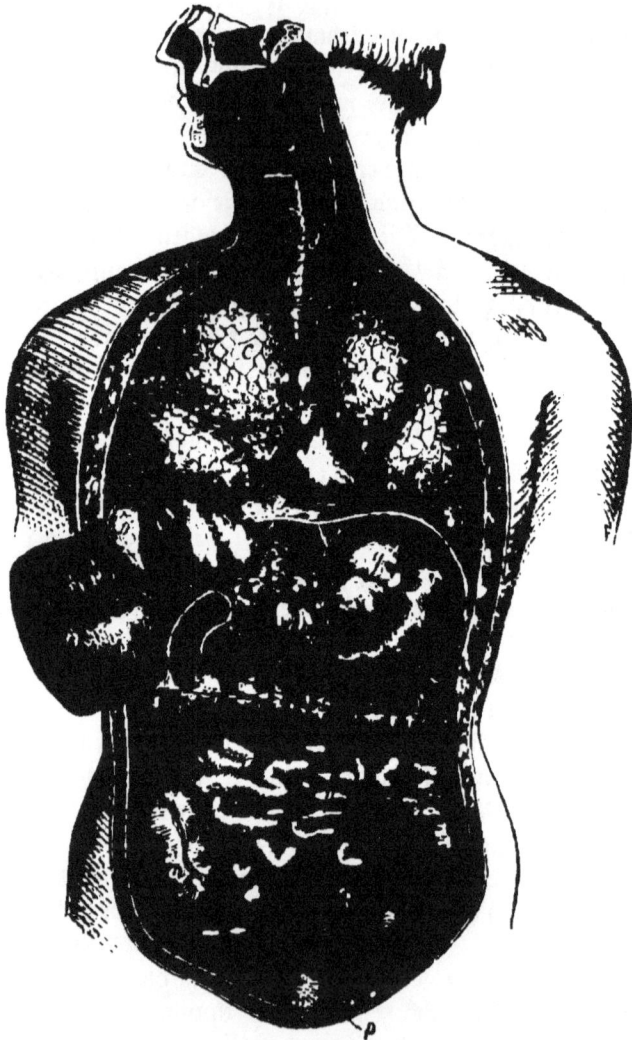

*) Fig. 3. Eingeweide der Brust = und Bauchhöhle:
a) Luftröhre; b) Schilddrüse; c) c) die Lungen; d) Herz;
e) Zwerchfell; f) Speiseröhre; g) Magen; h) Dünndarm;
m) Blinddarm; l) Quergrimmbarm; k) absteigender Grimm=
darm; i) Mastdarm; n) Leber (die untere Fläche nach oben
geklappt); o) Gallenblase; p) Harnblase.

in einem bestimmten Verhältniß zum Herzschlage. Bei
einem Erwachsenen, der 70 Herzschläge in der Minute
zeigt, sind in derselben Zeit etwa 12 Athemzüge zu beob=
achten. Durch die Einathmung wird aber bewirkt, daß
das Blut, welches die feinen Capillaren, die in den
Wänden der Lungenbläschen sich verbreiten, durchströmt,
in Berührung kommt mit der eingeathmeten atmosphäri=
schen Luft. Jenes Blut aber, welches durch die Lungen=
arterie aus der rechten Herzkammer den Lungen zugeführt
wird, ist dunkles, theils abgebrauchtes, theils unfertiges
aus dem Chylus hervorgegangenes, und enthält viel Koh=
lensäure. Bei der Berührung dieses Blutes nun mit der
eingeathmeten Luft wird ein Theil ihres Sauerstoffes in
dasselbe aufgenommen, dagegen Kohlensäure aus demselben
entfernt und bei der Ausathmung nach außen geführt.
Durch diese Vorgänge wird das vorher dunkle Blut hell=
roth gefärbt, als solches durch die Lungenvene zur linken
Herzvorkammer und weiterhin durch die Aorta auf dem
Wege des großen Kreislaufes zu allen Theilen des Kör=
pers als Mittel der Ernährung geführt.

Bei Beschreibung der Athmungswerkzeuge sind auch
die mit ihnen zusammenhängenden Blutgefäßdrüsen, deren
Thätigkeit noch unbekannt ist, die Schilddrüse und die
Thymusdrüse, zu erwähnen. Die Schilddrüse liegt
am Halse vor dem oberen Theile der Luftröhre und
dem Kehlkopfe. Ihre gewöhnlich geringe Größe nimmt
öfters krankhafter Weise so zu, daß sie eine am Halse
äußerlich hervortretende Anschwellung, den Kropf, bildet.
Die Thymus= oder innere Brustdrüse ist ein im
oberen Theile der Brusthöhle zwischen Herzbeutel und
Brustbein liegendes, dem kindlichen Alter angehörendes
Organ, welches gegen das Alter der Mannbarkeit kleiner
zu werden und endlich ganz zu verschwinden pflegt.

Verdauungsorgane. Die Verdauungsorgane
bestehen aus dem Speisekanal und den dazu gehörigen
drüsigen Organen, der Leber und der Bauchspeicheldrüse.
Ferner ist bei denselben die Milz zu erwähnen. Den
Speisekanal bilden die Mund= und Rachenhöhle, der

5 *

Schlundkopf, die Speiseröhre, der Magen und der Darm=
kanal. Der ganze Speisekanal ist mit Schleimhaut
ausgekleidet. — Die Mundhöhle beginnt mit dem
Munde; innerhalb derselben befinden sich die in den
Kiefern steckenden Zähne und die Zunge; in die
Mundhöhle ergießt sich aus sechs innerhalb der Seiten=
wandungen und des Bodens derselben liegenden Drüsen
(den Speicheldrüsen) eine Flüssigkeit (der Spei=
chel). Nach hinten geht die Mundhöhle in die Rachen=
höhle über. Diese bildet wiederum den mittleren Theil
des Schlundkopfes, einer länglichen von oben nach
unten gerichteten, mit muskulösen Wandungen versehenen
Höhle, welche hinter der Nasen= und Mundhöhle und
hinter dem Kehlkopfe liegt, und ununterbrochen in die
Speiseröhre übergeht. Diese stellt einen im leeren
Zustande abgeplatteten, im gefüllten runden Kanal mit
muskulösen Wänden dar, welcher sich hinter der Luftröhre
und dem Herzen durch Hals und Brusthöhle abwärts
erstreckt, durch das Zwerchfell hindurch in die Bauch=
höhle tritt, und hier in den Magenmund übergeht. Der
Magen ist ein flach hufeisenförmig gekrümmter, läng=
licher Sack, welcher, quer von links nach rechts durch den
oberen Theil der Bauchhöhle sich erstreckend, den weitesten
Theil des Speisekanals darstellt. Seine Weite nimmt
von links nach rechts allmählig ab. An seinem oberen
Umfange, in der Nähe seines linken Endes befindet sich
eine Oeffnung, der Magenmund, durch welche er mit
der Speiseröhre in Zusammenhang steht. Eine zweite
Oeffnung des Magens, der Pförtner, liegt an seinem
rechten Ende, wo er in den Zwölffingerdarm übergeht.
In der die innere Wand des Magens bekleidenden
Schleimhaut befinden sich sehr zahlreiche kleine Drüschen
(Labdrüsen), welche eine saure Flüssigkeit, den Magen=
saft, absondern. Außerhalb dieser Schleimhaut liegt eine
muskulöse Haut, welche eigenthümliche von einer Stelle
zur anderen fortschreitende Bewegungen der Magenwände
(sog. wurmförmige oder peristaltische Bewe=
gung) hervorbringt. Diese Muskelhaut bildet am Pfört=

ner einen ſtärkeren muskulöſen Ring, welcher hier durch ſeine Zuſammenziehungen die Oeffnung des Magens ab= ſchließen kann. — An den Magen ſchließt ſich der Darmkanal an, ein häutiger Schlauch, der ſich in einer Länge, welche die des ganzen Körpers 5 bis 6 mal übertrifft, vielfach gewunden durch die Bauch= und Becken= höhle hinabzieht, und am After endigt. Der Darmkanal zerfällt in den Dünndarm und Dickdarm. Der Dünn= darm, etwa 1 Zoll weit, beſteht wieder aus dem Zwölf= fingerdarm, Leerdarm und Krummdarm. Der Zwölf= fingerdarm, gegen 12 Zoll lang, ſchließt ſich unmit= telbar an den Pförtner des Magens an, geht hufeiſen= förmig gekrümmt an der hinteren Wand der Bauchhöhle abwärts und dann in den Leerdarm über. Dieſer beträgt an Länge ungefähr ein Drittel des noch übrigen Dünndarms, nimmt die Mitte der Bauchhöhle ein, und geht ohne deutliche Gränze in den Krummdarm über, deſſen Länge die letzten zwei Drittel des Dünndarms aus= macht. Der Krummdarm erfüllt den unteren Theil der Bauchhöhle, reicht bis in die Beckenhöhle hinab, und tritt endlich in der rechten Leiſtengegend in den Dickdarm ein. In den Wänden des Dünndarms befinden ſich wie in denen des Magens eine Muskelhaut und eine Schleimhaut. Die erſtere veranlaßt auch hier die wurmförmigen Bewe= gungen; die letztere bildet häufige, in die Höhle des Darmes klappenförmig vorſpringende Falten. Dieſe Fal= ten ſowohl wie auch die ſonſtige Schleimhaut des Dünn= darms ſind mit den ſogenannten Darmzotten, feinen häutigen Flocken bedeckt, welche die Anfänge der Lymph= gefäße in dieſem Theile des Darmkanals enthalten. In der Dünndarmſchleimhaut ſind ferner noch verſchiedenartige kleine Drüschen ſehr zahlreich vorhanden, welche Darm= ſchleim und Darmſaft abſondern. — Der Dickdarm, welcher aus dem Blinddarm, Grimmdarm und Maſtdarm beſteht, iſt ungefähr 5 Fuß lang und bedeutend weiter als der Dünndarm. Der Blinddarm, welcher den ſackförmig erweiterten Anfang des Dickdarmes darſtellt, liegt in der rechten Leiſtengegend. An dieſem Theile des

Darmes befindet sich ein 3 Zoll langer, hohler, wurm=
förmig geringelter Fortsatz (der w u r m f ö r m i g e F o r t =
s a t z). Vom Blinddarm aus geht der Dickdarm unter
dem Namen des a u f s t e i g e n d e n Grimmdarmes
senkrecht in die Höhe, biegt sich unterhalb der Leber nach
links um, und läuft als Q u e r g r i m m d a r m wagerecht
unterhalb des Magens nach der linken Seite hinüber,
macht hier eine Biegung nach unten, und geht senkrecht
bis zur linken Leistengegend als a b s t e i g e n d e r G r i m m =
d a r m hinab.   Dieser krümmt sich endlich S = förmig in
das Becken hinab, um in den M a s t b a r m überzugehen,
welcher in dem, durch einen ringförmigen Schließmuskel
verschließbaren, A f t e r endigt.

Mit dem Speisekanal steht die L e b e r in enger Ver=
bindung, eine braune, große und schwere Drüse (4 bis
6 ℔. schwer), welche den oberen rechten Theil der Bauch=
höhle unterhalb des Zwerchfells ausfüllt.   Sie sondert
aus dem Blute, welches die Pfortader ihr zuführt, die
Galle ab, reinigt dadurch das Blut und liefert damit
zugleich ein Produkt, welches die Verdauung unterstützt.
Die Galle wird entweder unmittelbar durch einen Kanal
aus der Leber in den Zwölffingerdarm, oder sie wird
zunächst in einen Aufbewahrungsraum, die G a l l e n =
b l a s e, welche an der unteren Seite der Leber liegt,
geführt, und ergießt sich erst von hier aus während der
Verdauung in den Zwölffingerdarm. — Eine andre,
den Verdauungsorganen angehörige Drüse ist die B a u c h =
s p e i c h e l d r ü s e, welche, lang und platt, hinter dem
Magen liegt, eine dem Mundspeichel ähnliche Flüssigkeit
(den B a u c h s p e i c h e l) absondert und durch einen Aus=
führungsgang in den Zwölffingerdarm führt. — Die
M i l z endlich, eine Blutgefäßdrüse, ist zunächst wegen
ihrer Lage hier zu erwähnen.   Sie hat eine bohnenförmige
Gestalt, etwa 5 Zoll Länge, eine braunrothe Farbe, und
liegt links neben dem Magen, unterhalb des Zwerchfells,
bedeckt von den unteren Rippen der linken Seite.   Ihre
Thätigkeit ist nicht genau bekannt, sie scheint für die Bil=
dung der Blutkörperchen von Bedeutung zu sein.

Die Wände der Bauchhöhle werden an ihrer inne=
ren Oberfläche von einer serösen Haut bekleidet, welche
mehrere, einwärts gestülpte Fortsetzungen bildet, und in
diesen sackförmig die in der Bauchhöhle liegenden Ein=
geweide der Verdauung einschließt. Jene Haut heißt das
Bauchfell, und die von derselben beim Uebergang von
den Bauchwänden zu den Unterleibsorganen gebildeten
Falten, welche als aus doppelten Hautlagen bestehende
Platten erscheinen, werden Bänder des Bauchfells
genannt. An den Gedärmen werden dieselben besonders
noch als Gekröse bezeichnet, und enthalten hier zahl=
reiche Lymphdrüsen der Verdauungsorgane; an den Krüm=
mungen des Magens heißen sie Netze, ein großes und
ein kleines, von denen ersteres von dem unteren Theil
des Magens wie eine Schürze vorn über alle Unterleibs=
organe frei herabhängt.

Die Thätigkeit der Verdauungsorgane,
die Verdauung oder Digestion, zerfällt in drei
Haupttheile, nämlich zuerst die Aufnahme und Fortleitung,
dann die Umwandlung der Speisen und endlich die Aus=
führung der unbrauchbaren Speisereste. Zur Aufnahme
und Fortleitung dienen die Mundhöhle, der Schlundkopf
und die Speiseröhre, die deßhalb auch Ingestions=
organe heißen; die Umwandlung und Auflösung der
Speisen erfolgt im Magen, Dünndarm und oberen Theile
des Dickdarms, sowie mit Hülfe der drüsigen Organe,
weßhalb diese Theile eigentliche Digestions= oder
Chylificationsorgane heißen; die Ausführung
unbrauchbarer Speisereste geschieht mittelst des unteren
Theils des Dickdarms, der deßwegen Egestionsorgan
genannt wird.

Die in den Mund eingeführten Nahrungsmittel wer=
den, nachdem die festen Stoffe durch Kauen mit den
Zähnen zerkleinert worden sind, mit Speichel vermischt,
und so entweder in flüssiger oder breiiger Gestalt oder
als Bissen geformt durch die Speiseröhre in den Magen
gebracht. Die Formung der Bissen wird durch die Zunge
bewirkt, welche die Speisen in den hinteren Theil der

Mundhöhle drängt, von wo sie durch Schlingbewegungen in den Schlundkopf gerathen, und indem sie über den, den Eingang zum Kehlkopf verschließenden, Kehldeckel hinweggleiten, weiter in die Speiseröhre gelangen. Die Zusammenziehungen dieses Kanals treiben die Speisen in den Magen hinab. Schon auf dem bisherigen Wege ist die Verdauung, und zwar als sog. Vorverdauung, hauptsächlich durch Vermischung mit dem Speichel, durch dessen Einwirkung das in der Nahrung enthaltene Stärkemehl in Zucker verwandelt wird, begonnen. Im Magen erfolgt nun die Magenverdauung oder Bildung des Speisebreies (Chymification), indem durch die Einwirkung des sauren Magensaftes die eiweißartigen Bestandtheile der Nahrung aufgelöst werden. Durch die wurmförmige Bewegung der Magenwände wird der Inhalt des Magens bewegt und dadurch in erhöhtem Maaße mit dem Magensaft, der auf diese Weise seine auflösende Wirkung kräftiger ausüben kann, gemischt. Ein Theil der Flüssigkeiten, die mit der Nahrung in den Magen gelangen, wird schon hier von den Gefäßen der Magenwände aufgesogen. Während der Magenverdauung ist der Pförtner geschlossen. Nachdem nun durch dieselbe die Speisen in einen Brei (Speisebrei, Chymus) verwandelt sind, wird dieser vermöge der wurmförmigen Bewegung durch den jetzt geöffneten Pförtner in den Zwölffingerdarm getrieben, wo demnächst die Dünndarmverdauung beginnt. Indem nämlich der Speisebrei durch die wurmförmige Bewegung des Dünndarmes langsam in demselben fortgeschoben wird, mischt er sich mit den Absonderungen der Bauchspeicheldrüse und der Leber, nämlich dem Bauchspeichel und der Galle, sowie mit dem Darmsaft, und wird durch Einwirkung dieser Stoffe in Speisesaft, Milchsaft oder Chylus verwandelt, welcher von den Lymphgefäßen des Dünndarms aufgesogen und dem venösen Blute als neuerworbener Stoff zugeführt wird. Die Einwirkung des Bauchspeichels verwandelt die etwa noch im Speisebrei befindlichen Stärkemehl haltigen Stoffe vollends in Zucker, der Darmsaft

löst die noch übrigen eiweißartigen Bestandtheile auf, die
Galle bewirkt eine feine Zertheilung des im Speisebrei ent=
haltenen Fettes, tilgt die in demselben befindliche überschüs=
sige Säure, und verbindet sich endlich mit den unbrauch=
baren, unauflöslichen Bestandtheilen des Speisebreies, um
mit diesen den Körper zu verlassen. Diese unbrauchbaren
Stoffe gelangen nämlich in den Dickdarm, wo alle noch
etwa in denselben befindlichen nahrhaften Bestandtheile
durch die sog. Nachverdauung aufgesaugt werden,
und kommen endlich durch die auch im Dickdarm wirkende
peristaltische Bewegung völlig ausgenutzt und für die
Ernährung des Körpers werthlos in Verbindung mit zer=
setzter Galle als Darmkoth durch den Mastdarm und
After nach außen.

Harnorgane. Die Harnorgane bestehen aus
den beiden Nieren und Harnleitern, der Harnblase und
Harnröhre. Die Nieren sind zwei bohnenförmige drü=
sige Organe, welche in Fett eingebettet an der hinteren
Bauchwand zu beiden Seiten der Lendenwirbel liegen.
Von jeder Niere aus geht ein häutiger Kanal (Harn=
leiter) zu der im unteren Theile des Beckens hinter
der vorderen Bauchwand liegenden Harnblase, einem
länglichrunden, häutigen Behälter für den Harn. Von
der Harnblase aus führt die Harnröhre, ein häutiger
Kanal, zu den äußeren Geschlechtstheilen, um sich hier
nach außen zu öffnen. — Die Nieren sondern aus dem
Blute den Harn (Urin) ab, eine Flüssigkeit, durch
welche theils überschüssiges Wasser, theils salzige und
stickstoffhaltige Bestandtheile aus dem Organismus entfernt
werden. Die stickstoffhaltigen Bestandtheile des Harns,
der Harnstoff und die Harnsäure, entstehen aus den
abgenutzten, durch eingeathmeten Sauerstoff zersetzten stick=
stoffhaltigen Bestandtheilen des Körpers. Solche sind
namentlich die eiweiß= und faserstoffhaltigen Gewebe des
Muskel= und Nervensystems. Somit ist die Harnabson=
derung ein Reinigungsprozeß für das Blut und den
Organismus. — Der in den Nieren abgesonderte Harn
gelangt durch die Harnleiter in die Harnblase, sammelt

sich in derselben an, und wird endlich durch die Harn=
röhre nach außen abgeführt.

Geschlechtsorgane. Da, wie bei den Sinnes=
organen, eine Beschreibung der Gestaltung und Verrich=
tung der Geschlechtsorgane für den Zweck dieses Buches
überflüssig ist, so werden dieselben hier übergangen, und
nur in diätetischer Beziehung so weit als nöthig weiter
unten beachtet werden.

9. Lebenserscheinungen des menschlichen Körpers.

Die Lebenserscheinungen des menschlichen Körpers
sind durch den Stoffwechsel bedingt, d. h. durch einen
steten Wechsel der den Körper bildenden Stoffe, in der
Art, daß dieselben fortdauernd abgenutzt werden und
absterben, zugleich aber in neuem, dem Körper von außen
zugeführten, Stoffe Ersatz finden. So ist der Stoffwech=
sel, oder auch das Leben selbst, eine fortgesetzte Neubil=
dung und Rückbildung des Körpers. Demnach sind auch
die Erscheinungen des Lebens entweder Erscheinungen der
Neubildung oder solche der Rückbildung.

Die Neubildung beginnt mit der Aufnahme rohen
Stoffes von außen (der Nahrung). Die Nahrungsstoffe
werden zunächst in den Mund geführt, und wenn sie
flüssige Form haben, sogleich durch Hinunterschlucken in
den Magen befördert. Sind sie von fester Form, so
werden sie mittelst der Zähne durch Kauen zerkleinert,
und mit dem Speichel, der die erste Umwandlung der
Speisen bewirkt, vermischt. Zu Bissen geformt gelangen
sie nun in den Magen, wo sie in Speisebrei (Chymus)
verwandelt werden. Letzterer wird sodann in den Dünn=
darm befördert, und daselbst mit Hülfe des Bauchspei=
chels, der Galle und des Darmsaftes in Speisesaft (Chy=
lus) umgeändert. Dieser wird, nachdem schon die Gefäße
der Magenwand einen Theil der im Magen befindlichen

Flüssigkeiten aufgesogen haben, von den Saugadern der Dünndarmwand aufgesaugt, um mit der Lymphe dem Blute zugeführt zu werden. Die Reste des Speisebreies gelangen demnächst in den Dickdarm, in welchem sie fort= rücken, um endlich, gänzlich ausgenutzt, als unbrauchbare Kothmassen durch Mastdarm und After entleert zu werden.

Die in den Körper eingeführten Nahrungsstoffe sind entweder eiweißartige Stoffe (wie das thierische Eiweiß, der Faserstoff, Käsestoff, thierische Leim, das Pflanzen = Eiweiß, der Kleber, das Legumin und der Pflanzenleim) oder Fette und Fettbildner (wie das thierische Fett, der Milchzucker, die Milchsäure, Pflanzenöle, Stärke, Zucker und Alkohol, Gummi, Pflanzengallerte und Pflanzenschleim, endlich Pflanzensäuren) oder Wasser, Kochsalz, Kalk=, Kali = und Natronsalze und Eisen. Das Wasser ist in großer Menge in allen Geweben des Körpers enthalten, die eiweißartigen Stoffe bilden hauptsächlich das Blut und das Fleisch, und die Fette und Fettbildner dienen zur Erzeugung des im Körper nothwendigen Fettes und durch Veränderung des in ihnen enthaltenen Kohlenstoffes in Kohlensäure zur Quelle der thierischen Wärme. In der Verdauung werden die stärkemehlhaltigen Nahrungsstoffe durch Einwirkung des Mundspeichels, des Bauchspeichels und des Darmsaftes in Zucker verwandelt, die eiweiß= artigen Stoffe werden mit Hülfe des Magen = und Darm= saftes aufgelöst, und endlich die Fette werden durch die Galle und den Darmsaft fein zertheilt, so daß alle Nah= rungsbestandtheile eine Beschaffenheit annehmen, die ihre Aufsaugung durch die Lymphgefäße möglich macht. Nach= dem in dieser Weise die aus der Nahrung gewonnenen Stoffe zur Neubildung der Gewebe des Körpers den Be= standtheilen desselben ähnlich gemacht (assimilirt) worden sind, werden sie mit dem Strome der Lymphe als eine Quelle des Wiederersatzes für das Blut in das Venen= system eingeführt. Das Venenblut aber, welches somit theils noch als unfertiges, theils schon als abgebrauchtes Blut zur rechten Herzhälfte strömt, wird von hier aus durch die Zusammenziehungen der rechten Herzkammer in die Lunge getrieben, um daselbst mit dem Sauerstoff der eingeathmeten Luft in Berührung zu treten. Der Sauer= stoff nun verbindet sich mit dem venösen Blute, dieses in arterielles verwandelnd, Kohlensäure wird aus dem Blute frei und durch die Ausathmung aus dem Körper entfernt, wodurch diesem überflüssiger Kohlenstoff entzogen wird. Diese Vorgänge der Athmung sind eine wesentliche Quelle der Wärme des Körpers. Inzwischen fließt das arteriell gewordene Blut von der Lunge zur linken Herzhälfte, und wird durch die Zusammenziehungen der linken Herz= kammer in die Aorta und ihre Arterien = Verzweigungen, und so zu allen Theilen des Körpers getrieben. Aus den feinsten Arterien strömt das Blut in das Netz der Capillargefäße ein, durch deren dünnhäutige Wände seine flüssigen Bestandtheile in die umliegenden Gewebe hin= durchschwitzen, diese mit neuer Ernährungsflüssigkeit durch= tränkend. Bis in die Zellen der Gewebe dringt die Flüssigkeit, und aus ihr, hauptsächlich aus ihrem Eiweiß und Faserstoff ernähren sich die Gewebe. Aber der Strom der Flüssigkeit geht nicht bloß aus den Capillaren in die Gewebe, sondern auch rückwärts aus diesen in die Capillaren, indem abgebrauchte Bestandtheile der Gewebe (Gewebsschlacken) in aufgelöster Form in den Blutlauf zurücktreten. Das arterielle Blut giebt bei diesen Vor= gängen Sauerstoff an die Gewebe ab, und nimmt dafür Kohlensäure auf, die als ein Product eines Verbrennungs= processes zu betrachten ist, das arterielle Blut verliert zugleich seine hellrothe Farbe, und wird zu dunkelrothem venösen. Als solches strömt es in den Venen wieder zum Herzen, dann wieder in den Lungen= und wieder in den Körperkreislauf ein. Uebrigens tritt aus den Capil= laren Ernährungsflüssigkeit im Ueberfluß in die Gewebe ein, so daß sie von diesen nicht verbraucht werden kann. Der Ueberschuß wird alsdann von den Lymphgefäßen auf= gesaugt und in den Blutstrom zurückgeführt. In der angegebenen Weise werden alle Organe des Körpers neu= gebildet, in allen aber geht auch die Rückbildung vor sich, indem zunächst ältere, abgebrauchte Bestandtheile der

Gewebe sich auflösen, flüssig werden, und in das Blut zurücktreten, indem sie ferner durch den Sauerstoff des Blutes verbrannt und als Gewebsschlacken und Auswurfs= stoffe mit dem Blute fortgeführt, und endlich durch Aus= scheidungsorgane aus dem Blutstrom entfernt werden. Solche Ausscheidungsorgane sind die Lungen, welche Koh= lensäure und Wasser aushauchen, die Nieren, welche den Harn, die Haut mit ihren Schweißdrüsen, welche den Schweiß, und die Leber, welche die Galle absondern.

Jede Thätigkeit des Körpers ist mit Stoffverbrauch verbunden, jede bedingt also eine rückbildende Auflösung, demnächst aber einen neubildenden Ersatz der thätigen Theile. Die Zusammenziehungen des Muskelfleisches, die Leitungsvorgänge in den Nerven, die Verstandes= und Gemüthsthätigkeiten im Gehirn sind vorzüglich solche Neu= und Rückbildung (oder Stoffwechsel) bedingende Thätig= keiten. Ohne die Thätigkeit des Körpers und seiner Organe ist der Stoffwechsel und damit die Gesundheit des Lebens gestört. Nur der naturgemäße Gebrauch, die stete Uebung der Organe und Kräfte des Körpers bedingt ihre Erhaltung und Ausbildung. Aber auch diese Thätig= keit, dieser Gebrauch der Kräfte muß dem Stoffwechsel entsprechend geregelt sein, in der Weise, daß zwischen Neubildung und Rückbildung ein richtiges Verhältniß besteht, daß einerseits durch die Thätigkeit nicht mehr Stoff verbraucht wird als andrerseits durch die Neubildung wieder ersetzt werden kann, oder daß die zur Neubildung in den Körper eingeführten Nahrungs= stoffe in richtigem Verhältniß zu dem durch die körperliche Thätigkeit verbrauchten Stoffe stehen, daß eine nach Menge und Beschaffenheit passende Nahrung genossen wird. Zur Erhaltung der Gesundheit ist es nöthig, daß nicht mehr und nicht weniger Nahrung in den Körper eingeführt wird, als durch die Thätigkeit an Stoff verbraucht werden kann. Wird weniger eingeführt, ist die Ausgabe stärker als die Einnahme, so können die verbrauchten Stoffe nicht gehörig ersetzt werden, und der Körper erschöpft sich; wird aber mehr eingeführt, ist die

Einnahme stärker als die Ausgabe, so kann die Rückbil=
dung nicht gleichen Schritt halten mit der Neubildung,
es entstehen Säfteüberfüllung, Ablagerungen unverbrauch=
ter Stoffe (besonders Fettablagerungen) und Stockungen
der Säfte, die zu Erkrankungen Veranlassung geben.
Aber nicht nur die Menge, auch die Beschaffenheit der
Nahrung ist für die Gesundheit wichtig. Um den Stoff=
wechsel in gehöriger Weise zu erhalten, müssen Nahrungs=
mittel eingeführt werden, welche durch ihre Beschaffen=
heit geeignet sind, zur Neubildung verwandt zu werden.
Eiweißartige Stoffe, Fette und Fettbildner, Wasser und
Salze sind in passender Mischung zur Nahrung nöthig.
Die eiweißartigen Stoffe sind zur Bildung vieler Gewebe,
besonders des Blutes und des Fleisches nothwendig, Fette
und Fettbildner sind zur Fettbildung und als Wärme=
quelle erforderlich, Wasser und Salze müssen als noth=
wendige Bestandtheile aller oder der meisten Theile des
Körpers gegeben werden. Eine Verbindung von thieri=
scher und Pflanzennahrung bietet hier die geeignetste
Mischung, indem die thierische Nahrung vorzugsweise
eiweißartige Stoffe, die Pflanzennahrung besonders Fett=
bildner liefert. Jede dieser Arten von Nahrung würde
allein für sich keine passende Ersatzquelle des verbrauchten
Stoffes darbieten.

Zur Unterhaltung des Stoffwechsels ist ferner die
Athmung nöthig, durch welche der mit der atmosphäri=
schen Luft in die Lungen geführte Sauerstoff dem Blute
mitgetheilt wird, und dieses die Fähigkeit erhält, zur
Gewebsneubildung verwandt zu werden. Aber wie die
Einathmung in dieser Weise der Neubildung dient, so
die Ausathmung der Rückbildung, indem sie Kohlensäure,
welche aus der Verbindung des Sauerstoffs mit abge=
brauchten Gewebstheilen entsteht, aus dem Körper ent=
fernt, und diesen von Schlacken reinigt. Indem endlich
in der Verbindung des Sauerstoffs mit den Theilen der
Gewebe eine Art Verbrennungsprozeß sich darstellt, wird
die Athmung eine der wesentlichsten Quellen der Körper=
wärme. In Anbetracht der Wichtigkeit der Athmung für

das Leben kommt es darauf an, dieselbe nach Möglichkeit zu befördern. Dies geschieht durch Einathmen guter Luft und durch kräftiges Athmen. Eine gute Luft muß die noth= wendigen Bestandtheile der atmosphärischen Luft (Sauer= stoff und Stickstoff) in richtigem Verhältniß enthalten, und frei von schädlichen Beimischungen sein. Die häufigste Verunreinigung der Luft entsteht in geschlossenen Räumen, in denen viele Menschen sich aufhalten, durch die von diesen ausgeathmete Kohlensäure. Deßhalb ist der Auf= enthalt in freier Luft stets der Athmung zuträglicher als der in geschlossenen Räumen, nur muß auch die freie Luft weder zu kalt, noch zu feucht oder zu trocken, und frei von Staub sein. Ein kräftiges Athmen kommt zu Stande bei guter Entwicklung der Athmungsorgane und der Athmungsmuskeln. Tiefes Einathmen bei reiner Luft und langsames Ausathmen kräftigen die Lungen und die Athmungsmuskeln. Letztere können außerdem durch zweck= mäßige Uebungen der Arm = und Brustmuskeln, wie sie beim Turnen vorkommen, entwickelt werden. Erstere lassen sich durch lautes Sprechen, durch Singen langgehaltener Töne ausbilden. Auch das Schreien kleiner Kinder beför= dert die in diesem Lebensalter so nothwendige Thätigkeit der Lungen. Besonders günstig auf die Athmung wirken lebhafte körperliche Bewegungen, die unter allen Umstän= den die Energie des Athmens erhöhen, und vorzüglich nützen, wenn sie in reiner, freier Luft vorgenommen wer= den. Deßhalb sind Turnübungen und Turnspiele im Freien, sowie Fußwanderungen überaus heilsam *). Be= schränkt wird dagegen die Athmung durch eine schlechte, gebückte Körperhaltung, durch welche der Brustkasten zu= sammengedrückt wird; ferner durch Kleidungsstücke, welche entweder den Brustkasten oder die Bauchhöhle einengen,

---

*) Sind aber durch solche Thätigkeiten, wie etwa durch Bergsteigen, anhaltendes oder schnelles Laufen, die Lungen in bedeutend erhöhte Thätigkeit versetzt, so ist das Einathmen kalter Luft, etwa bei rauhem entgegenwehendem Winde, zu vermei= den, weil dadurch Entzündungen der Athmungsorgane entstehen können.

wie Schnürleiber und enge Hüftgürtel. Dergleichen müf=
sen deßhalb vermieden werden.

Wesentlich wirkt auf die Regelung des Stoffwechsels
auch die unbehinderte freie Strömung der Säfte
des Blut= und Lymphgefäßsystems ein, da diese
letzteren sowohl die zur Neubildung der Gewebe nöthigen
Stoffe den Organen zuführen, als auch die aus den
Rückbildungsprocessen hervorgehenden abgenutzten Stoff=
theile in ihre Strömung aufnehmen, und an die Stellen
des Organismus gelangen lassen, wo sie durch besondere
Vorrichtungen aus dem Kreislauf der Säfte abgeschieden
werden. Die Säfteströmung wird hauptsächlich durch die
Herzthätigkeit hervorgebracht, aber auch durch die Ath=
mung und die Thätigkeit der Muskeln unterstützt. Wenn
nun freilich der auf die Herzthätigkeit auszuübende will=
kührliche Einfluß des Menschen gering ist, so können wir
doch durch kräftiges Ein = und Ausathmen, sowie durch
allseitige und geregelte Muskelthätigkeit wesentlich auf die
Beförderung der Säfteströmung einwirken, und Stockun=
gen, die besonders leicht im Pfortader = und überhaupt
im Venensystem auftreten, entgegenarbeiten. Da das Blut
auch, wenn es geringen Wassergehalt hat, dickflüssig und
deßhalb zu Stockungen geneigt wird, so ist der Genuß
einer reichlichen Menge Wassers ein Beförderungsmittel
der Circulation.

Die in die Blutströmung aufgenommenen Stoffe der
Rückbildung werden durch die Lungen, die Nieren, die
Haut und die Leber aus dem Körper ausgeschieden.
Daß diese Ausscheidung unbehindert von Statten
gehe, davon hängt ebenfalls die Regelmäßigkeit des Stoff=
wechsels ab. Was die gehörige Thätigkeit der erwähnten
Organe betrifft, so sind die Mittel zur Beförderung der
Lungenthätigkeit bei Gelegenheit der Athmung bereits
besprochen worden. Die Nierenthätigkeit dagegen, durch
welche mit dem Harn überflüssiges Wasser und abge=
brauchte eiweißartige Stoffe in der Form des Harnstoffes,
der Harnsäure und harnsaurer Salze aus dem Blute
abgeschieden werden, wird durch reichlichen Wassergenuß

befördert. Die Thätigkeit der Haut, die Ausdünstung
und Schweißabsonderung, wird durch gehöriges Waschen,
Baden und Reiben der Haut, sowie durch passende Be=
deckung unterstützt. Warme Waschungen und Bäder beför=
dern mehr als kalte die Hautthätigkeit, die letzteren dage=
gen härten die Haut gegen Witterungseinflüsse, Kälte und
Zugluft, ab. Dennoch ist die Haut, besonders wenn sie
feucht ist, leicht Erkältungen ausgesetzt, die mannigfache
Erkrankungen in ihrem Gefolge haben. Deßhalb soll
man sich niemals, wenn man erhitzt und die Haut durch
Schweiß angefeuchtet ist, einer plötzlichen Abkühlung,
besonders durch Zugluft, aussetzen. In dieser Beziehung
hat besonders die Bedeckung des Körpers durch passende
Kleidung Schutz zu geben, indem die Bekleidung je nach
der Witterung so gewählt wird, daß der Körper sich wo
möglich immer in einer mittleren Temperatur befindet.
Darnach muß in heißer Jahreszeit die Kleidung leicht und
wenig wärmend, im Winter stark wärmend sein. Bei
plötzlichem Temperaturwechsel oder abwechselndem Aufent=
halt in Räumen von sehr verschiedener Temperatur muß
man durch Anlegen oder Ablegen von Oberkleidern die
Temperaturunterschiede auszugleichen suchen. — Die Leber
scheidet aus dem Blute, welches durch die Pfortader ihr
zugeführt wird, die Galle ab, welche in der Verdauung
verwandt und dann mit dem Darmkoth aus dem Körper
entfernt wird. Die schon oben angeführten Beförderungs=
mittel der Circulation, Einfuhr von Wasser und Muskel=
thätigkeit, regen auch die Strömung des Pfortaderblutes
durch die Leber an, und wirken dadurch günstig auf die
Gallenabsonderung. Hemmend dagegen auf die Leber=
thätigkeit wirken Kleidungsstücke, die — wie die weibliche
Kleidung — einen fortgesetzten Druck auf die Lebergegend
ausüben. —
Die Galle wird schließlich mit den unverdaulichen
Speiseresten durch den Mastdarm aus dem Körper ent=
leert. Daß diese Entleerung des unbrauchbaren Darm=
inhaltes regelmäßig geschehe, ist eine nothwendige Bedin=
gung der Gesundheit, weil durch längere Zurückhaltung

der Excremente Druck auf die Gefäße des Unterleibes, Blutstockungen in denselben, Hämorrhoidalbeschwerden und auch Erkrankungen entfernterer Organe hervorgebracht werden können. Befördert wird die Entleerung des Darminhaltes durch Wassertrinken und durch regelmäßige Bewegung, welche besonders die Bauchmuskeln in Thätigkeit und Spannung erhält.

Endlich ist es zur Regelung des Stoffwechsels nothwendig, daß die Thätigkeit des Körpers und seiner Organe von Ruhepausen unterbrochen wird, damit in denselben die durch die Thätigkeit und den mit derselben verbundenen Stoffverbrauch abgenutzten, abgestumpften, erschöpften und ermüdeten Organe Gelegenheit gewinnen, durch neue Stoffaufnahme sich zu erfrischen und zu erneuter Thätigkeit zu stärken. Jedes Organ hat demgemäß natürliche Ruhepausen seiner Thätigkeit. Das Gehirn und die willkührlichen animalischen Thätigkeiten der Nerven und Muskeln finden ihre Ruhe während des Schlafes, das Herz in der Zeit seiner Erschlaffung nach der jedesmaligen Zusammenziehung, auch die Bewegungen des Magens und Darmkanals, das Wachsthum der Haare u. dgl. haben ihre Pausen. Deßhalb muß man dem Körper und seinen einzelnen Theilen Gelegenheit geben, solche Ruhepausen inne zu halten. Nach längerer erschöpfender Thätigkeit muß ein entsprechender Schlaf folgen, und auch im Wachen muß Thätigkeit und Ruhe der einzelnen Theile passend abwechseln. Am besten wird eine solche Abwechselung erreicht, wenn man die einzelnen Organe in ihrer Thätigkeit sich ablösen läßt, so daß die Thätigkeit des einen anfängt, sobald die des andern aufhört. Dann ist die Zeit der Thätigkeit des einen Organes die Ruheperiode für die andern. Wenn man dabei ferner eine gleiche Vertheilung der Thätigkeit auf die verschiedenen Organe bewirken kann, so daß alle gleichmäßig, keines mehr, keines weniger als das andre, in Anspruch genommen werden, so wird eine Gleichmäßigkeit und harmonische Zusammenstimmung aller Kräfte und Thätigkeiten des Körpers eintreten, welche das sicherste Gleichgewicht, die vollste Gesundheit des Lebens darstellt. Im Einzelnen ist besonders darauf zu achten, daß man anstrengende Thätigkeiten des Gehirns und der Muskeln, sowie die Verdauung nach reichlicher Mahlzeit, von denen jede einzelne den ganzen Organismus miterregt, nicht gleichzeitig neben einander, sondern abwechselnd nach einander geschehen läßt, weil sonst eine dieser Verrichtungen die andere beeinträchtigen würde. So verbietet sich nach genossener Mahlzeit lebhafte körperliche Bewegung ebenso wie anstrengende Geistesarbeit, weil beide die Verdauung stören; und auch geistige und körperliche Thätigkeit schließen einander aus, weil sie gleichzeitig vorgenommen den Organismus übermäßig erschöpfen würden, während sie in passender Aufeinanderfolge gerade das Gleichgewicht und die Harmonie des Lebens befördern. — —

Unter allen Mitteln, durch welche der Stoffwechsel und somit die Gesundheit des Lebens wesentlich befördert werden können, steht ein allseitiger und geregelter Gebrauch der willführlichen Muskeln, wie er allein in unseren jetzigen Lebensverhältnissen durch die Turnkunst herbeigeführt werden kann, obenan. Mit Hülfe des Turnens kann ein allgemeines Wohlbefinden, Gesundheit und Kraft des Menschen erzielt und bewahrt werden, mannigfachen Erkrankungen kann vorgebeugt, viele können, auch wenn sie schon ausgebildet sind, geheilt werden. Aber nur die vernünftig angeordnete Muskelthätigkeit hat diese Wirkungen, nur derjenige Turnbetrieb, bei welchem gleichmäßig die gesammte Muskulatur geübt wird, und so, daß die Uebung dem vorhandenen Kraftmaaß des Menschen entspricht. Anfänger im Turnen, Kinder und schwache Personen müssen leichtere, ihren Fähigkeiten angepaßte Uebungen treiben, und wenn allmählig die Kräfte sich steigern, so müssen auch die Anforderungen an dieselben höhere werden. Immer aber muß mit den vorhandenen Kräften, wenn sie wachsen sollen, eine möglichst hohe Leistung angestrebt, jedoch auch dem Körper durch entsprechende Ruhe und Nahrung Gelegenheit zum nothwendigen Wiederersatz des in der Kraftanstrengung verbrauchten Stoffes gegeben werben. Die nützlichen Wirkungen des Turnens im Einzelnen anzudeuten, ist der Zweck der nächsten Zeilen.

Wenn die ganze dem Willen unterworfene Muskulatur in allen ihren Theilen gleichmäßig und regelmäßig geübt wird, so tritt in derselben zunächst erhöhter Stoffverbrauch, gesteigerte Rückbildung, durch diese veranlaßt aber stärkere Neubildung, kräftigere Ernährung ein. Die geübten Muskeln gewinnen an Umfang, sie werden derber und fester, und ihre Contractionen energischer. So wird durch Turnübungen allgemeine Muskelschwäche und deren deprimirende Wirkung auf den ganzen Organismus beseitigt, so werden durch allseitige Muskelübung Ungleichmäßigkeiten, Einseitigkeiten in der Ausbildung des Körpers, Verschiefungen, Verkrümmungen des Rückgrats und der Gliedmaßen, wenn sie in mangelhafter Ausbildung der Muskeln ihren Grund haben, gehoben. Derartige Verbildungen können angeboren sein, häufiger sind sie erst im Leben erworben durch fehlerhafte Körperhaltung oder durch die mit jeder handwerksmäßigen Thätigkeit verbundene Entwicklung einiger und Vernachlässigung anderer Körpertheile. In der Jugend wirken besonders die Beschäftigungen des Schreibens, Zeichnens u. dgl., die weiblichen Handarbeiten und alle im Zustande gekrümmten Sitzens vorgenommenen Thätigkeiten verbildend auf den Körper, hauptsächlich auf die Stellung der Wirbelsäule ein. Die bei Knaben und noch mehr bei Mädchen so überaus häufige seitliche Rückgratsverkrümmung (Scoliosis) verdankt dem ausgedehnten Sitzleben unserer Jugend fast immer ihre Entstehung. Durch kräftige und allseitige Muskelübung wird ihr am besten vorgebeugt, ist sie aber entstanden, so wird sie — zeitig genug der Behandlung übergeben — am sichersten durch zweckmäßig ausgewählte Turnübungen geheilt.

Bei jeder veränderten Stellung des Körpers treten Bewegungen in den Gelenken ein. Beim Turnen wird die natürliche Beweglichkeit der Gelenke nach allen Richtungen und in möglichst hohem Grade in Anspruch genommen. Dadurch wird der Ungelenkigkeit und Versteifung entgegengearbeitet, die sich häufig bei älteren, jedoch auch schon bei jüngeren Leuten in Folge ungenügender Körperbewegung zeigt. Wer regelmäßig, ohne längere Unterbrechung, von der Jugend bis zum höheren Alter angemessene Turnübungen treibt, der erhält sich dadurch bis in späte Zeit die rasche und kräftige Beweglichkeit und Rührigkeit der Jugend. Ist die Versteifung aber einmal vorhanden, so kann sie allmählig durch körperliche Uebungen beseitigt werden. Die Forderungen an die Beweglichkeit der Gelenke müssen dann anfangs niedrig gestellt, und langsam erhöht werden. Aber die Erfolge sind sicher und oft überraschend groß, wenn nur die Uebung mit Regelmäßigkeit und Ausdauer betrieben wird. Nicht bloß die aus Mangel an Bewegung, sondern auch die in Folge von Krankheiten (Rheumatismen, Gelenkverletzungen) entstandenen Gelenkversteifungen lassen sich auf diese Weise heilen oder bessern.

Bei jeder willkührlichen Bewegung geht die Anregung derselben von den motorischen Nerven aus. Die Funktion dieser wird also beim Turnen stets in Anspruch genommen. Wenn nun auch an und für sich häufige Leitungsvorgänge in den Nerven diese ermüden und abstumpfen, so tritt doch bei dem gehörigen Wechsel von Ruhe und Thätigkeit in Folge öfterer Thätigkeit eine bessere und präcisere Leitung des Nerven ein, die besonders bei der Innervation einzelner, früher ungeübter und dem Willen schlecht gehorchender, Muskeln nach längerer Uebung als genau von dem Willen beherrschte, feine, bestimmte und sichere Bewegung auffällig wird. Die unwillkührlichen, unzweckmäßigen Mitbewegungen können so durch Uebung beseitigt werden, und überhaupt kann der Mensch, indem er durch die vielseitigen willkührlichen Bewegungen des Turnens die motorischen Nerven mannigfach anregt und übt, den Körper dem Willen so vollständig als möglich unterwerfen. Was wir Gewandtheit, Leichtigkeit und Anmuth der Bewegung nennen, ist Nichts als völlige Herrschaft des Willens über die Muskulatur, und wo diese Herrschaft fehlt, da finden wir ein linkisches, unbeholfenes, ungeschicktes Wesen. Das Turnen also ist ebenso sehr ein Nerven= wie ein Muskelturnen. Dies geht auch daraus hervor, daß oft Menschen mit umfangreichen Mus= keln aber von phlegmatischem Temperament und ohne Wil= lensenergie nur einer viel geringeren Kraftanstrengung fähig sind als andre von dürftiger Muskulatur aber starkem Willen. Bei letzteren ersetzt nämlich die bedeu= tendere nervöse Energie den Mangel an Masse des Mus= kels. Uebrigens erzeugt die Uebung immer sowohl eine Zunahme der Muskelmasse als auch der Stärke und Prä= cision der Innervation des Muskels. Deßhalb sind gere= gelte Leibesübungen ein Heilmittel nicht nur gegen solche Krankheiten, welche auf Störungen in den Leitungsvor= gängen des Nervensystems beruhen, wie Krampfzustände, Epilepsie, Veitstanz u. dgl., sondern auch gegen allge= meine Nervenschwäche und Lähmungen. Bei letzteren wirkt die Uebung als ein mildes Reizmittel auf das Ner= vensystem, muß aber dem Krankheitszustande gemäß anfangs sehr milde (als sog. passive Gymnastik, bei wel= cher der Schwäche des Kranken wegen eine andre Person die Glieder desselben bewegt,) auftreten, und mit lang= samer Steigerung lange und regelmäßig durchgeführt werden. Der Betrieb des Turnens erzeugt übrigens eine unmittelbare Ausbildung in einzelnen Theilen des Nerven= systems, z. B. mittelst der Wurfübungen eine Ausbildung des Auges, ebenso bei Wanderungen durch Fernsichten, ferner eine Uebung des Gehörsinnes bei Nachtwanderun= gen, wo wegen der Dunkelheit das Gehör der leitende Sinn des Wanderers ist.

Endlich wird durch regelmäßig und vollkräftig betrie= bene Leibesübungen, weil dieselben das Nervensystem viel= seitig und bedeutend in Anspruch nehmen, eine allgemeine Ermüdung erzielt, die einen tiefen gesunden Schlaf, ein wesentliches Beförderungsmittel allgemeiner Gesundheit, erzeugt. Denn in solchem Schlafe kann die Neubildung im Nervensystem ungestört und vollständig von Statten gehen, wodurch dasselbe gekräftigt und zu neuer Thätig= keit befähigt wird.

Indem in Folge von Leibesübungen der Stoffwech=
sel, sowohl die Rückbildung als die Neubildung, in der
Muskulatur angeregt wird, muß dadurch zugleich eine
Anregung der Circulation in allen Theilen des Gefäß=
systems eintreten. Die Arterien müssen frisches gewebebil=
dendes Blut den Muskeln zu=, die Venen und Lymph=
gefäße die Stoffe der Rückbildung in beschleunigtem
Strome abführen. Auf die Säftebewegung in den bei=
den letzten Arten der Gefäße wirkt außerdem die Mus=
kelthätigkeit unmittelbar durch Druck und Lageveränderung
der Körpertheile fördernd ein. Dazu kommt noch, daß
auch die Athmung, die einen wesentlichen Antheil an der
Bereitung eines guten Blutes hat, durch zweckmäßige Kör=
perbewegungen vervollkommnet, und daß durch dieselben
zugleich die Verdauung, diese erste Quelle des Stoff=
ersatzes, sowie die Organe der Absonderung zu gestei=
gerter Thätigkeit angeregt werden. Auf diesen Wegen
bewirken die Leibesübungen, daß mit der Anregung der
Circulation eine bessere Ernährung des ganzen Körpers ein=
tritt, daß mannigfachen Krankheiten, die in der Stockung,
fehlerhaften Vertheilung oder mangelhaften Bereitung des
Blutes ihren Grund haben (wie Congestionen nach Kopf,
Brust und anderen Theilen, kalten Füßen, Hämorrhoiden,
Bleichsucht u. a.), Heilung oder Besserung gebracht wird.
Durch Belebung des Stoffumsatzes und der Athmung
wird zugleich die innere Körperwärme erhöht, und damit
die Lebensenergie gesteigert. Durch Anregung der Ver=
dauungsorgane wird Appetitlosigkeit beseitigt, und eine
vollkommenere Verwerthung und Ausnutzung der genosse=
nen Nahrung erzielt. Die Absonderungen der Leber und
der Haut, die Ausleerungen des Darmkanales werden
durch Körperbewegung gefördert, und so viele Krankhei=
ten, die in der Stockung dieser Absonderungen und Aus=
leerungen ihre Ursache finden, beseitigt. Durch zweck=
mäßige Leibesübung und die dadurch hervorgebrachte
Regelung und Kräftigung der meisten Lebensvorgänge,
besonders durch verbesserte Athmung und Blutbildung,
kann zwar die so häufige Lungenschwindsucht, wenn sie

bereits entwickelt ist, nicht geheilt, wohl aber bei sicht=
barer Anlage zu dieser Krankheit ihrer Entwicklung vorge=
beugt werden.

So wirkt das Turnen verhütend und heilend in
Bezug auf unzählige Krankheiten des Körpers, es belebt
und kräftigt ihn in allen seinen Verrichtungen, es erzeugt
eine volle und starke Gesundheit des gesammten körper=
lichen Lebens.

Aber auf der Grundlage des körperlichen Lebens
beruht das Geistesleben des Menschen. Wenn durch eine
kräftige Neu= und Rückbildung in allen Theilen des
Körpers auch das Gehirn sich in dem Zustande vollster
Gesundheit befindet, wenn durch die kräftige Ausbildung
der Muskulatur, durch die Regelmäßigkeit in den Ver=
richtungen der vegetativen Organe wie der Nerven ein
allgemeines Kraft= und Wohlgefühl in dem ganzen Ner=
vensystem erzeugt wird, so ist damit der Boden gegeben,
auf dem ein gesundes Geistesleben sich entwickeln und
bestehen kann. Das Gehirn ist Wohnung und Heerd des
geistigen Lebens, die Empfindungsnerven sind die Thore,
durch welche die Anregungen zur Thätigkeit in das Haus
des Geistes einziehen, und die Bewegungsnerven und die
Organe des Körpers erscheinen als die Diener, mittelst
welcher die Lebensvorgänge des Geistes sichtbar gemacht
werden. Wenn nun diese Drei sich in gutem Zustande
befinden, so kann das geistige Leben, welches in den
beiden Richtungen des Gemüthes und des Verstandes thä=
tig ist, in voller Gesundheit von Statten gehen. Da
nun die Leibesübungen günstig für alle jene Bedingungen
des Geisteslebens wirken, so ist ihnen ein großer Einfluß
auf die geistige Gesundheit zuzuschreiben. Verstimmungen
des Gemüthes, die in körperlichen Mißständen ihre Ver=
anlassung haben, Trägheit des Verstandes, die auf kör=
perlicher Grundlage ruht, werden sie häufig zu beseitigen
im Stande sein, und dafür geistige Frische und Fröhlich=
keit, Gewecktheit und Rührigkeit der Auffassung und des
Denkens erzeugen. Aber auch unmittelbar wird die tur=
nerische Uebung die Entwicklung geistiger Eigenschaften

befördern, welche dem Gesammtleben ersprießlich sind. Das Gefühl körperlicher Kraft, die Ueberwindung äußerer Schwierigkeiten durch consequente Uebung, die Beherr= schung der Gefahr in Folge allmählig erlangter Sicher= heit und Gewandtheit werden geistige Selbstständigkeit und Muth, eine moralische Festigkeit und Männlichkeit erzeugen; die Schwierigkeit in der Erlernung einzelner zusammengesetzter Uebungsformen wird eine geistige Aus= dauer, endlich die Nothwendigkeit, bei zusammengesetzten Bewegungen, deren einzelne Theile in der Gesammtbewe= gung unendlich schnell auf einander folgen, die für die Einzelheiten der Bewegung erforderlichen Thätigkeiten bestimmt aufzufassen und durch den Willenseinfluß klar und schnell zur Darstellung zu bringen, wird Geistes= gegenwart, ruhige und genaue Auffassung und Klarheit und Bestimmtheit des Wollens hervorbringen und beför= dern. So werden die Turnübungen, recht betrieben, ein unschätzbares Gesundheits= und Bildungsmittel für Körper und Geist sein können.

Altersverschiedenheiten. In den Erscheinungen und Bedürfnissen des Lebens zeigen sich beim Menschen von der in obigen Ausführungen geschilderten normalen Mitte mancherlei Abweichungen, welche durch die ver= schiedenen Lebensalter bedingt sind. Letztere lassen sich eintheilen in ein Alter der Unreife, der Reife und der Unfruchtbarkeit. Das Alter der Unreife, welches von der Geburt bis zur völligen Geschlechtsreife (beim Manne ungefähr bis zum 24., beim Weibe bis zum 20. Jahre) reicht, kann wieder in mehrere Unterabtheilungen geschie= den werden, und zwar in das Säuglingsalter, welches sich von der Geburt bis zum Durchbruch der Milchzähne erstreckt, und ungefähr das erste Lebensjahr umfaßt; das Kindesalter, welches vom Hervortreten der Milchzähne bis zum Zahnwechsel, also etwa bis zum 7. Jahre geht; das Knaben= und Mädchenalter, welches vom Zahnwech= sel bis zur beginnenden Geschlechtsreife, d. h. beim Manne ungefähr bis zum 16., beim Weibe zum 14. Jahre reicht; endlich das Jünglings= und Jungfrauen=Alter, welches die Zeit vom Beginn bis zur völligen Erlangung der geschlechtlichen Reife, also beim Manne die Zeit bis etwa zum 24., beim Weibe zum 20. Jahre umfaßt.

Im Säuglingsalter ist das Bedürfniß nach Nah= rung, die nur in Milch bestehen muß, am größten, weil das Wachsthum und die Entwicklung der Organe des Körpers sehr schnell vor sich gehen. Ungehinderte Bewe= gungen der Glieder und Schreien sind in diesem Alter die einzig möglichen, der Entwicklung nützlichen gymnasti= schen Thätigkeiten. — Im Kindesalter geht das Wachs= thum gleichsfalls noch schnell vor sich, weßhalb auch hier die Nahrung noch reichlich (aber leicht verdaulich) sein muß. Auch das geistige Leben fängt an, sich schnell zu entwickeln. Körperliche Bewegung, die sich aber noch nicht in strenge Uebungsformen bringen läßt, sondern durch heiter anregendes Spiel gewährt werden muß, ist in dieser Zeit nothwendig. In der zweiten Hälfte dieses Alters ist die Erziehung des Kindergartens für die gei= stige und körperliche Entwicklung zu empfehlen. — Das Knaben = und Mädchenalter umfaßt die Zeit der weiteren körperlichen und geistigen Entwicklung des Menschen bis zum Beginn der Geschlechtsreife. Es ist dies dasjenige Alter, in welchem durch geordnete Leibesübungen der Grund zu einer für das ganze Leben dauerhaften Gesund= heit gelegt werden kann. Im Anfange dieses Zeitraumes muß beim Turnen die Anstrengung zurücktreten, dagegen die Beherrschung der Bewegungen angestrebt werden. All= mählig sind dann größere Forderungen an die Muskelkraft zu stellen, bis gegen das Ende dieses Lebensalters eine bis zu voller Ermüdung gehende, alle Kräfte anregende Bewegung eintreten darf. Durch eine solche wird in der Zeit, wo das Geschlechtsleben erwacht, in Folge einer Ableitung der reichlichen Lebenssäfte zur Muskulatur eine allzu schnelle und lebhafte Entwicklung des geschlechtlichen Lebens, die nur zu häufig auf Abwege (Onanie) führt, verhindert. Deßhalb ist der junge Mensch, welcher eifrig turnt, vor geschlechtlichen Verirrungen, die oft ihre Schat= ten auf das ganze folgende Leben werfen, sicherer als ein

Nichtturner. Uebrigens muß, wenn in Folge ermüden=
der Körperbewegung der Stoffverbrauch sehr erhöht ist,
die Nahrung kräftig und reichlich sein, um genügenden
Ersatz geben zu können. Beim weiblichen Geschlechte sind
in diesem Alter zweckmäßige Turnübungen besonders deß=
halb nützlich, weil sie durch gleichmäßige Ausbildung und
Kräftigung des Körpers den einseitigen Verbildungen,
Verschiefungen und Verkrümmungen entgegen wirken, und
gegen Ende dieser Zeit durch eine gesunde Blutbildung
die mit der Entwicklung der Geschlechtsreife häufig ein=
tretende Bleichsucht verhindern. — Für das Jünglings =
und Jungfrauen=Alter gelten die Lebensregeln, welche
für die letzte Zeit des vorigen Alters gegeben wurden,
noch in derselben Weise.

Das Alter der Reife, welches auf das Jünglings =
und Jungfrauen=Alter folgt, geht bei Männern bis zum
50. oder 60., bei Frauen bis gegen das 50. Lebensjahr.
Man kann diese Periode wiederum in die Zeit der reifen
Jugend und in das eigentliche Mannes = und Frauenalter
scheiden. Die reife Jugend ist die Zeit der Vollkraft des
Körpers und Geistes, des frischen, muthigen Strebens.
Die Entwicklung des Individuums ist jetzt beendigt, und
die Natur strebt, über dasselbe hinaus durch die Fort=
pflanzung die Art zu erhalten. Eine Zeit lang bleibt
der Organismus auf dieser Höhe seiner Entwicklung;
Neubildung und Rückbildung stehen einander gleich, das
Wachsthum ist beendigt, weßhalb das Nahrungsbedürfniß
nicht mehr so groß ist als in dem Alter der Unreife.
Aber das Thätigkeitsbedürfniß läßt auch hier Leibesübun=
gen, wenn auch ruhigere, weniger erschöpfende als im
Knaben = und Jünglingsalter, als eine angenehme Anre=
gung und bei passendem Wechsel der Thätigkeiten als
Erholung von anderer, besonders geistiger Arbeit erschei=
nen. Fortgesetztes Turnen kann den Menschen lange in
dem Zustande der reifen, vollkräftigen, frischen Jugend
erhalten. Endlich aber tritt das eigentliche Mannes= und
Frauenalter ein, in welchem, ohne daß die Kräfte bedeu=
tend sinken, doch das Streben matter und das Bedürfniß

der Ruhe deutlicher wird. Die Muskelkraft pflegt jetzt nachzulassen, dagegen eine allgemeine Fettablagerung dem Körper Fülle zu verleihen. Stockungen im Blutumlaufe, besonders der Gefäße des Unterleibes und der Pfortader pflegen jetzt einzutreten, gegen welche sowie gegen über= mäßige Fettanhäufungen leichte, aber regelmäßige Leibes= übungen passend anzuwenden sind. Dieselben sind auch hier geeignet, die nächste Periode, die der Unfruchtbarkeit, lange fern zu halten. Wenn aber diese eintritt, so schwin= den die Kräfte merkbarer als früher, die Fähigkeit der Fortpflanzung hört auf, die Spannung und Fülle des Körpers läßt nach, die Haare ergrauen, es tritt ein all= gemeines, langsameres oder schnelleres Welken ein, wel= ches durch das Greisenalter hindurch zur vollsten Kraft= losigkeit und endlich zum Absterben führt. Dieses Alter der Kräfteabnahme ist nicht mehr geeignet zu körperlichen Anstrengungen, die hier nur schaden können. —

Anhang. Ein tieferes Eindringen in die naturwissenschaft= lichen Vorkenntnisse des Turnens, als hier passend erschien, muß der Neigung des Einzelnen überlassen bleiben. Zu eingehenderen Studien eignen sich folgende Werke:

Dr. Wilhelm Roth, Grundriß der physiologischen Anato= mie für Turnlehrer=Bildungsanstalten. Berlin, 1866, Vossische Buchhandlung.

Schreber, Anthropos nebst Atlas. Leipzig, 1859, Fleischer.

Schreber, Kinesiatrik oder gymnastische Heilmethode. Leipzig, 1852, Fleischer.

Ibeler, Handbuch der Diätetik. Berlin, 1858, Trowitsch und Sohn.

Bock, das Buch vom gesunden und kranken Menschen. Leip= zig, Ernst Keil.

Zweiter Theil.

Grundzüge der Geschichte und Entwicklung der Leibesübungen.

1. Leibesübungen in den ältesten Zeiten.

In den ältesten Zeiten, als die Menschen von dem
ursprünglichen Naturzustande sich noch wenig entfernt
hatten, war das Leben ein steter Kampf, der gegen die
Natur, gegen Thiere und Menschen und zwar mit unvoll=
kommenen Waffen geführt wurde. Gegen die Einflüsse
der Witterung, gegen Regen, Sturm und Kälte boten
kunstlose Hütten und die dürftige Bekleidung, welche aus
dem Fell eines getödteten Thieres bestand, nur mangel=
haften Schutz. In Folge dessen gewöhnte man sich an
die Unbill des Wetters, und härtete sich dagegen ab.
Die hauptsächliche Nahrungsquelle aber war die Jagd,
welche bei unzulänglichen Waffen meist zu einem ernsten,
und gefährlichen Kampfe ward. Wer allein mit Bogen
und Wurfspieß, mit der Schleuder und mit der Keule
gegen die starken Thiere des Waldes streitet, der bedarf
leiblicher Kraft und Gewandtheit in hohem Maaße, wenn
er Sieger bleiben will. Doch die Führung solcher Waf=
fen stählt den Körper und macht ihn behende. Da gilt
es, schnell und dauernd zu laufen, zu springen, Bäume
und Höhen zu erklimmen, Flüsse zu durchschwimmen, mit
starkem Arm den Spieß zu werfen, die Schleuder und
Keule zu führen, mit fester Hand und sicherem Blick den
Pfeil zu schießen, ja wohl im Ringkampfe dem Feinde
nahe zu treten. Wo solche Thätigkeiten zum täglichen
Berufe gehören, wird der Körper allseitig geübt und zu
gleichmäßiger kräftiger Ausbildung gebracht. Wenn aber
diese für die Erhaltung des Lebens so wichtig ist, so
wird Derjenige, welcher sie in besonders hohem Maaße
besitzt, von den anderen Menschen geachtet werden, weil
er ihnen überlegen ist und ihnen Schutz und Hülfe gewäh=
ren kann. Deßhalb wird der Ehrgeiz Jeden antreiben,
möglichst große Stärke und Geschicklichkeit zu erwerben;
und alle seine Muße wird der Sohn der Natur anwen=

ben, um sich in jenen ursprünglichen Leibesübungen zu
vervollkommnen. Und neben der Jagd ist es der Krieg,
der von dem Naturmenschen mit denselben Waffen geführt
wird und dieselbe leibliche Tüchtigkeit von ihm fordert.
Kampf und Streit einzelner Menschen oder ganzer Stämme
gegen einander kommen bei rohen Naturvölkern häufig vor.
Deßhalb ist die Vorbildung zum Kriege so wichtig wie
die zur Jagd. Wenn aber nach glücklich errungenem
Siege der ganze Stamm rastet, oder wenn er das Fest
seiner Gottheit feiert, so wird auch die Freude des leib=
lich regsamen Naturmenschen durch körperliche Lebendigkeit
sich offenbaren. Wettkämpfe und Spiele der Kraft und
Gewandtheit, kunstlose wilde Tänze werden die Kämpfer,
Spieler und Tänzer wie die Zuschauer ergötzen.

Так war es bei allen Völkern in der Zeit ihrer
Jugend, so finden wir es noch jetzt bei denen, welche
gegenwärtig dem Zustande der Natur am nächsten sind.
Von den alten Juden wird erzählt, daß sie in kriegerischen
Uebungen tüchtig und besonders geschickt im Schleudern
gewesen seien. Ebenso war der Tanz bei religiösen Festen
und freudigen Veranlassungen bei ihnen im Gebrauch.
Die alten Perser erzogen ihre Jugend durch Abhärtung
und Leibesübungen, schon die Knaben mußten Bogen
und Wurfspieß handhaben, die Jünglinge geschickt reiten
lernen. Sie wurden zur Jagd, zu Wettkämpfen und
Pferderennen angehalten. Die alten Scythen waren
gleichfalls gewandte Reiter und Bogenschützen, und auch
die Mauren verstanden es, Rosse zu tummeln und den
Wurfspieß sicher zu schleudern. Von den alten Germanen
erzählt die Geschichte, daß sie kräftig und abgehärtet,
Jagd und Krieg liebend gewesen, daß sie sich als gute
Reiter, schnelle und ausdauernde Läufer gezeigt und
Spieße und Wurfpfeile mit großem Geschick zu brauchen
verstanden hätten.

In der allmähligen Entwicklung der Völker, wenn
sie stufenmäßig von der Jagd zu Viehzucht und Acker=
bau und endlich zu Gewerbthätigkeit und Handel sich
erheben, tritt die Wichtigkeit leiblicher Abhärtung, Kraft

und Gewandtheit für die unmittelbare Erhaltung des Le=
bens in den Hintergrund. Durch Gewohnheit und Sitte
wird aber von den Leibeskünsten Manches, was ehemals
nothwendig war, in die milderen Zeiten hinüber genom=
men, nunmehr nur im Dienste des Vergnügens. So zie=
hen sich öffentliche Spiele, bei denen ein Wettkampf der
Kraft und Geschicklichkeit stattfindet, so Volkstänze und
gymnastische Belustigungen weit in das Leben der Kul=
turvölker hinein. Freilich behält auch lange noch die leib=
liche Ausbildung für den Einzelnen in so fern Werth,
als sie die Grundlage der Kriegstüchtigkeit bildet. Denn
wo der Bürger selbst den eigenen Heerd schützen muß,
da kommt es darauf an, daß jeder Mann die Waffen
führen könne. Und so werden unter solchen Umständen
Stärke und Geschicklichkeit, wie sie zur Handhabung der
Waffen nöthig sind, nicht bloß geachtet sein, sondern auch
durch regelmäßige Uebung allgemein erworben werden.
Wenn aber der Bürger seine Kriege durch Söldner käm=
pfen läßt, wenn ein eigener Kriegerstand sich gebildet hat,
und die Masse des Volkes nicht mehr waffenkundig und
kampffähig ist, dann haben die Leibesübungen ihre letzte
unmittelbare Bedeutung, die sie für das Leben des Kul=
turvolkes hatten, eingebüßt, und sie würden nunmehr als
ein inhaltloses, überflüssiges Spiel erscheinen, wenn nicht
durch ihre Vernachlässigung eine unverkennbare Erschlaf=
fung und Mattigkeit des körperlichen und geistigen Lebens,
ein Herabsinken aller Frische und Gesundheit einträte.
Somit zeigt sich die Nothwendigkeit der Leibesübungen
auf allen Stufen des Lebens der Völker, aber im Kul=
turvolke werden diese Uebungen, weil sie nicht zu unmit=
telbarer Verwendung getrieben werden, eine künstliche Ge=
stalt annehmen, die oft so weit — aber nicht zum Vor=
theil der Sache — von jenem ursprünglichen Naturturnen
sich entfernt, daß man in der Künstlichkeit kaum die Aus=
gangspunkte der Thätigkeit ahnen kann.

2. Gymnastik der Griechen und Römer.

Bei den alten Griechen treten die Leibesübungen als ein systematisch und methodisch geordneter Theil der Erziehung auf. Zwar sind auch hier die Anfänge der leiblichen Erziehung in jenen ursprünglichen Thätigkeiten zu finden, welche in uralter Zeit theils den Mann zu Jagd und Krieg geschickt machten, theils zur Verherrlichung religiöser und anderer Feste benutzt wurden. Aber schon früh sprach sich bei den Griechen das Bewußtsein aus, daß zur Entwicklung des Menschen eine Gleichmäßigkeit in der Ausbildung des Leibes und Geistes nothwendig sei, daß körperliche Gesundheit, Kraft und Gewandtheit und die aus solchen Eigenschaften erwachsende Leibesschön= heit, die sich vorzüglich in Wuchs und Haltung zeigen sollte, daß ferner Muth, Thatkraft und Besonnenheit, Ei= genschaften des Gemüthes, welche am sichersten in leib= licher Tüchtigkeit wurzeln, und daß endlich die Ausbildung in den freien Künsten und in der Philosophie, die höhere Geistesbildung, als gleich schätzenswerthe Güter des Men= schen anzusehen seien. Diese Vorstellung der Griechen erscheint am deutlichsten in dem Grundsatze, daß der tüch= tige Mann καλὸς καὶ ἀγαθός (schön und gut) sein müsse. Diesem Grundsatze folgend erzeugte das griechische Volk eine Harmonie in der Gesammtbildung des Men= schen, die niemals weder vor= noch nachher bei irgend einem Volke in gleicher Weise zu Tage getreten ist. Her= vorzuheben ist hierbei, daß sowohl die Leibesübungen der Griechen, wie auch ihre übrige Bildung ein vollständig nationales Gepräge hatten, weil der Grieche die Vorzüge, welche er durch seine Erziehung über die Angehörigen anderer Völker, über die Barbaren, erlangte, nicht sowohl als persönliche wie als Vorzüge seines Volksthums em= pfand, und dieselben auch weniger für sich selber als zur Verherrlichung dieses letzteren anzuwenden bestrebt war.

Die griechische Harmonie der Bildung tritt von den frühesten bis in die spätesten Zeiten des Griechenthums sowohl in dem Gesammtleben des Volkes wie auch in

vielen einzelnen Beispielen hervor. Der mythische Centaur
Cheiron, welcher den Asklepios, Jason und Achilleus
erzog, bildete seine Zöglinge körperlich und geistig aus;
die großen Philosophen Pythagoras, Sokrates und
Platon schätzten die Gymnastik hoch und übten sie selber
aus; die Gesetzgeber Lykurg (in Sparta) und Solon
(in Athen) wiesen in ihren Verordnungen der Leibesübung
neben der geistigen Erziehung eine berechtigte Stellung an
Der Betrieb der Leibesübungen in Griechenland war
bei den Völkern dorischen Stammes am frühesten und
sorgfältigsten geregelt, und zwar vorzüglich in Kreta und
Sparta. Die spartanische Erziehung der Jugend
war rauh und hart; sie beabsichtigte, Bürger zu bilden,
welche — abgehärtet, ausdauernd, muthig und stark —
freudig für den Staat Gefahr, Kampf und Tod ertrügen.
Die neugeborenen Kinder wurden geprüft, ob sie fehlerlos
und kräftig seien. Waren sie schwach und verkrüppelt,
so wurden sie dem Tode übergeben. Nur die starken
durften heranwachsen; die ersten sieben Jahre im älter-
lichen Hause unter weiblicher Obhut; von da ab aber
wurden sie öffentlich mit ihren Altersgenossen vom Staate
und für den Staat erzogen. Auch die Mädchen und
Jungfrauen nahmen in Sparta an den Leibesübungen
Theil, denn auch sie sollten ihren Körper kräftig entwickeln,
um gesunde und starke Kinder hervorbringen zu können.
Aehnlich war die Jugenderziehung in Kreta, obgleich
hier die Knaben der häuslichen Erziehung länger überlassen blieben. Viel mildere Grundsätze der Erziehung
aber herrschten in Athen. Freilich wurden auch hier
Leibesübungen getrieben, und sogar mit großem Eifer und
den schönsten Erfolgen. Aber als Ziel der Uebung galt
hier vorzüglich die schöne Ausbildung des ganzen Körpers,
die gute kräftige Haltung, der freie äußere Anstand des
Mannes, insofern man diese äußerlichen Wirkungen als
Grundlage einer gesunden und schönen geistigen Entwicklung ansah. Auch in den übrigen griechischen Staaten
wurden leibliche Uebungen hoch geschätzt und gern betrieben, wobei einige Staaten sich mehr der spartanischen,

andere mehr der athenienfifchen Anfchauungsweife. anfchlof=
fen. Die Völkerfchaften jonifchen Stammes pflegten Athen,
die dorifchen Sparta nachzuahmen.

Die Leibesübungen wurden von den Griechen im
Zuftande der Nacktheit getrieben und deshalb mit dem
Namen Gymnaftik (γυμναστική, abgeleitet von γυμνός,
nackt) bezeichnet. Als Uebungsraum, welcher gewöhnlich
Gymnafium, aber auch Paläftra und Dromos
genannt wurde, benutzte man in älterer Zeit einen freien,
ebenen Platz mit Einfaffungen und Eintheilungen, in der
Nähe eines Gewäffers angelegt, damit man fich nach der
Uebung von Staub und Schmutz reinigen konnte. Mit
der fteigenden Entwicklung des griechifchen Lebens und
der Zunahme des Reichthums fing man jedoch an, be=
deckte Räume für den Betrieb der Gymnaftik einzurichten,
und allmählig erlangte faft jede Stadt eine oder mehrere
derartige Anftalten, welche zuweilen in bedeutender Aus=
dehnung und mit großartiger Pracht angelegt waren.
Urfprünglich war der Name einer folchen Gymnafium,
und ein Theil derfelben, in welchem vorzüglich Ringe=
übungen vorgenommen wurden, hieß Paläftra, ein anderer
Dromos, eine Laufbahn. Später waren Paläftra und
Dromos felbftftändige kleinere Anftalten für den Betrieb
der Gymnaftik, und fchließlich wurden diefe Namen ohne
ftrengen Unterfchied für alle Arten gymnaftifcher Uebungs=
anftalten gebraucht. Ein vollftändig eingerichtetes Gym=
nafium war, nach der Befchreibung des Vitruv, ein
großartiges Gebäude mit vielen und weiten Räumen.
In demfelben befanden fich unter Säulengängen Zimmer
und Säle für die Philofophen, welche hier zur Unterhal=
tung und Lehre fich aufhielten, ferner waren darin das
Stadion, eine 600 Fuß lange Laufbahn im Freien,.
eine bedeckte Laufbahn (Xyftos), welche bei ungünftiger
Witterung zu den Uebungen benutzt wurde, ein Verfamm=
lungsfaal für die Jünglinge, welche zur Uebung kamen,
ein Entkleidungszimmer, ein Raum zum Einölen des Kör=
pers und ein ähnlicher zum Beftreuen mit Sand, endlich
mehrere Zimmer für kalte, warme und Schwitzbäder, ein

Saal zum Ballspiel und freie mit Platanen und Busch=
werk bepflanzte, zu Wurf= und Ringeübungen benutzte
Räume. Die Gymnasien befanden sich meistens außer=
halb der Ringmauern der Städte, zuweilen auch inner=
halb derselben, aber in der Nähe der Stadtthore. In
den gymnastischen Uebungsanstalten waren theils zur Ver=
waltung derselben, theils zur Aufsicht und zum Unterrichte
der Uebenden, theils zu untergeordneten Dienstleistungen
verschiedene Personen thätig, deren besondere Befugnisse
sich gegenwärtig nach den erhaltenen Ueberlieferungen nicht
überall mehr genau erkennen lassen. Die oberste Auf=
sicht über alle Einrichtungen des Gymnasiums führte der
Gymnasiarch, dessen Amt im Staate von hoher Be=
deutung war. Ihm untergeordnet war der Xystarch,
welcher die Aufsicht über die Athleten, d. h. die zu den
öffentlichen Wettkämpfen sich vorbereitenden Personen im
Xystos, Stadion und in der Palästra führte. Diesem
gleich stand der Kosmetes, welcher die Jugend beauf=
sichtigte und in derselben die äußere Ordnung und Re=
gelmäßigkeit, auch durch Führung der Listen, erhielt. Als
Hüter der Sittlichkeit erschienen die Sophronisten,
welche stets mit Aufmerksamkeit darüber wachten, daß An=
stand und gute Sitte in den Gymnasien nicht verletzt
wurden. Die Lehrer des Gymnasiums endlich waren der
Gymnast und der Pädotribe, von denen ersterer, der
Vorgesetzte des letzteren, ein theoretisch und practisch durch=
gebildeter Mann war, der die gymnastische Ausbildung
der Jünglinge planmäßig anzuordnen und von der Wir=
kung der Bewegungen auf den Körper Rechenschaft zu
geben verstand. Der Pädotribe dagegen, welcher vor=
zugsweise die Knaben unterrichtete, war ein mit den Aeu=
ßerlichkeiten der Uebungen wohlbekannter Practiker, welcher
die Fertigkeit der Schüler auszubilden hatte. Neben die=
sem gab der Sphäristikus in den verschiedenen Arten
des Ballspiels Unterweisung. In Sparta gab es keine
Pädotriben. Außer diesen Personen waren im Gymna=
sium noch der Alipt, welcher die Haut der Uebenden mit
Oel salbte und rieb, und der auch diätetische Verhaltungs=

maßregeln gab, und mehrere Diener zur Reinigung der
Räume und anderen niederen Verrichtungen angestellt.

Nach den Gesetzen der griechischen Staaten mußte
ein jeder freigeborene Knabe von einem bestimmten Lebens=
alter an in der Gymnastik und den Wissenschaften unter=
richtet werden, die Sklaven aber waren von diesem Un=
terrichte ausgeschlossen. Die verschiedenen Altersklassen
der Jugend waren im Unterrichte von einander getrennt,
besonders waren die Knaben von den Epheben, den
Jünglingen, welche dem Alter der Männlichkeit sich näher=
ten, geschieden. Die Knaben sowohl wie die Epheben
wurden wiederum in mehrere Klassen getheilt, deren Be=
stimmung nach verschiedenen Orten und Zeiten verschieden
war. Mit dem achtzehnten Lebensjahre trat (in Athen)
der Knabe in die Abtheilung der Epheben, empfing in
der Volksversammlung Schild und Lanze und begann nun
neben den gymnastischen auch die kriegerischen Uebungen.
Nachdem er zuerst zwei Jahre lang den Wachtdienst geübt,
erhielt er das bürgerliche Stimmrecht, und wiederum nach
zwei Jahren, welche der Feldbienstübung gewidmet waren,
empfing er als zweiundzwanzigjähriger junger Mann das
volle Bürgerrecht und mit diesem die Pflicht der Ver=
theidigung des Vaterlandes.

Theils vor dem jedesmaligen Beginn der täglichen
körperlichen Uebungen, theils nach Beendigung derselben
wurden in Griechenland die Oeleinreibungen der Haut,
das Sandbestreuen und Bäder angewandt, Veranstaltun=
gen, welche mit der Nacktheit der Uebenden in unmittel=
barem Zusammenhange standen. Die Oeleinreibungen und
das mit denselben verbundene Drücken der Haut sollte den
Körper geschmeidig und elastisch machen. Um aber beim
Ringen das Entschlüpfen des gesalbten glatten Körpers
zu verhüten, bestreute man denselben demnächst mit fei=
nem Sande, der zugleich als ein Reinigungsmittel der
Haut diente. Die nach den Uebungen gebrauchten Bäder
waren in früheren Zeiten kalte, später auch warme.

Die gymnastischen Uebungen der Griechen selbst
wurden zwar in planmäßiger Ordnung mit dem Bewußt=

fein ihrer Wirkungen und dem Alter und den Kräften der
Uebenden angemessen betrieben, und erscheinen somit als
ein kunstmäßiges System der Leibesübungen; dieselben
zeigen aber im Verhältniß zu der neueren Turnkunst eine
überraschende Einfachheit. Der Lauf, der Freisprung, das
Ringen, der Diskos- und Speerwurf, der Faustkampf und
verschiedene Ballspiele, dazu noch der gymnastische Tanz
bildeten den gesammten Unterrichtsstoff des Gymnasiums.
Hierzu kommen noch die außerhalb desselben getriebenen
Uebungen des Reitens und Wagenrennens, des Schleu-
derns und Bogenschießens und des Schwimmens. Von
den gymnastischen Uebungen bezeichnete man das Laufen,
Springen, Diskos- und Speerwerfen als leichte, das Ringen und den Faustkampf als schwere Uebungen. Alle diese
aber galten als einfache Uebungen, während das Pentathlon und das Pankration zusammengesetzte waren.

Der L a u f, welcher als Schnellauf und Dquerlauf
in lockerem Sande, stets zugleich von mehreren Läufern
als Wettlauf, geübt wurde, war entweder der e i n f a c h e
L a u f (δρόμος), der nur einmal die Länge des Stadions
durchmaß, oder der D o p p e l l a u f (δίαυλος), bei welchem die Läufer zweimal die Bahn, mit einmaligem Um-
biegen, durcheilen mußten, oder der L a n g l a u f (δόλιχος),
bei dem man vierundzwanzig Stadien oder zwölf Dop-
pelläufe zurückzulegen hatte. Der Doppellauf ward nicht
nur ledig, sondern auch mit Waffen als Waffenlauf,
gewöhnlich aber nur mit einem Schilde ausgeführt. Außer
diesen allgemein gebräuchlichen Laufarten gab es noch einen
Fackellauf, der bei festlichen Gelegenheiten an mehreren
Orten veranstaltet wurde, und bei dem es darauf ankam,
daß die von den dahineilenden Läufern getragenen bren-
nenden Fackeln nicht verlöschten; einen Rebenlauf, der zu
Athen gebräuchlich war, und bei welchem man mit Trau-
ben versehene Weinreben trug; eine andere Laufart, die
in abwechselndem Vor- und Rückwärtslaufen bestand, und
endlich eine solche, bei der man die Arme wechselseitig
heftig vor- und rückwärts schwang. Der Wettlauf war
eine der am meisten geschätzten Uebungen. In den dori-

schen Staaten war er die Hauptübung der Jungfrauen. Uebrigens waren die Forderungen, welche man an die Laufenden stellte, nach den Kräften der Altersklassen verschieden. Platon giebt für die Knaben die Hälfte der Bahnlänge, für die Jünglinge zwei Drittel als Maaß an.

Der Sprung wurde von den Griechen nur als Freisprung, in die Weite, Höhe und Tiefe, zuweilen auch durch einen Reifen, ein Seil oder über spitze aus dem Boden hervorstehende Pfähle geübt. Vorherrschend war der Weitsprung. Bemerkenswerth ist die der griechischen Gymnastik eigenthümliche Verwendung von Sprunggewichten (ἁλτῆρες) beim Springen, welche, unseren Hanteln ähnlich, in den Händen getragen wurden, und die Schwungkraft und Sprungweite des Springers bedeutend erhöhen sollten, indem dieser die während des Anlaufs mit gesenkten oder leicht nach vorn gehobenen Armen getragenen Sprunggewichte kurz vor dem Absprunge nach hinten führte, sie aber unmittelbar darauf im Absprunge selber kräftig nach vorn schwang. Einzelne Springer sollen auf diese Weise nach den Erfahrungen der jetzigen Turnkunst unglaubliche Sprungweiten, Phayllos 55 Fuß, erreicht haben. Als eine besondere Art zu springen, welche vorzüglich von den spartanischen Jungfrauen geübt wurde, wird die Bibasis erwähnt, welche unserem Anfersen im Sprunge an das Gesäß entspricht, denn man sprang dabei in die Höhe und suchte, indem man die Unterschenkel nach hinten emporhob, mit den Fersen das Gesäß zu berühren. Uebrigens wurden die Sprunggewichte auch zu besonderen Uebungen der Arme, ähnlich unseren Hantelübungen, angewendet.

Das Ringen war eine der ältesten griechischen Uebungen. Theseus soll dasselbe zuerst zu einem geregelten, kunstmäßigen Betriebe erhoben haben. Allmählig bildeten sich allgemein anerkannte, complicirte Gesetze der Ringkunst aus, nach welchen die Stellungen und Armhaltungen der Ringer vor dem Kampf, das Abgewinnen der Blöße und die Griffe bestimmt angegeben, manche Kunstgriffe und Listen erlaubt, andere verboten waren. Es gab eine doppelte Art zu ringen; bei der einen, welche für die edlere galt, standen die Kämpfer einander aufrecht gegenüber und versuchten sich gegenseitig zu Boden zu werfen, bei der anderen legten sich die Ringer vor dem Kampfe auf die Erde und wälzten sich während desselben in mannigfachen Verschlingungen mit einander herum, bis endlich der eine von ihnen sich für besiegt erklärte.

Der Diskoswurf wurde mit dem Diskos, einer linsenförmigen, etwa einen Fuß im Durchmesser großen Scheibe aus Eisen, Erz oder Stein von bedeutender Schwere ausgeführt. Man strebte dabei in die Weite, aber nicht nach einem Ziel zu werfen. Der Wurf geschah in der Weise, daß man den Diskos, auf die hohe Kante gestellt, in die rechte Hand nahm, den gesenkten rechten Arm zunächst rückwärts aufwärts, dann wieder abwärts und vorwärts in die Höhe schwang, wobei man den Dis= kos aus der Hand gleiten ließ, der nun in räbelnder Be= wegung durch die Luft schwirrte. Weil die Wurfscheibe glatt war, so pflegte man diese sowohl wie die werfende Hand vor dem Wurfe mit Sand einzureiben.

Der Speerwurf wurde in der Art unseres Ger= werfens ausgeführt, indem man den linken Fuß vorsetzte, den Wurfspieß in die rechte Hand nahm, nun den rechten Arm gestreckt nach hinten erhob, so daß der in der Mitte gefaßte Speer wagerecht in der Höhe des rechten Ohres lag, und darauf denselben durch einen kräftigen Ruck vor= wärts fortschnellte. Bei diesem Wurfe galt es, ein be= stimmtes Ziel zu treffen.

Die bisher geschilderten fünf Uebungsarten, das Lau= fen, Springen, Ringen, Diskos = und Speerwerfen, bilde= ten in ihrer Vereinigung, in der sie bei den großen fest= lichen Wettkämpfen der Griechen vorgenommen wurden, das Pentathlon oder den Fünfkampf. Die Käm= pfer des Pentathlons mußten in allen diesen Uebungen geschickt sein, um den Sieg davon zu tragen. Um so größer war die Ehre desselben. In welcher Reihenfolge die einzelnen Uebungen beim Fünfkampf vorkamen, ist

nicht mehr genau festzustellen, doch war wohl der Ring=
kampf der letzte Theil.

Während die bis jetzt erwähnten Uebungen meist,
nur etwa mit Ausnahme des Ringens, ohne körperliche
Verletzungen getrieben werden konnten, war die nunmehr
zu schildernde Uebungsart, der Faustkampf, eine rohe
grausame Thätigkeit, welche leicht zu Beschädigungen des
Körpers Veranlassung gab. Im Faustkampfe, der mit
beiden Händen geführt wurde, standen sich zwei Streiter
gegenüber, von denen jeder dem anderen heftige Faust=
schläge beizubringen, und denen des Gegners auszuweichen
bemüht war. Die Hände der Kämpfenden waren in frü=
heren Zeiten, und bei den Vorübungen zum Kampfe mit
weichen Riemen umwickelt, die mehr Schutz vor Verletzun=
gen gewähren, als solche herbeiführen konnten. Aber man
wandte dann zu den Umwicklungen der Hände auch harte,
schneidende Riemen an, die sogar oft noch mit eisernen
oder bleiernen Buckeln und Knoten besetzt waren. Die
Schläge mit der so bewehrten Faust konnten wohl dem
Gegner die Haut zerreißen und die Knochen zerschmettern.
Am meisten pflegten im Faustkampfe die Ohren gefährdet
zu sein, so daß man alte Faustkämpfer schon an ihren
zerquetschten, verstümmelten Ohren erkennen konnte. Bei
den Vorübungen gebrauchte man zum Schutze metallene
Ohrendecken.

Eine Verbindung des Ringens mit dem Faustkampfe
war das Pankration, welches als die schwerste gym=
nastische Leistung galt. Der Faustkampf sowohl als das
Pankration wurde in Sparta nicht geübt.

Außer den eigentlichen gymnastischen Uebungen wur=
den in Griechenland viele mit lebhafter und die Ausbil=
dung des Körpers fördernder Bewegung verbundene
Spiele zur Belustigung eifrig betrieben, welche theils
dem gymnastischen Uebungsplatze, theils dem gewöhnlichen
Leben angehörten. Am beliebtesten waren die Ball=
spiele, die in großer Mannigfaltigkeit vorhanden waren,
und von Jung und Alt häufig geübt wurden. In den
Gymnasien waren besondere Säle zum Ballspiel einge=

richtet, und ein eigener Lehrer für dasselbe angestellt. Man benutzte zu den verschiedenen Spielarten theils kleine, theils große und auch hohle mit Luft gefüllte Bälle. Die meisten griechischen Ballspiele haben sich mit geringer Ab=änderung oder gänzlich unverändert, bis in die neueste Zeit erhalten, und werden noch jetzt von unserer Jugend geliebt. Aber ein eigenthümliches, der Neuzeit verloren gegangenes Spiel war das mit dem Korykos, einem sehr großen ledernen, mit Sand gefüllten, schweren Ball oder kugelförmigen Sack, welcher mittelst eines Seiles an der Decke eines Zimmers aufgehängt war, und durch Stöße in schwingende Bewegung versetzt wurde. Man lief nun dem ausweichenden Korykos nach oder fing den zurück=schwingenden, der wegen seiner Schwere heftig gegen den Spieler anprallte, auf, um ihn von Neuem fortzustoßen. Außer den Ballspielen sind uns noch viele andere, Kraft und Gewandtheit erfordernde griechische Spiele überliefert worden, so das Spiel mit dem Kreisel, das Reifen=treiben, mehrere Laufspiele, ein dem auf unseren Turn=plätzen bekannten Ziehkampfe am Liegebaum ähnliches und ein Spiel, bei welchem zwei Gegner an den beiden En=den eines über eine Säule gelegten Seiles zogen, und sich gegenseitig in die Höhe zu ziehen versuchten. Ein lustiges Spiel (ἀσκωλιασμός) bestand darin, daß man auf einem mit Wein gefüllten, äußerlich mit Oel bestriche=nen Schlauche auf einem Fuße herumtanzte, wobei es leicht geschah, daß man ausglitt und herunterfiel.

Mit der griechischen Gymnastik in unmittelbarem Zusammenhange stand der Tanz. Einzelne Formen des=selben wurden in den Gymnasien geübt, um Leichtigkeit und Gewandtheit des Körpers zu erzielen. Die im ge=wöhnlichen Leben, bei religiösen und anderen Festen, auf dem Theater vorkommenden Tänze waren stets mimische und meist Chor= und Reigentänze. Die mimische Natur dieser Tänze bedingte es, daß bei denselben auf die Re=gelung der Bewegungen des Oberkörpers, der Arme und Hände ebenso viel, oft mehr gesehen wurde als auf die der unteren Gliedmaßen. Ihrem Charakter nach waren die griechischen Tänze entweder religiöse oder profane. Unter den letzteren waren die theatralischen, die wiederum tragische, komische oder satyrische sein konnten, am aus= gebildetsten. Manche Tänze waren kriegerischer, andere friedlicher Natur, manche einfach, ernst und gemessen, andere lebhaft, muth= und kraftübend oder heiter und belustigend. Besonders beliebt und vielfach ausgeübt war die Pyrrhiche, ein Waffentanz, bei welchem man theils die Bewegungen des Angriffs, theils diejenigen, welche man macht, indem man den Waffenstößen und Geschossen der Feinde ausweicht, nachahmte. Dieser Tanz wurde in Kreta und Sparta schon von jüngeren Knaben, in Athen von den Epheben allgemein geübt.

Gleichfalls im Zusammenhange mit den gymnastischen Bestrebungen des griechischen Volkes standen mehrere Fer= tigkeiten desselben, die hoch geschätzt und eifrig ausgebildet wurden. Hierher gehört das Wagenrennen, welches, seit den ältesten Zeiten ausgeübt, hauptsächlich eine ritter= liche Kunst der Vornehmen war. Die Kämpfer standen bei dem Wettfahren auf dem zweiräderigen Streitwagen, der von zwei oder vier neben einander gespannten Rossen gezogen wurde. Weniger gebräuchlich als das Fahren und Wettrennen zu Wagen war in älterer Zeit das Reiten und der Wettlauf zu Roß. Allmählig aber wurden auch diese Künste allgemein beliebt. Dagegen wurde das Bogenschießen, welches ursprünglich eine hochgeachtete Uebung gewesen war, in späteren Zeiten von der Gymnastik mehr und mehr vernachlässigt. In einigen griechischen Staaten gehörte auch der Wurf mit der Schleuder zu den gymnastischen Uebungen, und beson= ders waren es die Aetoler und Achäer, welche sich darin auszeichneten. In ganz Griechenland aber war die Schwimmkunst, diese so vielseitig wirkende wohlthätige Leibesübung, verbreitet und fast ein Gemeingut Aller, so daß mit dem Sprichwort „μήτε νεῖν, μήτε γράμματα" (nicht schwimmen, nicht lesen) ein vollständig verwahrloster Mensch bezeichnet werden konnte.

Die hohe Bedeutung, welche die Gymnastik für die
Griechen hatte, geht aus der tiefen sittlichen und erzieh=
lichen Auffassung, die dieselben mit dem Betriebe der Lei=
besübungen verbanden, hervor. Sie verfolgten in der
leiblichen Erziehung ihrer Jugend den Zweck, zunächst
Gesundheit und volle Lebenskraft hervorzubringen, dann
aber waren die durch Uebung eintretenden sonstigen Er=
folge, die Gewinnung von Muskelkraft, Gewandtheit
und Ausdauer, die Widerstandsfähigkeit gegen Witte=
rungseinflüsse sowie die Abhärtung gegen Schmerz, Hun=
ger, Durst und dergleichen, ferner die blühende Haut=
farbe, die schön entwickelte Leibesgestalt, die gute Hal=
tung, der freie leichte Gang, die Anmuth in allen
Bewegungen, sowie die weniger unmittelbar eintretenden
Wirkungen der Gymnastik, Muth und Thatkraft, Beson=
nenheit und Geistesgegenwart, Selbstbeherrschung, Einfach=
heit, Sittlichkeit und zugleich Frohsinn und geistige Ge=
wecktheit, endlich Gemeinsinn und Vaterlandsliebe in glei=
cher Weise beabsichtigt. Der Hauptzweck aber, der mit
der Gymnastik wie mit allen übrigen Theilen der Erzie=
hung verbunden wurde, war der, körperlich und geistig
gesunde, schöne und kräftige, gleichmäßig entwickelte, volle
und ganze Menschen hervorzubringen, welche die besten
Bürger des Staates, seine Stützen im Frieden, sein Schutz
im Kriege sein könnten. Daß dieser Zweck der griechi=
schen Erziehung wirklich erreicht worden ist, davon zeugt
die glückliche und hohe Entwicklung des hellenischen Vol=
kes, die sich in der leiblichen Schönheit der Einzelnen, in
seiner Kriegstüchtigkeit, in seinen staatlichen Einrichtungen,
in seiner Philosophie, seiner Poesie und plastischen Kunst
so vielfach ausspricht. Für die hohe Achtung aber, welche
den Leibesübungen an jeder Stelle in Hellas gezollt wurde,
sprechen vor Allem jene großen volksthümlichen Feste,
welche in bestimmter Wiederkehr an verschiedenen Orten
vom ganzen Griechenland gefeiert wurden. Diese Volks=
feste, die sog. öffentlichen oder heiligen Spiele,
waren zunächst der Gottesverehrung geweiht. Sie dienten
aber zugleich durch die Art ihrer Abhaltung der allge=

meinen Freude und Erhebung, sie beförderten die Einheit
und den Verkehr der Griechen verschiedener Staaten unter
einander und die Ausbildung aller in körperlicher und
geistiger Beziehung. Wenn schon darin, daß häufig in
allen Städten Griechenlands kleinere Wettkämpfe und Spiele
von nur örtlicher Bedeutung öffentlich veranstaltet wurden,
die Lust des Volkes an solchen Wettspielen der Kraft
deutlich hervorgeht, so doch ganz besonders aus jenen
großen allgemeinen Spielen. Denn bei diesen wurden
unter gewaltigem Zufluß von Zuschauermassen aus allen
Theilen Griechenlands im Wettstreit musikalische und poe-
tische Leistungen, sowie die gymnastischen Uebungen des
Laufens, Springens, Ringens, Werfens, des Wettrennens
zu Roß und zu Wagen, des Faustkampfes, des Pentathlons und Pankrations gezeigt. Wer als Kämpfer zu diesen Spielen zugelassen werden wollte, mußte frei und
unbescholten sein. Unendlich groß aber war die Ehre des
gewonnenen Sieges. Zur Triumph zog der Sieger heim-
kehrend in seine Vaterstadt ein, es wurden ihm Bildsäulen
gesetzt und Dichter besangen ihn.

Die öffentlichen Spiele waren die olympischen, pythischen, isthmischen und nemeischen. Die olympischen
Spiele, welche dem Zeus zu Ehren gefeiert wurden,
hatten von allen die höchste Bedeutung. Sie wurden bei
der Stadt Olympia am Flusse Alpheus in Zwischenräumen von vier Jahren abgehalten. Die Zeit von einem
derartigen Feste bis zum anderen, eine Olympiade genannt, bildete die Grundlage der griechischen Zeitrechnung.
Die pythischen Spiele wurden bei Delphi früherhin alle neun, später alle vier Jahre gefeiert. Sie waren
dem Apollo geheiligt. Die isthmischen Spiele, welche
zu Ehren Poseidons abgehalten wurden, fanden alle drei
Jahre auf dem Isthmus von Korinth Statt. Die
nemeischen Spiele endlich wurden im Thale von
Nemea auf argolischem Gebiet mit zweijährigen Zwischenräumen wahrscheinlich dem Herakles zu Ehren gefeiert.

Während die griechische Gymnastik in der Blüthe-
zeit von Hellas ein herrliches Volksbildungsmittel gewesen

war, artete sie allmählig zu einer überflüssigen Kunst, zur
Athletik, aus, deren Entstehung aus der Bedeutung herzu-
leiten ist, die man den Siegern in den öffentlichen Spielen
beilegte. Die hohen Ehren, welche man jenen zollte, mußten
Viele auffordern, mit allen Kräften dahin zu streben, sich
zur Erlangung eines solchen Sieges tüchtig zu machen. So
bildeten sich Athleten, welche handwerksmäßig die Leibesübungen betrieben, nur in der Absicht, in den öffentlichen Wettkämpfen zu siegen. Was früher ein Mittel
zur Menschenbildung gewesen war, wurde jetzt Zweck, und
damit verlor die Gymnastik, indem sie zur Athletik
wurde, ihre hohe Bedeutung. Die Athleten vernachläßig-
ten in ihrem einseitigen Bestreben ihre allgemeine Bildung, sie wurden unbrauchbare Mitglieder der menschlichen
Gesellschaft, und ihr einziger Vorzug war die rohe physische
Kraft, die nicht mehr in Harmonie stand mit den übrigen
Kräften des Menschen. Die Athletik aber gewann in
Griechenland allmählig mehr und mehr Ausdehnung, und
verdrängte die edlere Gymnastik aus ihrer allgemeinen
Anerkennung und Anwendung. Freilich erhielt sich die
Gymnastik immer noch neben der Athletik bis lange nach
dem Untergange der griechischen Freiheit und Größe, aber
in beschränkter Bedeutung, fast nur als Heilgymnastik,
diätetischen und therapeutischen Zwecken dienend. — — —

Die Römer, das zweite große Kulturvolk des Alterthums, stehen in dem Betriebe der Leibesübungen hinter
den Griechen weit zurück. Sie haben niemals eine Gymnastik von der hohen erziehlichen Bedeutung der griechischen gehabt. Zwar mußte bei einem so vorwiegend
kriegerischen Volke, wie das römische es war, die körperliche Tüchtigkeit und die zu derselben führende Uebung
von Bedeutung sein, aber sie war es in der That fast
nur in Rücksicht auf die erhöhte Kriegsfähigkeit,
die dadurch erzielt wurde. Demgemäß wurden auch von
den Römern Lauf=, Sprung= und Wurfübungen, Fechten,
Reiten, Fahren und Schwimmen eifrig betrieben, die
Jünglinge mußten in anstrengenden Märschen und Läufen,

die auch mit schweren Lasten unternommen wurden, Aus=
dauer erwerben, sie wurden in vielerlei kriegerischen Exer=
citien geübt, aber nirgend zeigt sich das Bestreben, durch
die Leibesübung eine harmonische Entwicklung des Men=
schen zu erzielen. Einigermaßen geachtet wurde dagegen
die Gymnastik als eine gesundheitsfördernde Thätigkeit.
Auch öffentliche Spiele gab es bei den Römern,
und sie waren sogar ungemein beliebt. Aber in densel=
ben bewunderte man nicht, wie es in Griechenland in
den besseren Zeiten geschehen konnte, die Blüthe der Na=
tion, sondern man ergötzte sich an dem Schauspiel, wel=
ches verachtete Menschen, deren Beruf es war, dem Ver=
gnügen des Volkes zu dienen, der Menge darboten. Die
Römer haben viele Einrichtungen von den Griechen ent=
lehnt, so auch die Gymnastik, aber diese erst zu einer
Zeit, als dieselbe längst zur Athletik und bloßen Heil=
gymnastik hinabgesunken war. Es gab in Rom groß=
artige Gebäude, Circus und Amphitheater, in denen
vor vielen Zuschauern die öffentlichen Spiele ausgeführt
wurden. Zu denselben gehörte der Fünfkampf mit
Laufen, Springen, Ringen und Werfen, wie er in Grie=
chenland geübt wurde, das Wettrennen zu Roß und
Wagen, gleichfalls nach griechischer Art, Vorstellungen
von Land= und Seegefechten, Kämpfe mit wil=
den Thieren, Fechterspiele und das trojanische
Spiel. Die Schlachten zu Lande und zu Wasser, welche
den Zuschauern vorgeführt wurden, waren getreue Nach=
ahmungen wirklicher Kämpfe, und kosteten einem großen
Theile der Darsteller das Leben. Zur Ermöglichung der
Seegefechte bedurfte man großer Bassins, die mit unge=
heuren Kosten angelegt wurden. Die Thierkämpfe wurden
mit wilden Thieren, Löwen, Tigern, Leoparden u. dergl.
veranstaltet, welche man mit einander kämpfen ließ, oder
denen man Menschen, die als Verbrecher hierzu verdammt
wurden, häufig verfolgte Christen, gegenüber stellte. Diese
waren unbewaffnet und mußten sich widerstandslos zer=
reißen lassen. Andere dagegen, die sich selbst für Geld
zum Thierkampf meldeten, durften bewaffnet den Thieren

gegenüber treten. Nicht minder grausam waren die Fech=
terspiele, bei denen viele der Fechter (Gladiatoren)
um's Leben kamen. Letztere waren verächtliche, sittlich
verkommene Menschen, die sich einem Fechtmeister (lanista)
übergaben, um unter seiner Aufsicht in gemeinsamen Häu=
sern zu leben und fechten zu lernen. Bei vorkommenden
Gelegenheiten vermiethete dann der Lanista die ausgebil=
deten Gladiatoren zur Theilnahme an den Fechterspielen.
Das trojanische Spiel endlich, welches von Aeneas nach
Italien übertragen sein soll, war eine würdigere Unter=
haltung, die auf freiem Felde oder im Circus veranstaltet
wurde. An derselben nahmen die Söhne der römischen
Ritter zu Pferde Theil. Die ganze Zahl der Spieler
theilte sich in zwei oder drei Haufen, von denen jeder einen
Anführer hatte. Mit leichten unschädlichen Waffen griff
dann ein Haufe den anderen an, und man stellte so in
ergötzlicher Weise einen Reiterkampf dar. — — —

So weit unsere Darstellung der griechischen und römi=
schen Gymnastik. Wer tiefer, als es hier passend erschien,
in dieses Gebiet eindringen will, dem sind zum Studium
folgende Werke zu empfehlen:

Hieronymi Mercurialis de arte gymnastica libri sex. Vene-
tiis, 1573.

Krause, Gymnastik u. Agonistik der Hellenen. Bd. 1. u. 2.
Leipzig, 1841.

W. L. Meyer, Gymnastik der Römer. In Kloß' neuen Jahrbüchern für die Turnkunst. Bd. 3, 1857, S. 229—238 u.
328—348.

3. Leibesübungen im Mittelalter.

Die Anschauungen sowie die äußeren menschlichen
Verhältnisse des Alterthums wurden überwunden durch die
Ausbreitung des Christenthums und durch die zur Herr=
schaft kommenden germanischen Völker. So wurden auch
die Ueberbleibsel der alten Gymnastik durch das Christen=
thum vernichtet. Und wenn man bedenkt, daß die letzten
Spuren jener Gymnastik keineswegs mehr dem alten grie=

chischen Ideal harmonischer Menschenbildung entsprachen,
sondern als ein mit der Erziehung nicht im Zusammen=
hang stehendes, für höhere Ziele werthloses, dem bloßen
Vergnügen oder wohl gar unsittlichen Zwecken dienendes
Thun erschienen, so muß man die durch das Christenthum
veranlaßte Reaction für berechtigt halten, welche die aus=
geartete heidnische Gymnastik (sowie die ausgeartete heid=
nische Kunst und Wissenschaft überhaupt) verdammte, und .
an die Stelle sinnlicher Freuden die Verachtung des Ir=
dischen und eine ascetische Strenge des Lebens setzte.
Daß aber bei diesem Sprunge von einem Extrem in's
andere gymnastische Uebungen überhaupt nicht gänzlich
untergingen, sondern in anderer und besserer Form als
jene Ueberbleibsel der alten Gymnastik während des Mit=
telalters sich entwickelten, findet seinen Grund in der Ur=
sprünglichkeit der germanischen Völker, welche als jagd=
und kampfgewohnte in natürlichen Leibeskünsten wohlerfah=
ren waren.

Die alten Deutschen oder Germanen trafen
etwa hundert Jahre vor Christo zuerst mit den Römern
im Kampfe zusammen, und machten sich von da ab den=
selben als starke und kühne Feinde furchtbar. Nach den
Mittheilungen des Cäsar und Tacitus waren sie von
gewaltiger Kraft und Größe des Körpers. Jagd und
Krieg waren ihre liebsten Beschäftigungen. Als Waffen
brauchten sie Spieße, mit denen sie im Nah= und Fern=
kampfe zu streiten verstanden. Die zu Fuße Kämpfenden
benutzten auch Wurfpfeile, welche sie ungemein weit war=
fen. Zum Schutze dienten ihnen Schilde von Holz, oder
aus Weidenruthen geflochtene. Auch im Kampfe zu Pferde
waren sie sehr geschickt. Sättel gebrauchten sie nicht.
Wenn die Reiter in die Schlacht zogen, so wählten sie
sich eine gleiche Anzahl Fußkämpfer aus, welche mit den
Reitern vermischt, diesen stets zur Seite bleibend und den
Pferden im schnellsten Laufe gleich kommend, kämpften.
Von dem Teutonenkönige Teutoboch erzählt der römische
Schriftsteller Florus, daß derselbe über vier bis sechs
Pferde habe hinwegspringen können. Der Geschichtsschrei=

der Tacitus erwähnt eines eigenthümlichen Schauspieles, an dem die Deutschen sich ergötzten: Nackte Jünglinge tanzten mit Kunst und Anmuth zwischen bloßen Schwertern und Spießen, die um sie her aufgerichtet waren; aber nicht um Lohn und Gewinn, denn der Preis dieses kühnen Muthwillens war das Vergnügen der Zuschauer. Daß zur Erlangung aller derartigen Fertigkeiten vielfache Vorübungen nothwendig waren, leuchtet ein, und es müssen somit leibliche Uebungen in den Lebensthätigkeiten der alten Deutschen eine hervorragende Stelle eingenommen haben. In dem weiteren Vorschreiten des Mittelalters treten solcherlei Uebungen kriegerischen Characters, zugleich aber auch als volksthümlich heiteres Spiel behandelt beim Ritter-, Bürger- und Bauernstand deutlicher hervor, und aus der Bedeutung, die man ihnen beimaß, geht hervor, daß man die Wichtigkeit einer guten leiblichen Ausbildung wohl erkannte. In alten Sagen und Liedern, so auch im Nibelungen-Liede, werden als allbekannte und beliebte Uebungen der Wettlauf, der Steinwurf oder das Steinstoßen, der Weitsprung nach dem geworfenen Stein, Ger- und Lanzenwerfen („schießen den Schaft“) und Ringen genannt. Wir erhalten somit ein dem altgriechischen wohl vergleichbares germanisches Pentathlon. Von diesen Uebungen hat sich das Steinstoßen bis in die neueste Zeit bei den Schweizern erhalten, und vielleicht stammt auch das eigenthümliche, ebenfalls noch jetzt bei denselben gebräuchliche Ringen, das sog. Schwingen, aus jenen uralten Zeiten.

Zur schönsten Blüthe hat sich die mittelalterliche Gymnastik in dem Ritterthume entwickelt, welches vorwiegend die Wehrhaftigkeit der Nation in sich darstellte, indem es körperliche Tüchtigkeit und kunstgerechte Waffenführung bei seinen Mitgliedern entwickelte. Aber nicht bloß das Gefühl der Kraft, nicht bloß die äußere Fertigkeit erhob und adelte den Ritter, sondern die Ehre, welche darin lag, durch ritterliche Tugenden ein Schutz der Kirche und des Glaubens, der Frauen und aller Schwachen und Schutzbe-

8 *

dürftigen zu sein. Die ritterliche Erziehung war dar=
auf gerichtet, daß der Jüngling neben der Unterweisung
in den leiblichen Künsten des Reitens und Voltigi=
rens, des Schwimmens, Schießens, des Fech=
tens, des Turnierens und Lanzenstechens, des
Ringens und des Tanzens auch eine Ausbildung in
der Redefertigkeit, in der Reimkunst, in Gesang
und Saitenspiel erhielt, und daß er zu christlicher
Frömmigkeit und Demuth, zur Ehrenhaftigkeit,
Gerechtigkeit und zur Verehrung der Frauen
angehalten wurde.*) Somit war nicht nur die kriege=
rische Tüchtigkeit, sondern vielmehr eine edle Menschen=
bildung der Zweck der ritterlichen Erziehung. Und so
sehr dieselbe auch für den Kampf vorbereitete, so war sie
doch viel mehr als eine bloß kriegerische Gymnastik, wie
sie etwa zeitweise bei den Römern vorhanden war, sie
kann fürwahr mit ihren edlen, sittlichen Grundlagen der
griechischen Gymnastik der besten Zeit, wenn auch nicht
gleich, so doch nahe gestellt werden. Besonders angefacht
wurde der Eifer für die ritterlichen Uebungen durch die
Turniere, eine Art von Kampfspielen, welche, nachdem
sie schon früher in England und Frankreich bestanden
hatten, von Kaiser Heinrich I., dem Vogelsteller,
in Deutschland eingeführt wurden, und bald allgemeine
Beliebtheit fanden. Das erste Turnier in Deutschland
wurde 935 zu Magdeburg abgehalten. Die Turniere
wurden auf Plätzen veranstaltet, welche von Schranken und
Sitzen für die Zuschauer umgeben waren. Die turnie=
renden Ritter wurden von den Turniervögten in Betreff
ihrer Turnierfähigkeit geprüft, d. h. es wurde untersucht,
ob sie den Turniergesetzen genügten. Die Wettkämpfe
fanden zu Fuß mit dem Kolben und mit dem Schwerte,
und zu Pferde mit der Lanze statt. Es gab Tur=
niere zu Schimpf (d. h. zum Scherz), bei welchen mit

---

*) S. Waßmannsdorf, die Leibesübungen der deut=
schen Ritter im Mittelalter, in: Kloß, neue Jahrbücher für
die Turnkunst. Band XII, S. 194 u. 253.

stumpfen, und solche zu Ernst, bei denen mit scharfen
Waffen gekämpft wurde. Schon die ersteren, viel mehr
aber noch die letzteren waren mit häufiger Gefahr für
Gesundheit und Leben verbunden. Die Sieger erhielten
den Preis aus den Händen der Damen.

Die Geistlichkeit war stets gegen die Turniere ein=
genommen gewesen, und dieser Widerstand bewirkte nach
und nach, verbunden mit der allmähligen Milderung der
Sitten, welche so gefährliche Spiele wie die Turniere als
unpassend erscheinen ließ, ferner verbunden mit dem ver=
ändernden Einfluß, den die Erfindung des Schießpulvers
und der Feuerwaffen auf die bisherige Kriegführung und
Kampfart ausüben mußte, daß gegen Ende des fünfzehn=
ten und im Anfange des sechzehnten Jahrhunderts die
ritterliche Tüchtigkeit sowie die festlichen Proben derselben,
die Turniere, immer mehr und mehr in den Hintergrund
traten und endlich verschwanden. Mit dem Aufhören des
Ritterthumes erlischt auch der Geist des Mittelalters und
eine neue Zeit beginnt sich zu entwickeln. Zwar erhielten
sich noch lange nach dem Untergange der eigentlich ritter=
lichen Erziehung, ja selbst bis in die neueste Zeit herein
Ueberbleibsel von körperlichen Uebungen, als Fechten, Rei=
ten und Voltigiren, Tanzen und die Jagd als Erziehungs=
mittel und Erheiterungen der abligen Jugend, aber wenn
auch dieselben ihre günstige Einwirkung auf den Adel
nicht verfehlt haben, so sind sie doch sehr unbedeutend im
Verhältniß zu den ritterlichen Uebungen des Mittelalters
geblieben. Das Turnier verwandelte sich zunächst in das
Carousselreiten, welches noch jetzt zuweilen in Reitbahnen
geübt wird.

Neben den Rittern trieben auch Stadt = und Land=
bewohner im Mittelalter mancherlei volksthümliche Leibes=
übungen, die zwar viel weniger bedeutend als die des
Adels waren, aber doch bei Weitem zahlreicher und für
das Volk wichtiger als in allen späteren Zeiten. In den
Städten gab es Fechtergesellschaften, welche aus
Gesellen und Meistern bestanden, nach zunftmäßigem Brauch
eingerichtet und von Kaisern bestätigt und bevorrechtet

waren. Es waren dies die Gesellschaft von St. Mar=
cus oder die Marxbrüder und die Gesellschaft der
Freifechter von der Feder. Ferner bestanden in
den Städten Ballhäuser, in welchen das Ballspiel
vielfach und künstlich geübt wurde. Mit der Erfindung
des Schießpulvers bildeten sich unter den Bürgern Schü=
tzengesellschaften, und das Scheiben= und Vo=
gelschießen wurde zu einem Volksfeste, bei welchem
körperliche Uebung und Geschicklichkeit wesentlich waren.
Mancherlei andere Volksfeste aber wurden von Bürgern
und Landvolk gefeiert, und auf allen diesen erfreuten sich
die Theilnehmer an lustigen Spielen der Kraft und Ge=
wandtheit des Leibes. Solche Spiele waren das Rin=
gen, Wettlaufen und Wettreiten, das Sacklau=
fen, Mastklettern, Fischerstechen und dergl., von
denen die letzten Spuren sich bis auf unsere Tage erhal=
ten haben.

Gegen das Ende des Mittelalters trat die Bedeu=
tung der Leibesübungen im Bewußtsein des Volkes ebenso
wie des Adels zurück. Der Einfluß der Geistlichkeit, die
mönchischen Anschauungen von dem Verdienst der Abtöd=
tung des Fleisches ließen die kräftige Ausbildung des Lei=
bes als unwesentlich, ja als sündlich erscheinen; die all=
mählig eintretende Verweichlichung schreckte von anstren=
genden Leibesübungen zurück, und endlich die neuerfunde=
nen Feuerwaffen machten auch für Kampf und Gefahr
körperliche Tüchtigkeit bei Weitem weniger nöthig als früher.
So kam es, daß die in gymnastischer Beziehung einst so
regsame Zeit des Mittelalters zuletzt in eine traurige
Oede verlief.

---

4. Begründung des deutschen Turnens.

Nachdem die antike Bildung in den späteren Zeiten des Alterthums zu einer Mißbildung ausgeartet war, der jeder tiefere sittliche Inhalt fehlte, und die darum zu unglaublicher Genußsucht, raffinirter Sinnlichkeit und oft genug zu Verbrechen führte, trat derselben als eine na=türliche Reaction das Christenthum entgegen, welches mit ascetischer Strenge alle, auch die unschuldigen, sinnlichen Genüsse verdammte, welches alle antike Kunst und Wis=senschaft verwarf, und in der Abtödtung des Fleisches und religiöser Uebung die höchste Aufgabe des Menschen sah. Weil die Verhältnisse des antiken Lebens bis zum Aeußersten verdorben waren, so mußten naturgemäß die Forderungen des Christenthumes zunächst in's Extrem gehen. Indem aber dann die noch unverdorbenen ger=manischen Urvölker sich im nächsten Zeitraume, im Mit=telalter, zu den Trägern des Christenthums entwickelten, und dieses mit germanischem Geiste und Wesen ver=schmolzen, entstand die christliche Romantik des Mittel=alters, in welcher wiederum ein Volksleben erscheint, das dem des Alterthums in der besten Zeit desselben an Ein=heit, Fülle und Innigkeit gleicht. Das romantische Mit=telalter aber erzeugte das Ritterthum, welches der Trä=ger einer neuen Kultur der Leiblichkeit wurde. Die rit=terlichen Leibesübungen des Mittelalters· sind in ihrer ethischen Grundlage denen des Alterthums wohl ver=gleichbar. Als indessen gegen das Ende des Mittelalters durch veränderte Form der Waffen und des Kampfes die leibliche Tüchtigkeit des einzelnen Mannes für die Krieg=führung an Bedeutung verlor, da traten einerseits die ritterlichen Uebungen in den Hintergrund, und andrerseits hatten inzwischen die mönchisch=religiösen Anschauungen und die scholastische Bildung, welche einer gymnastischen Erziehung durchaus feindlich waren, so sehr die Ober=hand gewonnen, daß man nun einen Ruhm darin setzen konnte, mager und elend zu sein, gleichsam als sei durch ein solches Aussehen der höhere Lebensberuf eines Men=

schen auch äußerlich beglaubigt.*) Gegen die mönchisch =
scholastische Richtung des Mittelalters trat aber seit·dem
vierzehnten Jahrhundert in dem Wiederaufblühen klassi=
scher Studien ein natürliches und nothwendiges Gegen=
gewicht ein, welches — allmählig immer mächtiger wer=
dend — die neue Zeit anbahnte und auch die Grund=
lage für die Reformation der Kirche wurde. Die Wie=
derbelebung der klassischen Bildung ging von den Hu=
manisten aus, und zwar zunächst von den Italienern
Dante Allighieri (1265 — 1321), Francesco
Petrarca (1304 — 1374) und Giovanni Boccac=
cio (1313 — 1375), welche an die Stelle mittelalter=
licher Finsterniß und Barbarei die untergegangene Herr=
lichkeit des klassischen Alterthums zurückzurufen bemüht
waren. Noch anderthalb Jahrhunderte nach ihnen wuchs
in Italien die Leidenschaft für das Studium der Klassi=
ker.**) Während nun von den Humanisten vielfältig auf
die Verhältnisse des Alterthums hingewiesen wurde,
konnte es nicht fehlen, daß auch die antike Gymnastik,
wenn auch zunächst nur als Gegenstand eines theoreti=
schen Studiums, neubelebt wurde. Einzelne Humanisten
gingen indessen auch in dieser Beziehung bald weiter, so
der hochgeachtete, sittlich sehr hoch stehende Vittorino
von Feltre (1378 — 1446), welcher — zu seiner Zeit
in Italien als bedeutender Erzieher berühmt, und 1424
vom Fürsten Gonzaga zur Erziehung seiner Kinder nach
Mantua berufen — seine Zöglinge sich leiblich üben und
abhärten ließ. Auch Jacob Sadolet († 1547) wies
in seinem Buche über richtige Knabenerziehung (De pue-
ris recte ac liberaliter instituendis. Basil. 1538)
auf die Wichtigkeit der Gymnastik als eines Erziehungs=
mittels hin, indem er die griechische Erziehungsweise

---

*) Siehe: H. Timm, das Turnen mit besondrer Be=
ziehung auf Mecklenburg. Neustrelitz, 1848. S. 11.
**) S. v. Raumer, Geschichte der Pädagogik. 2. Aufl.
I, S. 30.

lobte.*) Endlich war es ein italienischer Arzt, Hierony=
mus Mercurialis († 1606), welcher, der humani=
stischen Richtung angehörig, in seinem dem Kaiser Maxi=
milian II gewidmeten Werke „De arte gymnastica"**)
nicht bloß eine ausführliche Darstellung der antiken Gym=
nastik gab, sondern vielfach auf die nützliche Wirkung der
einzelnen Uebungen hinwies, wie denn auch in dem Titel
der ersten Auflage des Buches dasselbe „Opus non modo
medicis, verum etiam omnibus antiquarum rerum
cognoscendarum, et valetudinis conservandae studio-
sis admodum utile" genannt ist. — Die humanistischen
Bestrebungen der Italiener fanden auch in Deutschland
Eingang, und hier waren es Gelehrte dieser Richtung
(vorzüglich Erasmus und Reuchlin), welche die Reforma=
tion vorbereiteten. Der Humanist Joachim Camera=
rius (1500 — 1574), ein vertrauter Freund Melanchton's,
erkannte den erziehlichen Werth der Leibesübungen, und
suchte ihnen Anerkennung zu verschaffen. Vor Allen
aber war es der große Reformator Martin Luther
(1483 — 1546) selber, der wie auf die Kirche, so auch
auf Schule und Erziehung kräftig einwirkte, und, der
mönchischen Erziehung abhold, einer frischen und gesunden
Entwicklung des Leibes das Wort redete. „Es ist,
sprach Luther, von den Alten sehr wohl bedacht und ge=
ordnet, daß sich die Leute üben, und etwas ehrliches und
nützliches vorhaben, damit sie nicht in Schwelgen, Un=
zucht, Fressen, Saufen und Spielen gerathen. Darum
gefallen mir diese zwo Uebungen und Kurzweile am aller=
besten, nämlich, die Musica und Ritterspiel, mit Fechten,
Ringen u. s. w., unter welchen das erste die Sorge des
Herzens und melancholische Gedanken vertreibet; das
andere machet seine geschickte Gliedmaß am Leibe, und
erhält ihn bei Gesundheit, mit Springen u. s. w. Die
endliche Ursach ist auch, daß man nicht auf Zechen, Un=

*) S. Dr. Fr. A. Lange, Leibesübungen. Gotha, 1863.
S. 52.
**) 1573 in erster Auflage erschienen.

zucht, Spielen und Doppeln (Würfelspiel) gerathe; wie man jetzt, leider, siehet, an Höfen und in Städten, da ist nicht mehr, denn: Es gilt dir! sauf aus! Darnach spielt man um etliche hundert oder mehr Gülden. Also gehts, wann man solche ehrbare Uebungen und Ritter= spiele verachtet und nachläßt."*) Auch der in der Schweiz auftretende Reformator Ulrich Zwingli (1484—1531) fordert in seinem „Lehrbüchlein, wie man die Knaben christlich unterweisen und erziehen soll" mancherlei Leibesübungen. Er sagt: „Den Leib werden üben und geschickt machen das Laufen, Springen, Stein= werfen, Ringen und Fechten. Doch soll man des Fech= tens mäßig brauchen, dann es ist oft Ernst daraus wor= den. Sonst seind berührte Spiel fast bei allen Völkern üblich gewesen. Aber bei unsern Vorfordern, das ist bei den Schweizern, aufs üblichst und zu mancherlei Sachen aufs nützlichst. Schwimmen sehe ich wenig Leuten die= nen. Wiewohl es zuweilen dem Leib gut ist, daß man schwimmet und zu einem Fisch wird."**)

Trotz aller dieser Bemühungen konnten indessen die Leibesübungen in den Schulen der damaligen Zeit nur wenig Raum und Anerkennung finden, weil der vorhan= dene gymnastische Lehrstoff ziemlich ungeordnet, aus mit= telalterlichen Ueberlieferungen und neueren Versuchen ge= mischt war, auch mancherlei Vorurtheile einer durchgrei= fenden Anwendung der Gymnastik entgegen traten. So wird erzählt, daß Trotzendorf (1490—1556), der berühmte Rector der Schule zu Goldberg in Schlesien, auf Leibesübungen nicht gedrungen, sondern sie nur ge=

---

*) In Luther's „Tischreden," nach Walch's Ausgabe der Schriften Luther's, Band 22 (Halle 1743), S. 2281; im (72.) Capitel „Von Stubieren" Abschnitt 7: „Von der Uebung mit Ringen und Fechten." — S. auch: Waßmanns= dorf, Luthers Ausspruch über Leibesübungen in deutschen Turnschriften; in Kloß' neuen Jahrbüchern für die Turnkunst. Band 10, S. 257. Dresden 1864.

**) In Ulrich Zwingli's Lehrbüchlein (1. Ausgabe 1524), neu herausgegeben von K. Fulda. Erfurt 1844. S. 30.

123

stattet habe. Doch sahe er bein Ringen und Laufen der
Knaben zu, lobte die munteren, fertigen und tadelte faule
und ungeschickte. Aber ein Schulgesetz verbot den Schü=
lern, sich zur Sommerzeit. in kaltem Wasser zu baden,
im Winter auf's Eis zu gehen und sich mit Schneeballen
zu werfen.*) Viel größeres Gewicht legte Georg Rol=
lenhagen (1542 — 1609), Rector der Domschule in
Magdeburg und Dichter des „Froschmeuseler" auf die
Leibesübungen. Der dreißigjährige Krieg jedoch, welcher
demnächst während des siebzehnten Jahrhunderts Deutsch=
land verwüstete, verhinderte nicht nur eine weitere Ent=
wicklung der erwähnten Anfänge, sondern vernichtete einen
großen Theil dessen, was auf diesem wie auf anderen
Gebieten die frühere Zeit angebahnt hatte. Von Schu=
len und Lehrern war fast nicht mehr die Rede. In
diese traurige Zeit aber fällt das Leben und Wirken des
Johann Amos Comenius (1592 — 1671), welcher
trotz der Ungunst der Verhältnisse eine sehr bedeutende
pädagogische Wirksamkeit entfaltete. Er befürwortete an=
gelegentlich Spiele und Leibesübungen, als Laufen, Sprin=
gen, Ringen, Ballspiel, Spaziergänge, und wollte auch
Spielplätze bei den Schulhäusern haben.**)
  Während in Deutschland, anknüpfend an die huma=
nistischen Bestrebungen mehrfach sich Stimmen für die
Gymnastik erhoben, war es in Frankreich Michel de
Montaigne (1533 — 1492), welcher als Philosoph
dem Realismus huldigend, in seinen „Versuchen"***)
Leibesübungen und körperliche Abhärtung als nothwen=
dige Erziehungsmittel hinstellte. Er sagt unter Anderem:
„Es ist nicht genug, die Seele des Kindes fest zu ma=
chen, man muß ihm auch die Muskeln stählen. Die
Seele unterliegt der Anstrengung, wenn der Leib ihr

---

*) S. v. Raumer, Geschichte der Pädagogik. I, 2. Aufl.
S. 221.
**) S. v. Raumer, Gesch. d. Päd. II, 2. Aufl., S. 49
und flgde.
***) Les essays de Michel Seigneur de Montaigne. S.
v. Raumer, Gesch. d. Päd. I, 2. Aufl., S. 353 u. flgde.

nicht beisteht. — Man muß den Zögling an die Mühe
und Härte der Leibesübungen gewöhnen, um ihn gegen
allerlei Schmerzen unempfindlich zu machen. — Unsre
Spiele und unsre Leibesübungen: Laufen, Ringen, Musik,
Tanzen, Reiten, Fechten und die Jagd werden einen gu=
ten Theil unsres Studirens ausmachen. Ich will, daß
ein äußerer Anstand und ein gefälliges Wesen zugleich
mit der Seele sich bilde. Es ist nicht eine Seele, nicht
ein Körper, den man erzieht, sondern ein Mensch. Aus
dem müssen wir keine zwei machen. Und wie Plato
sagt: man muß den einen nicht abrichten ohne den an=
dern, sondern sie beide gleich führen und leiten, wie ein
Paar an eine Deichsel gespannter Pferde. — Härtet den
Zögling ab gegen Schweiß, Kälte, Winde, Sonne und
solche Zufälligkeiten, die er verachten muß. Entwöhnt
ihn aller Weichlichkeit und Verzärtelung in Kleidung, Es=
sen, Trinken und Schlafen; gewöhnt ihn an Alles, macht
aus ihm keinen geckenhaften Courschneider, sondern einen
derben, kräftigen Jüngling." Montaigne ist in seiner
Philosophie und Pädagogik ein Vorgänger des englischen
Philosophen und Arztes Locke (1632—1704), dem wie=
derum in derselben Richtung der Franzose Rousseau
folgte. Locke sagt in seinen „Gedanken von der Erzie=
hung der Kinder:" „Schwimmen müssen alle Knaben
lernen. — Der Knabe treibe sich in jeder Jahreszeit im
Freien herum. — Tanzen dient dazu, allen unseren Be=
wegungen auf Zeitlebens Grazie zu geben, und kann
nicht früh genug gelernt werden. — Reiten muß ein
junger Mann von Stande lernen; Fechten ist für die Gesund=
heit zuträglich, für das Leben aber nicht." Ueberall in
seinen Erziehungsgrundsätzen geht Locke von dem Grund=
satze „Mens sana in corpore sano" aus, berücksichtigt
jedoch nur die häusliche Erziehung eines vornehmen
Knaben durch einen Hofmeister.*) Dieselben Erziehungs=
ideen wie Montaigne und Locke sprach Jean Jacques

*) Ueber Locke s. in v. Raumer, Gesch. d. Päd. II,
2. Aufl., S. 112 u. flgbe.

Rousseau (1712—1778) in seinem „Emil" (1762) aus.*) Dieses Werk hat einen tief und weit gehenden Einfluß ausgeübt, nicht nur auf die Zeitgenossen Rousseau's, sondern auch auf Spätere, ja es hat fast bis in die neuste Zeit gewirkt. Die große Sittenverderbniß, welche damals in Frankreich herrschte, veranlaßte Rousseau, seine Zeit und die Unnatur ihrer Bildung zu hassen, dagegen den Naturzustand eines Indianervolkes zu bewundern. Dieser Anschauung entsprechen nun seine Erziehungsgrundsätze. Dessenungeachtet sind dieselben vielfach beachtenswerth. Auf leibliche Uebung legt Rousseau hohen Werth. „Uebt, sagt er, den Leib des Zöglings auf alle Weise; es ist ein erbärmlicher Irrthum, wenn man wähnt, das thue der Geistesbildung Abbruch. — Was der menschliche Verstand aufnimmt, wird ihm durch die Sinne zugeführt, das Sinnliche bildet die Basis des Intellectuellen; unsre Füße, unsre Hände, unsre Augen lehren uns zuerst Philosophie. Darum muß man Glieder und Sinne als Instrumente unsrer Intelligenz üben, und eben deswegen muß der Leib gesund und stark sein. Gymnastik gab den Alten diese Energie des Leibes und der Seele, welche sie auffallend vor den Neueren auszeichnet. — Das große Geheimniß der Erziehung ist: es so einzurichten, daß Leibes = und Geistesübungen einander zur Erholung dienen." Die Rousseau'schen Ideen haben in Frankreich mehr politisch als pädagogisch gewirkt, sie waren die Vorboten der großen Revolution, in Deutschland dagegen wurden sie die Ausgangspunkte einer neuen pädagogischen Praxis. Johann Bernhard Basedow (1724—1790) war es, der zuerst die Rousseau'schen Erziehungsgrundsätze zur practischen Anwendung zu bringen versuchte. Nach Dessau berufen errichtete er dort 1774 eine Erziehungsanstalt, das sog. Philantropin, welches in weiten Kreisen Aufmerksamkeit erregte. „Man berücksichtigte dort die leibliche Bildung auf eine Weise, wie es vorher in neuerer Zeit nie und nirgends geschehen

---

*) v. Raumer, Gesch. d. Päd. II., 2. Aufl., S. 187 u. flgde.

war. Die fratzenhafte peinliche Kleidung der Knaben,
galonnirte Röcke, kurze Beinkleider, Frisur, Haarbeutel,
Alles schaffte man ab. Man kann denken, wie wohl
den Knaben wurde, wenn sie aus den Zwangsfracks,
Zwangshosen und Zwangshalstüchern herausgelassen, nun
die bequemsten Matrosenjacken und Beinkleider von blau
und weiß gestreiftem Zwillich erhielten, den Hals frei
trugen, den Hemdkragen übergeschlagen; wenn ihnen dann
vollends der Schmutz von Puder und Pomade aus den
Haaren weggeschafft, der Haarbeutel abgebunden wurde.
Man sorgte dafür, daß der Leib geübt und abgehärtet
wurde. Die Knaben. lernten schreinern und drechseln,
tummelten sich viel im Freien, machten Fußreisen ꝛc. Da
der Unterricht möglichst von sinnlicher Anschauung aus=
ging und man viel zeichnen ließ, so konnte es nicht feh=
len, daß auch die Blüthe alles Turnens, die Ausbildung
der Sinne, insbesondere die des Auges nicht vernach=
lässigt wurde. Hierher gehört auch, daß das Philan=
thropin und die sich ihm anschließenden Pädagogen
vorzugsweise auf Heilung der entsetzlichen heimlichen
Sünden sannen." (v. Raumer, Gesch. d. Päd. II,
2. Aufl. S. 298.) „Die Uebungen, die von den Zög=
lingen dieses Instituts getrieben wurden, waren folgende:
Reiten, Tanzen, Fechten, Voltigiren; auf einem frei lie=
genden elastischen runden Balken gehen, und darauf aller=
lei Uebungen vornehmen; Tragen von Gewichten oder
Sandsäcken mit ausgestreckten Armen, Laufen, Springen
in die Weite, in die Höhe, in die Tiefe; Schlittschuh=
laufen u. s. w. Verschiedener gymnastischer Spiele, als
Ball, Kegel, Reifen, Schaukel u. dgl. nicht zu gedenken."
(S. Vieth, Encyclopädie der Leibesübungen. I, S. 295.)
Von den Lehrern des Philanthropins, welche Basedow's
Bestrebungen unterstützten, sind besonders Wolke,
Salzmann und Campe zu nennen. — Durch rast=
lose Thätigkeit gewannen die Philanthropen großen Ein=
fluß auf das Erziehungswesen Deutschlands. Viele be=
deutende Männer unterstützten ihre Bestrebungen, so der
Philosoph Immanuel Kant, der Rector des grauen .

Klosters zu Berlin, Gebike. Auch Meierotto, der
Rector des Joachimsthalschen Gymnasiums zu Berlin,
richtete bei seiner Schule 1790 einen Turnplatz ein.

Christian Gotthilf Salzmann (1744—1811),
der frühere Mitarbeiter Basedow's, legte 1784 selbst zu
Schnepfenthal bei Gotha eine — berühmt gewordene,
noch jetzt bestehende — Erziehungsanstalt an, in welche
er die im Dessauer Philanthropin betriebenen Leibes=
übungen verpflanzte. Dieselben wurden von den Kna=
ben täglich eine Stunde vor dem Mittagsmahl ausge=
führt. In diese Anstalt trat 1785 Gutsmuths, der in
der Geschichte der Gymnastik eine der hervorragendsten
Stellen einnimmt, als Lehrer ein, übernahm die Leitung
des gymnastischen Unterrichts und bildete denselben in
gedeihlichster Weise weiter aus. —

Uebrigens war es nicht allein der Einfluß Rousseau'=
scher Ideen, welcher die von jetzt ab sichtbare Hebung
der leiblichen Erziehung veranlaßt hatte. Manche ande=
ren Umstände hatten dazu mitgewirkt. So war das von
Winckelmann (1717—1768) wieder belebte Stu=
dium der antiken Kunst für Viele eine Veranlassung zur
Beachtung der griechischen Gymnastik geworden. Der in
Vieth's Encyclopädie der Leibesübungen mehrfach citirte
Hochheimer (System der griechischen Pädagogik, Göt=
tingen 1788), welcher seinerseits für die Gymnastik anre=
gend wirkte, fühlte sich z. B. durch Winckelmann ange=
regt. Andrerseits war es die auf ärztlichem Gebiete
eingetretene Klärung der Anschauungen, welche der gym=
nastischen Erziehung großen Vorschub leistete. „Erst seit
die Masse der Aerzte vernünftige Ansichten über physi=
sches Leben erhielt, wurde die practische Ausführung des
längst gefaßten Ideals möglich." (Lange, Leibesübun=
gen, S. 56.) Vorzüglich waren hier die Aerzte, welche
die Gymnastik als ein Heilmittel anzuwenden riethen,
von Einfluß; so Fuller*) und Tissot. —

---

*) S. Friedrich über Fuller's Medicina gymnastica in
Kloß' N. Jahrb. III, S. 44.

Unter den älteren Schriftstellern über Leibes=
übungen ist als besonders beachtenswerth Villaume,
Professor am Joachimsthal'schen Gymnasium zu Berlin,
zu nennen, der in einem trefflichen, 1787 (in Cam=
pe's „allgemeiner Revision des gesammten Schul= und
Erziehungswesens, Th. 8.) gedruckten Aufsatze „von der
Bildung des Körpers in Rücksicht auf die Vollkommen=
heit und Glückseligkeit der Menschen, oder über die phy=
sische Erziehung insonderheit" handelt, und sowohl über
die nützliche Wirkung der Leibesübungen eingehend spricht
als auch diejenigen derselben, „die wir noch jetzt mit der
Jugend vornehmen können" angiebt. Viel wichtiger
jedoch ist ein demnächst von Gutsmuths bearbeitetes,
wohlgeordnetes und begründetes Lehrbuch der Gymnastik,
welches eine der wesentlichsten Grundlagen des späteren
Turnens geworden ist.

Fig. 4.*)

Johann Christoph Friedrich Gutsmuths (geb.
9. August 1759 in Quedlinburg, gest. 21. Mai 1839

*) Gutsmuths.

zu Ibenhain bei Schnepfenthal) war, wie schon erwähnt ist, Salzmanns Mitarbeiter in Schnepfenthal geworden. „Im Jahre 1785, sagt er selber,*) betrat ich als Jüng= ling Schnepfenthal, da führte mich Salzmann auf einen hübschen Platz mit den Worten: Hier ist unsere Gym= nastik. Auf diesem Plätzchen, am Rande eines Eichwäld= chens, entwickelte sich nach und nach die deutsche Gym= nastik; ein erzdeutscher Mann — das war Salzmann — gewährte ihr da Schutz, und nur wenige Schritte davon ruht der irdische Theil des Vortrefflichen. Hier belu= stigten wir uns täglich mit fünf Uebungen in ihren ersten ungeregelten Anfängen. Diese stammten von Dessau, wo Salzmann zuvor gewesen. Ob dort Basedow oder sonst Jemand den Gedanken gefaßt hatte, die Körpererziehung der Griechen ein wenig in Anwendung zu bringen, ist mir unbekannt. Salzmann übertrug mir bald die Lei= tung dieses ersten Anfangs der Uebungen. Ihre Bedeu= tung kannte ich. Was ich aus dem uralten Schutte, aus den geschichtlichen Resten des früheren und späteren Al= terthums heraus grub, was das Nachsinnen und biswei= len der Zufall an die Hand gaben, wurde hier nach und nach zu Tage gefördert zum heitern Versuche. So mehrten sich die Hauptübungen, spalteten sich bald so, bald so in neue Gestaltungen und Aufgaben, und traten unter die oft nicht leicht auszumittelnden Regeln. So entstand nach sieben Jahren in der ersten Ausgabe mei= ner Gymnastik die erste neue Bearbeitung eines sehr ver= gessenen und nur noch in geschichtlichen Andeutungen vor= handenen Gegenstandes." Gutsmuths' „Gymnastik für die Jugend" erschien in erster Auflage 1793, in zweiter 1804 und in einer dritten von F. W. Klumpp besorgten 1847. In diesem Werke spricht der Verfasser in den ersten Abschnitten über die Schwächlichkeit und Verweich= lichung des lebenden Geschlechts, stellt diese Uebel als Folgen einer verkehrten Erziehungsweise hin, und betrachtet

*) S. Gutsmuths, Turnbuch für die Söhne des Va= terlandes. 1817. Vorbericht.

Handbuch für Turner. 9

die bisher zur Abhülfe ergriffenen Maßregeln. Diese erklärt er für ungenügend, empfiehlt dagegen sehr warm die Gymnastik als das allein zu einer besseren, gleichmäßigen und kräftigen Entwicklung führende Mittel. Darauf schildert er den Zweck und Nutzen der Gymnastik, und giebt in überzeugender Darstellung den Beweis, daß als unmittelbare und entsprechende mittelbare Wirkungen der Leibesübungen hervortreten:

Gesundheit des Leibes . .	Heiterkeit des Geistes.
Abhärtung	männlicher Sinn.
Stärke und Geschick . .	Gegenwart des Geistes und Muth.
Thätigkeit des Leibes . .	Thätigkeit des Geistes.
Gute Bildung des Körpers	Schönheit der Seele.
Schärfe der Sinne . . .	Stärke der Denkkraft.

Auch die nationale Bedeutung der Gymnastik hatte Gutsmuths erkannt, denn indem er wünscht, daß gymnastische Spiele von den Fürsten zu Nationalfesten erhoben werden möchten, sagt er von solchen Spielen: „Sie haben so etwas Großes, Herzerhebendes, so viel Kraft auf den Nationalgeist zu wirken, das Volk zu leiten, ihm Patriotismus einzuflößen, sein Gefühl für Tugend und Rechtschaffenheit zu erhöhen, und einen gewissen edlen Sinn selbst unter den niedrigsten Volksklassen zu verbreiten, daß ich sie für ein Haupterziehungsmittel einer ganzen Nation halte." (S. 159.) — — In dem zweiten Theile seines Werkes giebt Gutsmuths eine Eintheilung der Leibesübungen und ausführliche Anweisungen zum Betriebe derselben. In ersterer Beziehung sagt er: „Ich erkenne drei verschiedene Gattungen pädagogischer Leibesübungen: a) eigentliche gymnastische Uebungen, b) Handarbeiten, c) gesellschaftliche Jugendspiele." In Betreff der Aufstellung eines Systems der Leibesübungen meint er, man könne dieselben nach ihren verschiedenen Zwecken, nach den Vollkommenheiten, welche man sich von jeder derselben für Körper und Geist verspreche, ordnen, aber eine solche Zusammenstellung sei schwankend; oder man könne sie nach ihrer Natur in leichte und schwere, in active und passive unterscheiden, aber diese Unterscheidung sei ober=

flächlich; am angemessensten sei es, die Gründe zu einem
gymnastischen System von dem menschlichen Körper selbst
herzunehmen, indem man denselben in seine Haupttheile
zergliedere und jedem Gliede und Hauptmuskel seine
Uebungen gleichsam zutheile. Da aber Gutsmuths einsieht,
daß die meisten Uebungen zugleich auf mehrere Theile
des Körpers wirken, so fürchtet er bei diesem System
Wiederholungen und Weitläuftigkeiten, und wählt endlich
die generische Art der Zusammenstellung. „Diese", sagt
er, „werde ich befolgen, denn sie scheint mir die natür=
lichste, weil sie die gleichartigen Uebungen nicht von ein=
ander trennt, und zweitens die nutzbarste, weil sie sich
mehr an die Methode schmiegt, nach welcher man die
Gymnastik lehren soll, als jede andere." Die Uebungen,
welche er demnächst anführt, sind: 1) Das Springen,
worunter er den Freisprung ohne und mit Anlauf, den
Stabsprung, beide in die Weite, Höhe und Tiefe, den
Gesellschaftssprung (Bocksprung) und einige andre Volti=
girübungen erwähnt. Letztere beschreibt er in dem Ab=
schnitt vom Balanciren. — 2) Das Laufen, welches er
als Schnellauf und Dauerlauf in der Laufbahn und auch
im freien, ebenen sowohl als unebenen Felde üben läßt.
Zugleich empfiehlt er weite Spaziergänge, besonders im
Winter. — 3) Das Werfen, wozu er den Wurf mit
Steinen, das Schleudern, das Werfen des Wurfspießes
und des Diskus, sowie das Bogenschießen zählt. —
4) Das Ringen, von dem er mehrere Arten beschreibt.
— 5) Das Klettern. `Hierzu rechnet Gutsmuths eine
Reihe von Elementarübungen, Hangübungen, welche als
der Anfang des späteren Reckturnens zu betrachten sind.
Auch die Vorrichtung, mittelst welcher diese Uebungen
zur Darstellung kommen, ein schräggelegter Querbalken,
dem späteren Enter= oder Schrägbaum ähnlich, erscheint
als die Urform des Reckes. Zu den eigentlichen Kletter=
übungen werden gezählt: das Klettern an einer rauhen
Stange, an Bäumen, an einem glatten Maste, das Stei=
gen auf der Strickleiter, Steigen und Hangeln an einer
schrägstehenden festen Leiter, endlich das Klettern am

Seile. — 6) Das Balanciren oder Gleichgewichthal=
ten. Hier werden Balancir=(Schwebe=) Uebungen auf
festem Boden, auf einer Brettkante, auf einem Balken
(dem späteren Schwebebaum) beschrieben, und auch das
Gehen auf einem wagerecht gespannten Seile empfohlen.
Sodann werden einige an dem Schwebebaume vorzuneh=
mende Voltigirübungen und Stützübungen der Arme
erklärt, welche letztere Uebungen an die später auftreten=
den Barrenübungen erinnern. Endlich wird das Wippen
auf einem Wippbrett sowie auf einem eigenthümlichen
Geräth, der sog. Ovalschaukel, das Stelzengehen, das
Steigen auf einer nicht befestigten, von dem Steigenden
selbst senkrecht gehaltenen Leiter und das Schlittschuhlau=
fen angegeben. — 7) Uebungen des Hebens, Tragens,
Ziehens; ferner Uebungen in der Strecklage, von G.
Rückenprobe genannt; das Laufen und Springen im lan=
gen und kurzen Schwungseil und im Reifen, welche
Uebungen er als „Tanz" bezeichnet, und endlich das Rei=
fentreiben. — 8) Das Tanzen, welches in der Form der
gewöhnlichen Gesellschaftstänze nicht unbedingt empfohlen
wird; vielmehr wünscht G., es möchte ein Sachverständi=
ger einen guten gymnastischen Tanz für die männliche
Jugend erst noch erfinden. Ferner wird hier die Uebung
zu einem guten Gange und guter Körperhaltung empfoh=
len, sowie auch militärisches Marschiren und Schwenken
und Kampfspiele. — — In dem dritten und letzten
Theile seines Buches handelt G. vom Baden und
Schwimmen; von einigen Uebungen, welche dazu dienen
sollen, bei plötzlich eintretender Gefahr Geistesgegenwart
zu verleihen; vom lauten Lesen und Deklamiren, als einer
guten Uebung der Athmungs=, Stimm= und Sprach=
organe; sodann von der Uebung der Sinne, und giebt
zuletzt eine Uebersicht der Wirkungen der einzelnen gym=
nastischen Uebungen auf den ganzen Körper und besondere
Theile desselben, sowie Anweisungen und Regeln für die
Methode, Zeitverwendung und das diätetische Verhalten
beim Betriebe der Gymnastik. In einem als Anhang
zu betrachtenden kurzen Abschnitt empfiehlt er endlich

noch als sehr nützlich für die Erziehung der Knaben die Erlernung von Handarbeiten, besonders der des Tischlers und Drechslers.

Außer dem genannten Hauptwerk hat Gutsmuths noch folgende Schriften über Leibesübungen veröffentlicht: 1) Kleines Lehrbuch der Schwimmkunst. Weimar, 1798. 2) Spiele zur Erholung und Uebung des Körpers und Geistes für die Jugend, ihre Erzieher und alle Freunde unschuldiger Jugendfreuden. Schnepfenthal, 1802. In 4. Aufl. von F. W. Klumpp, Stuttgart, 1845. Ein vortreffliches Buch. 3) Turnbuch für die Söhne des Vaterlandes. Frankfurt a. M. 1817.*) 4) Katechismus

---

*) In diesem Buche, welches Gutsmuths, beeinflußt von den Jahn'schen Bestrebungen und der vorwiegend vaterländischen Richtung des Jahn'schen Turnens, geschrieben hat, unterscheidet er eine „rein erziehliche Gymnastik" von der „Turnkunst, welche in Gestalt und Gehalt der Aufgaben immer den besonderen Zweck des künftigen Vertheidigers festhält und dadurch zu einer Vorschule der rein kriegerischen Uebungen wird." Mit dieser Auffassung traf er aber keineswegs auf die Billigung der Jahn'schen Turner, vielmehr fand er mannigfachen Tadel derselben. So sagt Dr. Franz Passow in seinem „Turnziel, Breslau, 1818:" „Dem kriegerischen Geist unserer Tage huldigend, hat man so den Turnübungen nicht nur eine mehr kriegerische Gestalt angewünscht, sondern auch schon den Versuch gemacht, bei allen ihren einzelnen Theilen den besonderen Zweck des künftigen Vertheidigers festzuhalten. Hier liegt nun das Verkehrte und wahrhaft Sündhafte darin, daß man diese Bestimmung, die sich von selbst ergiebt aus den angeborenen Verhältnissen des Jünglings und Mannes, als eine besondere aufzustellen, oder ihr gar die allgemeinen Pflichten des Menschen unterzuordnen sich nicht entblödet hat." Und: „Niemand hat sich wunderlicher in diese Soldatenspielerei verwickelt, als der dabei gewiß sehr unschuldige Gutsmuths." — Karl v. Raumer sagt über G.'s Turnbuch (in Gesch. b. Päd. III, 1. Abthl., 2. Aufl., S. 220): „Im Jahr 1817 erschien von ihm (G.) ein „Turnbuch," welches das Verhältniß des Turnens zum Exerciren zur Sprache brachte. Das Turnen bezweckt so wenig wie der Schulunterricht Bildung für einen bestimmten Stand, sondern eine allgemeine Bildung, welche befähigt, sich in jedem Stand, der leibliches Geschick verlangt, zu bewähren. Turnen soll den Einzelnen zur leiblichen Selbständigkeit, Exerciren soll

der Turnkunst. Frankfurt a. M., 1818.*) — Gleich=
zeitig mit Gutsmuths wirkte für die Anerkennung und
Verbreitung der Leibesübungen Gerhard Ulrich Anton
Vieth, geb. am 8. Januar 1763 zu Hooksiel, einem
Hafenort der damals Anhalt=Zerbst'schen Herrschaft Jever.
Er wurde 1786 Lehrer der Mathematik an der fürstlichen
Hauptschule in Dessau, 1799 Director dieser Schule und
Inspector der übrigen Dessauer Schulen, endlich (1819)
Schulrath. Er starb in Dessau am 12. Januar 1836.**)
    Vieth hat für die Entwicklung der Gymnastik fast
eine gleiche Wichtigkeit wie Gutsmuths; durch das von
ihm herausgegebene umfangreiche Werk „Versuch einer
Encyclopädie der Leibesübungen" hat er in ähnlicher
Weise wie Gutsmuths eine sichere Grundlage gegeben,
auf der spätere Zeiten mit Erfolg weiter bauen konnten.
Dieses Werk ist in 3 Theilen erschienen, und zwar der
1ste mit dem besonderen Titel: „Beiträge zur Geschichte
der Leibesübungen," Berlin, 1794; der 2te betitelt:
„System der Leibesübungen," Berlin, 1795; und der

ihn zum brauchbaren Gliede einer Masse bilden. Spiele, bei
denen eine Turnermenge freie, schöne, gemeinschaftliche Bewegungen ausführt, sind den steifen Exercirübungen der Turner
unter Leitung eines Unteroffiziers weit vorzuziehen. Tüchtige
Turner können in sehr kurzer Zeit die Exercirübungen der In-
fanterie lernen. Die Soldaten turnen zu lassen ist entschieden
zu rathen, aber höchst bedenklich ist's, wenn Turner Soldaten
spielen." — Im Uebrigen ist die Zahl der Uebungen in G.'s
„Turnbuch" reichhaltiger als in seiner „Gymnastik," ihre Zusammenstellung zweckmäßig und ihre Schilderung genau und
deutlich, so daß die wirkliche Brauchbarkeit des Buches durch
seine oben erwähnte eigenthümliche Anschauung Nichts verliert. —
    *) Ausführlicheres über Gutsmuths und seine Thätigkeit s.
in der Zeitschrift „der Turner." Dresden, 1848, S. 17; ferner in Kloß' neuen Jahrbüchern für die Turnkunst, Bd. 4, Dresden, 1858, S. 250; in der deutschen Turnzeitung, Leipzig,
1859, Nr. 14 und in der illustrirten Zeitung, Leipzig, 1859,
Nr. 844.
    **) Ueber Vieth s. deutsche Turnzeitung, Leipzig, 1860,
Nr. 1.

3te, Zusätze zum 1sten und 2ten Theile enthaltend, Leip=
zig, 1818. — In dem ersten Theile hat der Verfasser
eine geschichtliche Darstellung der von verschiedenen Völ=
kern älterer und neuerer Zeit betriebenen Leibesübungen,
zum Theil sehr ausführlich gegeben; in dem zweiten
Theile spricht er zunächst von den Leibesübungen über=
haupt und erklärt die Bedeutung des Wortes, giebt dann
die Grundsätze einer Classification der Leibesübungen an,
(wobei er das anatomische Verhältniß oder die Einfach=
heit und Zusammengesetztheit oder die Passivität und
Activität der Bewegungen als Eintheilungsgrundlagen
hinstellt,) und erörtert demnächst eingehender den Nutzen
der Leibesübungen sowohl in körperlicher als auch in
geistiger Beziehung. In Rücksicht des Körpers findet er
den Nutzen in der Erhaltung der Gesundheit, in der
Vergrößerung der Muskelkraft, in erhöhter Biegsamkeit
der Gelenke, in der Beförderung des guten Anstandes
und in der Ausbildung der Körperform; in Rücksicht des
Geistes giebt er Erhöhung des Muthes, Erneuerung der
Lust zu Geistesarbeiten, Verhinderung vorzeitiger Aeuße=
rung des Geschlechtstriebes und nützliche Anwendung der
Freistunden an. Darauf spricht er in einem folgenden
Abschnitt über den Unterricht in den Leibesübungen, tadelt
das, was bisher in dieser Beziehung geschehen, als unzu=
länglich und giebt Anweisungen zur Einrichtung von
Uebungsplätzen und zum Betriebe der Gymnastik, zugleich
empfiehlt er die Einrichtung öffentlicher gymnastischer
Spiele. Die beiden nächsten Abschnitte enthalten erstens
eine Abhandlung über den Körperbau in Rücksicht auf
die Mechanik der Bewegungen. Besonders wird hier von
der Hebelwirkung der Knochen mit den Muskeln, sowie
vom Schwerpunkt des Körpers gesprochen. Zweitens wird
eine Uebersicht der möglichen Körperbewegungen gegeben,
in welcher dieselben anatomisch nach den Haupttheilen
des Körpers (Kopf, Rumpf, untere und obere Glied=
maßen) sowie auch specieller nach den Unterabtheilungen
dieser Haupttheile geordnet sind. Im folgenden Abschnitt
wird dann die herrschende Kleidermode als unzweckmäßig

und hinderlich für den Betrieb der Leibesübungen geta=
delt und dagegen eine den Körper nicht beengende, jede
Bewegung zulassende und deßhalb auch der Gesundheit
zuträglichere Kleidung anempfohlen. Nunmehr giebt der
Verfasser eine Zusammenstellung und ausführliche Be=
schreibung der Leibesübungen, die er hier in passive und
active abtheilt. Unter den passiven nennt er das Liegen
und Sitzen, das Schaukeln mittelst verschiedener Maschi=
nen, das Getragenwerden und Fahren und endlich das
Baden und Reiben der Haut. Auch spricht er hier über
die Abhärtung des Körpers. Als active Uebungen wer=
den zunächst die Uebungen der Sinne weitläuftig erörtert,
dann wird vom Stehen, Gehen und Laufen, vom Klet=
tern, vom activen Schaukeln und vom Balanciren gespro=
chen, darauf der Frei = und Stabsprung und das Volti=
giren erörtert. Letzteres behandelt Vieth sehr ausführlich;
er theilt die dabei vorkommenden Uebungen in Seiten=
sprünge und Croupensprünge. Unter den ersteren be=
schreibt er die halben und ganzen Pommaden (Sprünge
mit Wendeschwung), die halben und ganzen Volten
(Sprünge mit Kehrschwung), die Echappés (Hocksprünge),
Ecartés (Grätschsprünge), Esquillettes (Sprünge mit Lüf=
ten der Hände, Aufsitzen und halbe und ganze Kreise)
und cubistische Stücke, bei welchen letzteren die Füße
nach oben, der Kopf nach unten gerichtet sind. Unter
den Croupensprüngen (Hintersprüngen) nennt er die Ecar=
tés (Aufsitzen mit Grätschen, Riesensprung), Pommaden
(Sprünge mit Wendeschwung), Volten (Sprünge mit
Kehrschwung), Revers (Aufsitzen rückwärts, Riesensprung
rückwärts), Croisés (Scheeren), ferner Sprünge, bei denen
man mit den Füßen auf das Pferd springt (Hocksprünge,
Katzensprung, Froschsprung, Affensprung), Balances (Wage
auf beiden Händen und auf einer Hand), Pirouettes
(Bratenwender) und auch hier wieder cubistische Stücke,
darunter den Todtensprung und Bärensprung. Endlich
erwähnt er auch das Tischspringen und das Voltigiren
über horizontale Stangen, welches hier als erste Andeu=
tung des Reck= und Barrenspringens erscheint. In den

folgenden Abschnitten werden das Schwimmen, der Eis=
lauf, die Tanzkunst, die Fecht= und die Reitkunst,
das Werfen und Schießen, Tragen, Ziehen, Schie=
ben, Ringen und der Faustkampf sowie vermischte
Uebungen, als Bockspringen (Gesellschaftssprung), Hü=
pfen im Schwungseil, Exerciren, Fahnenschwenken
und einige gymnastische Spiele, zum Theil sehr ein=
gehend vorgetragen. — Die beiden vorzüglichen Werke
von Gutsmuths und Vieth, welche — fast gleich=
zeitig erschienen — denselben Gegenstand gewissenhaft
und gründlich und in ausgezeichneter Weise, aber doch
recht verschieden von einander behandeln, sind die ersten
bedeutenden Erscheinungen auf dem Gebiete der neueren
Turnliteratur, und sie sind, trotz der seitdem eingetretenen
großen Bereicherung der letzteren, doch auch jetzt noch zu
dem Besten zu rechnen, was über Leibesübungen geschrie=
ben ist. Vieth hat vor Gutsmuths eine größere Gründ=
lichkeit voraus, dieser dagegen übertrifft jenen an schöpfe=
rischer und anregender Kraft. Lange sagt darüber
(Leibesübungen, S. 66): „Es fehlt bei Vieth das Prin=
cip des neuen Schaffens eines nach allen Seiten
unseren gegenwärtigen Verhältnissen angemessenen, jedoch
gewissermaßen im hellenischen Geiste erfundenen Uebungs=
kreises. Dies Princip des Schaffens hat Gutsmuths ge=
habt und hat es auf Jahn vererbt... Bei Vieth
waltet das theoretische Interesse des Begreifens noch
vor. — Vieth hatte gleichsam den Bauplatz abgesteckt
und geebnet, Gutsmuths durch den provisorischen Plan
die allgemeine Theilnahme für den Aufbau der Leibes=
übungen gewonnen; die Ausführung des Baues aber
warfen übergewaltige Zeitverhältnisse zwar nicht einem
sachverständigeren Meister, wohl aber einem ungleich
stärkeren Geiste zu." — —

Ehe wir diesem stärkeren Geiste uns zuwenden, sind
noch einige weniger bedeutende Erscheinungen auf dem
Gebiete der Leibesübungen zu erwähnen, die dem frische=
ren Leben, welches hier auftrat, ihre Entstehung ver=
danken.

„Schon im Jahre 1800, sagt Täglichsbeck,*) war von München aus von dem Weltpriester Johann Nepomuk Fischer ein auf Frank, Tissot und Gutsmuths begründeter „„Entwurf zu einer Gymnastik oder Leibesübungen für die Jugend, größtentheils nach Art der alten Römer und Griechen, aber alle nach den Bedürfnissen und Umständen unseres Zeitalters gesammelt und in ein regelmäßiges Ganzes gebracht. Stadt am Hof bei Joh. Mich. Daisenberger 1800. 88 S. 8."" erschienen. Und vielleicht blieb dieses Schriftchen nicht ohne Einfluß auf eine Schulinstruction des Kurfürstlich Bairischen Schulen- und Studiendirectionsrathes Joachim Schubauer zu München vom 1. Januar 1803, worin es also heißt: „„§. 27. Alle Glücksspiele um Geld sind ihrer leidigen Folgen wegen ohne Ausnahme verboten. Ueberhaupt aber sollen Studirende, welche bei ihren Berufsarbeiten, besonders in den unteren Schulen, viel sitzen müssen, jede nothwendige Erholung mit gesunden Körperbewegungen, wie z. B. bei Ball- und Ballonspielen, Eisschießen und Schlittschuhlaufen an gefahrlosen Orten u. dgl. möglichst zu verbinden suchen. Doch sind denselben zu solchen Erholungen nach Verschiedenheit der Jahreszeiten von dem Gymnasiums-Rector immer nur einige Abendstunden zu bewilligen. — §. 35. Deutsche Jünglinge sollen sich, wie ihre braven Voreltern, auch vorzüglich durch schön gewachsenen, starken Körper auszeichnen. In einem geschwächten, siechen Leibe kränkelt immer auch der Geist, und wird im Verhältnisse, wie dessen Kräfte schwinden, besonders zur Erlernung der Wissenschaften fast mit jedem Tage untauglicher. Wer also dereinst ein brauchbarer Diener seines deutschen Vaterlandes zu werden, und die Freuden des Lebens zu genießen wünscht, hüte sich in seiner Jugend vor Weichlichkeit, Verzärtelung, Unmäßigkeit, leidenschaftlichen Aufwallungen jeder Art."" —

Im Jahre 1804 gründete ferner Karl Roux zu Erlangen eine gymnastische Uebungsanstalt, die erste dieser Art auf einer deutschen Universität. — Wichtiger noch als die eben genannten Erscheinungen waren die Bestrebungen Pestalozzi's für die Einführung der Leibesübungen in die Erziehung. Johann Heinrich Pestalozzi war am 12. Januar 1746 in Zürich geboren. Er machte seit 1775 den Versuch, eine neue Erziehungsmethode einzuführen. Zuerst sammelte er auf seinem

---

*) In dem Osterprogramm (1845) des Gymnasiums zu Brandenburg, S. 11.

Gute Neuhof eine Anzahl verwahrloster Kinder um sich. Als aber sein Unternehmen an diesen mißlungen, er jedoch durch literarische Arbeiten („Lienhard und Gertrud") vortheilhaft bekannt geworden war, gründete er 1798 eine Erziehungsanstalt zu Stanz. Auch diese erlag schnell der Ungunst der Verhältnisse. Aber wiederum errichtete er 1800 eine neue Anstalt zu Burgdorf, welche 1804 nach München = Buchsee und 1805 nach Yverdün verlegt wurde. Diese erlangte bald eine europäische Be= rühmtheit, und verschaffte der Pestalozzischen Methode viele Anhänger. Dessenungeachtet hatte der Gründer derselben, zum Theil in Folge eigener Fehler, mit vielen Widerwärtigkeiten zu kämpfen, bis er 1825 die Anstalt auflöste und sich nach Neuhof zurückzog. Er starb den 17. Februar 1827 zu Brugg, 81 Jahre alt. Seine Erziehungsmethode war hauptsächlich in der Forderung begründet, der Unterricht müsse von der sinnlichen An= schauung ausgehen, und die geistige Entwicklung müsse mit der Ausbildung körperlicher Fertigkeit Hand in Hand gehen. Von diesem Standpunkt aus mußte er natürlich die Gymnastik in Anwendung bringen, und in der That wurden in der Anstalt zu Yverdün seit 1807 Leibes= übungen getrieben. Ueber die Art derselben spricht sich freilich K. v. Raumer*) sehr ungünstig aus. „Eine Rechenschaft, sagt er, über die Art, wie man es ansah und angriff, enthält der erste Band der Pestalozzischen Wochenschrift für Menschenbildung. Manches Richtige und sehr Beherzigenswerthe findet sich in diesem Aufsatze neben entschieden Verfehltem. — Richtig ist es, daß der Leib nicht einseitig abgerichtet werden müsse, z. B. nicht einzig zum Fechten oder zum Springen 2c., sondern daß eine harmonische Totalbildung desselben Ziel der Gym= nastik sei." Nachdem darauf v. Raumer Pestalozzi's Ausführungen über das leibliche Herunterkommen des Fabrikvolks, über die Versteifung und den Mangel na= türlicher frischer Rührigkeit bei den höheren Ständen,

---

*) Gesch. d. Päd. III, 1. Abth. 2. Aufl., S. 221 u. flgde.

über das Sinken der Nationalfeste, die den alten kraft=
vollen Volksgeist ausdrückten, über die Nothwendigkeit
der Körperbildung und die Erweckung eines lebendigen,
selbständigen Kraftgefühls im Kinde citirt hat, fügt er hinzu:
„Wer sollte diesen Ansichten Pestalozzi's nicht vollen Bei=
fall schenken, wer könnte aber der Art beipflichten, wie man
in der Pestalozzi'schen Schule die Gymnastik betrieb. Im
Verfolg jenes Aufsatzes heißt es nämlich: „„Das Wesen der
Elementargymnastik besteht in nichts Anderm, als in einer
Reihenfolge reiner körperlicher Gelenkbewegungen, durch welche
der Umfang alles dessen von Stufe zu Stufe erschöpft wird,
was das Kind in Hinsicht auf die Art und Weise seiner
Stellung und Bewegung des Körpers und seiner Articulatio=
nen vornehmen kann."" — Und weiterhin: „„Auf dem aller=
einfachsten und faßlichsten Wege kann er durch die Frage
dazu kommen: Was für Bewegungen kann ich mit jedem
einzelnen Gliede meines Körpers, bei jedem einzelnen Ge=
lenke desselben vornehmen? Nach was für Richtungen kön=
nen diese Bewegungen stattfinden, und in welchen Lagen und
Stellungen? Wie können die Bewegungen mehrerer Glieder
und mehrerer Gelenke mit einander verbunden werden?"" —
Vermeint man nicht: es sei von einer Gymnastik für Ge=
lenkpuppen die Rede? Diese haben Gelenke, nur Gelenke,
und man will versuchen, was ihre Gelenke — nicht ihre Ge=
lenkigkeit — leisten. — Kurz, wie in anderen Disciplinen
tritt uns in der Gymnastik der Pestalozzi'schen Schule das
unselige Elementarisiren entgegen; hier in einer in die Augen
fallenden Caricatur, über welche ein gleichgiltiger Zuschauer
vielleicht lachen könnte, das langweilig gedrillte Kind aber
hätte weinen mögen." —

Dieses Urtheil K. v. Raumers ist in der That un=
gerecht. Pestalozzi giebt nur den richtigen Weg an, um
zu einem klar übersichtlichen und vollständigen System
der Körperbewegungen zu gelangen. Denselben Weg
haben vor ihm Vieth und nach ihm mit großer Aner=
kennung Spieß betreten, es ist der anatomisch=mathema=
tische. Da unsere Bewegungen nur in den Gelenken
und durch die Gelenke möglich sind, so wird einem Sy=
stem dieser Bewegungen nothwendiger Weise eine Betrach=
tung der Gelenkverbindungen des Körpers zu Grunde
liegen müssen. Doch dieses System ist nicht zur unmit=
telbaren Ausführung da; ein System muß wissenschaftlich
klar und streng erscheinen, aber der Betrieb, die Me=

thode, wodurch dasselbe zur Ausführung kommt, kann und
muß weit davon verschieden sein. Die frischeste, anre=
gendste Methode kann mit dem strengsten System sich
verbinden. Und daß in der That der Betrieb der Leibes=
übungen in der Pestalozzi'schen Anstalt nicht pedantisch
langweilig, sondern „in einer den Zöglingen durchaus
zusagenden und ersprießlichen Weise" eingerichtet gewesen
sei, geht aus S. Mendelssohn's Mittheilungen (Beiträge
zur Geschichte des Turnens. 1. Heft. Leipzig, Robert
Friese, 1861; S. 77 u. flgde) deutlich hervor. — Alle
bisher geschilderten Bemühungen und Unternehmungen auf
dem Gebiete der Leibesübungen, vermochten indessen (we=
nigstens in Deutschland) nicht, den letzteren in so weit Bahn
zu brechen, daß sie die allgemeine Anerkennung und Anwen=
dung eines nothwendigen Volkserziehungs= und Bildungs=
mittels erlangt hätten. Dies war einem Manne vorbehalten,
der sich von seinen Vorgängern wesentlich unterschied: Frie=
drich Ludwig Jahn. Während nämlich alle früheren gymna=

Fig. 5*)

stischen Bestre=
bungen nur im
engen Kreise
abgeschlossener
Erziehungsan=
stalten prac=
tisch aufgetre=
ten waren,
ging Jahn an
die vollste Oef=
fentlichkeit, und
darum gelang
es ihm, seine
Sache volks=
thümlich zu
machen, was
sein Bestre=
ben war.

*) Friedrich Ludwig Jahn.

Friedrich Ludwig Jahn wurde im Dorfe
Lanz*) bei Lenzen in der Priegnitz am 11. August 1778
geboren. Sein Vater, von dem er seinen erſten Unter=
richt empfing, war dort Prediger. Früh ſchon hatte der
Knabe Gelegenheit zu natürlichen Leibesübungen, er machte
weite Fußwanderungen mit, lernte ſchwimmen und reiten.
Früh prägte ſich ihm durch die Lage ſeines Geburtsortes
an der Gränze dreier Länder (Preußen, Hannover, Mect=
lenburg) das Gefühl der Zerriſſenheit Deutſchlands ein.
Seine Schulbildung erhielt er auf dem Gymnaſium zu
Salzwedel und ſpäter auf dem Grauen Kloſter in Ber=
lin. Dieſes verließ er am 17. April 1795, nachdem er
durch ſein naturwüchſiges, ungezügeltes Weſen häufig
gegen die Schulbildung verſtoßen hatte, und mit Lehrern
und Mitſchülern in Conflict gerathen war, und ging
auf's Gerathewohl in die weite Welt. Ein Jahr lang
irrte er in Deutſchland umher, und lernte während die=
ſer Zeit das Volk und ſeine Bedürfniſſe gründlich ken=
nen. Oſtern 1796 bezog er die Univerſität Halle, um
nach dem Willen ſeines Vaters Theologie zu ſtudiren,
wandte ſich aber mehr dem Geſchichts= und Sprachſtu=
dium zu. Auf der Univerſität trat er in einen lebhaften
Kampf gegen die Zügelloſigkeit der damaligen Lands=
mannſchaften. Seine erſte literariſche Arbeit iſt eine un=
ter fremdem Namen 1800 bei J. C. Hendel in Halle
erſchienene kleine Schrift: „Ueber die Beförderung des
Patriotismus im deutſchen Reiche. Allen Preußen gewid=
met von O. C. C. Höpffner." — Nachdem er vier
Jahre in Halle geweſen, ging er noch auf die Univerſität
zu Greifswald. Hier lernte er E. M. Arndt kennen.
Darauf lebte er als Hauslehrer einige Zeit in Meclen=
burg, hielt ſich auch 1805 Sprachſtudien halber in Göt=
tingen auf, und veröffentlichte 1806 bei A. F. Böhme
in Leipzig ſeine „Bereicherung des hochdeutſchen Sprach=
ſchatzes, verſucht im Gebiete der Sinnverwandtſchaft, ein

---

*) Wo ihm ein, am 7. Auguſt 1865 enthülltes, Denkmal
errichtet iſt.

Nachtrag zu Abelung's und eine Nachlese zu Eberhard's Wörterbuch." Diese Schrift fand bald eine günstige Beurtheilung. Von Göttingen oder Jena aus, wo Jahn auch häufig verweilt hatte, ging er im Herbst 1806 zu einem Freunde nach Goslar. Hier erfuhr er, daß der Krieg zwischen Frankreich und Preußen unvermeidlich sei. Da machte sich Jahn, vom Patriotismus getrieben, auf, um zu dem preußischen Heere zu stoßen, das sich in Thüringen sammelte. Aber schon hatte das unglückliche Treffen bei Saalfeld (10. Octbr.) stattgefunden, in wel= chem der Prinz Louis Ferdinand gefallen war. „Zu dem", sagt Jahn, „hatte ich hingewollt. Er war frei von Ahnenstolz, schätzte Verdienst, wo er es fand, bei Großen eine seltene Tugend. Sein Secretair war mein Univer= sitätsfreund." Nunmehr suchte Jahn das preußische Hauptquartier zu erreichen und ging auf Jena zu. Er langte dort am Schlachttage (14. Octbr.) an, sah die letzten Kämpfe und die gänzliche Niederlage der Preußen, und ging mit den Flüchtigen nach Artern. Hier habe er, so erzählt er, in der Nacht vom 14. zum 15. Octo= ber aus Gram über das Unglück des Vaterlandes — obgleich erst 29 Jahr alt — plötzlich graue Haare be= kommen. Er machte nun die Flucht über Sangerhausen nach Mansfeld mit, wanderte dann nach Halle und wei= ter nach Magdeburg. Von dort ging er längs der Elbe nieder, und wollte nach Stettin, welches als Sammelplatz des zerstreuten Heeres angegeben wurde. Aber die Capi= tulation von Prenzlau und die Uebergabe von Stettin vereitelten seinen Plan, und er kam auf Umwegen nach vielfacher Lebensgefahr nach Anklam, um Zeuge von der dortigen Einnahme zu sein. Hoffnungslos wanderte er nun durch alle schwedisch=pommerschen Seestädte längs der Küste von Mecklenburg nach Lübeck, wo er Blüchers un= glückliches Unternehmen sah. Die folgenden Jahre bis 1809 brachte Jahn fast immer auf Wanderungen zu. Unter Anderem geleitete er einen Engländer, dem wich= tige Papiere anvertraut waren, mit Gefahr und Umsicht durch das von Franzosen besetzte Land. 1809 aber ging

er, das Manuscript seines „deutschen Volksthums"
bei sich tragend, nach Berlin, um den Einzug des Königs
und der Königin Louise (am 23. Decbr.) zu sehen, an
den sich die neuerwachenden Hoffnungen der Patrioten
knüpften.

In dieser traurigen Zeit deutscher Erniedrigung
bildete sich bei vielen patriotisch gesinnten bedeutenden
Männern die Ueberzeugung aus, daß eine Rettung und
Hebung des deutschen Volkes nur durch eine Volkser=
ziehung möglich sei, welche die leibliche Entwicklung und
durch dieselbe die Charakterbildung nach Möglichkeit be=
fördere. So fanden die Leibesübungen vielfach Beach=
tung und Anempfehlung. Der Freiherr v. Stein hatte
sich schon 1804 mit dem Pestalozzi'schen Lehr= und Er=
ziehungssystem bekannt gemacht und war durchdrungen
von der Ueberzeugung, „daß durch diese, auf die innere
Natur des Menschen gegründete Methode, die jede Gei=
steskraft von innen heraus entwickelt, jedes edle Lebens=
princip anregt und nährt und jede einseitige Bildung
vermeidet, ein physisch und moralisch kräftiges Geschlecht
herangebildet werde, das dem Vaterlande eine bessere
Zukunft verheißt."*) Scharnhorst forderte in einem
1807 vorgelegten Plane eine kriegerische Einrichtung der
Stadtschulen, das Lehren von mehr Mathematik und kör=
perliche Uebungen.**) Der Philosoph Fichte hielt im
Winter von 1807 auf 1808 in Berlin, von Franzosen
umgeben, seine gewaltig wirkenden „Reden an die
deutsche Nation," in welchen er seinen Zuhörern
zeigte, wie sie das französische Joch abschütteln und ihre
Nationalität erneuen und stark machen könnten.***) Be=
sonders hoffte er Rettung von einer neuen Erziehung
des Volkes, als deren Muster ihm die von Pestalozzi
eingerichtete erschien. Großes Gewicht legte er auf die
in derselben betonte Entwicklung körperlicher Fertigkeiten. —

*) S. Kloß, neue Jahrbücher, Bd. 1, 1855, S. 248.
**) S. ebendaselbst, und Häusser, deutsche Geschichte, Bd. 3,
S. 160.
***) S. v. Raumer, Gesch. d. Päd. II, 2. Aufl., S. 420.

Jahn hatte schon vor der Schlacht bei Jena sein Volks=
thum geschrieben, doch als ihm dasselbe in den Stürmen
der Zeit verloren gegangen, schrieb er's 1807 und 1808 als
eine Uebersicht des ursprünglichen Werkes aus dem Ge=
dächtniß noch einmal. Es erschien 1810 in Lübeck. In
demselben betrachtet er alle Mittel zur Rettung, Erhal=
tung und Kräftigung des Volksthums, worunter er
„das Gemeinsame des Volks, sein inwohnendes Wesen,
sein Regen und Leben, seine Wiedererzeugungskraft, seine
Fortpflanzungsfähigkeit" versteht. Den Werth der Lei=
besübungen erörtert er hier ausführlich und erwähnt mit
Anerkennung Villaume und Gutsmuths. — Am 16. April
1808 war in Königsberg i. Pr. der „Tugendbund"
gestiftet worden, ein Verein, welcher die „Wiedergeburt
des damals zertrümmerten Vaterlandes durch gemein=
schaftliches Wirken tadelloser Männer" bezweckte. Auch
dieser betrachtete die Leibesübungen als ein geeignetes
Mittel zur Erreichung seines edlen Zweckes, und verfaßte
einen „Entwurf zur Einrichtung öffentlicher Uebungsan=
stalten in körperlichen Fertigkeiten," in welchem einzelne
Grundsätze enthalten sind, die Jahn bei der späteren
Einrichtung seines Turnplatzes vollständig aufnahm.
(Vgl. der Tugendbund v. A. Lehmann. Berlin, 1867,
Haude= und Spener'sche Buchhandlung. S. 140.). —
In Berlin traf Jahn mit mehreren gleichgesinnten Män=
nern zusammen, wie Harnisch, Friesen, Zeune.*) Es
gelang ihm, daselbst an der nach Pestalozzi'schen Grund=
sätzen eingerichteten Plamann'schen Erziehungsanstalt eine
Stellung zu gewinnen, wo Harnisch und Friesen seine
Amtsgenossen waren. Zugleich unterrichtete er am Grauen
Kloster. In das Jahr 1810 fallen demnächst die An=
fänge des Jahn'schen Turnens in Berlin. Darüber
sagt er selbst (deutsche Turnkunst, 1816, Vorbericht):

„In schöner Frühlingszeit des Jahres 1810 gingen an
den schulfreien Nachmittagen der Mittwochen und Sonnabende

---

*) Vgl. Harnisch, mein Lebensmorgen. Berlin, 1865,
W. Hertz.

Handbuch für Turner.   10

erſt einige Schüler mit mir in Feld und Wald, und dann immer mehr und mehr. Die Zahl wuchs, und es wurden Jugendſpiele und einfache Uebungen vorgenommen. So ging es fort bis zu den Hundstagen, wo eine Unzahl von Knaben zuſammenkam, die ſich aber bald nachher verlief. Doch ſonderte ſich ein Kern aus, der auch im Winter als Stamm zuſammenhielt, und mit dem dann im Frühjahr 1811 der erſte Turnplatz in der Haſenhaide eröffnet wurde.

Jetzt wurden im Freien, öffentlich und vor jedermanns Augen von Knaben und Jünglingen mancherlei Leibesübungen unter dem Namen Turnkunſt in Geſellſchaft getrieben. Damals kamen die Benennungen Turnkunſt, turnen, Turner, Turnplatz und ähnliche mit einander zugleich auf.

Das gab nun bald ein gewaltig Gelaufe, Geſchwatz und Geſchreibe. Selbſt durch franzöſiſche Tagblätter mußte die Sache Gaſſen laufen. Aber auch hier zu Lande hieß es anfangs: „Eine neue Narrheit, die alte Deutſchheit wieder aufbringen zu wollen.“ Dabei blieb es nicht. Vorurtheile wie Sand am Meer wurden von Zeit zu Zeit ruchtbar. Sie haben bekanntlich niemals vernünftigen Grund, mithin wäre es lächerlich geweſen, da mit Worten zu widerlegen, wo das Werk deutlicher ſprach.

Im Winter wurde nachgeleſen, was über die Turnkunſt babhaft zu werden. Dankbar denken wir noch an unſere Vorarbeiter Vieth und Gutsmuths. Die Größeren und Herangereiſten, vom Turnweſen beſonders Ergriffenen, unter denen auch mein jetziger Gehülfe und Mitlehrer Ernſt Eiſelen war, übten ſich dabei recht tüchtig und konnten im nächſten Sommer als Vorturner auftreten. Von denen, die ſich damals ganz beſonders auf das Schwingen legten, es nachher kunſtrecht nach Folge und Folgerung ausbilden halfen und ſelbſt große Meiſter darin wurden, ſind zwei, Biſchon und Zenker, am 13. September 1813 bei der Göhrde gefallen.

Im Sommer 1812 wurden zugleich mit dem Turnplatz die Turnübungen erweitert. Sie geſtalteten ſich von Turntag zu Turntag vielfacher, und wurden unter freudigem Tummeln im jugendlichen Wettſtreben auf geſelligem Wege gemeinſchaftlich ausgebildet. Es iſt nicht mehr genau auszumitteln, wer dies und wer das zuerſt entdeckt, erfunden, erſonnen, verſucht, erprobt und vorgemacht. Von Anfang an zeugte die Turnkunſt einen großen Gemeingeiſt und vaterländiſchen Sinn, Beharrlichkeit und Selbſtverläugnung. Alle und jede Erweiterung und Entwickelung galt gleich als Gemeingut. So iſt es noch. Kunſtneid, das lächerliche Laſter der Selbſtſucht, des Elends und der Verzweiflung, kann lei-

nen Turner behaften. **August Thaer**, der jüngfte Bruder
von einem Turnerdrei, brachte damals am Reck bereits fechzig
Auffchwünge einerlei Art zu Stande, die in der Folge noch
auf hundert und zweiunddreißig geftiegen find. Als Thaer
während des Krieges einen im Felde erkrankten Bruder
pflegte, raffte ihn 1814 die nämliche Seuche weg, von der
fein Bruder genas. Zuvor hatte er noch von Mögelin aus
zur Einrichtung eines Turnplatzes zu Wriezen a. O. mit
Rath und That geholfen.

Nach Beendigung des Sommerturnens von 1812 · bildete
fich · zur wiffenfchaftlichen Erforfchung und kunftrechten Begründung des Turnwefens aus den Turnfertigften und All-
gemeingebildetften eine Art Turnkünftler - Verein. Er beftand
jenen ganzen Winter hindurch, in dem die Franzofen auf
der Flucht von Moskau erfroren. In diefen Zufammenkünf-
ten verwaltete das Ordneramt auf meinen Wunfch und Willen **Friedrich Friefen** aus Magdeburg, der fich befonders
auf Bauwefen, Naturkunde, fchöne Künfte und Erziehungs-
lehre gelegt hatte, bei Fichte ein fleißiger Zuhörer gewefen,
und bei Hagen in der Altdeutfchen Sprache; vor allem aber
wußte·, was dem Vaterlande Noth that. *) Damals ftand er
bei der Lehr·- und Erziehungs-Anftalt des Dr. **Plamann**,
die, obwohl wenig beachtet, dem Vaterlande vortreffliche Lehrer
ausgebildet. Friefen war ein aufblühender Mann
in Jugendfülle und Jugendfchöne an Leib und
Seele ohne Fehl voll Unfchuld und Weisheit,
beredt wie ein Seher; eine Siegfriedsgeftalt,
von großen Gaben und Gnaden, den Jung und
Alt gleich lieb hatte; ein Meifter des Schwerts
auf Hieb und Stoß, kurz, rafch, feft, fein, gewaltig und nicht zu ermüden, wenn feine Hand erft
das Eifen faßte; ein kühner Schwimmer, dem
kein Deutfcher Strom zu breit und zu reißend;·
ein reifiger Reuter in allen Sätteln gerecht; ein
Sinner in der Turnkunft, die ihm viel verdankt.
Ihm war nicht befchieden, ins freie Vaterland
heimzukehren, an dem feine Seele hielt Von
wälfcher Tücke fiel er bei düfterer Winternacht
durch Meuchelfchuß in den Arbennen. Ihn hätte

---

*) Ueber **Friefen** (geb. 27. September 1785, gefallen den
15. März 1814 bei la Lobbe in Frankreich) ift Ausführlicheres
zu lefen in: Harnifch, mein Lebensmorgen, S. 175; in: Fr.
Friefen's Todesfeier, 2. Aufl. Berlin 1846, Vereinsbuchhand-
lung; und in G. Wiemann's Auffatze „Friedrich Friefen" in
der deutfchen Turnzeitung, Jahrg. 1858, Nr. 14 u. flgbe.

auch im Kampf keines Sterblichen Klinge ge-
fället. Keinem zu Liebe und keinem zu Leide —:
Aber wie Scharnhorst unter den Alten, ist Friesen von der Jugend der Größeste aller Geblie-
benen.

Beim Aufruf des Königs vom 3. Februar 1813 zogen alle
wehrhaften Turner ins Feld, und die Sache stand augen-
blicklich wie verwaiset. Nach langem Zureden gelang es mir
in Breslau einen meiner ältesten Schüler Ernst Eiselen
zu gewinnen, daß er während des Krieges an meiner Statt
das Turnwesen fortführen wollte. Es war ihm dennoch ein
harter Kampf heim zu bleiben, obgleich Aerzte und Kriegs-
männer ihm vorstellten, und eigene Erfahrung es täglich be-
wahrheitete, daß wegen einer früheren langwierigen Krankheit
und verfehlter Heilart seine Leibesbeschaffenheit den Beschwer-
den des Krieges unterliegen müßte. Ich begleitete Eiselen
selbst von Breslau nach Berlin, zur Zeit als sich das Preußische Heer in Marsch setzte, und die Hauptstadt schon von den
Franzosen geräumt war; stellte ihn den ersten Behörden und
Schulvorstehern vor, die ihm alle Unterstützung versprachen,
und auch nachher Zutrauen bewiesen haben. Eiselen hat
darauf in den Sommern von 1813 und 1814 und in dem
Zwischenwinter der Turnanstalt vorgestanden und mit den
jüngeren Nichtwehrhaften das Turnwesen weiter gefördert." —

Die Vorbereitung des Volkes zum Befreiungskampfe
war für Jahn der nächste Zweck seiner Turnthätigkeit
gewesen. Als nun dieser Kampf, schneller als Mancher
geglaubt, ausbrach, da war — wie natürlich — Jahn
einer der ersten, die zu den Waffen griffen. Er trat
in das Lützow'sche Freicorps, bei dessen Bildung
er wesentlich mitgewirkt. Hier war er Lieutenant, wurde
aber seiner vielumfassenden Thätigkeit wegen allgemein
Hauptmann genannt. In demselben Corps dienten Friesen, der Dichter Theodor Körner, und ein großer Theil
der gebildeten Jugend, die freiwillig in den Kampf gegangen war. Als Lützower nahm Jahn an vielen Be-
gegnissen des Corps Theil, namentlich an dem Treffen
bei Mölln (4. Septbr. 1813) und dem rühmlichen Ge-
fecht an der Göhrde (16. Septbr. 1813), dem Glanz-
punkte in den Kämpfen der Lützower. Zugleich schrieb
er während des Jahres 1813 eine Anzahl von Flug-
blättern, welche bestimmt und wohl geeignet waren, die

allgemeine Begeisterung zu erhalten und immer wieder
hell anzufachen. 1814 wurde er zur General = Commis=
sion der deutschen Bewaffnungs = Angelegenheiten versetzt,
welche in Frankfurt a. M. errichtet war. Daselbst er=
schienen von ihm „die Runenblätter," welche er ein
Jahr vorher während der Genesung von einer Feld =
und Lagerkrankheit in Lüneburg verfaßt hatte. Diese mit
vielem Beifall aufgenommene Schrift beschäftigt sich mit
der zu erstrebenden Einheit Deutschlands. Seit dem
1. August 1814 war er wieder in Berlin. Zu Ende
dieses Monats bekam er seinen Abschied und verheira=
thete sich mit Helene Kolloff, welche am 13. August
1815 zu Berlin einen Sohn gebar, Arnold Siegfried
geheißen. Dieser wurde ein unbedeutender Mensch und
wanderte 1852 nach Amerika aus. Jahn selbst erhielt
vom Staate ein Ehrengehalt. 1814 war auch er vorüber=
gehend in Wien, und unzufrieden mit den Verhandlun=
gen des Wiener Congresses stand er mit Arndt, Görres
und anderen Patrioten in der Opposition, welche im
„Rheinischen Merkur" ihren Ausdruck fand. An dem
Feldzuge von 1815 nahm er nicht Theil, aber er ging
auf Veranlassung des Fürsten v. Hardenberg auf einige
Wochen nach Paris, wo er allgemeines Aufsehen erregte.

Inzwischen war das Turnwesen weiter gediehen.
Schon 1812 hatte Bornemann in einem Schriftchen
„Der Turnplatz in der Hasenhaide" auf Jahn's Thä=
tigkeit hingewiesen, 1814 veröffentlichte derselbe Ver=
fasser ein „Lehrbuch der von Fr. L. Jahn unter dem
Namen der Turnkunst wiedererweckten Gymnastik," wel=
ches aber bald durch ein bedeutenderes Werk überflüssig
gemacht wurde.

Nachdem nämlich Jahn 1814 nach Berlin zurückgekehrt
war, wurde, so erzählt er selber,*) „den Spätsommer und
Vorwinter sehr ernstlich an der Verbesserung des Turnplatzes
gearbeitet. Noch im Herbst bekam er einen 60 Fuß hohen
Kletterthurm, nützlich und nothwendig zum Steigen, unent-

---

*) S. Deutsche Turnkunst, 1816, Vorbericht S. IX.

behrlich aber im flachen Lande zur Uebung des Auges für die Fernsicht. Im Winter, als die Freiwilligen heimgekehrt und manche Turner zurückgekommen waren, wurden die gesellschaftlichen Unterhaltungen über die Turnkunst erneuert. Die ganze Sommerübung wurde durchbacht und durchsprochen, und so in Reden und Gegenreden die Sache klar gemacht. Bei Napoleon's Ausbruch und Wiederkunft gingen alle wehrhaften Turner abermals freiwillig zu Feld. Es mußten nun die jüngeren Heimbleibenden mit frischer Kraft wieder an das Werk geben. Auch im Frühjahr und Sommer 1815 erhielt der Turnplatz noch wieder wesentliche Verbesserungen und Erweiterungen, einen verschließbaren Schuppen, Kleiderrechen und Bierbaum. Im Herbst und Vorwinter wurde das Turnwesen noch einmal ein Gegenstand gesellschaftlicher Untersuchung. Nachdem die Sache in einem Turnrathe reiflich erwogen und durchprüft, Meinungen verglichen, Erfahrungen vernommen und Urtheile berichtiget worden — begann man aus allen frühern und spätern Ausarbeitungen und einzelnen Bruchstücken und Beiträgen ein Ganzes zu machen, was dann zuletzt durch meine Feder gegangen."

Auf diese Weise entstand das erste eigentliche Turnbuch, die wichtigste Grundlage des volksthümlichen deutschen Turnens, „die deutsche Turnkunst von Friedrich Ludwig Jahn und Ernst Eiselen. Berlin, 1816." Den vorher citirten Worten über diese Arbeit fügt Jahn hinzu:

„Wenn auch zuerst nur Einer als Bauherr den Plan entworfen, so haben doch Meister, Gesellen, Lehrlinge und Handlanger treu und redlich gearbeitet und das Ihrige mit Blick und Schick beigetragen. Das ist nicht ins Einzelne zu verzetteln. Auch soll man nicht unheiliger Weise Lebende ins Gesicht loben. So ist die kurze Geschichte, wie Werk, Wort und Buch entstanden."

Wie Jahn für den bisher gebräuchlichen Ausdruck Gymnastik den Namen „Turnkunst" aufbrachte, so gab er der ganzen Sache eine neue eigene deutsche Turnsprache, die sich als kurz, klar und brauchbar, als biegsam und bildsam schnell einbürgerte und bis jetzt sehr gut bewährt hat. Ueber die Einführung einer deutschen Turnsprache sagt Jahn:*)

---

*) S. Turnkunst, S. XIX, XXII, XXIII — XXVI, XXVII u. XXXI.

„Es ist ein unbestrittenes Recht, eine deutsche Sache in
deutscher Sprache, ein deutsches Werk mit deutschem Wort zu
benennen. Warum auch bei fremden Sprachen betteln gehen,
und im Ausland auf Leih' und Borg nehmen, was man im
Vaterlande reichlich und besser hat. — Die deutsche Sprache
vereint reine Ursprünglichkeit mit Weiterbildsamkeit, und hohes
Alter mit jugendlicher Frische. Sie ist ein Werk aus einem
Guß und Fluß. Ihr großer Reichthum an Urwörtern giebt
ihr ein entscheidendes Uebergewicht. Die Fülle, Schärfe und
Feinheit der Worthülsen, so als Vorlinge, Inlinge und End-
linge gebraucht werden, und wie stehende Schriften der Wort-
bildung anzusehen sind, geben den Schlüssel zu dem unendli-
chen Sprachschatz. — In der Theilbarkeit, Zersetzung, Ver-
setzung und Zusammensetzung besitzt die deutsche Sprache eine
Vielgestalt, die sich wendet, schwenket und kehrt, und nach
allen möglichen Richtungen fortschreitet. Als Ursprache hat
sie eine Klarheit zur Mitgift, die jeder Aftersprache mangelt.
Sie ist anschaulich gebildet, und lebt im Anschaun. — Wer
Ungemeines beginnen will, und zur That sich anschickt —
braucht in seinem Gewissensrathe nie zu fragen: Hat schon
irgend jemand Aehnliches gewollt, Gleiches angefangen oder
dasselbe vollführt? Aber wohl muß er das Recht wägen:
Darf man so handeln und thun? Nicht anders mit dem
Wortbildner. Nimmt der nur gehörig Rücksicht auf die Ur-
gesetze der Sprache und ihr ganzes Sprachthum, so bleibt er
frei von Tadel und Schuld. Kein Splitterrichter hat Fug
zu fragen: Hat schon jemand so gesagt? Man muß prüfen:
Darf man so sagen? Ist es nicht besser auszudrücken?
Denn jede lebendige Sprache bewegt sich in allgewaltiger
Rege; aber Sprachlehren und Wörterbücher kommen dann auf
dem gangbaren Pfade richtend hinterher. Der Kunstspra-
chenbildner soll ein Dollmetscher des ewigen Sprachgeistes
sein, der in dem ganzen Sprachthum waltet. Darum muß
er in die Urzeit der Sprache zurückdenken, und ihren Bil-
dungsgang auf rechter Bahn verfolgen. Kann er an der
Quelle verschollene Urlaute erlauschen; so muß er diese zuerst
vor allen Leuten lautbar machen. Im Erwecken scheintodter
Urwörter liegt eine wahre Mehrung und Sprachstärkung.
Kein' Wort ist für ausgestorben zu achten, so lange die
Sprache nicht todt ist; kein Wort für veraltet, so lange die
Sprache noch in Jugendkraft lebt. Begrabene Wurzeln, die
noch grün sind, und im vollen Wachsthum neue Stämme,
Aeste und Zweige treiben können, bringen Segen und Gedeihen. Die Schossen und Sprossen alter Herzwurzeln ver-
künden einen neuen Frühling nach langer Winterstarre. Da
befreit sich die Sprache von Flick- und Stückwerk, und geht
wieder richt und strack. Ohne das Pflegen der Wurzelkeime

wird die Sprache als Saumroß und Packthier beladen, und
muß endlich unter der Last schwerfugiger Zusammensetzung
erliegen. Jedes wieder in Gebrauch kommende Urwort ist
eine reichhaltige Quelle, die den Fahrstrom speiset, den Thal-
weg austiefet und allen Oberwohnern Vorfluth schafft. Turn
mag als Beispiel dienen. Davon sind schon gebildet und bereits redebräuchlich: Turnen, mitturnen, vorturnen, eintur-
nen, wettturnen; Turner, Mitturner, Vorturner, turnerisch; u. s. w., u. s. w. — Turn ist ein deutscher Urlaut, der
auch in mehren deutschen Schwestersprachen vernommen wird,
in ausgestorbenen und noch lebenden, und überall drehen,
kehren, wenden, lenken, schwenken, großes Regen und Bewegen bedeutet. — Mannhold von Sittewalt eröffnet in seinen
Gesichten: Turner war bei den Alten ein junger Soldat,
ein tummelhafter wacker Kerl, ein frischer junger Gesell, der
sich in ritterlichen Thaten übete, u. s. w." —

Den größten Theil des Inhalts der „deutschen
Turnkunst von Jahn und Eiselen" machen die Turn=
übungen aus. Diese sind im Vergleich zu dem, was
frühere Schriften in dieser Beziehung darboten, mannig=
faltiger, ihrem Wesen und ihrer Form nach, sowie für
die unmittelbare Ausführung besser geordnet, und mit
kurzen, klaren Beschreibungen, Anweisungen und Uebungs=
regeln versehen, wodurch das Buch mehr als jedes vor=
hergehende zu einem practischen Handbuch für den Betrieb
der Leibesübungen wurde. Als besondere Gattungen von
Uebungen sind Gehen, Laufen, Springen (Vorübungen,
Freisprung in die Weite, Höhe und Tiefe, Stabspringen),
Schwingen (statt Voltigiren — besonders reichhaltig in
Schwingvorübungen, Seitensprüngen, Hintersprüngen,
Fechtsprüngen, Geschwüngen), Schweben (statt Balanci=
ren), Reckübungen (Hang= und Schwungübungen), Bar=
renübungen (Hebe=, Stütz= und Stemmübungen und
Schwungübungen), Klettern (eigentliches Klettern und
Klimmen), Werfen, Ziehen, Schieben, Heben, Tragen,
Strecken, Ringen, Sprung im Reifen und im Seile auf=
geführt, dazu die einzelnen Turngeräthe nach Einrichtung
und Maaßen genau beschrieben. Ein eigener Abschnitt
ist den Turnspielen gewidmet, von denen Jahn sagt:*)

---

*) Turnkunst, S. 169.

„Zur Turnkunst gehören sehr wesentlich die Turnspiele. Sie schließen sich genau an die Turnübungen, und bilden mit ihnen zusammen eine große Ringelkette. Ohne Turnspiele kann das Turnwesen nicht gedeihen, ohne Spielplatz ist ein Turnplatz gar nicht zu denken. Auch außerhalb der Schranken des Turnplatzes sollte von Rechts wegen jede Turnanstalt ein Turnfeld haben, wo Blache und Wirre mit einander abwechseln, wo Hain, Gebüsch, Gestäude, Dickicht und offene Räume anzutreffen, Laubholz und Tangelholz. — In jeder Turnübung liegt eine Schule, obschon die freie Aneignung der Kraft hier bei weitem größer ist als anderswo; in jedem echten Turnspiel regt sich eine Welt. So machen Turnspiele den Uebergang zum größeren Volksleben, und führen den Reigen der Jugend. In ihnen lebt ein geselliger freudiger lebensfrischer Wettkampf. Hier paart sich Arbeit mit Lust, und Ernst mit Jubel. Da lernt die Jugend von Klein auf, gleiches Recht und Gesetz mit anderen halten. Da hat sie Brauch, Sitte, Ziem und Schick im lebendigen Anschaun vor Augen. — Frühe mit seines Gleichen, und unter seines Gleichen leben ist die Wiege der Größe für den Mann. Je der Einling verirrt so leicht zur Selbstsucht, wozu den Gespielen die Gespielschaft nicht kommen lässet. Auch hat der Einling keinen Spiegel, sich in wahrer Gestalt zu erblicken, kein lebendiges Maaß, seine Kraftmehrung zu messen, keine Richterwage für seinen Eigenwerth, keine Schule für den Willen, und keine Gelegenheit zu schnellem Entschluß und Thatkraft. — Knaben und Jünglinge kennen ihre Gespielen, Gesellen, Gefährten und Gespanne sehr genau, nach allen ihren guten und schlimmen, schwachen und starken Seiten. Daher kommen die sogenannten Ekel-, Spitz- und Spottnamen in Schule, Feld und Welt. So ist das Zusammenleben der wähligen Jugend der beste Sittenrichter und Zuchtmeister. Ihr Witz ist ein fröhliches Treibjagen auf Mängel und Fehler. Die Gespielschaft ist der scharfsinnigste Wächter, dem nichts entgeht, ein unbestechlicher Richter, der keinen Nennwerth für voll nimmt. So erzieht sich die Jugend auf eigenem und geselligem Wege in kindlicher Gemeinde, und lebt sich Bill und Recht ins Herz hinein. — Von der zahlreichen Menge sogenannter Knaben-, Jugend- und Gesellschaftsspiele können nur äußerst wenige Turnspiele heißen. Zuerst fallen alle Sitzspiele sammt und sonders aus; ein Turnspiel will Bewegung, gemeinsames Regen und Tummeln auf dem Wettplan. Noch weit weniger ist von der Unzahl jener schon üblichen oder leider noch erdenklichen Spiele die Rede, die den Reiz zur schnöden Gewinnsucht nähren, und, wenn das Glück einschlägt, etwas Erkleckliches abwerfen. Ein Spiel sollte nie einen Erwerb geben. Turnspiel geht um Sieg und Gewinn,

aber niemals um Gewinnst. — Manche vortreffliche volks=
thümliche Spiele sind durch böse Zeitläufte und Ausländerei
in teutschen Landen aus dem Leben verschwunden. Ihre
Namen, aber auch weiter nichts, kennt man noch vom Hö=
rensagen. Sie haben sich zugleich mit alten Volksfesten
verloren."

Außerdem wird in der „Turnkunst" ausführliche
Anweisung zur Anlegung und Einrichtung eines Turn=
platzes gegeben, es wird über die Art, wie die Uebun=
gen zu treiben sind, gehandelt, Turngesetze werden auf=
gestellt und endlich Beiträge zu einer Bücherkunde der
Turnkunst hinzugefügt. Besonders wichtig und für alle
Zeit beachtenswerth ist der Abschnitt „über die Art, wie
die Uebungen zu treiben und im Gange zu erhalten
sind" sowie über die Turngesetze. In diesem ist ein
sicheres Zeugniß gegeben von der großen erzieherischen
Begabung Jahn's und von seiner tief=sittlichen Auf=
fassung des Turnens, ein Zeugniß zur Erkennung des
ganzen Mannes sowie der Sache, die er anstrebte und
in's Werk setzte. K. v. Raumer sagt mit Recht:*)
„Wenn von irgend Jemand, so gilt von Jahn jener
Ausspruch: der Styl ist der Mensch; wer ihn charakte=
risiren will, muß daher den Inhalt seiner Werke mit
seinen eigenen Worten geben." Deßhalb sind noch in
Folgendem die bemerkenswerthesten Stellen aus jenem
Abschnitt wörtlich wiedergegeben.**)

***

*) Gesch. d. Päd. III, 1. Abth., 2. Aufl. S. 231.

**) „Es fällt schwer, sagt v. Raumer (ebendaselbst S. 235.),
aus Jahn's Buch eine Auswahl von Stellen zu treffen, um ihn
und sein Wirken zu charakterisiren, weil eben alles charakteri=
stisch, das Buch wie sein Verfasser aus Einem Guß ist. Wo=
für das Werk sich ausgiebt, das ist es im vollsten Sinne des
Worts, eine deutsche Turnkunst, in welcher mit gesundem, rich=
tigem Takt ein Ganzes sich wechselseitig ergänzender frischer
Turnübungen lebendig beschrieben ist. Es ist keine langweilige,
methodische, elementarische Gelenkgymnastik für Puppen, auch
handelt dieß Buch nicht bloß von leiblichen Uebungen, sondern
zugleich mit großem Ernst vom sittlichen Geiste des Turn=
wesens."

„Die Turnkunst soll die verloren gegangene Gleichmäßigkeit der menschlichen Bildung wieder herstellen, der bloß einseitigen Vergeistigung die wahre Leibhaftigkeit zuordnen, der Ueberverfeinerung in der wiedergewonnenen Mannlichkeit das nothwendige Gegengewicht geben, und im jugendlichen Zusammenleben den ganzen Menschen umfassen und ergreifen.

So lange der Mensch noch hienieden einen Leib hat, und zu seinem irdischen Dasein auch ein leibliches Leben bedarf, was ohne Kraft und Stärke, ohne Dauerbarkeit und Nachhaltigkeit, ohne Gewandtheit und Anstelligkeit zum nichtigen Schatten versiecht — wird die Turnkunst einen Haupttheil der menschlichen Ausbildung einnehmen müssen. Unbegreiflich, daß diese Brauchkunst des Leibes und Lebens, diese Schutz- und Schirmlehre, diese Wehrhaftmachung so lange verschollen gewesen. Aber die Sünde früherer leib- und liebloser Zeit wird auch noch jetzt an jeglichem Menschen mehr oder minder heimgesucht. Darum ist die Turnkunst eine menschheitliche Angelegenheit, die überall hingehört, wo sterbliche Menschen das Erdreich bewohnen. Aber sie wird immer wieder in ihrer besondern Gestalt und Ausübung recht eigentlich ein vaterländisches Werk und volksthümliches Wesen. Immer ist sie nur zeit- und volkgemäß zu treiben, nach den Bedürfnissen von Himmel, Boden, Land und Volk. Im Volk und Vaterland ist sie heimisch, und bleibt mit ihnen immer im innigsten Bunde. Auch gedeiht sie nur unter selbständigen Völkern, und gehört auch nur für freie Leute. Der Sklavenleib ist für die menschliche Seele nur ein Zwinger und Kerker. (Turnkunst, S. 209, 210) —

Jede Turnanstalt ist ein Tummelplatz leiblicher Kraft, eine Erwerbschule mannlicher Ringfertigkeit, ein Wettplan der Ritterlichkeit, Erziehungsnachhülfe, Gesundheitspflege und öffentliche Wohlthat; sie ist Lehr- und Lernanstalt zugleich in einem stäten Wechselgetriebe. Zeigen, Vormachen, Unterweisen, Selbstversuchen, Ueben, Wettüben und Weiterlehren folgen in einem Kreislauf. Die Turner haben daher die Sache nicht von Hörensagen, sie haben kein fliegendes Wort aufgefangen: sie haben das Werk erlebt, eingelebt, versucht, geübt, geprüft, erprobt, erfahren und mit durchgemacht. Das erweckt alle schlummernden Kräfte, verleiht Selbstvertrauen und Zuversicht, die den Muth niemals im Elend lassen. Nur langsam steigert sich die Kraft, allmälig ist die Stärke gewachsen, nach und nach die Fertigkeit gewonnen, oft ein schwer Stück vergeblich versucht, bis es nach harter Arbeit, saurer Mühe und rastlosem Fleiß endlich gelungen. Das bringt das Wollen durch die Irrwege der Willelei zum folgerechten Willen, zum Ausharren, worin aller Sieg ruht. Man trägt ein göttliches Gefühl in der Brust, sobald man erst weiß, daß man etwas kann, wenn man nur will. Gesehen haben, was anderen endlich möglich geworden, gewährt die freudige Hoffnung es auch zu leisten. In der Turngemeinschaft wird der Wagemuth heimisch. Da wird alle Anstrengung leicht, und die Last Lust, wo andere mit wettturnen. Einer erstarkt bei der Arbeit an dem andern, stählt sich an ihrer Kraft, ermuthiget sich und richtet sich empor. Ein Beispiel wird so das Vorbild, und reicht weiter als tausend Lehren. Eine echte That ist noch nie ohne Nachkommen geblieben. (Ebendas. S. 210, 211.) —

Ein Vorsteher einer Turnanstalt (Turnwart) übernimmt eine hohe Verpflichtung, und mag sich zuvor wohl prüfen, ob. er dem wichtigen Amte gewachsen ist. Er soll die jugendliche Einfalt hegen und pflegen, daß sie nicht durch frühreife Unzeitigkeit gebrochen werde. Offenbarer als jedem andern entfaltet sich ihm das jugendliche Herz. Der Jugend Gedanken und Gefühle, ihre Wünsche und Neigungen, ihre Gemüthsbewegungen und Leidenschaften, die Morgenträume des jungen Lebens bleiben ihm keine Geheimnisse. Er steht der Jugend am nächsten, und ist ihr darum zum Bewahrer und Berather verpflichtet, zum Hort und Halt und zum Anwalt ihres künftigen Lebens. Werdende Männer sind seiner Obhut anvertraut, die künftigen Säulen des Staats, die Leuchten der Kirche und die Zierden des Vaterlandes. Keinem augenblicklichen Zeitgeiste darf er fröhnen, keiner Rücksichtelei auf Verhältnisse der großen Welt, die oft im Argen liegt. Wer nicht von Kindlichkeit und Volksthümlichkeit innigst durchdrungen ist, bleibe fern von der Turnwartschaft. Es ist ein heiliges Werk und Wesen. (Ebend. S. 215.) —

Gute Sitten müssen auf dem Turnplatz mehr wirken und gelten, als anderswo weise Gesetze. Die höchste hier zu verhängende Strafe bleibt immer der Ausschluß aus der Turngemeinschaft.

Man kann es dem Turner, der eigentlich leibt und lebt und sich leibhaftig erweiset, nicht oft und nachdrücklich genug einschärfen, daß keiner den Adel des Leibes und der Seele mehr wahren müsse, denn gerade er. Am wenigsten darf er sich irgend eines Tugendgebots darum entheben, weil er leiblich tauglicher ist. Tugendsam und tüchtig, rein und ringfertig, keusch und kühn, wahrhaft und wehrhaft sei sein Wandel. Frisch, frei, fröhlich und fromm — ist des Turners Reichthum. Das allgemeine Sittengesetz ist auch seine höchste Richtschnur und Regel. Was andere entehrt, schändet auch ihn.. Muster, Beispiel und Vorbild zu werden — danach soll er streben. Dazu sind die Hauptlehren: nach der höchsten Gleichmäßigkeit in der Aus- und Durchbildung ringen; fleißig sein; was Gründliches lernen; nichts Unmänn-

liches mitmachen; sich auch durch keine Verführung hinreißen
lassen, Genüsse, Vergnügungen und Zeitvertreib zu suchen,
die dem Jugendleben nicht geziemen. Die meisten Ermah-
nungen und Warnungen müssen freilich immer so eingekleidet
sein, daß die Tugendlehre keine Lasterschule wird.

Aber im Gegentheil darf man nie verhehlen, daß des deutschen Knaben und deutschen Jünglings höchste und heiligste
Pflicht ist, ein deutscher Mann zu werden und geworden zu
bleiben, um für Volk und Vaterland kräftig zu wirken, unseren Urahnen, den Weltrettern, ähnlich. So wird man am
besten heimliche Jugendsünden verhüten, wenn man Knaben
und Jünglingen das Reifen zum Biedermanne als Bestre-
bungsziel hinstellt." (Ebend. S. 233, 234.)

Das Turnen, wie es durch Jahn gestaltet worden,
war von demselben in dem Bestreben gegründet, die Leibesübungen als ein Mittel zur Errettung des deutschen
Volkes aus tiefer Erniedrigung zu benutzen. Wenn auch
aus der „Turnkunst" einleuchtet, daß Jahn eine allgemein = erzieherische Wirkung des Turnens wohl erkannte
und anstrebte, so wurde doch durch die Zeitverhältnisse
jener nächste Zweck so sehr hervorgedrängt, daß naturgemäß die äußere Gestaltung des Jahn'schen Turnens
direct auf die Erreichung dieses Zweckes berechnet erscheinen mußte. Außer der leiblichen Tüchtigkeit sollten möglichst unmittelbar aus dem Leben des Turnplatzes diejenigen Eigenschaften hervorwachsen, welche dem in Knecht-
schaft versunkenen, entnervten älteren Geschlechte zumeist
abgingen, welche aber zugleich für eine Erhebung und
Errettung des Volkes unumgänglich nothwendig waren,
als deutsche Treue und Wahrhaftigkeit, Sitten= und
Redeeinfalt, Haß gegen französisches Wesen und gegen
Ausländerei in allen Beziehungen, Gemeinschaft in Liebe,
gegenseitiger Hülfe und Arbeit, gleiche Würdigung des
Verdienstes ohne Ansehen des Standes und Besitzes,
Selbstvertrauen und Zuversicht bei Gehorsam und freudiger Unterordnung unter das Gesetz.*) Mit der Aus=
bildung solcher Eigenschaften entstand aber eine Reaction
gegen vieles Herkömmliche, gegen allgemeine Lebensge-

---

*) S. Waßmannsdorf in Kloß' Jahrb. I, S. 251.

wohnheiten. Diese Richtung des Jahn'schen Turnens, ursprünglich durch die Zeitverhältnisse berechtigt, über= schritt nun häufig das rechte Maaß, und der Kampf der Turner gegen alte Verirrungen rief unter ihnen selbst neue hervor.*) Die Einfachheit der Sitten zeigte sich zunächst in Kleidung, Speise und Trank. Der herrschen= den Mode wurde der Krieg erklärt, der deutsche Rock und die leinene Turnhose sollten des Turners Kleidung sein. Halstücher wurden verworfen. Als Getränk auf dem Turnplatz und auf Turnfahrten war nur Wasser gestattet. Wer Schnaps trank, wurde vom Turnplatz ausgeschlossen; fast für ebenso schlimm galt Tabacksrau= chen. Der Haß gegen französisches Wesen führte zu einer Sprachreinigungswuth, die häufig lächerlich wurde, indem sie zu völlig unverständlichen Ausdrücken griff. Es war gewiß gerechtfertigt, der Modesucht, der Nach= ahmung des Französischen, der Schlemmerei und Aus= schweifung, der Erschlaffung und Blasirtheit der Zeit ent= gegen zu treten; aber indem die Turner auf alle jene erwähnten Aeußerlichkeiten ein zu großes Gewicht legten, verfielen sie in einen ähnlichen Fehler, wie der, gegen welchen sie kämpften, nämlich: das Unwesentliche für das Wesentliche zu halten. Dieser Irrthum hat zu manchen Ausschreitungen Veranlassung gegeben, und der Turn= sache in den Augen nüchterner kalter Beurtheiler, die mehr die Außenseite als den inneren Kern des Turnens sahen, viel geschadet. Trotzdem sind jene Uebertreibun= gen des älteren Turnens nicht nur zu entschuldigen, son= dern theilweise als nothwendig zu rechtfertigen. Denn das Turnen trat ja als eine entschiedene Reaction gegen den bisherigen Zeitgeist auf, und mußte als eine solche naturgemäß die richtige Mitte überschreiten. Und was dadurch im Einzelnen auch geschadet sein mag, gewiß ist, daß die großen Wirkungen, der gewaltige Nutzen des Turnens gerade für jene Zeit nicht erreicht worden wären

---

*) S. v. Raumer, Geschichte der Pädagogik. III, 1. Abth. 2. Aufl. S. 237.

ohne die Uebertreibungen der Turner. Der mächtige
Einfluß, den Jahn selber gewann, war zum großen Theil
eine Folge seiner Absonderlichkeiten.

Daß Jahn nicht, wie früher Gutsmuths, für seine
turnerischen Bestrebungen den Boden in der Schule
suchte, sondern öffentliche Turnanstalten verlangte, auf
denen Turner aller Alter und Stände mit einander ver=
kehren sollten, folgt aus den Zwecken seines Turnens.
Seine Turnanstalt mußte als „Erziehungsnachhilfe" der
Schule und ihrer Erziehung gegenüber treten, denn er
wollte ja „der bloß einseitigen Vergeistigung die wahre
Leibhaftigkeit zuordnen, der Ueberverfeinerung in der wie=
dergewonnenen Mannlichkeit das nothwendige Gegen=
gewicht geben." Die Schule selbst, die von der Richtung
der Zeit beeinflußt war, konnte nicht unparteiisch genug
sein, um einen Eindringling, der auch gegen viele ihrer
eigenen Verkehrtheiten kämpfte, freundlich als einen mit
ihr selbst gleichberechtigten Theilnehmer an der Erziehungs=
arbeit aufzunehmen. Sollte das Turnen sich recht ent=
falten, so bedurfte es seines eigenen freien Bodens. Nach
den Befreiungskriegen zwar, wo der Umschwung aller
Verhältnisse auch die Schule so umgewandelt hatte, daß
sie gern die leibliche Erziehung in ihren Kreis aufge=
nommen hätte, da wäre eine passende Vereinigung beider
Erziehungstheile vielleicht möglich gewesen, aber die An=
hänger des Jahn'schen Turnens fürchteten damals wie
auch später noch — und wohl nicht ganz mit Unrecht —,
daß die Schule, auch wenn sie den Nutzen der Leibes=
übungen theoretisch anerkenne, wegen ihrer auf anderen
Grundsätzen beruhenden Gliederung und Einrichtung dem
Turnen in der Praxis in den meisten Fällen eine Stief=
mutter sein werde, und waren deßhalb einer Einführung
des Turnens in die Schule immer abgeneigt. Es steht
übrigens fest, daß der frische Turnbetrieb und die tiefe
sittliche Wirkung des Turnlebens selbstständiger Turn=
anstalten selten in gleicher Weise auf Schulturnplätzen
sich entwickelt hat. Dies würde für die Jahn'sche Auf=
fassung sprechen. Andrerseits ist nicht zu läugnen, daß,

wenn die noch immer unsichere und unfertige Sache des
Turnens in der Schule, als in einer äußerlich gesicher=
ten, innerlich durchgebildeten Einrichtung wirklich frucht=
baren Boden und liebevolle Bearbeitung fände, das Tur=
nen und die Schule dabei gewinnen würden.*)

Aber jene sittlichen Forderungen Jahn's, die er an
die Turner stellte, werden, auch wenn die Zeitverhält=
nisse nicht wie damals gebieterisch auf sie hinweisen, den=
noch immer für das Schulturnen wie für jedes andre
Turngebiet ihre Bedeutung und Berechtigung behal=
ten, denn Einfachheit, Wahrhaftigkeit, Treue, Liebe
zum Nächsten und zum Vaterlande sind Eigenschaf=
ten, die allen Bestrebungen eines Erziehers als letzte
höchste Ziele vorschweben sollten. Somit wird die sitt=
lich=erziehliche Richtung, die Jahn dem Turnen gegeben,
— wenn man von Uebertreibungen im Einzelnen, die
durch äußere, vorübergehende Verhältnisse bedingt waren,
aber den wirklichen Werth der Sache nicht abschwächen
können, absieht, — für alle Zeiten einem erziehlichen
Turnen eigen sein müssen. Ein wie großer Nachdruck
übrigens im Jahn'schen Turnen auf die allgemein=
erzieherische Bedeutung desselben gelegt wurde, geht dar=
aus hervor, daß man trotz der kriegerischen Begeisterung,
die durch die Befreiungskriege angefacht wurde, dennoch
gerade in turnerischen Kreisen weit entfernt war, das
Turnen einzig oder hauptsächlich als ein Mittel zur Er=
langung kriegerischer Wehrhaftigkeit anzusehen, wie es
(damals und noch jetzt) von Manchem geschieht. „Nicht
für den Frieden und nicht für den Krieg soll der Knabe
getüchtiget werden, sondern für das Leben in allen sei=
nen Bildungen, von denen der Krieg nur ein Theil ist,"
sagt ein warmer Freund und Vertheidiger des Jahn'schen
Turnens.**)

In Bezug auf den Uebungsstoff der Jahn'schen
Turnkunst ist zu bemerken, daß derselbe auf dem Gebiete

---

*) S. E. Angerstein, Grundsätze des Turnbetriebes in
der städt. Turnhalle in Berlin. Berlin, G. Reimer, 1867.
**) S. Passow, Turnziel. Breslau, 1818. S. 114.

des Gerätheturnens bedeutend weiter entwickelt ist als
bei Gutsmuths und Vieth. Nicht nur die Geräthe sel=
ber, vornehmlich Reck und Barren, sind ausgebildet wor=
den, sondern auch die Uebungen an denselben vermehrt,
zusammengesetzt und geordnet. Daß das Turnen seit
Jahn mit Vorliebe sich den Uebungen an den Geräthen
hingegeben hat, ist von mancher Seite als ein unnützes
Abweichen von der wirkungsvollen Einfachheit der griechi=
schen Gymnastik getadelt worden. Indeß vertheidigt
Lange *) das Gerätheturnen geistreich und glücklich,
indem er nachweist, daß die gewerbliche Entwicklung der
Neuzeit, die Fabrikthätigkeit, die Verbreitung der Maschi=
nen, die Benutzung vielstöckiger Häuser, der Eisenbah=
nen u. dgl. m. den modernen Menschen viel öfter in
ungewöhnliche Stützungsarten und Gleichgewichtslagen
bringen, als es bei den alten Griechen geschehen konnte.
Wenn daher die neuere Turnkunst eine Reihe neuer
Stützungsarten als Ausgangsformen für ganze Geschlech=
ter von Uebungen aufstelle, so sei dies nur eine dem
ganzen Leben der modernen Welt entsprechende Fortent=
wicklung der Gymnastik. — Die Uebungsformen des
Jahn'schen Turnplatzes waren theils von früher her über=
liefert, theils durch Zufall oder Nachdenken erfunden, die
bereits vorhandenen wurden zergliedert, zusammengesetzt,
abgeändert, dann nach äußerer Gleichartigkeit, sowie nach
der Schwierigkeit der Ausführung möglichst geordnet und
merkbare Lücken ausgefüllt. So bildete sich aus der
Praxis heraus ein reichhaltiger Uebungsstoff, dessen Zu=
sammenstellung freilich oft noch willkührlich oder zufällig
erscheint. Aber es galt ja zunächst auch nur, brauchba=
ren Stoff zu gewinnen; und für diesen Zweck war damals
der eingeschlagene Weg gewiß förderlicher als die theo=
retische Bildung eines Systems, wie sie Gutsmuths und
Vieth nur angedeutet, Pestalozzi wirklich versucht hatte.
Denn wenn auch Nachdenken und Absicht, einen, harmo=
nische Ausbildung bewirkenden, Uebungsstoff zu gewinnen,

---

*) S. Lange, Leibesübungen. S. 72 u. flgde.

Handbuch für Turner.   **11**

uns dahin führen, auf theoretischem Wege eine Zusam=
menstellung aller möglichen einfachen Bewegungen aller
Gelenke in einer solchen Reihenfolge, daß kein Gelenk
und keine Bewegung übergangen wird, zu machen, und
aus den einfachen Bewegungen möglichst allseitige und
vollständige Verbindungen zu bilden; so wird ein so
gewonnenes System sich doch unmöglich ohne Weiteres
in die Praxis überführen lassen, weil in demselben
wesentliche und unwesentliche Bewegungen, die in ihrem
practischen Werthe himmelweit von einander verschieden
sind, scheinbar gleichberechtigt neben einander stehen. Das
System kann, indem es durch lückenlose Vollständigkeit
eine theoretische Klarheit zu erreichen strebt, möglicher
Weise Formen in sich aufnehmen, die für die Praxis
völlig werthlos sind. Die Physiologie nämlich ist nicht
im Stande, den Werth jeder einzelnen Bewegung genau
zu bestimmen, oder anzugeben, „in welchem Maaße der
Dauer und der Intensität ein jeder Muskel contrahirt,
ein jedes Gelenk bewegt werden müßte, damit aus der
Gesammtthätigkeit schließlich eine harmonische Körperbil=
dung hervorginge." (Lange, Leibesüb. S. 76.) Die
lebensvolle Praxis selber aber bietet unbewußt, wenn
nur Abwechselung der Thätigkeiten vorhanden ist, so man=
nigfache und einander ergänzende Bewegungen, daß
dadurch — wie so manches Beispiel zeigt — eine har=
monische Bildung besser erzielt wird als durch systema=
tische Zusammenstellungen, die ohne practische Erfahrung
gemacht sind. Darum mußte die Praxis des Turn=
platzes der theoretischen Bearbeitung des Systems vor=
angehen, wie ja auch die Menschen schon immer zweckmäßige
Speisen genossen und sich gehörig ernährt haben, bevor man
eine Ahnung von der chemischen Zusammensetzung der Nah=
rungsmittel und den physiologischen Vorgängen der Ver=
dauung hatte. Nachdem aber der Uebungsstoff in reicher
Fülle gewonnen war, da trat eine theoretische Bearbeitung
desselben, wie sie S p i e ß gegeben hat, in ihr Recht, um Klar=
heit, Uebersicht und Ordnung nach inneren Gesetzen zu schaf=
fen, und dadurch auf die Praxis fördernd zurückzuwirken.

5. Weiterentwicklnng des Turnens.

Das Turnen nach Jahn'scher Art und Auffassung verbreitete sich schnell über einen großen Theil Deutsch=lands. Besonders früh entstanden Turnplätze in Mecklen=burgischen Städten. So wurde in Friebland seit 1812 geturnt, und nach dem Befreiungskriege wurden auch in Neubrandenburg,*) Neustrelitz, Malchin und Parchim Turnplätze angelegt.**) Seit 1817 wurden in Lübeck Turnübungen getrieben. Ein Verdienst um die Verbrei=tung des Turnens hatten vorzüglich zwei Schüler Jahn's: Dürre***) und Maßmann. Ersterer hatte 1815 in Friedland geholfen, die dortigen Turneinrichtungen zweckmäßig zu gestalten; in demselben Jahre hatte Maß=mann in Schwerinsburg auf der Besitzung des Grafen Schwerin=Putzar einen Turnplatz eingerichtet. Dürre und Maßmann gemeinschaftlich bereiteten 1816 in Jena dem Turnen eine Stätte, und letzterer leitete 1818 die Turnübungen auf dem 1814 in Breslau von Harnisch errichteten Turnplatz. Auch in Frankfurt a. O., in Elbing, Königsberg i. Pr., Marienwerder, Rudolstadt, Gotha, Düsseldorf, Stuttgart, Tübingen und anderen Orten†) entstanden bald nach dem Kriege Turnanstalten. Mit großem Eifer betrieben die der Burschenschaft ange=hörenden Studenten das Turnen und wurden Träger

---

*) Jahn selber hatte seine allerersten Anfänge des Tur-nens in Neubrandenburg gemacht. Dort lebte er eine Zeit lang unter dem Namen Fritze als Hauslehrer in der Familie des Barons le Fort, und sammelte die Jugend des Ortes zu allerlei Turnspielen um sich.

**) S. Timm, das Turnen mit besonderer Beziehung auf Mecklenburg. Neustrelitz, 1848.

***) Christian Eduard Leopold Dürre, geb. 30. Novbr. 1796 zu Berlin, studirte Theologie, war seit 1829 in Lyon Lehrer, seit 1848 wieder in Deutschland, und lebt jetzt in Wein-heim. S. über ihn: Hirth, das gesammte Turnwesen, Leip-zig, C. Keil, S. LI; und Kloß' Jahrb. V, S. 36 u. VI, S. 21 u. 104.

†) S. Passow, Turnziel, Breslau, 1818, S. 59 u. 203.

und Verfechter der Jahn'schen Ideen, so daß das Jahn'=
sche Turnen auf deutschen Universitäten den fruchtbarsten
Boden fand.

Die vaterländische Richtung, welche das Turnen
vor dem Kriege angenommen, blieb unverändert bestehen.
Die Erinnerungen an die errungenen Siege gaben zu
turnerischen Festtagen Veranlassung; der 31. März, der
18. Juni und der 18. October wurden auf den Turn=
plätzen gefeiert. Zuerst am 18. October 1814 zündeten
die Turner auf den Rollbergen bei der Hasenhaide die
Freudenfeuer zur Erinnerung an die Leipziger Schlacht an.

Aber der Patriotismus der Turner, welcher sie
freudig in den Kampf gegen die Fremdherrschaft hatte
ziehen lassen, fühlte sich durch die Verhältnisse im Vater=
lande, wie sie nach dem Kriege sich gestalteten, keines=
wegs befriedigt. Was man in Bezug auf Verfassung
und deutsche Einheit gehofft hatte, stellte sich als Täu=
schung heraus. Eine Reaction erhob sich, schon 1815
wieder, welche die freisinnigen Einrichtungen, die durch
den Krieg hervorgerufen waren, zu beseitigen oder abzu=
schwächen versuchte. Schon 1815 trat man mit Denun=
ciation bestehender politischer Geheimbünde auf, die nicht
existirt hatten. Auch das Turnen wurde verdächtigt.
Man behauptete,*) die Turnübungen seien für die kör=
perliche Entwicklung unnütz, ja sogar der Gesundheit
schädlich; die Turner nähmen auf den Turnplätzen ein
rohes und ungeschlachtes, eiteles und übermüthiges We=
sen an, und demagogische Umtriebe, die dem Staate gefähr=
lich werden könnten, ständen im Zusammenhange mit
dem Turnwesen. Von einer Turnfahrt, die Jahn 1817
mit mehreren Turnern nach Pommern und Rügen unter=
nahm, berichtete der Regierungs = Chef = Präsident Parchel=
bel aus Stralsund nach Berlin, „Jahn's und seiner
Begleiter schmutziges Aeußere und originell gemeine Klei=
dung, sowie Singen unangemessener Lieder" sei allge=

---

*) Die Hauptgegner des Turnens waren Wadzeck und
Scheerer in Berlin.

mein aufgefallen. Auch sollte Jahn unziemliche Reden
gehalten haben. Als eines der anstößigen Lieder wurde
das Göthe'sche „Ich hab' meine Sach' auf Nichts gestellt",
angeführt! — Was nun die diätetischen und zum Theil
auch die pädagogischen Bedenken gegen das Turnwesen
betrifft, so wurden dieselben sehr entschieden durch den
Ober=Medicinal= und Regierungsrath Professor Dr.
von Könen, welcher im Auftrage der Regierung das
Turnen in Bezug auf jene Anschuldigungen geprüft hatte,
zurückgewiesen und glücklich widerlegt.*) —

Im Frühjahr 1817 hielt Jahn in Berlin einund=
zwanzig öffentliche Vorlesungen, denen er sein deutsches
Volksthum zu Grunde legte. In denselben zeigte sich
die höchste Liebe zum Vaterlande und Volke, aber neben
vielen Wahrheiten, die Anerkennung verdienten, enthielten
sie auch übertriebene Derbheiten und gänzlich wider=
sinnige Forderungen. Eine zahlreiche Zuhörerschaft hatte
diesen Vorlesungen beigewohnt. Nach dem Schluß der=
selben wurde Jahn als „allverehrter Volksfreund" gefeiert,
man brachte ihm ein Lebehoch und eine Abendmusik.
Auch von andrer Seite erfuhr er 1817 hohe Ehre:
zwei deutsche Universitäten, Kiel und Jena, übersandten
ihm das Doctordiplom als Geschenk.

Aber im Herbst 1817 trat ein Ereigniß ein, wel=
ches wiederum dem Turnwesen Argwohn und Verleum=
dung eintrug. Die Burschenschaft zu Jena lud die
gesammte deutsche Burschenschaft ein, in Gemeinschaft die
300jährige Feier des Reformationsfestes zugleich mit der
Feier des Sieges bei Leipzig zu begehen. Das Fest
fand am 18. October in Eisenach und auf der Wart=
burg in würdiger, erhebender Weise statt. Aber am
Abend nach einem Fackelzuge auf den Wartenberg, wo
der Landsturm mächtige Siegesfeuer angezündet hatte,
erschien plötzlich Maßmann mit wenigen eingeweihten

*) S. Leben und Turnen, Turnen und Leben.
Ein Versuch durch höhere Veranlassung vom Prof. Dr. v. Kö=
nen. Berlin, 1817.

Freunden ohne alles Vorwissen des Festausschusses. Sie
trugen einen großen Korb voll Bücher, zwar nur belie=
bige Makulatur, welche aber bestimmte Werke über staat=
liche Einrichtungen, gegen Volksfreiheit und gegen das
Turnwesen geschrieben vorstellen sollten. Maßmann erin=
nerte nun an die von Luther verbrannte päpstliche Bulle
und fuhr dann fort: „Das that Luther mit dem Feinde
der Glaubensfreiheit, mit dem Widerchrist. So wollen
wir auch durch die Flammen verzehren lassen das Anden=
ken derer, so das Vaterland geschändet haben durch ihre
Rede und That, und die Freiheit geknechtet und die
Wahrheit und Tugend verläugnet haben in Leben
und Schriften." Hierauf las er die Titel der ver=
dammten Bücher vor, und bei jedem einzelnen rief
die Versammlung: „In's Feuer, in's Feuer!" Dann
warf einer der Eingeweihten ein Pack Makulatur
aus dem Korbe in die Flammen. Zuletzt wur=
den noch ein Schnürleib, ein Zopf und ein Corpo=
ralstock verbrannt.*) Das Wartburgfest und besonders
die Verbrennungsscene haben harte Angriffe gegen die
Burschenschaft und das Turnwesen zur Folge gehabt.
Viele Burschen waren eifrige Turner, und so brachte man
jene Vorgänge auch mit dem Turnen in Verbindung.

„Hat ein Kind, so schreibt K. v. Raumer,**) gute
und böse Anlagen, so faßt wohl der Eine nur die guten
in's Auge und weissagt alles Gute, der Andre fixirt die
bösen, und sieht einer traurigen Zukunft des Kindes ent=
gegen; wer es wahrhaft liebt, der denkt darauf, dessen
gute Anlagen zu pflegen, die bösen aber auszujäten. Ein
solches Kind von guten Anlagen, aber auch nicht ohne
bedenkliche, war das junge Turnwesen."

Es brach nun in Breslau zwischen den Freunden
und Feinden des Turnens ein harter Kampf aus. Pas=
sow erhob in seinem „Turnziel. Breslau 1818" mit

---

*) S. W. Angerstein, die deutsche Burschenschaft und
das Wartburgfest von 1817. Berlin, 1858.
**) Gesch. d. Päd. III, 1. Abth., 2. Aufl., S. 237.

warmer Beredſamkeit die Vorzüge und ſegensreichen
Wirkungen des Turnens. Dagegen ſchrieb. Henrich
Steffens *) in ſeinen „Caricaturen des Heiligſten"
und in ſeinem „Turnziel." Als Freunde des Turnens
betheiligten ſich an dem Streit beſonders noch Prof. Kayß=
ler, Dr. Wilh. Harniſch, Karl v. Raumer und
Wilh. v. Schmeling. Auch E. M. Arndt verthei=
digte damals in ſeiner Schrift „das Turnweſen". (neu
abgedruckt Leipzig, 1842) die Turnerei kräftig gegen die
vorgebrachten Anklagen. Als Feinde des Turnens traten
außer Steffens der Rector K. F. Eßler und der Pro=
rector Karl Adolf Menzel auf.**) In dieſer Zeit
ſchrieb auch W. v. Schmeling ſein beachtenswerthes Buch:
„Die Landwehr, gegründet auf die Turnkunſt, Ber=
lin 1819."

Die Gegner des Turnens, welche daſſelbe in ſeinem
eigentlichen Weſen faſt gar nicht kannten, ſchufen ſich nach
oberflächlicher Anſchauung oder nach Mittheilungen ein
völlig verkehrtes Bild deſſelben, und ſtrebten nun, das
eingebildete Unweſen zu vernichten. Sie warfen dem
Turnen vornehmlich vor, es ſchade dem Körper mehr als
es ihn ſtärke; es ſchade den guten Sitten; es ſei unchriſt=
lich und es bilde ein freches, wildes, aufrühriſches Ge=
ſchlecht, welches dem Staate gefährlich werde. Trotz
mancher Uebertreibungen, die freilich im Turnweſen beſtan=
den, waren ſolche Vorwürfe doch völlig grundlos, und
wurden auch in den Schriften der Turnfreunde in ihrer

---

*) Henrich Steffens, ein vielſeitiger Gelehrter und
Schriftſteller, geboren 2. Mai 1773 zu Stawanger in Norwe=
gen, ſtarb 13. Febr. 1845.

**) Ueber den Breslauer Turnſtreit ſiehe: Franz Paſ=
ſow und die Breslauer Turnfehde. Von Dr. Th. Bach.
Deutſche Turnzeitung 1864, S. 275, 281, 289, 307, 315, 323,
339. — Harniſch und die Breslauer Turnfehde
1818 und 1819. Von Prof. Fr. Haaſe. Deutſche Turnzeitung 1865,
S 129, 147, 153. — W Harniſch, mein Lebensmorgen,
Berlin, 1865, S. 344 u. flgde. — Ein Verzeichniß der durch den
Breslauer Turnſtreit hervorgerufenen Schriften findet ſich in
der deutſchen Turnzeitung, 1865 Nr. 17 und in Hirth's:
das geſammte Turnweſen, Leipzig. 1865. S. XXXI.

Nichtigkeit dargestellt und mit Glück bekämpft. Diese
Schriften zeichnen sich fast sämmtlich durch eine so edle
Begeisterung für die freie und volksthümliche Entwicklung
des Vaterlandes, durch eine so reine Liebe zur Jugend
und zum Volke aus, daß sie jedem Unbefangenen ein
wohlthuendes Gefühl und eine Zuneigung zur Turnsache
einflößen müssen. Sie gehören bis jetzt zu dem besten
Theile des Turnschriftenthums. Unter den Gegnern des
Turnens aber war Steffens ein begabter, geistreicher
Mann, der den Kampf mit ehrlicher Ueberzeugung führte,
zum Theil gegen nahe Verwandte und Freunde, und
darum mit schwerem Herzen. Er hatte von Jugend auf
ganz in den Regionen der Wissenschaft und Kunst gelebt,
und die neue Richtung erschien ihm kalt und feindlich
gegen Alles, was er als das Höchste liebte.*) Darum
bekämpfte er sie aus Ueberzeugung. Aber seine bisherigen
Freunde wandten sich mißbilligend von ihm ab, die mei=
sten Turner sahen in ihm einen Verräther ihrer Sache,
und selbst der Staatskanzler v. Hardenberg glaubte, daß
er zu Denunciationen geneigt sei, was Steffens entrüstet
zurückwies.

Uebrigens wurden in Folge der Turnstreitigkeiten
die Turnplätze zu Breslau und Liegnitz im Herbst 1818
auf Befehl der Regierung geschlossen. Dessenungeachtet
zeigte die preußische Regierung immer noch großes Inter=
esse am Turnen. Dasselbe sollte organisirt und Turn=
plätze durch die ganze Monarchie angelegt; ein Plan,
der bereits ausgearbeitet war, sollte dem Könige zur Un=
terschrift vorgelegt werden. Aber noch ehe dies geschah,
kam die Nachricht der That Sand's nach Berlin, und
der König unterschrieb nicht.**)

Am 23. März 1819 hatte Karl Ludwig Sand
aus Wunsiedel, Student zu Jena, den Staatsrath
v. Kotzebue in Mannheim ermordet. Diese That war

---

*) R. v. Raumer, Gesch. d. Päd. III, 1. Abth., 2. Aufl.,
S. 238.
**) Ebend. S. 239.

ein Unglück für die Burschenschaft, für das Turnen, ja
für das Vaterland. Sand gehörte der Burschenschaft an,
er war Turner und hatte das Wartburgfest mitgefeiert.
So war den Feinden des Turnwesens eine willkommene
Gelegenheit zu weiteren Verdächtigungen dieser Sache
gegeben. Kotzebue galt allen Freigesinnten als ein Feind
des Vaterlandes und als Spion, und konnte auch Sand
verhaßt sein. Daß aber dieser als überspannter Schwär=
mer die Vernichtung Kotzebues für sich beschlossen und
ausgeführt, wurde — obgleich That eines Einzelnen —
doch dem Turnwesen und der Burschenschaft als Wirkung
zugeschrieben.*) Es wurde sogar angenommen, daß Sand's
That die Ausführung eines von einer Gesellschaft gefaß=
ten Beschlusses gewesen sei, wofür aber jeder Beweis
fehlte. Nunmehr begann eine trübe Zeit für die Freunde
einer freien Entwicklung. Die Turnplätze wurden in
ganz Preußen geschlossen, viele Freunde des Volkes wur=
den verfolgt und gefangen, die Burschenschaft wurde auf=
gelöst.

In der Nacht vom 13. zum 14. Juli 1819 wurde
auch Jahn verhaftet, und zuerst nach Spandau, später
nach Küstrin abgeführt. Er wurde beschuldigt, „an den
bestehenden sogenannten demagogischen Umtrieben aus=
gezeichneten Antheil genommen zu haben, und zwar haupt=
sächlich durch Verbreitung von der Ruhe und Sicherheit
des Staats und seiner Bürger gefährlichen Grundsätzen
und Gesinnungen." Obgleich sich in der nun folgenden
Untersuchung die Beweise für diese Anschuldigungen als
sehr zweifelhaft und unzulänglich herausstellten, obgleich
das von dem bekannten Dichter, damaligen Kammerge=
richtsrath T. A. Hofmann unter'm 15. Februar 1820
abgegebene amtliche Gutachten über die Jahn'sche Unter=

---

*) Ueber Sand und die Burschenschaft in Jena s. Kloß'
Jahrbücher, Dürre's Biographie im 6. Bande, S. 104
u. flgde; ferner die Schrift: „Teutsche Jugend in wei=
land Burschenschaften und Turngemeinden. Mag=
deburg, 1828." (von Rob. Wesselhöft.)

suchung auf die Entlassung Jahn's aus der Haft antrug,
so wurde doch dieser im Sommer 1820 nach Colberg
abgeführt und die Untersuchung fortgesetzt. In Colberg
genoß Jahn ziemliche Freiheit; er durfte mit seiner Fa=
milie in der Stadt wohnen, in gesellschaftlichen Verkehr
treten, und sich eine halbe Meile von der Stadt entfer=
nen. Seine Frau starb daselbst im Herbst 1823.

1824 erschien das erste Urtheil in der Jahn'schen
Untersuchung, welches ihn zu zweijähriger Festungsstrafe
verdammte. Gegen dasselbe appellirte er. Nunmehr
arbeitete er eifrig an einer Selbstvertheidigung.*) End=
lich, im März 1825 wurde er freigesprochen, ihm jedoch
„der Aufenthalt weder in Berlin und in einem Umkreise
von zehn Meilen, noch in einer Universitäts = und Gym=
nisial = Stadt erlaubt." Wo er seinen Wohnsitz wählte,
sollte er unter polizeilicher Aufsicht bleiben, ihm dagegen,
so lange er diese Bedingungen hinsichtlich seines Aufent=
halts pünktlich erfüllte, und so lange sein Betragen tadel=
los bliebe, die Pension von Eintausend Thaler, die er
damals bezog, belassen werden. Jahn verließ nun Col=
berg und ging nach Freiburg an der Unstrut, wo er mit
seiner zweiten Frau, Emilie Hentsch aus Colberg, die er
kurz zuvor geheirathet, und mit seiner alten Mutter
wohnte. Von 1829 ab hielt er sich sieben Jahre lang
in Cölleda in Thüringen auf, wohin er von Freiburg
verwiesen wurde, weil er noch immer mit der Jugend
verkehre. Dann erst wurde ihm nach Freiburg zurück=
zuziehen gestattet. Er lebte nun still und zurückgezogen,
nur zuweilen durch schriftstellerische Arbeiten von sich
hören lassend. 1828 gab er „Neue Runenblätter"
heraus, 1833 „Merke zum deutschen Volksthum;" 1835
erschienen die nach seinen Worten niedergeschriebenen
„Denkmisse eines Deutschen oder Fahrten des Alten im
Bart, herausgegeben von Karl Schöppach;" 1836 „Leu=
wagen gegen H. Leo."

----

*) S. F. L. Jahn, Selbstvertheidigung. Leipzig,
1863, Keil.

Nach dem Regierungsantritt Friedrich Wilhelm's IV.
(1840) wurde die über Jahn verhängte Polizei=Aufsicht
und die Beschränkung in der Wahl seines Aufenthalts
aufgehoben, ihm auch das eiserne Kreuz verliehen. Er
blieb aber in Freiburg, weil der Aufenthalt daselbst ihm
lieb geworden, und er selbst wohl auch fühlte, daß er alt
und veraltet sei und die Stimmung der Zeit ihm fremd.
Zwar trat er zuweilen, aber nur flüchtig, in Beziehung
zu den Turnern; 1844 betheiligte er sich an dem Jubi=
läum der Schule zu Salzwedel, der er selbst angehört
hatte. Im Jahre 1848 trat er indeß noch einmal
öffentlich hervor: Er war in die deutsche Reichsversamm=
lung gewählt worden; aber er verstand weder die Zeit
noch diese ihn. Mit den neuen Turnern konnte er zu
keiner Uebereinstimmung der Ansichten kommen. Bei
den Septemberunruhen in Frankfurt soll auch er verfolgt
worden sein. Aus jener Zeit rührt seine „Schwanen=
rede," in der es heißt: „Deutschlands Einheit war der
Traum meines erwachenden Lebens, das Morgenroth
meiner Jugend, der Sonnenschein der Manneskraft, und
ist jetzt der Abendstern, der mir zur ewigen Ruhe winkt."
Jahn starb, 74 Jahre alt, am 15. October 1852 zu
Freiburg an der Unstrut.*) Am 10. August 1861 leg=
ten die deutschen Turner in der Hasenhaide bei Berlin
den Grundstein zu einem großartigen Denkmal für
ihn. **) — — —

Im Jahre 1818 waren bereits, wie erwähnt ist,
die Turnplätze zu Breslau und Liegnitz geschlossen wor=

---

*) Ausführlicheres über Jahn findet sich in: H. Pröhle,
F. L. Jahn's Leben. Berlin, 1855. — W. Angerstein; Fr.
L. Jahn, ein Lebensbild für das deutsche Volk. Berlin, 1861.
— F. L. Jahn, ein deutsches Characterbild. Unver=
änderter Abdruck aus der National=Zeitung. Berlin, 1852. —
Dürre, Nachträge zu Jahn's Leben, in Kloß' Jahrb. II,
S. 321 u. III, S. 24 u. 131. —

**) S. E. Angerstein und E. Bär, zweites deutsches
Turn= und Jubelfest zu Berlin. Zwickau, 1861.

ben. Im März 1819 wurde die Aufhebung des Tur=
nens auf den ganzen preußischen Staat ausgedehnt.
Zwar sollte der Turnbetrieb nur auf einige Zeit ausge=
setzt sein, um inzwischen neu organisirt und dem gesamm=
ten Unterrichtswesen angepaßt und eingeordnet zu werden.
Bis dies geschah, vergingen aber mehr als zwanzig
Jahre.

Die Unterdrückung des Turnwesens in Preußen,
die sog. Turnsperre, dehnte sich bald auch auf das übrige
Deutschland aus; nur an wenigen Orten blieben Turn=
anstalten bestehen oder entstanden neu, aber fast nur in
der Zurückgezogenheit und Stille von Privatgärten und
Sälen. So z. B. in Hamburg, Königsberg i. Pr., Mag=
deburg, Stuttgart, München, Berlin und in einigen
mecklenburgischen Städten. In Stuttgart war es
der Prof. Dr. W. F. Klumpp, welcher 1821 eine
öffentliche Turnanstalt errichten durfte. Er wirkte segens=
reich für die Erhaltung der Turnsache in Würtenberg,
regte auch zur Zeit der allgemeinen Wiedereinführung
des Turnens durch die Schrift: „Das Turnen. Ein
deutsch=nationales Entwicklungs=Moment. Stuttgart und
Tübingen, 1842," in weiteren Kreisen lebhaft für dasselbe
an. In München richtete 1827 Maßmann auf
Veranlassung König Ludwig's von Baiern einen regel=
mäßigen Turnunterricht im königl. Cadettencorps ein,
übernahm dann den Turnunterricht bei den königlichen
Prinzen und erhielt 1828 den Auftrag, für die Münche=
ner Schulen eine öffentliche Turnanstalt anzulegen. Hans
Ferdinand Maßmann war am 15. August 1797 zu
Berlin geboren, besuchte seit 1811 den Jahn'schen Turn=
platz in der Hasenhaide, machte 1815 den Feldzug mit,
studirte dann in Berlin und Jena Theologie und Philo=
logie, betheiligte sich 1817 bei dem Wartburgfeste, wo
er die Bücherverbrennung ausführte, übernahm 1818
die Leitung des Breslauer Turnplatzes, und hielt sich
dann, nach Eintritt der Turnsperre, mit Sprachstudien
beschäftigt in Berlin, auch vorübergehend in Nürn=
berg auf.

Seit 1827 befand er sich in München, wo er sieb=
zehn Jahre lang die Turnanstalt leitete. 1835 wurde
er ordentlicher Professor an der Münchener Universität,
1843 wurde er nach Berlin berufen.*) Er verfuhr in
seinem Turnbetriebe stets nach den Anschauungen und
Gebräuchen des alten Jahn'schen Turnplatzes, welche er
unverändert auch auf andre spätere Zeiten zu übertragen
versuchte. In München veröffentliche er die Schriften:
„Leibesübungen, zur Militair = Gymnastik in's Besondre.
Landshut, 1830" und „die öffentliche Turnanstalt in
München; München, 1838."

Das größte Verdienst um Erhaltung und Weiter=
entwicklung des Turnens während der Zeit der Turn=
sperre hat sich Eiselen erworben. Ernst Wilhelm Bern=
hard Eiselen ist am 27. September 1793 zu Berlin
geboren. Er besuchte das Gymnasium zum grauen Klo=
ster, welches er als Primaner verließ, um sich dem Berg=
fach zu widmen. Als Jahn seine ersten Versuche zur
Einführung des Turnens unternahm, fand sich auch Eise=
len unter seinen Schülern ein, und ward bald einer der
tüchtigsten und sachkundigsten Turner. Als nach dem
Aufruf des Königs 1813 alle waffenfähigen Turner
in's Feld zogen, ging auch Eiselen nach Breslau, um in
die Reihen der Freiwilligen zu treten, wurde aber, da
sein Körper, durch fehlerhafte Behandlung einer Krank=
heit geschwächt, den Anstrengungen des Krieges nicht
gewachsen schien, von Jahn vermocht, nach Berlin
zurückzugehen und während des Krieges die Leitung des
Turnplatzes zu übernehmen. Nach Jahn's Rückkehr aus
dem Kampfe war Eiselen dessen Gehülfe und Mitlehrer
auf dem Turnplatze, und gab auch mit Jahn gemein=
schaftlich die „deutsche Turnkunst" 1816 heraus.

---

*) Ueber Maßmann s. Hirth, das gesammte Turn-
wesen, S. XLIX.

Fig. 6.*)

Eifelen war in feiner äußeren Erfcheinung wie in feinem inneren Wefen gar fehr von Jahn verfchieden. Während diefer mit feiner großen kräftigen Geftalt und dem langen wallenden Barte wohl geeignet war, Auf= fehen und Bewunderung zu erregen, war Eifelen klein und fchwächlich von Körper. Während Jahn fchnell und ftürmifch feine Ideen in's Werk zu fetzen liebte, nicht ängftlich um die Ausführung im Einzelnen bedacht, fon= dern zufrieden, mit mächtigen Strichen das Wefen der Sache dargeftellt zu haben; während er nur die Grund= und Umfaffungsmauern feines Gebäudes aufführte, aber zu Begeifterung und Nachfolge anzuregen verftand; fo war Eifelen der ruhige klare Arbeiter, der unverdroffen die Lücken des Baues ausfüllte, ihn eintheilte und ord= nete, neues Material hinzubrachte und forgfältig fichtete, überhaupt die Turnfache zu fchulgerechtem Betriebe ent= wickelte. So ergänzte der Eine den Anderen, und beide in ihrer Vereinigung waren wohl geeignet, eine neue große Sache in's Leben zu rufen.

*) Ernft Eifelen.

Als 1819 die Turnplätze geschlossen waren, begann Eiselen, sich in der Erdkunde, Mathematik und Geschichte zum Lehrer auszubilden. Als solcher war er bald darauf in der Plamann'schen Anstalt thätig, deren Turnlehrer er schon seit 1814 gewesen war. Sein höchster Wunsch war der, dem Turnwesen in Berlin wieder eine Stätte zu gedeihlicher Entwicklung zu bereiten. Aber nach vielem Bemühen erreichte er erst 1825 die Erlaubniß, einen „Fecht= und Voltigirsaal" für Studirende einzurichten; eine Turnanstalt schien den Behörden zu bedenklich! So eröffnete er denn am 14. April 1825 (in der Kraussenstraße Nr. 10) die neue Anstalt. Seiner Beharrlichkeit gelang es indeß, 1827 vom Polizei=Präsidio die Erlaubniß zu erhalten, „Privatunterricht in der Gymnastik an Erwachsene und Schüler in besonderen Stunden" zu ertheilen. Nunmehr kaufte Eiselen ein Grundstück in der Dorotheenstraße Nr. 31 d (jetzt 60), und richtete dort einen zweckmäßigen Turnplatz und Saal ein.*) Diese Anstalt, welche nach schlimmer stürmischer Zeit wieder eine Pflanzstätte des deutschen Turnens wurde, ward am 1. Mai 1828 eröffnet.

Bald gewann die neue Anstalt zahlreiche Theilnehmer an Knaben und Erwachsenen. Auch zur Einrichtung einer Mädchen=Turnanstalt erhielt Eiselen 1832 die polizeiliche Genehmigung. Aber nicht nur viele Schüler und Schülerinnen unterrichtete er, sondern er bildete auch den Turnübungsstoff sorgfältig weiter aus, schied und ordnete ihn nach Stufen, welche vom Leichten und Einfachen zum Schwereren und Zusammengesetzten aufstiegen, und erwarb sich so das Verdienst, die Turnsache in technischer und didaktischer Richtung bedeutend gefördert zu haben. Viele Schüler Eiselen's bildeten sich unter ihm zu tüchtigen Turnlehrern aus, und wurden später für die Ausbreitung und richtige Auffassung des Turnens von

---

*) Noch jetzt besteht daselbst die Ballot'sche Turnanstalt. Aber der Turnplatz ist bebaut, und statt des alten Saales ein neuer größerer hergestellt.

Wichtigkeit. Unter den Schülern Eiselen's, welche zuerst in seiner Anstalt als Hülfslehrer, später in anderen Krei= sen selbstständig thätig waren, sind besonders zu nennen **Ph. Feddern, W. Lübeck, W. Ballot** und **M. Böttcher.** — Die Eiselen'sche Turnanstalt gewann indessen immer mehr an Theilnahme, so daß sich ihr Leiter 1836 veranlaßt fand, in einem entfernteren Theile der Stadt, in der Blumenstraße Nr. 3, eine zweite Anstalt einzurich= ten. Diese verwaltete W. Lübeck, anfangs im Auftrage und Namen Eiselen's, später übernahm und leitete er sie selbstständig. *)

Eiselen erlebte es noch, daß die Turnsache in Preu= ßen wieder (1842) von der Regierung anerkannt, und zu einem Gegenstande des öffentlichen Unterrichts gemacht wurde. Er selbst aber wurde nicht zur allgemeinen Or= ganisation und Leitung des wiedereingeführten Turnens berufen, wozu ihn auch seine schwache Gesundheit sowohl als sein für ein öffentliches Auftreten und weit ausge= dehntes Wirken wenig geeignetes Wesen nicht als passend erscheinen lassen konnten. Als jedoch 1846 ein großer öffentlicher Turnplatz bei Moabit eingerichtet wurde, erhielt Eiselen die Leitung desselben. Bald darauf mußte er zur Stärkung seiner Gesundheit in's Seebad nach Misdroy gehen, wo er am 22. August 1846 starb. **)

Von Schriften Eiselen's sind zu bemerken: Das deutsche Hiebfechten der Berliner Turnschule, Berlin, 1818; Abriß des deutschen Stoßfechtens nach Kreußler's Grundsätzen, Berlin, 1826; der Wunderkreis, Berlin, 1829; die Hantelübungen, Berlin, 1833; die Turntafeln, Berlin, 1837; Merkbüchlein für Anfänger im Turnen,

---

*) Das Haus Blumenstraße Nr. 3 ist später niedergerissen, und daselbst eine Straße durchgebrochen worden. Die Lübeck'sche Turnanstalt besteht aber noch in der Blumenstraße Nr. 63 a.
**) Ausführlicheres über Eiselen s. in „Rede und Ge= bet bei der Bestattung des akademischen Fecht= und Turnlehrers Herrn Ernst Eiselen von G. Schwe= ber. Nebst des verstorbenen Lebensbeschreibung (von H. F. Maß= mann). Berlin, G. Reimer, 1846.

Berlin, 1838; über Anlegung von Turnplätzen und Lei=
tung von Turnübungen, Berlin, 1844; Abbildungen von
Turnübungen, gezeichnet von Robolsky und Töppe, Ber=
lin, 1845. —

Außer Klumpp, Maßmann und Eiselen hat Karl
Friedrich Koch, geb. am 9. März 1802, ein entschiede=
nes Verdienst um die Wiedererweckung des Turnens.
Nachdem derselbe 1826 in Magdeburg als Arzt sich
niedergelassen, bemühte er sich eifrig, daselbst eine Turn=
anstalt zu gründen, und es gelang ihm, 1828, eine solche
auf Kosten der Stadt zu Stande zu bringen. Er leitete
dieselbe im Allgemeinen nach Jahn'schen Grundsätzen,
wich aber auch öfters von diesen ab, indem er z. B.
militärisches Marschiren unter dem Commando eines Un=
teroffiziers unter die Uebungen aufnahm. Auskunft über
die Grundsätze seines Turnbetriebes giebt er in dem letz=
ten Theile seines im Uebrigen vortrefflichen Buches:
Die Gymnastik aus dem Gesichtspunkte der Diätetik und
Psychologie, nebst einer Nachricht von der gymnastischen
Anstalt zu Magdeburg. Von Dr. C. F. Koch. Mag=
deburg, 1830.

Das Verdienst, in einer Zeit, wo die Leibesübungen
wenig Theilnahme und Anerkennung fanden, auf dieselben
hingewiesen und sie selbstthätig, wenn auch in verkehrter
Weise, ausgebildet zu haben, gebührt auch Joh. Ad.
Ludw. Werner. Dieser wurde am 11. Februar 1794
zu Bielau bei Zwickau geboren und wollte Theologie
studiren. Aber die Kriegsverhältnisse störten seinen Plan,
er wurde Soldat und gewann Sinn für die Fechtkunst
und andre körperliche Uebungen. Aus dem Kampf zurück=
gekehrt, wurde er 1818 Fechtlehrer im Cadettenhause zu
Dresden, und 1820 Lehrer der Fecht = und Voltigirkunst
in Leipzig. Er hielt sich mit Vorsicht fern von der
deutsch = vaterländischen Richtung des Jahn'schen Turnens,
bediente sich zur Bezeichnung der Leibesübungen nur des
Namens „Gymnastik," und betrieb dieselben ohne höhere
erziehliche Ziele, hauptsächlich in dem Bestreben, Kraft
und Gewandtheit, und als sichtbares Zeichen derselben

Zierlichkeit und äußeren Anstand zu entwickeln. Beson=
ders in der weiblichen Gymnastik, für deren Einführung
und Verbreitung er in anerkennungswerther Weise bemüht
war, trat dieses Bestreben deutlich, ja übertrieben hervor.
Die ästhetische Seite des Turnens, die allerdings zu
beachten ist, entwickelte er zu einem Zerrbilde, in welchem
Geziertheit und theatralische Effecthascherei an die Stelle
einfacher schöner Natürlichkeit traten. Im Jahre 1826
gab er seine übermäßig anstrengende Thätigkeit in Leipzig
auf, und übernahm eine ihm dargebotene Stelle als Post=
meister in Camenz. Diese verließ er jedoch 1830 wie=
der und trat demnächst als Lehrer der Leibesübungen in
Dresden auf, wo er mit Erfolg und Anerkennung thätig
war. 1839 erhielt er einen Ruf des Herzogs Leopold
von Dessau als Professor und Director der gymnastischen
Akademie nach Dessau, dem er folgte. In Dessau
beschäftigte er sich auch eifrig mit orthopädischer Gymna=
stik, auf die er schon früher aber ohne große Erfolge sein
Augenmerk gerichtet hatte. Er starb zu Dessau am
17. Januar 1866.*)

Als gymnastischer Schriftsteller war Werner sehr
fruchtbar, die meisten seiner Schriften sind aber ohne
große Bedeutung. Wir erwähnen von ihm: Die zwölf
Lebensfragen, Dresden, 1836; Das Ganze der Gymna=
stik, Meißen, 1833; Gymnastik für die weibliche Jugend,
Meißen, 1834; Amöna, Dresden, 1837; Gymnastik für
die Volksschulen, Dresden, 1840; Militair = Gymnastik,
Dresden, 1844; Gymnastik für die Volksschulen, Dresden,
1849; Medicinische Gymnastik, Dresden, 1845. — — —

Alle während der Zeit der Turnsperre auf den
Betrieb der Leibesübungen gerichteten Bestrebungen nah=
men schon in Folge der äußeren Umstände eine wesentlich
andre Gestalt an als zur Zeit der alten Jahn'schen Turn=
plätze. Während dort in einer Vermischung aller Lebens=
alter und Stände ein allgemeines Volksturnen in vollster
Oeffentlichkeit stattfand, welches mächtig und schnell die

*) Ueber Werner vergl. deutsche Turnzeitung, 1866 Nr. 9.

ganze Maſſe ergreifen, erheben und zu einem großen
vaterländiſchen Streben vereinigen ſollte, ein Volksturnen,
bei welchem auch die unterrichtliche Seite zwar wichtig,
aber nicht das Wichtigſte war; ſo zogen ſich die Turn=
übungen während der Zeit des Druckes natürlich in
abgeſchloſſene, eng begränzte, von der Oeffentlichkeit
getrennte Räume zurück, und die Turnenden bildeten
einen mehr oder weniger geſchloſſenen Kreis. Die vater=
ländiſchen Gefühle konnten nicht mehr offen zur Geltung
kommen, auch die ſonſtigen directen Einwirkungen auf die
Gemüther ſchwächten ſich ab, und ſo trat ganz von ſelbſt
die techniſche und unterrichtliche Seite der Sache ent=
ſchieden in den Vordergrund. Je mehr aber dies geſchah,
um ſo mehr mußte das Turnen ein leiblich = erziehendes
werden, das zu den geſellſchaftlichen und vaterländiſchen
Zwecken des früheren Turnens in keiner unmittelbaren
Beziehung mehr ſtand. Daß dieſes ſo allmählig ſich
entwickelnde Turnen beſonders bei dem Lebensalter, wo
die Erziehung (d. h. das Sich = erziehen = laſſen) überhaupt
Lebensaufgabe iſt, alſo bei der Jugend berechtigte Anwendung fand und findet, iſt klar; während andrerſeits
die Turnkreiſe Erwachſener immer noch ein, wenn auch
verkürztes, Erbtheil der Jahn'ſchen Auffaſſungen und Be=
ſtrebungen behalten konnten. Und ſo ſehen wir that=
ſächlich ſeit der Zeit, wo das Turnen unter der Jugend
und den Erwachſenen wieder Anklang und Theilnahme
zu finden begann, eine Trennung des erziehlichen und
des geſellſchaftlichen Turnens allmählig zu Stande kom=
men, von denen das erſtere zum Schulturnen, das letztere
zum Vereinsturnen ſich ausbildete. Damit ſoll nicht geſagt
ſein, daß das Turnen der Jugend nur eine techniſche
Ausbildung ohne alle höheren allgemeinen Zwecke wer=
den mußte oder geworden, oder daß das Vereinsturnen
ohne leiblich = erziehliche Wirkung ſei; es ſind vielmehr
nur die Hauptcharaktere beider Richtungen angegeben.
Auf den Jahn'ſchen Turnplätzen waren dieſe Richtungen
noch ungetrennt; aber wir ſehen, wie ſie zuerſt unmerk=
lich, dann immer klarer ſich ſcheiden. Auf dieſe Schei=

bung hat besonders ein Mann wesentlich eingewirkt,
und zwar dadurch, daß er den Turnübungsstoff in einer
Weise entwickelte, durch welche derselbe für den Zweck
der leiblichen Erziehung überhaupt, und in's Besondere
für das Schulturnen, viel brauchbarer als früher wurde.
Dieser Mann war Adolf Spieß. Indem derselbe das
Mittel zur leiblichen Erziehung der Jugend vervollkomm=
nete, gab er die hauptsächlichste Bedingung zu einer selbst=
ständigen Entwicklung des Schulturnens.

Fig. 7.*)

Adolf Spieß wurde am 3. Februar 1810 zu
Lauterbach im Vogelsberge geboren. Sein Vater, ein
Geistlicher, wurde 1811 Pfarrer in Offenbach, und legte
dort eine Privaterziehungsanstalt an. In dieser, welcher
Spieß seine erste Erziehung verdankte,**) wurde das
Turnen nach Gutsmuths täglich betrieben. Es war ganz
in den Unterrichtsplan der Schule aufgenommen, und

---

*) Adolf Spieß.
**) Vergl. „der Turner. 2. Jahrgang. Dresden, 1847."
S. 62 u. flgbe.

währte auch dann ungestört fort, als die öffentlichen
Turnplätze in fast ganz Deutschland geschlossen wurden.
Sechs Jahre alt, 1816, trat Spieß in diese Schule ein.
Häufig erhielt dieselbe Besuche von fremden Turnern und
Turnfreunden. So war im Jahre 1819 ein Jahn'scher
Turner, Fritz Hessemer, der Dichter des Turnliedes „Ge=
turnt, geturnt mit voller Kraft," dort ein oft und gern
gesehener Gast. Dieser machte die Lehrer und Schüler
mit den Turnübungen bekannt, wie sie nach Jahn's An=
leitung anderwärts schon länger eingeführt waren. Im
Jahre 1824 entstand bei den eifrigeren Schülern der
Wunsch, noch in besonderen, außerhalb der Schulzeit lie=
genden Stunden das Turnen angelegentlich zu betreiben.
Es kam ein kleiner Turnverein zu Stande, in welchem
ein rüstiges Streben herrschte. Jetzt wurde auch den
Turnern Jahn's „deutsche Turnkunst" bekannt, und übte
eine mächtige Anregung aus. „Dieses Turnbuch," erzählt
Spieß, „ward uns jetzt ein Schatz, in welchem wir den
Sporn für unser liebstes Jugendtreiben suchten und fan=
den. Jedes Wort aus diesem Buche übte einen Zauber
auf uns, es galt uns wie ein Gesetz, dem man sich aus
freier Lust unterzieht." Bald bildete sich auch ein reger
Verkehr zwischen den Turnern in Offenbach und denen
im benachbarten Hanau. Es wurden gemeinsame Turn=
fahrten unternommen, so 1826 und 1827 Fahrten auf
den Feldberg, welche für alle Theilnehmer jedesmal ein
wahres Fest waren. Fröhlicher Gesang durfte dabei
nicht fehlen. Festlich wurden auch stets die Jahrestage
der Befreiungsschlachten, und besonders der 18. October
begangen.

Im Frühling 1828 bezog Spieß die Universität
Gießen, um Theologie zu studiren. Gelegenheit zum
Turnen fand er dort nicht, dafür aber übte er fleißig
die Fechtkunst und unternahm mit Freunden Turnfahrten
in die herrliche Umgegend. Zu Ostern 1829 ging er
nach Halle, und berührte unterweges Schnepfenthal, wo
er schon früher (1820, auf einer Reise nach Thüringen)
Gutsmuths gesehen hatte. Turnspiele und Fechten wur=

ben auch in Halle lebhaft getrieben, weniger die Uebungen an Reck, Barren und Pferd. Auf einer Turnfahrt wäh= rend des Sommers 1829 besuchte Spieß den alten Jahn in Kölleda und im darauf folgenden Winter den Eiselen= schen Turnsaal in Berlin, in welchem er fleißig mitturnte. Eiselen lernte er zwar dort nicht kennen, weil derselbe krank war, wohl aber dessen treuen Gehülfen Febbern und den rüstigen Turner Philipp Wackernagel, von dem er manches Neue sah und lernte. Im Frühling 1830 kehrte Spieß nach Gießen zurück, und hier gelang es ihm jetzt, eine größere Knabenschaar um sich zu sammeln und zum Turnen anzuleiten. Die Umstände selber führten ihn nun darauf, wie er sagt, „im Anfange einer jeden Uebungszeit die zu einer Ordnung vereinte Turnerschaar in solchen Uebungen zu bethätigen, welche im Stehen, Gehen, Laufen und Springen ausführbar sind. Allge= meine und freudige Theilnahme fanden diese mit jedem Tage sich fortentwickelnden Uebungen, namentlich auch darum, weil die Gliederung Aller ihre Bewegungen im Takte geeinigt fühlte, wie beim Singen, das mit dem Turnen oft wechselte." Hiermit waren die Anfänge der später sich entwickelnden Gemeinübungen gegeben. In= dessen ward Spieß'ens turnerische Wirksamkeit unterbro= chen, indem die früheren Verbote des Turnens erneuert wurden.

Im Herbst 1831 verließ Spieß die Universität Gießen, und trat als Erzieher in das Haus des Grafen Solms = Rödelsheim ein, dessen Söhne er auch in den Leibesübungen unterrichtete. Im Sommer 1833 suchte die Stadt Burgdorf im Kanton Bern durch öffentliches Ausschreiben in den Zeitungen für die dortige Schule einen Lehrer, der in Geschichte, Gesang und namentlich im Turnen unterrichten sollte. Spieß meldete sich und erhielt die Stelle. Das Turnen war in Burgdorf bisher nach der Weise der Jahn'schen Turnplätze betrieben wor= den, aber in letzter Zeit sehr in Verfall gerathen. Nun= mehr jedoch erboten sich die Behörden der Stadt, dem Turnwesen wie dem Schulwesen überhaupt mit allen

möglichen Opfern zu neuem Aufschwunge zu verhelfen.
So fand Spieß einen günstigen Boden für seine auf
Weiterentwicklung · des Turnens gerichteten Bestrebungen.
Zunächst gingen diese dahin, das Turnen völlig in das
Leben der Schule einzufügen; dann aber versuchte er,
den bisher ziemlich willkührlich zusammengestellten Uebungsstoff nach inneren Bewegungsgesetzen des Leibes zu ordnen
und zu einem vollständigen System der möglichen Bewegungen auszubauen. Hierbei legte er, im Gegensatz zu
dem bisherigen Turnbetriebe, aber mit vollem Rechte, ein
besonderes Gewicht auf die einfacheren Uebungen, welche
der Leib in den gewöhnlichen Zuständen des Gehens,
Laufens und Springens auf der gewöhnlichen Stützfläche
des Bodens ohne Zuhülfenahme künstlicher Vorrichtungen
ausführen kann. So entstanden die Freiübungen als eine
in dieser Art vollständig neue und sehr wichtige Bereicherung des Turnübungsstoffes. Aber auch auf die Uebungen an den Geräthen wandte Spieß die Unterscheidung
und Eintheilung nach Grundzuständen und Grundthätigkeiten des Körpers, aus welchen die verschiedenen Bewegungen desselben abzuleiten sind, an. Er bildete danach
die beiden großen Abtheilungen der Geräthübungen, die
Hang- und die Stemmübungen. Endlich ging er von
der Feststellung der Bewegungsgesetze des einzelnen Menschen über zur Auffindung ähnlicher Gesetze für die Bewegungen mehrerer und vieler Menschen, die zu einem
zusammengesetzten, aber in sich einheitlichen und geordneten Körper, zu einer Reihe, einem Reihenkörper oder
einem Gefüge von Reihenkörpern, verbunden sind. Die
Frucht dieser Thätigkeit waren die Gemeinübungen, ein
in seiner Art wiederum völlig neuer Zuwachs des Uebungsstoffes. Die Ergebnisse seiner mühsamen und gewissen-
haften Arbeiten auf dem Gesammtgebiet der Systematik des
Turnens hat Spieß niedergelegt in einem größeren Werk
„Die Lehre der Turnkunst," welches in vier Theilen erschien, nämlich: „Das Turnen in den Freiübungen.
Basel, 1840;" „Das Turnen · in den Hangübungen.
Basel, 1842;" „Das Turnen in den Stemmübungen.

Basel, 1843;" „Das Turnen in den Gemeinübungen. Basel, 1846."

Im Jahre 1842, als das Turnen in Preußen wieder öffentlich eingeführt wurde, hatte Spieß Aussicht, nach Berlin berufen zu werden. Er besuchte, um das auf turnerischem Gebiete anderswo Geleistete aus eigener Anschauung kennen zu lernen, Maßmann in München, Eiselen in Berlin, und ging auch zu Jahn nach Freiburg, dem er seine Ansichten über die Gestaltung des Turnwesens auseinander setzte. Jahn billigte Spieß'ens Bestrebungen, und der Preußische Minister Eichhorn veranlaßte ihn, dieselben in seinen „Gedanken über die Einordnung des Turnwesens in das Ganze der Volkserziehung. Basel, 1842" öffentlich kund zu thun. Indessen verwirklichte sich seine Berufung nach Berlin nicht. Dagegen fand er 1844 einen Boden für eine sehr erfolgreiche Thätigkeit in Basel, wo er Turnlehrer des Gymnasiums, der Realschule und des Waisenhauses wurde. Hier war die Blüthe seiner Wirksamkeit. Seine Anschauungen fanden Eingang in weiten Kreisen und verschafften ihm, unterstützt von den überraschenden Erfolgen seiner practischen Lehrthätigkeit, zahlreiche Verehrer und Nachahmer. Noch einmal und ausführlicher als in seinen „Gedanken über die Einordnung u. s. w." sprach sich Spieß über seine Bestrebungen in dem „Bericht über das Turnen der Schüler des Gymnasiums und des Waisenhauses im Sommerhalbjahre 1844. Basel, 1844" aus. Während Spieß'ens schon erwähntes Hauptwerk, die Turnlehre, das Turnen vom theoretischen Standpunkt behandelt, verfaßte er nun auch ein auf die Methode und practische Ausübung des Turnens gerichtetes Werk „das Turnbuch für Schulen," dessen erster Theil, die Uebungen für die Altersstufe vom sechsten bis zehnten Jahre enthaltend, zu Basel 1847 erschien. Der zweite Theil, welcher die Uebungen der Altersstufe vom zehnten bis sechszehnten Jahre umfaßt, wurde erst während Spieß'ens Aufenthalt in Darmstadt fertig und erschien zu Basel 1851.

Im Jahre 1848 wurde Spieß unter dem Titel eines Oberstudien = Assessors zur Leitung des Schulturnens im Großherzogthum Hessen nach Darmstadt berufen. Hier fand er in einer ehrenvollen Stellung und in einem aus= gebreiteten Wirkungskreise, der seiner Bedeutung entsprach, den Lohn seines Strebens. Aber obgleich er außer in Darmstadt auch in Frankfurt a. M., in Oldenburg und anderen Orten seiner Turnweise Eingang verschaffte, so lag doch die Blüthe seiner Kraft und Thätigkeit bereits hinter ihm. Ein Brustleiden, dessen Entstehung sich auf eine Verwundung der Lunge, welche er während seines akademischen Lebens davontrug, zurückführen läßt, unter= grub seine Gesundheit und störte seine Wirksamkeit mehr und mehr. Seit 1855 schon vermochte er nicht mehr seinem Berufe zu folgen. Der mehrjährige Aufenthalt in der Schweiz, an den Ufern des Genfer See's, verzö= gerte zwar das Fortschreiten der Krankheit, stellte ihn aber nicht her. Er starb am 9. Mai 1858, etwas über 48 Jahre alt, zu Darmstadt.

Mit dem Auftreten Spieß'ens beginnt für das deutsche Turnen eine neue Epoche. Er ist der Schöpfer des eigentlichen Schulturnens.

Auf den Jahn'schen Turnplätzen wurde mit Hülfe der leiblichen Ausbildung eine Einwirkung auf das Ge= müth und die Willenskraft des Turners angestrebt, die ein Gegengewicht gegen die hauptsächliche Verstandesbil= dung, wie sie die Schule einseitig zu geben pflegte, bilden sollte. Alle Tüchtigkeit aber, die der Einzelne erringen konnte, galt nur für werthvoll, wenn sie im Dienste eines größeren Ganzen, eines Gemeinwesens, zur Geltung gebracht wurde. Darum waren Gemeinsinn, Volksthümlichkeit und Vaterlandsliebe die vorzüglichsten Hebel des Jahn'schen Turnens.

Während nun die Befreiungskriege den Turnern die schönste Gelegenheit geboten hatten, die auf dem Turn= platze errungenen Eigenschaften für das Vaterland zu verwerthen, so war nach dem Kriege jeder Weg abge= schnitten, mit den turnerischen Tugenden eine wirksame

Mitarbeit am Gemeinwohl zu versuchen. Eine Folge davon war anfangs die allgemeine Unzufriedenheit und Verstimmung der Turner, dann aber, während der Turnsperre, indem man unbewußt dem steten Druck der Zeitumstände nachgab, ein Engerwerden des turnerischen Gesichtskreises. Man sang wohl noch vaterländische Lieder und feierte die Gedenktage der Siegesschlachten, aber die Möglichkeit, selber für das Vaterland einzutreten, war dem Einzelnen so ferne gerückt, daß sie kaum erwogen wurde. Der Patriotismus war aus einem practischen gewissermassen theoretisch geworden. Unter solchen Umständen wandte sich der Trieb nach befriedigender Thätigkeit nachdrücklicher, aber auch einseitiger als früher auf die unmittelbare Leibesübung. Was sonst Mittel zum Zweck gewesen war, wurde jetzt fast ganz Selbstzweck. Während man sonst Kraft und Gewandtheit zu erlangen bemüht gewesen war, um damit zum Kampfe tüchtig zu sein, so wurden nun jene Eigenschaften Vorzüge, die man ihrer selbst willen erstrebte. Dabei entwickelte und vervielfachte sich der Uebungsstoff, aber naturgemäß nach der Seite des Zusammengesetzten und Künstlichen hin, während das Einfache, Natürliche, welches Ausgangspunkt und Grundlage des Turnens bilden soll, in den Hintergrund trat. Es soll hier nicht gesagt sein, daß überall, wo geschlossene Turngesellschaften bestanden, eine derartige Umwandlung des Turnens kraß hervorgetreten sei. Aber im Großen und Ganzen war sie — hier mehr, dort weniger — vorhanden, und aus der Abgeschlossenheit der Turner erklärlich. Zeigen doch noch jetzt manche Turnvereine, die unter ähnlichen Verhältnissen bestehen, dieses Bild: künstliche Reck- und Barrenübungen werden bis zur Vollendung getrieben, aber der einfache Gang und Lauf, Freispringen, Klettern u. dgl. vernachlässigt.

Daß Spieß als ein denkender strebsamer Turner von einem derartigen Zustande der Turnsache nicht befriedigt sein konnte, ist klar, und daß er suchte; indem er das Turnen auf andere neue Bahnen lenkte, demselben wieder eine allgemeine Bedeutung und Wirksamkeit zu

verschaffen, ist sein großes Verdienst. Er faßte — nicht
im Gegensatz zu Jahn, sondern indem er einen Gedanken
desselben zeitgemäß neu belebte — das Turnen als Er=
ziehungsmittel im Allgemeinen auf, und verstand es, den
Werth desselben nach dieser Richtung zur vollen Geltung
zu bringen. Daß er nun das Turnen als Erziehungs=
mittel organisch der Schule, als der Anstalt, welche soviel
als möglich die Gesammterziehung leiten soll, einverleiben
wollte, war nach den Zeitumständen durchaus vernünftig.
Freilich ist zu sagen, daß die Schule, wie sie war und
häufig noch ist, nach ihrer ganzen geistig = einseitigen An=
lage und Einrichtung dem Turnen, wenn sie dasselbe in
den Kreis ihrer Thätigkeit zog, einen ungünstigen Platz
anzuweisen und damit die Entwicklung und Wirksamkeit
dieses Erziehungstheiles zu beeinträchtigen geneigt sein
mußte. Aber Spieß wollte, daß eben durch organische
Einordnung des Turnens in den Schulplan die Einsei=
tigkeit der Schule ebenso wie die des von der geistigen
Erziehung bisher abgesonderten Turnens aufgehoben würde,
daß einerseits die Schule mit ihren gesicherten und geord=
neten Einrichtungen dem Turnen zu Hülfe käme, daß
aber andererseits auch dieses Frische und Belebung in
alle sonstige Thätigkeit der Schule bringen möchte, daß
fortan die Schule überhaupt eine Stätte allgemeiner gleich=
mäßiger Erziehung des ganzen Menschen nach geistiger
und leiblicher Seite hin werde. Und einem solchen Ideale
kann wohl Niemand seine Anerkennung versagen. Leider
ist dasselbe noch nicht an vielen Stellen zur vollen Rea=
lität geworden.

Wenn aber Spieß das Turnen zu einem gleichbe=
rechtigten Theile der Schulerziehung machen wollte, so
mußte er es den übrigen Lehrgegenständen entsprechend
ausbilden, es nach inneren Gesetzen in seine einfachsten
Bestandtheile zergliedern, diese übersichtlich ordnen und
wiederum naturgemäß verbinden. Besonders mußte ihn
der Umstand, daß die Turnkunst bisher die einfachsten
und Grundübungen einigermaßen vernachlässigt und damit
für die jüngeren Schulalter einen ungenügenden Uebungs=

ſtoff dargeboten hatte, auf jene Nothwendigkeit führen. *)
In dem Beſtreben, die hier vorhandene Lücke auszufüllen,
bildete er die ſchon gebräuchlichen Gelenkübungen, Uebun=
gen, die ohne alle Vorrichtungen betrieben wurden, zu
dem großen Gebiete der Freiübungen aus.

„Die Benennung derſelben iſt gewählt, ſagt er, **) weil
es die Uebungen ſind, welche frei von Geräthen, in Zuſtän=
den, welche die freieſte Thätigkeit zulaſſen, den Leib des
Turners frei machen ſollen. Der Name Gelenkübungen wurde
nicht beibehalten, weil er das Weſen der beſondern Turnart
nicht umfaſſend genug bezeichnet.

Die Freiübungen machen eine in ſich abgeſchloſ=
ſene Art von Turnübungen aus, welche in den Zuſtänden
des Stehens, Gehens, Hüpfens, Springens, Laufens und Dre=
hens dargeſtellt werden, wobei jede mögliche Thätigkeit aller
Leibestheile während derſelben geübt wird. Es läßt ſich leicht
erkennen, wie viel erweiterter alle genannten Zuſtände ent=
wickelt werden können, wie viel kunſtvoller der ganze Leib
durch ſolche Uebungen wird, wie unmittelbar die Rückwirkung
derſelben auf die Lebensäußerung und Geſtalt, wie verbreitend
und erhöhend ihre Hinwirkung auf das ganze Turnen ſein muß.

Wie dürftig iſt für die allſeitige turneriſche Entwicklung
der genannten Zuſtände geſorgt! Während die Anzahl der
Uebungen am Schwingpferd, Reck, Barren und in andern
Turnarten immer mehr ausgedehnt und in die Turnbücher
aufgenommen wird, bleiben die Steh=, Gang=, Lauf=, Hüpf=
und Dreharten immer nur ſpärlich bedacht. Es iſt wohl erklär=
lich, warum gerade dieſer Theil der Turnkunſt ſo unbearbeitet
geblieben, was aber außer dem Ziele unſrer Betrachtung liegt;
aber der jetzige Standpunkt der Turnkunſt verlangt die Auf=
nahme dieſer Turnart um ſo mehr, je mehr ſich das Turnen
in erzieheriſcher Betreibung auch auf das erſte Jugendalter,
auf beide Geſchlechter beziehen und ausdehnen ſoll, und über=
haupt immer mehr einer inneren Begründung bedarf.

Indem die Freiübungen zunächſt die Thätigkeiten der
verſchiedenen Leibestheile, als ſolche und in den gewöhnlichſten
Zuſtänden des Leibes üben, bilden ſie an ſich die Turnart,
welche die Anfangsgründe aller Turnübungen
enthält. Darum, und der einfachſten Vorkehrungen wegen,

---

*) Vergl. Spieß, Gedanken über die Einordnung des
Turnens u. ſ. w. S. 5 u. flgde.
**) S. Spieß, Turnlehre, I. S. 4 u. 5.

welche dabei erforderlich sind, können Schüler in frühem Lebensalter an diesem Unterrichte mit Nutzen Theil nehmen.
Der Thätigkeitstrieb des Alters, welches in so entschiedener
Leibesentwicklung lebt, kann allseitiger und gesetzmäßiger geübt
und gepflegt werden.

Die vorausgehende Betreibung derselben bei Anfängern
im Turnen ist unerläßlich, und es lehrt auch die tägliche
Erfahrung, wie sehr auf vielen Turnplätzen das Bedürfniß
nach einfacheren Uebungen gefühlt wird, und wie hinderlich
dem Fortschritte so Vieler das Ueberspringen der vorbereitenden Uebungsstufen ist.

Da die Freiübungen aber eine unbegrenzte Ausdehnung
der Uebungen innerhalb der besonderen Turnart zulassen, die
von der einfacheren und leichteren Stufe zu zusammengesetzteren und schwierigeren hinaufsteigen, bleiben sie nicht nur
Vorübungen, sondern sie bilden neben allen andern Turnarten ein stets sich erweiterndes Glied, und bieten eine Reihe
von Uebungen für Turner jeder Alters- und Fertigkeitsstufe."

Spieß sonderte und ordnete (in seiner Turnlehre)
zunächst die Freiübungen nach Grundzuständen und Grund=
thätigkeiten des Körpers und seiner einzelnen Theile, wobei
er alle möglichen Bewegungen der verschiedenen Gelenke
berücksichtigte. Später übertrug er, wie schon erwähnt
ist, diese Grundsätze der Eintheilung und Ordnung auch
auf die Geräthübungen, die er nach den Zuständen des
Hangens und Stützens in die beiden großen Gruppen
der Hang= und der Stemmübungen schied.

In der Turnlehre sind systematische Uebersichtlichkeit
und fast lückenlose Reichhaltigkeit des Stoffes gegeben,
die dem Turnlehrer die schätzenswertheste Gelegenheit zum
theoretischen Studium der Leibesthätigkeiten bieten. Wer
aber in dieser systematischen Ordnung die Bewegungs=
formen auf dem Turnplatze zur Ausübung bringen wollte,
würde einen großen Fehler begehen, weil er in jeder
Stunde seine Schüler durch einen Kreis verwandter und
darum einseitig wirkender Uebungen nur einseitig ermü=
den, aber nicht allseitig bethätigen würde. Auch wäre
es falsch, die systematische Vollständigkeit der Formen ohne
Unterscheidung derselben hinsichtlich ihres verschiedenen
Werthes in die Praxis einzuführen, weil dann Wichtiges

und Unwichtiges als gleichbedeutend geübt würde, folglich das Wesentliche zurück und mit der häufigen Einübung vieler unwesentlichen Einzelheiten eine Zersplitterung der Kraft und Mangel an Sicherheit in den Grundübungen eintreten müßten. Spieß selber unterscheidet auch sehr wohl zwischen System und Methode, Theorie und Praxis. Denn während er in seiner Turnlehre den Uebungsstoff ganz theoretisch behandelt, ordnet er ihn in andrer Weise in seinem Turnbuche zu unmittelbarer practischer Verwendung, und begleitet hier die einzelnen Abschnitte und Uebungen mit Anweisungen und Fingerzeigen, die überall die Erfahrung des ausübenden Lehrers und Erziehers zeigen, und Anderen für die Ausübung nützlich werden können.

Schon früh, im Sommer 1830 zu Gießen, hatte Spieß, durch die Umstände von selber darauf geführt, mit den Turnern Uebungen versucht, bei denen alle Betheiligten zu einer geordneten Schaar vereinigt, in gleichem Takte Bewegungen ausführten, die im Gehen, Stehen, Laufen und Springen möglich waren. Das waren die ersten Anfänge seiner Gemeinübungen. Die Forderungen aber, welche er später behufs der Einführung des Turnens in den Schulplan an dasselbe stellte, führten ihn wieder zu Gesichtspunkten, die einer weiteren Ausbildung der Gemeinübungen förderlich waren. Nachdem er nämlich Gleichberechtigung des Turnens mit anderen Unterrichtsgegenständen verlangt hatte, nahm er für dasselbe auch ähnliche Vorkehrungen in Anspruch, wie sie die Schule den übrigen Lehrgegenständen gewährt. Die Schüler sollten in Abtheilungen, die durch die Schulklasse gebildet würden, zusammen turnen, und der Turnlehrer, der wo möglich ein auch in anderen Fächern unterrichtender Lehrer der Schule sein sollte, sollte die ganze Schülerzahl der Klasse selbst unterrichten. Die bisher gebräuchlichen Vorturner sollten, wenigstens bei Schülern, die noch nicht das vierzehnte Lebensjahr erreicht hätten, fortfallen. Der Turnraum sollte so nah als möglich mit der Schulanstalt verbunden sein, wenigstens so nahe, daß ein unmittelbarer Wechsel der Turn= und anderer Unterrichtsstunden ein=

treten könnte; und täglich sollte wo möglich eine Stunde geturnt werden.*)

Alle diese Einrichtungen bezweckten, das Turnen in einen geordneten, schulmäßigen Betrieb zu bringen, der „sowohl die Einzelnen mit Berücksichtigung ihrer besondern Anlagen, als auch die Menge in gebundener Gleichfertig= keit auszubilden" geeignet wäre. Diesem Wunsche nach gleichmäßiger Ausbildung der Schülermasse entsprang das Bestreben, möglichst viele Schüler der Klasse gleichzeitig zu bethätigen. Um dies auch in den Geräthübungen möglich zu machen, gestaltete Spieß manche der bisher gebräuchlichen Geräthe um, er richtete das Stangengerüst, die wagerechten Doppelleitern, den Langbarren und den Stemmbalken ein. Ganz besonders aber fand sein Stre= ben nach gleichzeitiger und gleichmäßiger Beschäftigung der Turner auf dem Gebiet der Freiübungen, die sich am leichtesten und erfolgreichsten als Gemeinübungen be= treiben lassen, fruchtbaren Boden. Im weitesten Sinne verstand Spieß unter Gemeinübungen „alle Turn= übungen, welche zu gleicher Zeit oder in aufeinander fol= genden Zeiten von Mehreren, die eine Zusammengehö= rigkeit unter einander haben, ausgeführt werden;" im engeren Sinne aber sollten es solche Uebungen sein, bei denen „die zu einer Ordnung verbundene Mehrzahl in größerer Gebundenheit mehr als ein Ganzes übt." „Wenn beim Freiturnen in Gemeinübung die Mehrzahl in Glie= derungen oder Ordnungen gebracht wird, welche sich bald an Ort, bald in der Bewegung von Ort (nicht nur im Gehen, sondern auch im Laufen, Hüpfen und Springen und mit Drehen) gestalten und umgestalten, so können (meint Spieß) diese, das Erzeugen von verschiedenen ein= heitlichen Ordnungen zu ihrem Zwecke habenden Uebungen füglich Ordnungsübungen genannt werden.**)

---

*) Wir werden Gelegenheit haben, im 4ten Theile dieses Buches auf die Spieß'schen Forderungen wiederholt zurückzu= kommen.

**) S. „Der Turner," Jahrgang 1847. S. 132.

Es muß anerkannt werden, daß die Spieß'schen Ord=
nungsübungen nicht allein ein Nothbehelf, um die ganze
Turnklasse gleichzeitig zu beschäftigen, sind, sondern daß
sie auch eine erzieherische Wichtigkeit haben. Durch sie
lernt der Turner sich als Einzelnen einem größeren Ganzen
unterordnen, er fühlt sich als den nothwendigen Theil
einer Gemeinschaft, indem er sieht, daß der Fehler des
Einzelnen das Ganze in Unordnung bringt, daß also die
Hülfe dieses Einzelnen dem Ganzen nothwendig ist, und
indem er zugleich merkt, daß auch der Einzelne ohne das
geregelte Zusammenwirken aller Anderen das Beabsich=
tigte nicht auszuführen vermag.*) Spieß selber spricht
sich dahin aus, daß das Turnen in den Gemeinübungen
ganz vorzugsweise die Möglichkeit der eigentlichen Erzie=
hung und Gewöhnung zu innerer Zucht und äußerer
Ordnung biete. „Soll schon," sagt er,**) „jede Turnübung
bei dem Einzelnen diese geistige Frucht zeitigen helfen,
so bringt es die Gebundenheit an den Gemeingeist und
die Gemeinthat in der Gliederung der Gemeinübung mit
sich, daß die größere Strömung des geordneten Lebens
im Thun und Lassen Aller eine ungleich größere und
mächtigere erziehende Kraft und Wirkung auf die Ein=
zelnen ausübt, als es die vereinzelte Uebung vermag."
Ferner: ***) „Es ist leicht einzusehen, wie bei dem
Walten der Ordnungsbeziehungen die Schärfung der ver=
schiedenen Sinne, der des Auges, Ohres und Tastsinnes,
für die räumlich und zeitlich geordneten Thätigkeiten aller
Art in mannigfaltigster Weise gebildet wird, wie die Acht=
samkeit und Besonnenheit im Handeln für das gesammte
Ordnungsverhalten die Spannkraft des Willens stärkt und
wie überhaupt die erziehende Kraft dieser Uebungen auf
das vielfältigste wirksam gemacht werden kann. Es ist
aber die Frucht geordneter Gemeinübung, daß die bloße
Menge ein freies Ganze werden kann, wie der Einzelne."

---

*) Vergl. Leitfaden für den Turnunterricht in Knaben= und
Mädchenschulen von Schultze und Angerstein. Berlin, 1861, S. 3.
**) Spieß, Turnlehre, IV. S. 13.
***) Ebend. S. 17.

Spieß hat in dem vierten Theile seiner Turnlehre die Ordnungslehre ausführlich dargestellt. Ueber die Grundzüge, auf welche sie gebaut sei, sagt er Folgendes:*)

„Im vorbereitenden Theile ist der Begriff der Ordnung mit Hinweisung auf die Leibesübungen, welche bei unserer Betrachtung allein Berücksichtigung gefunden, vorausgeschickt. Dann sind die Ordnungsverhältnisse bei dem Einzelnen, der das Maaß für die Mehreren, für das Ganze, von welchem er nur ein Glied ausmacht, und darum schon an sich selber haben muß, nachgewiesen in seiner Stellung, dem Gehen und Drehen während dieser Zustände. An diese Betrachtung schließt sich dann erst die zusammengesetzte Ordnung einer Mehrzahl zu der einfachsten Gliederung in deren gemeinsamen Körper, der, wie ein erweiterter Einzelner bei mannigfaltiger Gestalt, wie dieser in seiner Ordnung in Stellung, im Gehen und Drehen beschrieben wird, mit Rücksicht auf geschlossene und offene Gliederstellung, in fester, freier, getheilter, strenger und loser und in äußerlich aufgelöster Ordnung, die gleiche Gliederverfassung, wie sie in Verwaltung der Glieder des einzelnen Leibes turnerisch geordnet werden kann. An die Beschreibung der Ordnungsverhältnisse der einfachen Reihe schließt sich alsdann das Ordnen und Bilden von Reihenkörpern, die aus mehreren Reihen zusammengesetzt sind und gleichsam wieder die Erweiterung der einen Reihe ausmachen, wie diese die Erweiterung des Einzelnen. Dieser in zusammengesetzter Gliederung geordnete Reihenkörper, welcher die verschiedensten Gestalten haben kann, führte wieder zu Betrachtung seiner Verhältnisse in Stellung, im Gehen und Drehen, bei den verschiedenen Verfassungen der Ordnung, wie wir dieselben bei der einfachen Reihe bezeichnet haben. Nachdem nun hierauf die noch größere Zusammensetzung von Reihenkörpern, deren Glieder selber Reihenkörper bilden, nur andeutungsweise entworfen ist, wurden auch die Reihenkörper, deren ungleichartige Glieder in gemischter Ordnung gereiht sind, beschrieben, und mit dieser Gliederreihung schlossen wir das Ordnungsgeschäft der Zusammensetzung von Gemeinkörpern, deren wesentliche Ordnung eben in der Einreihung besteht. War nun das Zusammensetzen zu Gliedern und Gliederungen aller Art die vorausgehende erste Betrachtung der Ordnung, so mußte, da bei freier Gliederverfassung der Körper nur je wieder die zum Verbande der Ordnung gegebenen Glieder sich als Theile verändern konnten, auch die freie Theilung, wobei alle mögliche Theilbarkeit einer zusammengesetzten Gliederung geordnet werden kann, als besondere zweite Betrach-

*) Ebend. S. 15.

Handbuch für Turner. 13

tung der Ordnung folgen. Erst nach diesen Vorbereitungen
und Lehren über die Verhältnisse der Gliederung und Ordnung in den einfacheren gewöhnlichen Thätigkeiten der Ge-
meinübenden, folgt die Anweisung zur Anordnung der Gemeinübung in Verbindung mit den verschiedenen Turnübungen
der Einzelnen in Stemm-, Hang- und Liegübungen und
zum Schlusse des Ganzen die Anweisung für den Befehl bei
denselben."

Zur Darstellung der Gemeinübungen ist der Befehl (das Commando) nothwendig, von dessen zweckmäßiger Einrichtung und Verwendung erst das volle Gelingen der Uebung abhängt. Deßhalb schenkt Spieß demselben seine volle Aufmerksamkeit, und giebt über das
Befehligen ausführliche von jedem Turnlehrer wohl zu beach-
tende Anweisungen.*) Aber die Gleichmäßigkeit einer
gemeinsamen Thätigkeit verstand er nicht nur durch zweckmäßigen Befehl herbeizuführen, sondern durch eine schöne
Verbindung des Gesanges mit der Turn-
übung. Die rhythmischen Bewegungen des Gehens
z. B. ordnete er nach dem Takte eines von den Schülern
gesungenen Liedes, so daß sich die Bewegung des Ganges
an die des Gesanges anschloß. Dadurch wurde nicht
nur der Turnbetrieb geordnet und in einer heiteren Weise
erfrischt und belebt, sondern es war in dieser Verbindung
des Turnens mit der Musik ein wichtiges Erziehungs-
moment, wenn auch nicht neu gegeben, so doch ergiebiger
benutzt worden. Man hatte nämlich zwar schon früher
auf den Turnplätzen beim Beginn und Schluß der Uebungen Lieder gesungen, aber mit der Leibesübung selber
war der Gesang nicht verbunden gewesen, außer etwa
die Marschlieder mit den Wanderungen und Turnfahrten.
Spieß aber dachte auch „an die Tänze, bei welchen stets
die Tonkunst die Bewegungen unterstützt, an die Bewegung der Kriegskörper in Verbindung mit dem geordneten Klang der Tonwerkzeuge, an den geordneten Ruder-
schlag der Schiffer, an das geregelte Dreschen und Mähen
der Landleute bei slavischen Völkern in Verbindung mit
den rhythmischen Weisen der Lieder;" und er ging nun

*) Ebend. S. 221—230.

in dieser Richtung weiter. Er verband künstlichere und zusammengesetztere Bewegungen als die des Marschirens mit dem Gesange. Er verband in der schönsten, kunst= vollsten Form der Ordnungsübungen, in den Reigen, zuweilen den Gesang so innig mit den Bewegungen, daß er durch letztere mimisch den Inhalt des gesungenen Liedes darstellen ließ. Die Wichtigkeit dieses Vorgehens aber liegt darin: die turnerische Erziehung soll den Leib durch harmonische Ausbildung verschönern, und jede Turnübung soll sich in einer schönen Form darstellen. Aber für das richtige Zeitmaß einer Bewegung, besonders einer zusam= mengesetzten, durch welches dieselbe ebenso sehr, vielleicht mehr noch als durch ihre äußere Form, zu einer schönen wird, haben viele Menschen nicht von vorn herein das richtige körperliche Gefühl. Viel mehr ist das Ohr der meisten für den Rhythmus der Töne empfänglich. Wenn nun der letztere die Bewegung begleitet, so wird diese selbst rhythmisch, gefällig und schön. — —

So sehr indessen Spieß sich durch die Ausbildung der Frei = und Ordnungsübungen um die Turnsache ver= dient gemacht hat, so trifft ihn doch auch der Vorwurf, das Gebiet dieser Uebungen etwas einseitig mit so großer Vorliebe gepflegt und angebaut zu haben, daß darüber die Geräthübungen zurücktreten mußten. Spieß hebt den Nutzen der als Gemeinübung zu betreibenden Frei = und Ordnungsübungen für Gewinnung von Zucht und Ge= horsam der Schüler so sehr hervor, daß in dieser Her= vorhebung eine ungerechte Herabsetzung der von einzelnen Riegen betriebenen Geräthübungen zu liegen scheint. Wenn auch die Erfolge der Gemeinübungen nach jener Richtung hin wohl anzuerkennen sind, so darf doch andrerseits nicht vergessen werden, daß unsre jungen Turner nicht bloß zu Zucht und Gehorsam sondern auch zu eigener Willens= kraft und Selbstständigkeit zu erziehen sind. In Bezug hierauf wiederhole ich hier das von mir schon an andrer Stelle Gesagte:*) „Gemeinsinn, Sinn für Gesetzlichkeit,

*) S. E. Angerstein, Grundsätze des Turnbetriebes. Berlin, 1867, S. 28.

Gehorsam erwachsen aus den Gemeinübungen. Deßhalb
sind dieselben werthvoll und nothwendig, aber im Turnen
weder allein noch überwiegend berechtigt. Denn wenn
Gehorsam und Gemeinsinn vernünftige Bedeutung haben
sollen, so müssen ihnen gleichwiegend entgegenstehen freier
Wille und Selbstständigkeit des Individuums. Wenn
ein Turnlehrer, wie es geschehen ist, erklärt, die Haupt=
tugend, in der er die Jugend erziehen wolle, sei der Ge=
horsam, so liegt darin eine einseitige Auffassung des
Menschenwesens, die nimmermehr ganze Menschen erziehen
kann. Der Gehorsam ohne Willen und Selbstständigkeit
des Gehorchenden ist für den Mann kein sittlicher Ge=
horsam, sondern sklavische Fügsamkeit; der so Gehorchende
ist nicht Mensch, sondern Maschine. Darum muß dem
Knaben nicht bloß Gehorsam, sondern auch Wille, Selbst=
ständigkeit, Thatkraft anerzogen werden. Und zu den
letzteren Eigenschaften helfen vorzugsweise die Turnübungen
an den Geräthen." Zwar vernachlässigt Spieß die Ge=
räthübungen nicht geradezu, aber während er in seinem
Turnbuche, besonders im zweiten Theile, mit großer Vor=
liebe und Ausführlichkeit die Frei= und Ordnungsübungen
behandelt, werden die Geräthübungen vielfach sehr kurz
abgefertigt. Bei Spieß selber ist das Uebergewicht der
Frei= und Ordnungsübungen zu erklären und auch zu
entschuldigen, denn sie waren ja seine eigene, bedeutende
Schöpfung, mit der er den unvollkommenen Zustand des
früheren einseitigen Gerätheturnens zu verbessern gesucht
hatte. Auch soll in Spieß'ens eigenem Turnbetriebe das
Mißverhältniß durch seinen richtigen Takt, seine Erfah=
rung und Tüchtigkeit auf allen Gebieten des Turnens
und seine persönliche Anregungsfähigkeit größtentheils wieder
aufgehoben worden und überhaupt niemals so hervorge=
treten sein wie in seinen Schriften. Aber bei einem we=
niger begabten und weniger tief in das Turnfach einge=
drungenen, Spieß nachahmenden Turnlehrer kann sein
Turnbuch, trotz mancher Winke desselben, Einförmigkeit
und Einseitigkeit zu vermeiden, doch leicht Veranlassung
zu einer verwerflichen Bevorzugung der Frei= und Ord=

nungsübungen werden, welche den Schülern das Turnen
verleidet, weil es so sie langweilt und ihr Bedürfniß nach
Muskelanstrengung nicht befriedigt. „Die Anstrengung,
die Arbeit der großen Muskelgruppen,“ sagt Lange, *)
tritt (bei den Ordnungsübungen) so sehr zurück, daß z. B.
für kräftige Knaben und Jünglinge eine Stunde Ord=
nungsübungen, selbst wenn die Elemente überwunden sind,
ein anderweitiges Turnen nicht ersetzen kann. — Auch
daran ist zu erinnern, daß Gemeinsinn, Sinn für Gesetz
und Ordnung, obgleich sie Spieß als die wichtigsten Er=
ziehungserfolge des Turnplatzes — mehr als die alte
Schule es that — hervorhebt, doch keineswegs von ihm
zuerst mit dem Turnen in enge Verbindung gebracht
worden sind, sondern daß schon auf den älteren Turn=
plätzen auf solche Eigenschaften des Turners hoher Werth
gelegt, und sie mit Eifer, wenn auch in andrer Weise als
bei Spieß, erstrebt wurden.

Wenn Spieß bei der Bildung seiner Frei= und
Ordnungsübungen, im Gegensatze zu dem Betriebe auf
anderen damaligen Turnstätten, von der Absicht ausging,
das Turnen, besonders für die jüngeren Lebensalter, auf
die einfacheren und Grundformen der Bewegung zurück=
zuführen, so verfällt er doch gerade auf diesem Gebiete,
welches er zuerst erfolgreich angebaut, vielfach in einen
ähnlichen Fehler wie der, gegen welchen er auftrat. Denn er
giebt für den Betrieb der Frei= und Ordnungsübungen, auch
der Sprungübungen, oft ohne die nöthige Scheidung des
Wichtigen vom Unwichtigen, eine solche Mannigfaltigkeit der
Formen und so vielfache und künstliche Zusammensetzungen
derselben, daß schon ein recht erfahrener Turnlehrer dazu
gehört, um bei dieser Fülle des Stoffes das Wesentliche
aus vielem Unwesentlichen herauszufinden, und nicht über
dem Einüben von Nebensächlichem die Gewinnung der
Sicherheit in den Hauptsachen zu versäumen.

Während Spieß in Bezug auf die Frei= und Ord=
nungsübungen einen Gegensatz zu der Auffassung der

---

*) Leibesübungen. S. 98.

damaligen Jahn'schen Turner bildete, die wiederum ihrer=
seits die Bedeutung jener Uebungen nicht richtig zu wür=
digen verstanden, befürwortete er mit ebenso großer Wärme
wie Jahn selber die alten turnerischen Einrichtungen des
Spieles und der Wanderfahrten.

„Bei dem Spielen," sagt er,[*) „tritt die ganze Gemüths-
art der Jugend in unbefangenster Selbstbestimmung hervor,
hier offenbart sich am freiesten ihr Wesen in den Beziehungen,
welche der Einzelne zu seinen Genossen und zu den gemeinsamen Ordnungen und Gesetzen des Spieles zu erkennen giebt.
Die Spiele sind darum für den Erzieher der treueste Spiegel
des Lebensbildes der zu Bildenden und haben für Lehrer und
Schüler, für Schul = und Jugendleben eine hohe Bedeutung.
Es ist dies von bewährten Erziehern und Freunden des Jugendlebens schon vielfältig und auf's Ueberzeugendste ausgesprochen worden, und doch kann es nicht oft genug wiederholt
werden, daß die Anstalt, welche insgemein nur die Zucht und
Arbeit der Jugend fördern und ordnen will, nothwendig auch
die Spiele derselben zu bereiten und zu pflegen hat, weil durch
diese das gesammte Lebensgeschäft der Jugend auch erweitert
und erheitert wird für die volle und durchgreifende Aufgabe
der Schule. Wie ganz anders erscheint doch der Jugend die
Schule, in welcher Arbeit und Spiel, Ernst und Freude ihrem
Leben gewährt wird, wo die Lehrer zugleich die Führer und
Bereiter ihrer Freuden sind, wo ihnen Arbeits = und Spielräume gleichmäßig für die Aufgabe und Beschäftigung ihres
Lebensalters geboten werden. Ein solches Schulleben macht
sich den Geist des Jugendlebens gewogen, da fühlt sich der
Schüler einheimisch und hier bilden sich die Genossenschaften
der Gespielen, die unvergänglich über das Schulleben hinaus
fortbestehen und auch im öffentlichen Leben die Träger und
Beschützer jugendlicher Gesinnung und Gesittung verbleiben,
die treuen Freunde des bessern Geistes der Jugendbildung."

Und weiterhin:[**)

„Der Wirkungskreis der Schule reicht aber auch über
die Gränzen der gewöhnlichen Arbeits = und Spielräume hinaus, die Jugend will hinausgeführt werden in's Freie, sie
will sich erfreuen in Wald und Flur, auf Berg und Thal;
der grüne Gottesgarten unter blauem Himmelszelt kann ihr
nicht ersetzt werden durch Haus = und Straßenleben. Es
bedarf die Jugend der Wanderungen wie der Erwachsene des
Wanderlebens, das Herz wird weiter an den größeren und

*) Turnbuch, I, S. 350.
**) Ebend., S. 352.

reicheren Eindrücken der Natur. Darum gewähre die Schule
von Zeit zu Zeit kleinere und größere Wanderungen, die
Schüler lernen da ihre Umgegend kennen, ihr Ortssinn wird
entwickelt, und der Lehrer hat da Gelegenheit, den Gesichtskreis
der Schüler nach vielen Seiten hin zu erweitern, ihren Wis-
senstrieb an Vielem zu befriedigen, ihre Rüstigkeit und ihren
Ordnungsgeist aufs Mannigfachste zu prüfen. Die Wander-
tage des Schullebens sind wahre Festzeiten für die Jugend
und Erzieher, sie entfalten aufs lebendigste den frischen Geist
des Turnlebens, das selbst wieder die Ausführung derselben
durch Anstrengungen und Uebungen aller Art, durch Spiele
und Gesang ausschmücken hilft."

Ein großes Verdienst Spieß'ens haben wir bisher
unerwähnt gelassen: das um die Hebung, eigentlich erst
Ermöglichung, des Mädchenturnens. Die weibliche
Jugend bedarf der leiblichen Erziehung mindestens ebenso
sehr, in den Culturzuständen unserer Zeit wohl noch mehr,
als die männliche. Spieß aber hat das Turnen durch
seine Arbeiten auf dem Gebiet desselben für das weib=
liche Geschlecht erst eigentlich zugänglich gemacht, denn
was vor ihm an turnerischem Uebungsstoff den Mädchen
geboten werden konnte, war entweder unzureichend oder
unpassend. Seine Bemühungen für die Ausbildung der
Grundübungen haben einer ganzen Hälfte der menschlichen Jugend Segen gebracht. In seinen Frei= und Ord=
nungsübungen, und in den einfacheren, von ihm für diesen
Zweck bezeichneten Geräthübungen liegt ein reicher Stoff
für das Mädchenturnen, der, mit Spießischem Sinne für
Ebenmaaß und Rhythmus zur Anwendung gebracht, völlig
geeignet ist, die weibliche Jugend nach ihren Entwicklungs=
gesetzen körperlich zu erziehen. Hier findet auch die aus=
gedehntere Anwendung und mannigfaltige Ausbildung der
Frei= und Ordnungsübungen ihr volles Recht. — —

Mittheilungen über Spieß und Beurtheilungen seines
Wirkens finden sich in folgenden Schriften: Hirth, das
gesammte Turnwesen. Leipzig, 1865, bei Keil. Ge=
schichtliche Einleitung, S. LV. — Deutsche Turnzeitung,
Leipzig, 1858; S. 91. — Kloß, Katechismus der Turn=
kunst. Leipzig, 1861, bei Weber. S. 26. — Der
Turner, 2ter Jahrgang, Dresden, 1847; S. 62. —

Kloß, neue Jahrbücher für die Turnkunst, Bd. 4, Dres=
den, 1858. S. 82. — Lange, Leibesübungen. Gotha,
1863. S. 91—107. — K. Waßmannsdorf, zur Wür=
digung der Spieß'schen Turnlehre. Basel, 1845.

6. Leibesübungen in außerdeutschen Ländern.

Die Entwicklung, welche die Leibesübungen in neuerer
Zeit in Deutschland fanden, wirkte anregend auch auf
außerdeutsche Länder. Die Gutsmuths'sche Gymnastik für
die Jugend war in mehrere Sprachen übersetzt worden,
und hatte so zuerst auch außerhalb Deutschlands die Auf=
merksamkeit auf die Leibesübungen hingelenkt. Außerdem
waren es vornehmlich Amoros (welcher in Frankreich
wirkte), Clias (dessen Bestrebungen in der Schweiz, in
Frankreich, England und Italien Erfolge hatten), Nach=
tegall (der in Dänemark) und Ling (welcher in Schwe=
den seine Thätigkeit entfaltete), welche in den genannten
Ländern den Leibesübungen Eingang zu verschaffen wußten.
Aber auch die Thätigkeit aller dieser Männer läßt sich
auf die durch Gutsmuths gegebene Anregung zurückführen.
François Amoros (geb. zu Valencia den 19. Febr.
1770, gest. in Paris im Juli oder August 1847) war
in seinem Vaterlande Spanien im Heere bis zum Obersten
hinaufgerückt, dann in der Verwaltung thätig gewesen und
hatte, nachdem ihn die Zeitverhältnisse gezwungen, Spa=
nien zu verlassen, in Frankreich sich eingebürgert, wo er
seit 1815 bestrebt war, die Leibesübungen in die Erzie=
hung einzuführen. Schon 1807 hatte er in Madrid einer
Pestalozzi'schen Anstalt vorgestanden, in welcher er das
Turnen mit Eifer pflegte. In Paris gelang es ihm nach
vielfachem Bemühen, mit Unterstützung der Behörden 1817
eine Turnanstalt einzurichten, in welcher im November 1817
das erste Schauturnen mit 60 Schülern abgehalten wurde.
Ein zweites Schauturnen, welches 1818 stattfand, veran=
laßte den Kriegsminister, zwölf Sapeur=Pompiers in

Amoros' Anstalt turnerisch ausbilden zu lassen. In Folge
des günstigen Berichts, der über die Ausbildung dieser
Leute dem Kriegsminister zuging, erhielt Amoros den
Auftrag, Vorschläge über die Einführung des Turnens
in die Militärschulen und über die Einrichtung einer Mu=
sterturnanstalt zu machen. Zugleich sollten ausgewählte
Leute aus den Genieregimentern in seiner Anstalt an den
Uebungen Theil nehmen. Auf Grund der Amoros'schen
Vorschläge wurde demnächst im Park von Grenelle eine
militärische Musterturnanstalt angelegt, und Amoros ward
zum Director derselben ernannt. Die Eröffnung der An=
stalt fand im April 1820 statt. Zunächst wurden die
Truppen der Garde, später auch die in Paris stehenden
Linientruppen derselben zugewiesen. Auch die Zöglinge
der königlichen Schulen in Paris fanden dort ihren Turn=
unterricht, nachdem die vom Minister des Innern beab=
sichtigte Gründung einer besonderen Civilturnanstalt nicht
zur Ausführung gekommen war.

Obgleich so dem Turnwesen in Frankreich eine äußer=
lich anerkannte Stellung errungen war, so hatte doch
Amoros in seiner Anstalt noch mit mancherlei Widerwär=
tigkeiten, besonders Mangel an Mitteln zu weiterer Aus=
dehnung und Vorurtheilen, zu kämpfen, so daß zuweilen
selbst das Bestehen der Anstalt gefährdet erschien. Indessen
gelang es ihm doch, dieselbe zu erhalten, aber ohne —
wie er bestrebt war — ihre Wirksamkeit wesentlich über
militärische Kreise hinaus verbreiten zu können. Im
Jahre 1834 hatte er die Genugthuung, mit der Ober=
aufsicht über alle Turnanstalten in Frankreich betraut zu
werden. 1834 wurde auch seine alte Anstalt von Grenelle
nach der Rue Goujon verlegt. — Schon 1830 hatte er
die Ergebnisse seiner Thätigkeit in seinem Hauptwerk
„Manuel d'éducation physique, gymnastique et mo-
rale," welches 1848 in neuer Auflage erschien, veröffent=
licht, und in den vierziger Jahren wurde ihm die Freude
zu Theil, an der im Jahre 1847 vom Kriegsministerium
behufs einheitlicher Leitung des Turnens im Heere her=
ausgegebenen „Instruction pour l'enseignement de la

Gymnastique dans les corps de troups et les établissements militaires. Approuvée par M. le Ministre Secrétaire d'état de la Guerre, le 24. avril 1846." mitzuarbeiten, und in derselben seine turnerischen Anschauungen zur Geltung gebracht zu sehen. — Ausführlicheres über Amoros und seine Turnweise findet sich in Maßmann's „Leibesübungen. Zur Militärgymnastik in's Besondere. Landshut, 1830," S. 47 u. flgde., sowie in mehreren Aufsätzen von Waßmannsdorf in den Neuen Jahrbüchern, so in Bd. 4, S. 31 u. flgde., wo auch der Zusammenhang des Amoros'schen Turnens mit Pestalozzi und Gutsmuths nachgewiesen wird; ferner in Bd. 4, S. 285 u. flgde.

Ausgebreiteter, wenn auch weniger gründlich als Amoros' Thätigkeit war die von P. Heinrich Clias auf dem Gebiete des Turnens. Clias, geb. zu Boston 1782,*) gestorben 1854 zu Koppet in der Schweiz, begann seine turnerische Thätigkeit in den Jahren von 1806 bis 1811 als Lehrer an verschiedenen Orten in Holland, Deutschland und der Schweiz. 1814 war er Offizier der schweizerischen leichten Artillerie, und nahm als solcher mit seinen Soldaten Turnübungen vor, welche Aufsehen erregten. Auch die Berner Regierung schenkte denselben ihre Aufmerksamkeit, und berief Clias zur Leitung des Turnens an die Akademie nach Bern. Von nun an widmete er sich ganz dem Turnwesen. 1816 gab er sein erstes Werk „Anfangsgründe der Gymnastik oder Turnkunst. Bern bei J. J. Burgdorfer" heraus. Dasselbe wurde von dem General Young, damals Commandant der Militär-Erziehungs-Anstalt in Mailand, in's Italienische übersetzt, und von demselben die Gymnastik nach Clias bei den dortigen Truppen eingeführt. Das italienische Werk ist nachmals wieder in's Deutsche zurückübersetzt worden, und so unter dem Titel erschienen: „Elementar-Gymnastik oder zergliederte, stufenweise Anleitung zu jenen Leibesübungen, welche vorzüglich geeignet sind,

---

*) Sein Vater war ein Unterwaldner aus Beckenried.

den menschlichen Körper zu entwickeln, auszubilden und
zu stärken. Nach den Werken der rühmlichst bekannten
Gymnastiker und Professoren Clias und Gutsmuths bear=
beitet, von E. Young, Oberst Commandant der k. k. mili=
tärischen Erziehungsanstalt in Mailand. Mit 22 Kupfer=
tafeln. Aus dem Italienischen übersetzt vom k. k. Ober=
lieutenant S. Poschacher. Mailand, 1827."*) In der
Schweiz fanden die Turnübungen nach Clias weite Ver=
breitung. Indeß 1819 schrieb er in französischer Sprache
seine „Gymnastique élémentaire" und versuchte, auch
durch persönliche Anwesenheit in Paris, sich in Frankreich
Eingang zu verschaffen, aber ohne Erfolg. Dagegen zog
er in Bern die Aufmerksamkeit des englischen Gesandten
auf seine Thätigkeit, und erlangte in Folge dessen 1822
einen Ruf nach England zur Verbreitung des Turnens
daselbst. Er wurde zum Capitain ernannt, und ihm die
Oberaufsicht über die Leibesübungen bei den Land= und
Seetruppen übertragen. Während sechs Jahre, die er
in England verweilte, gelang es ihm, dort das Turnen
zu großer Anerkennung zu bringen. Die größten Erfolge
fand er in den Seeschulen; aber auch in Waisenhäusern
und öffentlichen Erziehungsanstalten wurde sein Turnen
mit Nutzen betrieben. Auch in den nordamerikanischen
Freistaaten soll seine Turnweise von England aus Ein=
gang gefunden haben. 1823 gab er in England „An
elementary Course of Gymnastic Exercises etc. and
Art of Swimming" heraus. 1827 kehrte er in die
Schweiz zurück, und schrieb dort 1829 das Buch: „Ka=
listhenie oder Uebungen zur Schönheit und Kraft für
Mädchen. Bern, bei Jenni." Nachdem er nun längere
Zeit an verschiedenen Orten in der Schweiz in den Lei=
besübungen unterrichtet hatte, fand er 1841 in Besançon
wieder einen ausgebreiteten Wirkungskreis. Daselbst ver=
öffentlichte er 1842 seine „Somascétique naturelle."
Auch in Besoux, Dijon und anderen Orten führte er

---

*) Ueber dieses Buch s. Maßmann, Leibesübungen, S. 18
u. flgbe.

demnächst auf Veranlassung des Unterrichtsministeriums das Turnen ein. Seine letzten Jahre brachte er in der Schweiz zu.

Clias hat nach seiner eigenen Angabe auf den von Gutsmuths gegebenen Grundlagen fußend, seine turne=rische Thätigkeit entwickelt, er hat nach einzelnen Berich=ten, z. B. dem von Bögeli in der Vorrede zu dessen „Leibesübungen, hauptsächlich nach Clias. Zürich, 1843" glänzende Erfolge erzielt, andrerseits aber wird von Waß=mannsdorf, namentlich in den Neuen Jahrbüchern Bd. 7, S. 104 u. flgbe., die in seinen Schriften hervortretende Oberflächlichkeit und Unselbstständigkeit mehrfach tadelnd hervorgehoben.

Genauere Angaben über Clias und seine turnerische Thätigkeit sind in dem schon genannten Buche von Bö=geli, in „Werner, das Ganze der Gymnastik. Meißen, 1834," S. 18 u. flgbe. und in mehreren Aufsätzen von Waßmannsdorf in den Neuen Jahrb., so Bd. 1, S. 323 u. flgbe.; Bd. 4, S. 97 u. flgbe. und S. 280 u. flgbe., endlich in den N. Jahrb. Bd. 5, S. 31 enthalten.

Durch Clias' und hauptsächlich durch Amoros' Be=mühungen hat das Turnen im französischen Heere und in den Schulen Frankreichs einen sicheren Boden gefun=den. In den vierziger Jahren wurde, wie schon oben erwähnt ist, vom Kriegsminister eine Commission, der auch Amoros angehörte, behufs Ausarbeitung eines Leit=fadens für das Turnen im Heere niedergesetzt. Dieser Leitfaden, welcher nebst Atlas 1847 erschien, liegt seit=dem dem Betriebe des in Frankreich allgemein eingeführten Wehrturnens zu Grunde.*) In den Seminaren bestand das Turnen schon seit einer Reihe von Jahren, die Ein=führung desselben in den Elementarunterricht wurde 1850 von der gesetzgebenden Kammer durch ein Gesetz angeordnet, und durch Verfügung des Unterrichts=Ministeriums vom 13. März 1854 wurde der Turnbetrieb an den Lyceen gesetzlich geregelt.**) Privatturnanstalten, die meist durch

*) Vergl. Waßmannsdorf in den Neuen Jahrb. IV, S. 32.
**) Ebendaselbst S. 47 u. S. 181 u. flgbe.

eine übergroße Fülle von Geräthen, besonders Tauen, Stangen, Schaukelrecken u. dgl. dem Laien, obwohl mit Unrecht, imponiren, giebt es in Paris eine größere An= zahl. Der Unterricht in diesen Anstalten ist aber, weil sehr theuer, nur Wenigen zugänglich und mehr auf Kraft= stücke und überraschende Leistungen als auf eine ruhig entwickelnde, gleichmäßige Ausbildung gerichtet.*) — —

Wichtiger als die an Amoros und Clias sich anschlie= ßenden gymnastischen Bestrebungen in Frankreich, England und Italien wurden für die Entwicklung des Turnwesens im Allgemeinen diejenigen turnerischen Bemühungen, welche, ebenfalls auf Gutsmuths zurückführbar, im Norden Euro= pa's Boden und Gedeihen fanden. Gutsmuths hatte seine Gymnastik für die Jugend bei ihrem ersten Erscheinen 1793 dem damaligen Kronprinzen und Regenten von Dä= nemark gewidmet, welcher demnächst in seinem Lande die Sache der Leibesübungen angelegentlichst beförderte. Nach= dem schon 1794 der Hofprediger Christiani in einer zu Kopenhagen unter seiner Leitung stehenden Erziehungs= anstalt die Leibesübungen eingeführt hatte, wobei ihm F. Nachtegall Hülfe geleistet, trat dieser letztere 1799 an die Spitze einer Gesellschaft, welche sich, um das Turnen zu betreiben, gebildet hatte. Aus dieser Einrich= tung schöpfte Nachtegall die Idee, eine Anstalt zu gründen, in der die Leibesübungen ausschließlich gelehrt würden. Unterstützt von mehreren Gelehrten, welche in Flugschrif= ten auf den Nutzen der Sache hinwiesen, zog er die öffent= liche Aufmerksamkeit auf sich, und seine Anstalt gedieh; junge Prinzen der königlichen Familie wurden ihm anver= traut, und 1803 und 1804 hatte er 150 Zöglinge. Das Gelingen der Nachtegall'schen Anstalt rief bald eine zweite, zu Schuboe, in's Leben. 1807 wurde die Gymnastik in den königlichen Cadetten=Anstalten der Landarmee, der Marine und Artillerie, sowie in den Bürgerschulen ein= geführt. Schon 1804 hatte die Regierung Unteroffiziere aller Regimenter von Nachtegall unterrichten lassen, und

*) Ebend. S. 191 u. flgde.

nachdem 1807 bei dem Bombardement Kopenhagen's durch
die Engländer die Turnanstalt zerstört worden war, wurde
sie 1808 auf Veranlassung der Regierung neu errichtet,
ausschließlich für die turnerische Ausbildung des Heeres
bestimmt, und Nachtegall an ihre Spitze gestellt. — Im
Jahre 1826 forderte die dänische Regierung alle Schul=
directoren auf, das Turnen in ihren Schulen zu betreiben,
und 1827 befahl dieselbe Regierung, daß in allen
Schulen des Staates die Knaben vom siebenten bis zum
fünfzehnten Jahre in den Leibesübungen unterrichtet werden
sollten. Den Gemeinden wurde die Einrichtung von Turn=
anstalten aufgegeben, und dabei ein Maaß festgesetzt,
unter welchem man nicht stehen bleiben durfte. —

Ausführlicheres über Nachtegall und das Turnwesen
in Dänemark findet sich in der Maßmann'schen Schrift:
„Leibesübungen. Zur Militair = Gymnastik in's Besondre."
S. 37—47, welcher die obigen Angaben, zum Theil
wörtlich, entlehnt sind; ferner in Maßmann's Uebersetzung
der „Ling'schen Schriften über Leibesübungen. Magde=
burg, 1847." S. IV, Anm. 1.

Nachtegall ist das Verbindungsglied zwischen Guts=
muths und dem Schweden Ling. Per Henrik Ling
wurde am 15. November 1776 auf dem Pfarrhofe des
Ljunga = Kirchsprengels in Smaland geboren.*) Sein
Vater, dort Prediger, starb bald nach der Geburt des
Sohnes, und auch die Mutter starb früh, nachdem sie
sich zum zweiten Male verheirathet hatte. Unter der
strengen Zucht eines Stiefvaters wuchs Ling nun heran,
in liebeloser Einsamkeit sich zu selbstständiger Eigenthüm=
lichkeit entwickelnd. Seine wissenschaftliche Ausbildung
erhielt er auf dem Gymnasium zu Wexiö, wo er sich durch
Talent, Willenskraft und Abweichen von dem Gewöhn=

---

*) Ueber Ling s. „Rothstein, Gymnastik. Berlin, 1851."
Allgemeine Einleitung, S. XLI u. flgde., woraus obige An=
gaben größtentheils entnommen sind; ferner: „P. H. Ling's
Schriften über Leibesübungen. Aus dem Schwedischen über=
setzt von H. F. Maßmann. Magdeburg, 1847." Vorwort,
besonders S. XI—XIII.

lichen auszeichnete. Nachdem er das Gymnasium ver=
laffen, führte er eine Reihe von Jahren ein abentheuer=
liches Leben, über welches wenig bekannt ist. Jedenfalls
befand er sich während dieser Zeit*) „in einem beftän=
bigen Wechsel sonderbarer Lebenslagen, oft der Armuth,
ja nicht selten der drückendsten Noth bloßgestellt. Man
findet ihn bald in Upsala oder in Stockholm, bald in
Berlin, bald in Kopenhagen und an andern Orten; weiß
aber nicht recht, was er da war und that.“ So viel
steht fest, daß Ling im ersten Theile jener Zeit zu Upsala
studirte und dort am 21. December 1797 das theolo=
gische Candidaten=Examen machte. Nachher war er in
mehreren angesehenen Familien in Stockholm und auf dem
Lande Hauslehrer, und ging dann in's Ausland, zuerst
nach Deutschland, darauf nach Dänemark. In Kopen=
hagen, wo er seine Studien fortsetzte, befand er sich im
Jahre 1800. Im folgenden Jahre nahm er als bewaff=
neter Student auf einem dänischen Schiffe an dem See=
treffen gegen Nelson Theil. Dann bereiste er wiederum
Deutschland, und ferner Frankreich und England, von wo
er nach Kopenhagen zurückkehrte. Inzwischen hatte er
mehrmals Kriegsdienste genommen, worüber jedoch Nä=
heres nicht bekannt ist. Defters aber hatte er sich in
größter Noth befunden, ohne dadurch gebeugt zu werden.
Seine Bedürfnisse auf das geringste Maaß einschränkend, suchte
er überall seine Erfahrungen und Kenntnisse zu vermehren.
Während seines zweiten Aufenthaltes in Kopenha=
gen übte sich Ling bei zwei französischen Emigranten, die
dort eine Fechtschule errichtet hatten, im Fechten, und
erlangte bald große Fertigkeit darin. Die geregelte kör=
perliche Thätigkeit und die heilsame Wirkung derselben,
die er in sich selber fühlte, sowie die Erfolge der Nach=
tegall'schen Bestrebungen, welche er kennen gelernt hatte,
erweckten nunmehr in ihm den Gedanken, daß es mög=
lich sein müsse, durch Leibesübungen, welche mit Rücksicht
auf die verschiedenen Kräfte des Menschen zu einem Sy=

---

*) S. Rothstein, a. a. O., S. XLIII.

stem geordnet wären, ein wesentliches, allgemeine Har=
monie der Bildung hervorbringendes Mittel zur Jugend=
nnd Volkserziehung zu schaffen. Und seine glühende Va=
terlandsliebe vermochte ihn, in Schweden, wo er schon
im Geiste durch seine Bestrebungen die alte nordische
Kraft wieder erwachen und ein neues „Mannheim" erblü=
hen sah, sofort an der Verwirklichung seiner Idee und
an der Herstellung eines seinen Anforderungen entsprechen=
den Systemes der Leibesübungen zu arbeiten. 1805 trat
er in Lund als Lehrer der Fechtkunst und mehrerer frem=
der Sprachen, die er während seines Aufenthaltes im
Auslande gründlich gelernt hatte, auf. Zugleich hielt er
Vorträge über altnordische Mythologie, Poesie und Ge=
schichte. Bald fand er Beachtung, und noch in demselben
Jahre übertrug man ihm die Stelle des Fechtmeisters
der Universität zu Lund. Er begann nun den Unterricht
im Fechten und in anderen gymnastischen Uebungen, die
in Kurzem die allgemeine Aufmerksamkeit so sehr auf ihn
lenkten, daß er aus Malmö, Christianstadt, Gothenburg
und anderen Orten Aufforderungen erhielt, auch dort gym=
nastischen Unterricht zu ertheilen, was er auch während
der Universitätsferien that. Indessen fühlte er für sich
selber das Bedürfniß, für die Ausübung der Gymnastik
eine sichere, auf die Gesetze der Natur sich stützende Be=
gründung zu gewinnen. Deßhalb studirte er mit Eifer
Anatomie und Physiologie, und versuchte, die aus diesen
Wissenschaften erworbenen Kenntnisse mit seinen practischen
Erfahrungen über die Wirkungen der Leibesübungen phi=
losophisch in Uebereinstimmung zu bringen. Aber „hierbei
gerieth er,[*] wie es bei dem begeisterten Autobidakten
natürlich war, in ein Gewebe unbegründeter Hypothesen,
die er durch eine höchst schwerfällige und scholastische Me=
taphysik zusammenhielt." In dieser Weise bildete nun
Ling sein gymnastisches System aus, in welchem er bald
der Heilgymnastik eine hervorragende Stellung einräumte.

---

[*] So meint Lange (Leibesübungen, S. 111) in Uebereinstimmung mit vielen anderen vorurtheilsfreien Beurtheilern der
Ling'schen Anschauungen.

Aber gerade die Heilgymnastik war es, welche den Ling'=
schen Bestrebungen am meisten die öffentliche Aufmerk=
samkeit zuwandte. 1813 verließ er Lund, und übernahm
die Stelle eines Fechtmeisters an der unweit Stockholms
gelegenen Kriegsakademie Carlberg. Kurz darauf wurde
er zum Vorsteher des auf seine Anregung vom Staate
gegründeten, aber anfangs mit nur sehr dürftigen Mitteln
unterstützten Centralinstituts für Gymnastik in Stockholm
ernannt. Von nun an gewannen er und seine Sache,
zwar unter vielen Mühen und Opfern von seiner Seite,
immer mehr an Bedeutung. Auch als vaterländischer
Dichter trat er auf, und fand eine Anerkennung, die seinen
gymnastischen Bestrebungen zu Gute kam. 1834 bewil=
ligten die Reichsstände auf seinen Antrag dem Central=
institute eine viel reichere Unterstützung aus Staatsmitteln,
und erhöhten dadurch die Wirksamkeit der Anstalt. Ling's
Gymnastik wurde in Schweden in Schule und Heer
allgemein eingeführt, und fand auch als Heilgymnastik
viele Theilnahme. Er selbst wurde zum Professor ernannt
und erhielt vom Könige den Nordstern=Orden. So starb
er, am 3. Mai 1839, anerkannt und geehrt, und konnte
bei seinem Scheiden mit Befriedigung auf die Erfolge
seiner angestrengten Thätigkeit zurücksehen.

Das von Ling gegründete gymnastische Centralinstitut
wurde von 1839 ab von seinem ehemaligen Schüler und
späteren Gehülfen und Mitarbeiter, Professor Branting,
verwaltet. Als erster Oberlehrer stand demselben der
Lieutenant A. Georgii zur Seite. Beide leiteten die Thä=
tigkeit der Anstalt ganz im Sinne ihres Begründers
weiter. —

In Deutschland hatte zuerst 1830 H. F. Maßmann
in seiner Schrift „Leibesübungen. Zur Militärgymnastik
in's Besondre" auf Ling's Thätigkeit hingewiesen. Viel
später, 1844, hatte der Sanitätsrath Dr. Eckardt zu
Berlin in Nr. 11 der daselbst erscheinenden „Medicini=
schen Zeitung" auf das gymnastische Centralinstitut in
Stockholm, welches er kennen gelernt, aufmerksam gemacht.
In demselben Jahre veröffentlichte der damalige Lieute=

nant Rothstein in der Wöniger'schen Zeitschrift „der Staat", Septemberheft, einen ausführlichen Aufsatz über „die Gymnastik in Schweden und Ling's System der Gymnastik." 1845 gab der Professor der Medicin, Dr. Hermann Eberhard Richter in Dresden, einen von ihm dort in einer Gesellschaft von Aerzten und Laien und zum zweiten Male in einer Versammlung des Dresdener Turnvereins gehaltenen Vortrag über „die schwedische nationale und medicinische Gymnastik" im Druck (Dresden, Arnold) heraus. Endlich, 1847, ließ Prof. Maßmann seine Uebersetzung der Ling'schen Schriften über Leibesübungen erscheinen.

Nachdem schon durch diese kleineren Arbeiten die allgemeine Aufmerksamkeit in Deutschland für die schwedische Gymnastik erweckt worden, waren es vornehmlich Rothstein und (nächst ihm) der Kreisphysikus Dr. A. C. Neumann in Graudenz (später in Berlin), welche durch fortgesetzte, ausgedehnte schriftstellerische Thätigkeit und durch eigene Ausübung der schwedischen Gymnastik das Interesse der gebildeten Welt in Deutschland und anderen Ländern Europa's für diese Gymnastik zu einer wunderbaren Höhe steigerten und zugleich den Versuch machten, durch die neue Lehre alle bisherigen Bestrebungen und Erfolge auf dem Gebiete der Leibesübungen zu verdrängen. Auf diese Weise erlangte die schwedische Gymnastik eine nicht unbedeutende Wichtigkeit für die Entwicklung des Turnwesens überhaupt.

Die Thätigkeit Rothstein's und Neumann's, ihre Angriffe gegen das deutsche Turnen und die Vertheidigungskämpfe sowie der endliche Sieg des letzteren werden im nächsten Abschnitt*) geschildert werden. An dieser Stelle bleibt uns noch übrig, auf die Grundsätze der Ling'schen Thätigkeit und die Folgen der ersteren für die Ausbildung seines System's näher einzugehen.

Ling hatte auf seinen Reisen, namentlich in Kopenhagen, Gelegenheit, die Leibesübungen, wie sie durch Gutsmuths' Anregungen verbreitet und ausgebildet waren,

---

*) S. 228 u. flgde.

kennen zu lernen. Er konnte in der Entwicklung seines
Systems an Gutsmuths anknüpfen, und zeigt thatsächlich
in mehreren seiner Forderungen dieselben Grundideen,
welche jenen leiteten. Die Nothwendigkeit eines vernünf=
tigen Betriebes, der nach inneren Gesetzen des Lebens
geordnet sei, die Erkenntniß, daß einem System der Leibes=
übungen die Einrichtung des menschlichen Körpers zu Grunde
liegen müsse, ferner der Zweck, durch die Gymnastik eine
allgemeine Harmonie des Lebens hervorzubringen, sind
völlig klar schon bei Gutsmuths ausgesprochen. Wenn
aber Ling auch von ähnlichen Grundgedanken wie Guts=
muths ausging, so ist er doch in der weiteren Erbauung und
Ausführung seines Systems selbstständig und eigenthüm=
lich verfahren. Auch mit Jahn läßt sich Ling in manchen
Stücken seines Wesens vergleichen. Das Abentheuerliche
seines früheren Lebens, die schwärmerische Begeisterung,
mit welcher er den Gedanken faßte, durch ein neues
System der Leibesübungen ein neues, kraftvolles Geschlecht
zu erziehen, die frische Kraft, mit der er an die Aus=
führung dieses Gedankens ging, endlich seine Vaterlands=
liebe sind Erscheinungen, die eine gewisse geistige Ver=
wandtschaft Ling's mit Jahn erkennen lassen. Aber in
der theoretischen Entwicklung seines Systems weicht er
von Gutsmuths, Jahn und allen Späteren, die an dem
Auf= und Ausbau des deutschen Turnens mit Auszeich=
nung gearbeitet haben, namentlich auch von Spieß, sehr
wesentlich ab. Denn während alle diese in richtigem
Gefühl die für eine lebendige Ausübung bestimmte Sache
zunächst durch practische Versuche und Erfahrungen zu
begründen strebten, und die theoretische Erkenntniß, den
theoretischen Zusammenhang dessen, was durch Erfahrung
und Wirklichkeit bereits erprobt war, der Praxis nach und
nach hinzuzufügen strebten; — so baut Ling gänzlich auf
dem Fundamente der Theorie und Speculation das
Gebäude seiner Gymnastik auf. Darum aber haftet der=
selben die Trockenheit und Dürre verknöcherter Stuben=
gelehrsamkeit an, darum ist sie hauptsächlich zu einer —
zeitweise gepriesenen, jetzt nur in wenigen Einzelheiten

noch anerkannten — Krankengymnastik geworden, und hat
auf erzieherischem Gebiete nie selber eigentliches Leben
gewonnen, noch Leben erzeugt. Wenn Jahn von den
deutschen Turnern sagt: „Sie haben das Werk erlebt,
eingelebt, versucht, geübt, geprüft, erprobt, erfahren und
mit durchgemacht," so ist damit die durchaus practische
Richtung des deutschen Turnens ausgesprochen. Und diese
erklärt wieder die schnell entwickelte Mannigfaltigkeit des
Uebungsstoffes, die Brauchbarkeit und Fügsamkeit des
Gegenstandes in und für verschiedene Verhältnisse, als erzie-
herisches Turnen für Mädchen, Knaben und Männer, als
Heilturnen, als Wehrturnen. Alle Wissenschaften, in
Sonderheit die Naturwissenschaften, die auf die Gestaltung
und Entwicklung des Kulturlebens ihren Einfluß ausgeübt
haben, sind aus der Empirie, der Beobachtung und dem
Versuch hervorgewachsen, und haben erst allmählig — in
vielen Einzelheiten bisher noch vergeblich — das thatsächlich Feststehende theoretisch zu begründen versucht.
Umgekehrt aber haben die rein speculativen Wissenschaften
von Alters her auf die Ausbildung der Kulturverhältnisse
sehr wenig eingewirkt. Das deutsche Turnen ist in seiner
Entwicklung und seinen Erfolgen den exacten Wissenschaften, die schwedische Gymnastik der speculativen Philosophie
vergleichbar.

Ling ging bei der Ausarbeitung seines Systems von
dem Studium der Anatomie und Physiologie aus, und
dieser Umstand führte ihn dahin, keine Bewegungsform
eher in sein System aufnehmen zu wollen, als bis er
sich von ihrer Wirkung genaue Rechenschaft geben konnte.
Da nun aber selbst bedeutende Anatomen und Physiologen
von Fach bekennen,[*] daß es eine höchst schwierige und
verwickelte Arbeit sei, die Wirkung nur einigermaßen
complicirter Bewegungen in allen Einzelheiten genau zu
bestimmen, so mußte für Ling, den Autodidakten, eine
solche Aufgabe unendlich schwer zu lösen sein. Eine Folge

---

[*] Vgl. Dübois-Reymond, über das Barrenturnen und
über die sog. rationelle Gymnastik. Berlin, Reimer, 1862. S. 26.

davon war, daß nur eine kleine Zahl der einfachen
Bewegungen, für deren Wirkung er die Erklärung
gefunden zu haben glaubte, Aufnahme in sein System fand.
Aber so mußte dasselbe in Stoff und Anwendung äußerst
dürr und dürftig werden. Und doch hat auch Ling
noch manche Uebungen aufgenommen, z. B. Voltigiren
und das Hindurchwinden zwischen den Sproſſen der Win=
deleiter, für die er wohl schwerlich die gewünschte
Erklärung gefunden. Aber, so nothwendig es für den
Turnlehrer ist, sich über die Formen der turnerischen
Bewegungen hinsichtlich ihrer allgemeinen Wirkung, ihres
größeren oder geringeren Nutzens, auch wohl des mög=
lichen Schadens Rechenschaft geben zu können, so wird
er eine solche Fähigkeit doch mehr noch als aus dem
theoretischen Studium der Anatomie und Physiologie aus
vielfacher Beobachtung des wirklichen Lebens und im thä=
tigen Betriebe seiner Kunst gewinnen können. Denn
jedes organisirte Wesen folgt unbewußt den natürlichen
Gesetzen; das laufende, springende, kletternde, schwim=
mende Thier, der leicht und schön sich bewegende Natur=
mensch erfüllen alle nur das Gesetz der Bewegung. Eine
ungesetzliche Bewegung verletzt und schädigt den Organis=
mus, und die Erfahrung laſſen Thier und Menschen das
als schädlich Erkannte vermeiden.

Die naturwiſſenschaftlichen und philosophischen
Anschauungen, welche Ling seinem Systeme zu Grunde
legte, haben übrigens längst in der Wiſſenschaft keine
Bedeutung mehr. Die von ihm angenommene Lebens=
kraft mit ihren drei Grundformen, der dynamischen, che=
mischen und mechanischen, findet in der neueren Physio=
logie keine Duldung, geschweige .denn Anerkennung.
Dübois=Reymond urtheilt hierüber folgendermaßen: *)
„Von der Ling'schen Begründung seines Systems kann
im Ernste die Rede nicht sein. Ein Blick in seine Schrif=
ten genügt um zu erkennen, daß man es darin mit einem

---

*) Ebend. S. 18.

Ausläufer jener verrufenen Naturphilosophie zu thun hat, welche ein Vierteljahrhundert lang die deutsche Wissen= schaft in Schmach getaucht hielt. Nur ein Halbgebilde= ter, dem willkürliche Constructionen, eine hohle Symbolik, ein dürrer Schematismus, eine pedantische Terminologie, ein paar anatomisch = physiologische Brocken als tiefe Wis= senschaft erscheinen, und dem die Schnitzer entgehen, kann sich dadurch imponiren lassen. Wer einen Begriff davon hat, worum es sich in der Wissenschaft handelt, wird nur mit großer Ueberwindung jene Schriften nach den werthvollen Einzelheiten durchsuchen, die man erwarten sollte, wo ein wohlmeinender, obschon verwirrter Enthu= siast, wie Ling, dessen Leben in einem bedeutenden Gegenstand aufging, seine Erfahrungen sammelt und nieder= legt. Aber auch hierin findet man sich getäuscht. Das Buch enthält nur, was auf gewisse Vordersätze hin Jeder sich ausdenken kann, in trivial dogmatischer Weise vorge= tragen."

Dübois = Reymond beweist auch in der schon genann= ten Schrift (S. 21, 22), daß die vielgerühmte Einfach= heit der Ling'schen Bewegungen, durch welche letzteren man die einzelnen Muskelgruppen des Körpers methodisch der Reihe nach üben und dadurch den Körper im Gan= zen ausbilden wollte, ihren Zweck verfehlt. Denn durch solche Uebung könne man zwar die einzelnen Muskel= gruppen stärken, aber niemals das für die Gesammtaus= bildung des Körpers ebenso wesentliche zweckmäßige Zusammenwirken verschiedener Muskelgruppen herbeiführen. Dieses, auf der Thätigkeit des Nervensystems beruhend, sei nur durch zusammengesetzte Bewegungen zu üben. Darum sei das richtige Turnen ebensosehr Nerven = als Muskel = Gymnastik, und das Ling'sche System begehe einen großen Irrthum, wenn es durch die bloße Muskel= gymnastik seiner einfachen Bewegungen eine allgemeine körperliche Ausbildung zu erreichen gedenke. Die so viel= fach als rationell gepriesene schwedische Gymnastik sei in dieser Hinsicht wesentlich irrationell.

Für Heilzwecke, wo es gilt, einseitigen Verbildun=
gen des Körpers oder auf einzelne Theile beschränkten
Erkrankungen entgegenzuwirken, können allerdings jene
einfachen Bewegungen mit Nutzen angewandt werden.
Dasselbe gilt von den, dem Ling'schen Systeme eigen=
thümlichen, Bewegungen mit gegenseitiger Hülfe der
Uebenden, (wobei der eine derselben der Bewegung des
anderen einen mäßigen Widerstand entgegensetzt,) und den
passiven Bewegungen. Ueberhaupt verdient die schwe=
dische Gymnastik als Heilgymnastik immerhin Anerkennung,
obgleich auch auf diesem Gebiete ihre Erfolge mit unge=
rechter Herabsetzung des deutschen Turnens häufig viel
zu hoch gestellt worden sind. Als erzieherische Gymnastik
dagegen entbehrt sie vieler Vorzüge des deutschen
Turnens. Statt der lebendigen, freudigen Anregung,
welche dieses den Turnern giebt, langweilt sie die Ueben=
den, weil die geringe Gesammtzahl und die dürftige Ein=
fachheit ihrer Frei=, Widerstands= und Geräthübungen
zu wenig Mannigfaltigkeit und Abwechselung und keine
genügende Gelegenheit, Muth und Thatkraft zu erproben,
darbietet.

Ling theilt seine Gymnastik in eine pädagogische, mili=
tärische, medicinische und ästhetische ein. Diese Theilung
hat keine in der Sache begründete, sondern nur eine
äußere Berechtigung, und auch eine solche nicht vollstän=
dig. Denn alle Gymnastik oder Turnkunst soll eigentlich
doch nur e i n e, die Harmonie der menschlichen Bildung
zum Zweck habende, Leibesübung sein. Als solche ist sie
beim gesunden Menschen erzieherische, beim kranken Heil=
Gymnastik. Wenn aber die Leibesübung nur als directe
Vorbereitung für einen besonderen Lebensberuf, wie die
militärische ·Gymnastik, auftritt, so dient sie nicht mehr
jenem höheren Zwecke und ist, streng genommen, gar
keine Gymnastik mehr. Sonst könnte man, wie für Sol=
daten, auch eine besondre Gymnastik für Seeleute, Zim=
merleute, Schieferdecker, Schornsteinfeger u. dgl. erfinden.
„Und nun gar die „„ästhetische Gymnastik"" ist ein Name
für k e i n e Sache, sondern für eine K l a s s e von Bestre=

bungen, wofür es keine reale Einigung giebt, z. B. die allge=
meine rhetorische Bildung, die Tanzkunst, das Kunst=
turnen." *)

---

7. Das Turnen in der neusten Zeit.

Im Jahre 1836 veröffentlichte der Regierungs = und
Medicinal = Rath Dr. C. Lorinser **) zu Oppeln eine
Schrift „zum Schutze der Gesundheit in den Schulen,"
in welcher er darauf hinwies, daß die Schuljugend geistig
einseitig und übermäßig in Anspruch genommen werde,
und daß daraus eine Erschlaffung derselben folgen müsse,
weil das Gegengewicht einer geregelten leiblichen Ausbil=
dung fehle. Diese Schrift zog die Aufmerksamkeit der
preußischen Regierung auf sich, und wurde von letzterer
den Vorständen sämmtlicher preußischen Gymnasien zu
einer gutachtlichen Aeußerung übergeben. Dadurch wurde,
in einer Menge von Gegenschriften, der sog. Lorinser'=
sche Schulstreit hervorgerufen, welcher indeß die öffent=
liche Aufmerksamkeit in Deutschland nachdrücklich auf die
Nothwendigkeit einer leiblichen Erziehung der Jugend
hinlenkte und somit die wesentlichste Veranlassung zu einer
endlichen gesetzlichen Wiedereinführung des Turnens wurde.
Nach mannigfachen Vorarbeiten im preußischen Ministerium
erließ auf den Antrag desselben der König Friedrich
Wilhelm IV. unter dem 6. Juni 1842 eine Cabi=
netsordre, in welcher die Leibesübungen als „ein
nothwendiger und unentbehrlicher Bestand=
theil der männlichen Erziehung" anerkannt wur=
den. Zugleich wurde bestimmt, daß die Turnkunst
dem Ganzen des Erziehungswesens angereiht, mit den
öffentlichen Lehranstalten verbunden, unter die Aufsicht
der Directoren derselben gestellt und dafür gesorgt werden
sollte, daß die körperlichen Uebungen in gehöriger Voll=

---

*) S. Albert Bauer in Maßmann's „Altes und Neues,"
2. Heft, S. 49.
**) geb. 1796, gest. 1853.

ständigkeit, aber mit der durch den Zweck bedingten Ein=
fachheit und mit Entfernung alles Entbehrlichen und blo=
ßen Schaugepränges vorgenommen würden.*) Durch
eine unter'm 7. Februar 1844 erlassene Ministerial=Ver=
fügung wurden dann die Bestimmungen dieser Cabinets=
ordre noch ergänzt und im Einzelnen genauer festgestellt.

Von nun an begann das Turnwesen nach langer öder
Zwischenzeit sich wieder allgemein, nicht nur in Preußen
sondern im ganzen übrigen Deutschland, auszubreiten.

Schon im Mai 1843 war Prof. Maßmann durch
den Minister Eichhorn behufs Einrichtung des Turnens
im preußischen Staate, zunächst auf zwei Jahre, von
München nach Berlin berufen worden. Bald darauf
wurde ein großer neuer Turnplatz in der Hasenhaide bei
Berlin angelegt und am 19. Juni 1844 feierlich ein=
geweiht. Die Einrichtung zweier andrer ähnlicher Turn=
plätze bei Moabit und vor dem schlesischen Thore folgte
einige Zeit nachher (1846). Durch Reisen in die Pro=
vinzen sollte Maßmann das Turnen in weiteren Kreisen
wiederbeleben und entwickeln. Demgemäß besuchte er
nach erhaltenem Auftrage noch 1843 Magdeburg, im
nächsten Jahre die Gymnasien, höheren Bürgerschulen
und Schullehrer=Seminare in Schlesien, und 1845 die
Rheinprovinz und Westphalen. Bald erhielten nun fast
alle höheren Schulen in Preußen ihre eigenen Turnplätze,
auch wurde, nachdem Maßmann gänzlich in den preußi=
schen Staatsdienst übergetreten war, ihm die Ausbildung
von Turnlehrern in besonders einzurichtenden Lehrgängen
übertragen.

Trotz alledem entwickelte sich während der nächsten
Jahre das Turnwesen der preußischen Schulen nicht in
der Weise, wie es viele Freunde der Sache nach der
gesetzlichen Wiedereinführung gehofft hatten. Von man=
cher Seite ist die Ursache dieser Erscheinung fast gänzlich
in der Art gesucht worden, wie Maßmann das Turnen
zu gestalten suchte. Er knüpfte freilich vollständig die

---

*) Vgl. Maßmann, Altes und Neues, Heft 1, S. 2.

neue Entwicklung desselben an die Erinnerungen an, die er aus dem Turnleben des alten Jahn'schen Turnplatzes sich erhalten, und denen er auch in München Ausdruck gegeben. Aber wenn auch der geistig=sittliche Zug und die frische fröhliche Regsamkeit der alten Turnplätze ihre Berechtigung behalten hatten — wie sie dieselbe für alle Zeiten behalten werden, — so waren doch, wie schon oben gezeigt worden ist, im Verlauf der Zeit die äußeren Verhältnisse und die inneren Bedingungen des Turnens so sehr verändert worden, daß das alte Turnleben mit allen seinen Formen nunmehr unmöglich als zeitgemäß erscheinen konnte. Die Trennung des Turnens in Schul= und Vereinsturnen hatte sich so weit vollzogen, daß die alten großen öffentlichen Turnplätze mit einer Vermischung aller Lebensalter keine gedeihliche Entwicklung mehr finden konnten. Die selbstständige Stellung der Vorturner, die erzieherische Einwirkung, die man denselben in früherer Zeit überlassen konnte, weil die Vorturner damals gereifte, in der Sache erfahrene und für dieselbe begeisterte junge Männer (Gelehrte, Studirende, Künstler u. s. w.) waren, und wohl als Lehrer und Erzieher zu wirken vermochten, durften jetzt, wo man nur ältere Schüler den jüngeren als Vorturner voranstellen konnte, nicht ohne Schaden für den Betrieb des Turnens in derselben Ausdehnung gestattet werden. Die Stellung der Vorturner, welche letztere wir in mittleren und oberen Schülerklassen nie= mals gänzlich beseitigt sehen möchten, mußte jedenfalls eine beschränktere werden, die Vorturner durften nicht mehr als selbstständige Lehrer sondern nur noch als Schüler auftreten, denen allerdings der Turnlehrer, wenn sie dazu tüchtig waren, unter seiner steten, nicht bloß allge= meinen, sondern in's Einzelne gehenden Aufsicht das Vor= machen der von ihm selber angeordneten Uebungen und das Hülfegeben bei ihren Mitschülern übertragen konnte. Auf einzelnen Turnplätzen, wo sich Personen fanden, die geeignet und bereit waren, das Amt und die Thätigkeit eines Turnlehrers unter dem Namen eines Vorturners zu übernehmen (etwa Studenten als freiwillige und unbe=

zahlte Helfer), entwickelte sich das Turnen auch jetzt in
geordneter Regsamkeit. Aber wo keine solche Helfer sich
zeigten, wo man allein auf die Schüler als Vorturner
angewiesen war, konnte wohl kaum ein geregelter Unter=
richt sich entwickeln, denn bei der großen Zahl der Schüler
vermochte der Turnlehrer nicht, genügend die ein=
zelnen Vorturner, geschweige denn alle einzelnen Schüler
zu beaufsichtigen und anzuleiten. So wurden denn an
vielen Orten, weil man nicht geregelt zu turnen verstand,
die Spiele weit über die Gebühr ausgedehnt. Aber auch
in der Ausbildung und Anwendung des Uebungsstoffes
war inzwischen, durch Spieß, so Vieles geleistet worden,
was die alten Verhältnisse nach dieser Richtung als viel
weniger entwickelte erscheinen lassen mußte, und was
andrerseits gerade für eine gedeihliche Gestaltung der
neuen Verhältnisse sehr günstig hätte benutzt werden kön=
nen. Wie indessen Maßmann das Alte ungeändert
herübernahm, so setzte er auch der Einführung jedes
Neuen entschiedenen Widerstand entgegen. Die Spieß'=
schen Leistungen erkannte er niemals in der hohen
Bedeutung an, welche dieselben doch zweifellos und allge=
mein nunmehr erlangt haben.

Wenn somit diejenigen, welche Maßmann die Schuld
an der geringen Entwicklung des Turnens in jener Zeit
beimessen, immerhin einige haltbare Gründe für ihre
Ansicht beizubringen vermögen, so muß doch andrerseits
ebenfalls erwähnt werden, daß auch Maßmann vielfach
mit Widerwärtigkeiten zu kämpfen hatte, und seine Thä=
tigkeit nicht frei und ganz nach seinen Wünschen entfalten
konnte. Andeutungen über die Hindernisse, die ihm ent=
gegen getreten, giebt er selber in „Altes und Neues“
(1. Heft, S. 1 — 12), auch lassen sich dieselben aus einem
Briefe A. v. Humboldt's an Varnhagen von Ense ahnen.*)

---

*) S. Briefe von Alex. v. Humbolt an Varnhagen b. Ense.
S. 195, Brief 109, in welchem sich folgende Stelle findet:
„Die Minister, die gern stillschweigend möchten turnen lassen,
verdächtigen Prof. Maßmann, den der König sehr liebt und
hier behalten will.“

Vielleicht hätte sich Manches in Maßmann's Wirksam=
keit anders und günstiger gestaltet, wenn er frei, ohne
beengende Rücksichten, mit allen Mitteln, die ihm nöthig
schienen, hätte arbeiten und handeln können.

Jedenfalls muß anerkannt werden, daß auf den von
Maßmann eingerichteten Turnplätzen trotz vieler Fehler,
die auf denselben begangen sein mögen, doch ein frisches
fröhliches Jugenbleben herrschte, und daß diejenigen
Schüler, welche getreuer und enger als die große Masse
dem Lehrer sich anschlossen, in tüchtiger Arbeit am Turn=
geräth, in heiterem Spiel und in Gesang und Wander=
fahrten reiche Bildungsmittel für ihre Leiblichkeit und ihr
Gemüthsleben finden konnten, so daß dann solche noch
nach Jahren die Erinnerung an den Turnplatz dankbar,
treu und innig bewahrt haben. Wo solche Erfolge, wenn
auch nur in einzelnen Fällen, erzielt worden, da konnte
der Kern der Sache nicht faul sein; und es gebührt den
Späteren nicht, das Verdammungsurtheil über einen
Mann zu fällen, dessen ganzes langes Leben das Zeug=
niß einer reinen Begeisterung für die Sache, die er ver=
trat, und einer Treue und Hingebung an dieselbe giebt,
wie sie Wenige gezeigt haben. Wir können Alle irren,
und es verdient schon Anerkennung, das Gute ernstlich
gewollt zu haben. Wenn nach der Auffassung der Mehr=
zahl der jetzigen Turnlehrer der Betrieb auf jenen Turn=
plätzen in Bezug auf System und Methode vielfach man=
gelhaft war, so muß doch zugegeben werden, daß die
Hingebung an die Schüler und die Begeisterung für die
Sache, wie sie viele damalige Turnlehrer, die noch aus
der alten Schule herstammten, bewiesen, manchen Ersatz
für sonstige Mängel geben konnten. Und wenn diese
Eigenschaften einem neueren, rationell verfahrenden Turn=
lehrer fehlten, so würde er trotz eigener systematischer
Klarheit und bester Methode vielleicht doch noch weniger
ächte Erfolge haben als jene.

Maßmann's amtliche Wirksamkeit dauerte nur wenige
Jahre. Das bei der preußischen Regierung Anklang
findende schwedische Turnen verdrängte ihn 1850. Seit=

dem lebte er einige Zeit vom Turnen zurückgezogen, bis das seit 1857 frisch erwachende Leben der Berliner Turn= vereine ihm die Hoffnung gewährte, in denselben einen neuen Boden für seine turnerischen Anschauungen und Bestrebungen zu finden. Er schloß sich nun den Turn= vereinen mit jugendlicher Regsamkeit an, und betheiligte sich besonders lebhaft an der Agitation, welche in den Jahren 1860 und 61 vom Berliner Turnrath gegen das schwedische Turnen unternommen wurde. In den letzten Jahren hat er, nachdem mannigfache Zerwürfnisse das turnerische Vereinsleben in Berlin gelähmt hatten, sich wieder aus demselben zurückgezogen. — —

Nicht bloß für Preußen sondern für die meisten anderen deutschen Staaten trug die von Lorinser gege= bene Anregung gute Früchte. Besonders günstig gestal= teten sich die Verhältnisse des Turnens in Sachsen und in Hessen=Darmstadt. Schon 1837 war das Turnen in die höheren Schulen Sachsens eingeführt worden, aber erst 1849 wurde zu Dresden eine Bildungsanstalt für Turnlehrer gegründet, und an die Spitze derselben der Turnlehrer Lehmann gestellt. Indeß der Maiaufstand in Dresden zerstörte die neuen Anfänge, Lehmann selber mußte wegen seiner Theilnahme am Aufstande fliehen, und die Ungunst der Verhältnisse bewirkte, daß erst im October 1850 die Dresdener Turnlehrer=Bildungsanstalt wirklich in's Leben trat. Zur Leitung derselben war nunmehr Dr. Moritz Kloß berufen worden, durch des= sen verdienstvolle Thätigkeit die Anstalt bald nicht bloß in Sachsen, sondern im ganzen übrigen Deutschland und darüber hinaus zu Ansehn und Wirksamkeit gelangte. M. Kloß, geboren 1818 zu Crumpa in Thüringen, hatte sich nach Jahn'scher Weise eingeturnt, war unter Eiselen zum Turnlehrer ausgebildet worden, und hatte 1844 nach Wiedereinführung des Turnens in Preußen als Lehrer am Stiftsgymnasium in Zeitz die Leitung des Turnens an dieser Anstalt übernommen. Nachdem er 1850 nach Dresden berufen worden, beschäftigte er sich eingehend mit dem Spieß'schen Turnen und wurde ein Anhänger und Verbreiter der Grundsätze desselben. Kloß' Wirksamkeit ist nicht bloß für die Turnlehrerbildungsanstalt in Dresden, sondern auch für die Turnanstalten der sächsischen Schulen eine hebende und fördernde gewesen. Auch als fruchtbarer Schriftsteller auf dem Gebiete des Turnens verdient er mit Anerkennung genannt zu werden. Er schrieb 1846 die „pädagogische Turnlehre," 1852 den „Katechismus der Turnkunst" (1861 in 2. Aufl. erschienen), 1855 „die weibliche Turnkunst" (1867 in 2ter Aufl.), 1860 die „weibliche Hausgymnastik,' das „Hantelbüchlein für Zimmerturner" und „die Turnschule des Soldaten," 1861 „das Turnen im Spiel oder lustige Bewegungsspiele für muntere Knaben," 1862 „das Turnen in den Spielen der Mädchen," 1863 „die Anleitung zur Ertheilung des Turnunterrichts," endlich 1864 das „Turnmerkbüchlein für Schulturnanstalten." Von den genannten Werken haben vorzugsweise die weibliche Turnkunst und demnächst der Katechismus der Turnkunst Verbreitung und Anerkennung gefunden. Besonders nützlich für die Hebung und Klärung der Turnsache ist aber die literarische Thätigkeit geworden, welche Kloß in der Herausgabe der seit 1855 bei Schönfeld in Dresden erscheinenden „Neuen Jahrbücher für die Turnkunst" entfaltet.

In Hessen-Darmstadt geschahen 1843 und 1844 die ersten Schritte zur Einführung des Turnens in die Schulen, 1848 aber wurde mit Spieß'ens Berufung durch den Minister von Gagern für die Entwicklung des Schulturnens im Großherzogthum Hessen eine Kraft gewonnen, durch deren Wirksamkeit die dortigen Turnverhältnisse sich so weit ausbildeten, daß sie von den meisten Sachverständigen in Deutschland für mustergültig erklärt wurden. — —

Nicht allein das Schulturnen entwickelte und verbreitete sich seit der gesetzlichen Wiedereinführung des Turnens sondern auch das Vereinsturnen. Turnvereine (mit der jetzigen Bedeutung und Verfassung derselben) hatten sich aus älterer Zeit wenige erhalten. Zu nennen ist hier jedoch die Hamburger Turnerschaft von 1816. Dagegen waren schon in den dreißiger Jahren mehrere neu entſtanden, ſo 1831 der Männerturnverein zu Hannover, 1833 der zu Frankfurt a/M., 1834 der zu Planen im Königreich Sachſen, 1835 der zu Pforzheim. Im Anfange der vierziger Jahre aber bildeten ſich zahlreiche Turnvereine in vielen Theilen Deutſchlands. Turnfeſte, veranſtaltet von den Frankfurter und Hanauer Turnern fanden ſchon 1842 in Mainz und 1843 in Hanau ſtatt. Schwäbiſche Turnfeſte wurden 1844 in Gmünd, 1845 in Reutlingen, 1846 in Heilbronn abgehalten. Der erſte Turntag der ſächſiſchen Turnvereine, zu welchem 54 Vereine des Königreichs Sachſen geladen waren, fand am 31. October 1846 ſtatt. Ein rheiniſch=weſtphäli= ſches Turnfeſt wurde 1847 zu Jſerlohn gefeiert. In Sachſen waren es beſonders die Vereine zu Dresden (1844 gegründet) und Leipzig (1845 gegründet), welche ein friſches und geregeltes Turnleben entfalteten. In Dresden erſchien damals die erſte und recht gute turne= riſche Zeitſchrift „der Turner," redigirt von Ernſt Steg= lich (1846 bis 1850). — So ging an vielen Orten und in vieler Beziehung das Vereinsturnweſen in erfreu= licher Regſamkeit vorwärts. Aber die Jahre 1848 und 49 traten mit ihrer politiſchen Aufregung ſtörend in die ruhige Entwicklung dieſer Verhältniſſe hinein. Die Bil= dung eines deutſchen Turnerbundes mit politiſchen Beſtrebungen, das thatſächliche Eingreifen vieler Turner und Turnvereine in die öffentlichen Verhältniſſe, die Bethei= ligung am Dresdener und badiſchen Aufſtande zogen den Turnvereinen Verfolgung und Unterdrückung zu, und gaben der bald ſich erhebenden Reaction Vorwände genug, das Turnvereinsweſen, auch wo daſſelbe rein und ſchuld= los geblieben war, zu ſchmähen und zu verfolgen. Viele Turnvereine wurden aufgelöſt, die übrig bleibenden ſtreng überwacht, ſo daß auch von dieſen die meiſten in der Ungunſt der Verhältniſſe untergingen. Nur einzelne wenige Vereine erhielten ſich kräftig und arbeiteten rüſtig weiter, ſo namentlich der Leipziger. Erſt gegen das Ende der fünfziger Jahre begann das Turnvereinsweſen ſich wieder zu heben, wie weiter unten berichtet werden ſoll. — —

Mehrere Männer, außer den bereits genannten, haben sich in der Zeit der Wiederverbreitung des Tur= nens um dasselbe verdient gemacht. Die Wirksamkeit einiger von ihnen reicht bis in die Gegenwart herein. Zunächst sind hier die Gehülfen Eiselen's: Febbern, Lübeck und Böttcher zu erwähnen. Philipp August Febbern, geb. 16. November 1799 zu Berlin, war bei einem Tischler in der Lehre, als er den alten Turn= platz in der Hasenhaide besuchte, wo Jahn ihn besonders lieb gewann. Als Handwerksgesell durchwanderte er den größten Theil Deutschlands und kehrte dann nach Berlin zurück, wo er, nachdem Eiselen seine Anstalt in der Dorotheenstraße eröffnet hatte, als Gehülfe desselben im Turnen unterrichtete. „Sein sittlicher Ernst, sein heite= rer Sinn, die Sangeslust, die in vielen alten Kriegs = und Volksliedern sich oft kund gab, die treue aufopfernde Freundschaft, die väterliche Fürsorge für Jüngere — all' diese Eigenschaften erwarben ihm eine Liebe und Anhäng= lichkeit der Jugend, eine innige Freundschaft der älteren Turner und eine Verehrung seitens der Eltern seiner Schüler, daß es leicht begreiflich wird, wie Febbern eine allgemein bekannte Erscheinung unter allen Ständen, selbst von höheren Beamten und höchsten Officieren geschätzt und als Lehrer für die jungen Prinzen des Kö= nigshauses angestellt wurde." *) Febbern blieb in der Eiselen'schen Anstalt bis 1844, wo ihm die Leitung des neu angelegten Turnplatzes in der Hasenhaide übertragen wurde. Er starb am 4. Juni 1849. — Wilhelm Lübeck, gleichfalls ein alter Jahn'scher Turner und Ge= hülfe Eiselen's, übernahm 1836 die zweite Eiselen'sche Turnanstalt in der Blumenstraße, die er später (bis jetzt) selbstständig leitete. In den Jahren von 1846 bis 56 stand er dem großen städtischen Turnplatze vor dem schlesischen Thore bei Berlin vor. Zugleich war er lange Zeit hindurch Turn= und Fechtlehrer am Berliner Cadet= tenhause. Er schrieb 1843 ein „Lehr= und Handbuch

---

*) S. Febbern's Biographie i. d. Neuen Jahrb. Bd. 6, S. 9.

der deutschen Turnkunst" (Frankfurt a. O. bei Harnecker;
in 2. Aufl. 1860), welches als eines der besten Turn=
lehrbücher der alten Schule zu bezeichnen ist. Ferner
veröffentlichte er 1865 ein vorzügliches Werk: „Die
deutsche Fechtkunst." Lübeck's turnerisch=erziehliche Wirk=
samkeit verdient mit höchster Anerkennung genannt zu
werden. Er ist bis zur Gegenwart ein Vertreter der
älteren Richtung des Turnens geblieben. — M. Bött=
cher war bis 1846 Hülfslehrer auf dem Eiselen'schen
Turnplatze, und übernahm dann die Leitung des Schul=
turnens in Görlitz, wo er noch jetzt thätig ist. Er hat
sich der neueren Entwicklung des Turnens angeschlossen,
und für dasselbe durch unterrichtliche und schriftstellerische
Thätigkeit vielfach nützlich gewirkt. Von seinen Schriften
nennen wir: Das Unterrichtsbuch für das Mädchenturnen,
Görlitz, 1851; Sämmtliche Turnübungen, Görlitz,
1855; Turnunterricht für die Volksschule, Görlitz, 1861;
Turnunterricht für Gymnasien und Realschule, Görlitz,
1861, 2. Aufl. 1868. —

In Halle a. d. S. war es der Turnlehrer H. E.
Dieter, ebenfalls ein Schüler der alten Berliner Schule,
welcher seit 1838 den Turnunterricht in den Francke'=
schen Stiftungen leitete, und sowohl durch seine tüchtige
Lehrthätigkeit wie auch durch das von ihm herausgegebene
„Merkbüchlein für Turner" auf den Turnbetrieb fördernd
einwirkte. Sein Merkbüchlein, welches seit 1845 in 5
Auflagen in der Waisenhausbuchhandlung in Halle (die
letzten beiden Auflagen nach Dieter's Tode 1861 und
63 herausgegeben von Dr. E. Angerstein) erschien, hat
sich als eine kurze, deutliche und reichhaltige Anweisung
zum Uebungsbetriebe für Vorturner in Turnvereinen und
höheren Schulklassen weite Verbreitung und große Beliebt=
heit erworben.

Ferner verdient Robert Bräuer, Turnlehrer in
Zwickau, hervorgehoben zu werden als einer der Män=
ner, welche mit Treue, Ausdauer und Geschick die Turn=
sache pflegten. Sein „neues Turnbuch für Jedermann"
(Planen, 1846) ist eines der besseren Turnbücher unter

ben vielen, welche in ben vierziger Jahren. an bie Oeffent=
lichkeit traten.

Mit großer Anerkennung müſſen wir bann **A u g u ſt
N a v e n ſt e i n** nennen, ber ſeit 1833 bis jetzt in Frank=.
furt a. M. für bie Ausbildung des Turnens unermüblich
thätig geweſen iſt. 1833 grünbete er bie Frankfurter
Turngemeinbe. Seit 1838· ſtanb er einer öffentlichen
gymnaſtiſchen Anſtalt vor. Unter ſeiner Leitung fanb
1841 ein erſtes gemeinſames Kreiswettturnen ſtatt, woran
bie Männer=Turner von Mainz,. Hanau. unb Frankfurt
Theil nahmen. 1843 gab er bie Schrift „bie Turn=
kunſt in ihrer ſittlichen Richtung." heraus. Am 23.
Juni 1844 wurbe auf ſeine Anregung bas erſte Felb=
bergfeſt abgehalten, ein turneriſches Volksfeſt, bas ſeit=
bem in ſchlimmen unb guten Zeiten immer tiefere Wur=
-zeln geſchlagen hat; 1845 ein erſtes Jugenbfeſt, von
500 Knaben mit gemeinſamen Spielen im Walbe gefeiert.
1846 begrünbete er bas „Nachrichtsblatt für Deutſch=
-lanbs Turngemeinben," welches er mit Mülot zwei Jahre
lang herausgab. In bemſelben Jahre· wurbe in Frank=
furt eine auf Actien errichtete Vereinsturnanſtalt mit 763
Schülern eröffnet, beren Leitung Navenſtein übernahm.
1847 war er in Baſel. bei Spieß, machte ſich mit beſſen
Turnbetrieb bekannt unb führte benſelben nunmehr in
Frankfurt ein. In bemſelben Jahre· ſchrieb er ſein „Turn=
büchlein, einen Leitfaben zur· Lehre unb Uebung ber
Turnkunſt." 1856 erwarb er bie Vereinsturnanſtalt als
eigenes Beſitzthum, unb führte bieſelbe bis 1863 fort,
wo er ſie aufgab, weil bie inzwiſchen erfolgte Einrichtung
bes Turnens bei ben Schulen bie. Thätigkeit ber Anſtalt
immer mehr. eingeſchränkt hatte. Seine letzte bebeutenbe
Arbeit iſt bie Herausgabe ſeines „Volksturnbuches".
(Frankfurt á. M., 1863, bei Sauerländer; in 2.· Aufl.
1868), welches.(als eine alle· Verhältniſſe· bes turne=
riſchen Lebens unb bes Uebungsbetriebes in Turnvereinen
vollſtänbig unb· klar ſchilbernbe Darſtellung unb Anwei=
ſung) ein. ſicherer Führer für Leiter unb Vorturner von
Turnvereinen, aber auch ein. brauchbares Lehrbuch für

Turnlehrer ist, und durch diese Eigenschaften schnell
allgemeine Anerkennung und Verbreitung gefunden hat. —*)

Endlich sind an dieser Stelle noch Schreber, Bock
und Richter zu erwähnen, drei Aerzte, von denen die
beiden ersten Mitbegründer des Leipziger, der letzte des
Dresdener Turnvereins waren. Daniel Gottlob Moritz
Schreber (geb. 15. October 1808 in Leipzig, Vorsteher einer orthopädischen Heilanstalt daselbst, gest. 10.
November 1861) ist der eigentliche Begründer des deutschen Heilturnens und durch seine turnerisch = ärztlichen
Schriften weit bekannt geworden. Von denselben sind
vorzugsweise zu nennen die „Kinesiatrik" und die „ärzt-
liche Zimmergymnastik" (Leipzig bei Fleischer), welche
letztere in 10 Auflagen erschienen und in 7 fremde
Sprachen übersetzt worden ist. — Karl Ernst Bock
(geb. 1809 in Leipzig, Prof. der pathol. Anatomie daselbst)
hat immer eine rege Theilnahme für die Entwicklung des
Turnens gezeigt und ist vom ärztlichen Standpunkt aus
stets ein warmer Fürsprecher desselben gewesen. In
seinen zahlreichen populären Aufsätzen und Büchern über
Anatomie, Physiologie und Diätetik, besonders in seinem
weitverbreiteten „Buch vom gesunden und kranken Menschen" (Leipzig bei E. Keil) hat er diese Wissenschaften
in einer Weise behandelt, welche dieselben vorzugsweise
auch dem Bedürfnisse des Turners und Turnlehrers
zugänglich und nutzbar macht. — Hermann Eberhard
Richter (geb. 14. Mai 1808 in Leipzig, Professor an
der chirurgisch = medicinischen Akademie in Dresden) ist
einer der Ersten gewesen, die in Deutschland auf die
schwedische Gymnastik aufmerksam machten. Durch
anregende und belehrende Aufsätze und Vorträge turnerischen Inhalts wirkte er mit großem Erfolge für die
Hebung des Turnwesens im Allgemeinen und besonders
des Dresdener Turnvereines, der mit durch Richter's

---

*) Die obigen Mittheilungen über Ravenstein sind größten-
theils seiner Biographie in „Hirth, das gesammte Turnwesen"
(S. LX) entnommen.

Thätigkeit bis zum Jahre 1849 der bedeutendste in Deutschland war.

Die Ling-Rothsteinsche Gymnastik in Preußen.

Hugo Rothstein, geboren am 28. August 1810 zu Erfurt, machte im Jahre 1843 als preußischer Artillerie=Premier=Lieutenant eine Reise nach Schweden, um das dortige Hüttenwesen und Militärbildungswesen kennen zu lernen. Bei dieser Gelegenheit erlangte er zugleich Kenntniß von dem Systeme der Gymnastik, welches P. H. Ling in Schweden aufgebaut hatte.*) Nach seiner Rückkehr veröffentlichte Rothstein (in der Zeitschrift „der Staat") einen Aufsatz, in welchem er „einen gedrängten Ueberblick über das ganze System Ling's gab, und die an Ort und Stelle gemachten Ermittelungen über die Organisation und den Betrieb der Gymnastik in Schweden in Kürze aufnahm." Dieser Aufsatz veranlaßte den damaligen Kriegsminister von Boyen, den Verfasser desselben und den damaligen Infanterie=Seconde=Lieutenant Techow behufs eingehenderen Studium's der Ling'schen Gymnastik mit einer neuen Reise nach Schweden zu beauftragen. Dieselbe wurde in den Jahren 1845 und 46 unternommen, und auf derselben die gymnastischen Anstalten zu Stockholm und Kopenhagen besucht.

Nach Deutschland zurückgekehrt unternahm es Rothstein nunmehr, „auf Grund aller von Ling hinterlassenen gedruckten und ungedruckten Schriften, auf Grund des — in dem schwedischen Centralinstitut für Gymnastik zu Stockholm — erhaltenen Unterrichts und auf Grund aller eingezogenen Erfahrungen" das System Ling's nach eigenem Entwurfe zu bearbeiten. Dies hielt er, um der Ling'schen Lehre auch in Deutschland die gerechte Anerkennung zu verschaffen, für nöthig; denn er meinte, daß die Dürftigkeit der von Ling selber hinter=

---

*) Vgl. „die deutsche Turnkunst und die Ling-Rothstein'sche Gymnastik. Zweite Denkschrift des Berliner Turnrathes." Berlin, 1861. S. 24.

lassenen Papiere nicht gestatte, eine befriedigende Kennt=
niß seines Systems daraus zu gewinnen, daß viel=
mehr die von Maßmann übersetzten Schriften eine mangel=
hafte und unvortheilhafte Anschauung der Ling'schen Lehren
geben müßten. *) Aus der Arbeit Rothstein's erwuchs
nun ein umfangreiches Werk, welches unter dem Titel:
„Die Gymnastik nach dem Systeme des Schwedischen
Gymnasiarchen. P. H. Ling, dargestellt von H. Roth=
stein" in Berlin bei Schröder, 1846—59, in 5
Theilen erschien.

In diesem Buche geht Rothstein von denselben
Grundgedanken aus, welche Ling bei der Aufstellung seines
Systems leiteten. Er kommt in Folge dessen auch zu
derselben Eintheilung der Gymnastik in pädagogische,
Heilgymnastik, Wehrgymnastik und ästhetische Gymnastik.
Die Ausstellungen, welche wir oben bei Beurtheilung
des Ling'schen Systems demselben zu machen hatten,
müssen wir demnach auch Rothstein gegenüber fest halten.
Außerdem aber hüllt letzterer seine Ausführungen in ein
so schweres und faltenreiches, den klaren Durchblick stellen=
weise fast unmöglich machendes Gewand philosophischer
Redeweise oder, entschiedener gesagt, Phrasenmacherei
ein, daß das folgende Urtheil eines Schulmannes und
Turnlehrers, A. Vieth, darüber als milde erscheint. Der=
selbe sagt nämlich: **) „Was an dieser Schrift zuvörderst
störend auffällt, ist der unnöthige Aufwand von philoso=
phischer Gelehrsamkeit, der den Verfasser von vorne
herein bezeichnet als einen Jünger aus der Zahl derer,
die zu den Füßen Hegels gesessen haben. Wir meinen,
daß der Verfasser seinem Werke dadurch selbst geschadet
habe, denn man kann seine Meinung in einfachem,
allgemein verständlichem Deutsch ebenso gut und wohl
noch besser ausdrücken, als in solchen undeutschen, dunklen
Terminologien, die nur wenigen Eingeweihten verständ=

---

*) Vgl. ebendas. S. 11.
**) S. A. Vieth. Ueber den Zusammenhang des Turn=
platzes mit der Schule. Ratzeburg, 1852.

lich sind und selbst diesen oft noch die langweilige Arbeit
auferlegen, das kleine Kernlein aus dem mächtigen Spreu=
haufen herauszulesen. Für ein Werk, welches über einen
so vorherrschend materiellen und mechanischen Gegenstand
handelt, wie die Gymnastik, paßt eine solche Redeweise
vollends nicht, denn die Gymnastik, man mag sie so
ideell fassen, wie man will, ist doch beim Lichte besehen
immer nur dasselbe, was der alte Jahn von ihr gesagt
hat: eine Brauchkunst, an der die natürlichste Einfachheit
der größte Vorzug ist."

Ferner enthält das Rothstein'sche Werk so zahlreiche
und umfängliche Bruchstücke aus allen möglichen Wissen=
schaften, deren Zusammenhang mit der Gymnastik von
dem unbefangenen Leser meistens nicht begriffen werden
kann, daß es wirklich schwer und unerquicklich ist, aus
diesem gelehrten Wirrwarr das Wesentliche herauszu=
suchen. Endlich aber tritt der Verfasser mit einer so
hochmüthigen Ueberhebung über Alles, was auf dem
Gebiete der Leibesübung bis dahin geleistet worden, und
mit so mannigfachen, harten und ungerechten Angriffen
gegen das deutsche Turnen auf, daß es kein Wunder
war, wenn die Anhänger des letzteren alsbald und fort=
gesetzt sich als offene und scharfe Gegner der Rothstein'
schen Anschauungen zeigten. Laut dieser Anschauungen
sollen die Uebungen des deutschen Turnens keine „innere
Beziehung zur sittlichen Wirklichkeit oder zur Idee des
Menschen" haben, ja ihr Ursprung soll sich nicht einmal
„in den Zwecken des sogenannten practischen Lebens
auffinden" lassen; die Turnkunst soll eine „Leibessophistik"
sein, welche „Bewegungsformen ohne innere Nothwendig=
keit" an einander reihe; sie soll sich im Unterrichte
„unsittlicher Stimulation," der Eitelkeit, des Ehrgeizes
bedienen, und es sollen „gerade in der Turnerwelt die
Willkür, die Leidenschaft, die Renommisterei und Arroganz,
der Trotz, die Widerspänstigkeit, kurz, alle jene Weisen
und Formen des Lebens, welche einem wahrhaft sittlichen
Gemeinwesen und der wahren Humanität geradezu wider=
streben, recht schroff und ganz unleidlich" hervorgetreten

sein, ja es sollen „in Consequenz des Princips, welches
der Turnkunst eingeimpft wurde, Mörder und andre
Verbrecher hervorgehen können." (!)

Auf Viele, welche die stilleren Fortschritte des deutschen
Turnens nicht kannten oder nicht beachtet hatten, wirkte
der gelehrte Schein des Rothstein'schen Auftretens bestechend.
In Folge dessen und trotz oder vielleicht auch gerade
wegen seiner Angriffe auf das deutsche Turnen gelang
es in der Zeit der politischen Reaction nach 1848 dem
inzwischen zum Hauptmann vorgerückten Rothstein, seinem
Systeme Eingang in das preußische Heer und sich selbst,
nach Maßmann's Beseitigung, die Leitung der 1851 in
Betrieb gesetzten königlichen Central-Turnanstalt zu
Berlin zu verschaffen. Diese Anstalt hat jedoch, obgleich
sie die Lehrer der Gymnastik für Preußens Heer und
Schule ausbildete, so lange Rothstein an ihrer Spitze
stand, wenig Einfluß auf die Entwicklung des Schulturnens in Preußen und im übrigen Deutschland gehabt,
vielmehr eine heftige Opposition vieler Turnlehrer und
Turner deutscher Schule hervorgerufen. In dem Kampfe
des deutschen Turnens gegen die Rothstein'sche Gymnastik gelang es den Vertretern des ersteren nicht nur, die
von Rothstein gemachten Angriffe und Anschuldigungen
glänzend zurückzuweisen, sondern auch viele Schwächen
und Mängel des Rothstein'schen Systems aufzudecken.
Als solche wurden augenfällig erwiesen: Dürftigkeit des
Uebungsstoffes, Einförmigkeit und Langweiligkeit des
Betriebes, ungeschickte und oft widersinnige Kunstsprache
und falscher Schein von Wissenschaftlichkeit und Rationalität. Unter den gegen Rothstein erschienenen Schriften
sind als die wichtigsten zu nennen: „J. C. Lion. Die
Gymnastik nach dem Systeme des schwedischen Gymnasiarchen P. H. Ling, dargestellt von Hg. Rothstein."
Abgedruckt im „Turner" v. C. Steglich). Jahrgang
1849, Nr. 17, 18, 19 und in „Maßmann. Altes und
Neues," 2. Heft, S. 51 u. flgbe. — „Wilh. Angerstein. Die schwedische Gymnastik im preußischen Staate,
Petition des Kölner Turnvereins an das Haus der

Abgeordneten." Köln, 1861. — „Die deutſche Turn=
kunſt nnd die Ling=Rothſtein'ſche Gymnaſtik. Zweite
Denkſchrift des Berliner Turnrathes." Berlin,
1861. — „Die Barrenübungen der beutſchen Turn=
ſchule vor dem Richterſtuhle der Kritik. Eine türneriſche
Streitfrage, auf Grund gutachtlicher Aeußerungen von
Dr. Bock, Prof. der patholog. Anatomie zu Leipzig, Dr.
med. Friedrich, Dr. H. Eb. Richter, Prof. der Medicin
in Dresden, und Dr. Schildbach, Director des gym=
naſtiſch=orthopäb. Inſtituts in Leipzig, bearbeitet von
Dr. Moritz Kloß." Separatabbruck aus Band 8 der
Neuen Jahrbücher. Dresden, 1862. — „Prof. Emil
Dübois=Reymond. Ueber das Barrenturnen und
über die ſogenannte rationelle Gymnaſtik." Berlin, bei
G. Reimer, 1862. — „Prof. Emil Dübois=Rey=
mond. Hr. Rothſtein und der Barren. Eine Ent=
gegnung." Berlin, bei G. Reimer, 1863.

An dem Streite gegen Rothſtein betheiligten ſich
beſonders lebhaft nach dem Wiederaufblühen der Turn=
vereine gegen das Ende der fünfziger Jahre die unter
dem Berliner Turnrathe vereinigten Turnvereine Berlin's.
Den ohne Recht angemaßten Nimbus der Wiſſenſchaft=
lichkeit und Rationalität des Rothſtein'ſchen Syſtems
raubten demſelben aber hauptſächlich die klaren und durch=
ſchlagenden Beweisführungen Dübois=Reymond's. Die
Zahl der Anhänger Rothſtein's wurde allmählig verſchwin=
bend klein. Der 1861 zu Berlin abgehaltene deutſche
Turntag und die zur ſelben Zeit daſelbſt tagende
beutſche Turnlehrer=Verſammlung verwarfen
einſtimmig die Rothſtein'ſche Gymnaſtik. So wurde es
dem vereinſamten Vertreter derſelben ſchwer, und nur
mit dem Aufbieten ſeiner ganzen ſchreibfertigen Rührig=
keit möglich, ſich in ſeiner Stellung zu halten. Endlich
aber, 1863, nahm er ſeinen Abſchied, und lebte nun=
mehr als Major z. D. zurückgezogen in Erfurt, wo er
am 23. März 1865 ſtarb. Rothſtein war in ſeinem
Privatleben human und liebenswürdig, und verdient trotz
der vielfachen Irrthümer und Verkehrtheiten, mit denen

er auftrat, doch große Anerkennung wegen des rastlosen Fleißes, den er auf seine Studien verwendete, und wegen der sittlichen Festigkeit, mit welcher er seiner Ueberzeugung stets treu blieb. — Die königl. Central=Turnanstalt, nach Rothstein's Abgang unter der Leitung des Major Stocken, ist indessen von ihrer einseitigen Vertretung der schwedischen Gymnastik allmählig immer mehr zu einer Anerkennung der deutschen Turnbestrebungen vorgegangen, und hat auch ihre Wirksamkeit in der Ausbildung von Lehrkräften für Schule und Heer erweitert und verbessert. Besonderes Verdienst aber um die Schulturnlehrer, welche in der Anstalt ausgebildet werden, erwirbt sich gegenwärtig der erste Civillehrer derselben, Dr. Euler, durch leutseeliges Wesen und vorurtheilsfreie Betrachtung und Beachtung der verschiedenen noch bestehenden Richtungen des Turnens. —

Als einer der Hauptvertreter des schwedischen Turnens in Deutschland ist neben Rothstein der ehemalige Kreisphysikus Dr. A. C. Neumann in Graudenz zu nennen, welcher durch Rothstein's Schriften auf das Ling'sche System aufmerksam gemacht, dieses durch zweimaligen längeren Aufenthalt in Stockholm, das letzte Mal im Auftrage des preußischen Ministers von Raumer, kennen lernte und in seiner heilgymnastischen Bedeutung ausführlich bearbeitet in der Schrift: „Die Heilgymnastik oder die Kunst der Leibesübungen, angewandt zur Heilung von Krankheiten, nach dem Systeme des Schweden Ling u. s. w. Von Dr. A. C. Neumann." Berlin, bei Jeanrenaud, 1852, weiteren Kreisen bekannt machte. Dr. Neumann hat durch fernere schriftstellerische Thätigkeit sowie durch die Leitung eines demnächst in Berlin von ihm eingerichteten und in den ersten Jahren seines Bestehens zahlreich besuchten heilgymnastischen Cursaales sehr viel zu der, allerdings schnell vorübergegangenen, Verbreitung und Anerkennung der schwedischen Heilgymnastik beigetragen. Dem deutschen Turnen war er ebenso abgeneigt wie Rothstein. Beide gaben gemeinsam in den Jahren 1854—57 eine Zeitschrift für die von ihnen

vertretene Richtung: „Athenäum für rationelle Gymnastik."
Berlin bei Schöber, heraus, welche schließlich aus Man=
gel an Theilnahme erlosch. —

Der Streit des schwedischen und des deutschen Tur=
nens hatte es klar herausgestellt, daß das letztere nach
jeder Richtung, besonders aber in seiner erziehlichen
Bedeutung das erstere übertraf. Obgleich nun freilich
die Kräfte, welche von deutsch=turnerischer Seite in dem
Kampfe aufgewendet worden, wenn dieser gar nicht
nöthig gewesen wäre, für den Ausbau der Turnsache
selbst hätten nutzbar werden können, so ist jener Kampf
dem deutschen Turnen doch keineswegs schädlich gewesen,
weil er einerseits diesem eine lebhafte Anregung gab und
als ein siegreich beendeter eine moralische Erhebung
brachte, und weil er andrerseits den deutschen Turnern
Veranlassung bot, manche Lücken und Schwächen ihrer
Sache, die sich dabei herausstellten, vor dem gewandten
Gegner auszufüllen und zu beseitigen. So hat die
schwedische Gymnastik in Deutschland durch ihre unge=
rechte Kritik eine Selbstkritik der Turner hervorgerufen,
und damit indirect die Entwicklung des deutschen Turnens
gefördert. So mahnte das schwedische Eigenlob der
Wissenschaftlichkeit und des rationellen Betriebes, der
Nachdruck, den Rothstein auf die Einfachheit der Uebungen
legte, viele Anhänger des deutschen Turnens daran, selbst
möglichst wissenschaftlich und rationell zu verfahren, und
ihren Betrieb, ohne ihn dürftig werden zu lassen, doch
nicht in gesuchter, übertriebener Mannigfaltigkeit zu
zersplittern. —

Als gegen das Ende des fünfziger Jahre eine
lebendige geistige Strömung durch das deutsche Volk zu
gehen begann, da erhoben, mehrten und kräftigten sich
allenthalben auch die Turnvereine. Sehr viel zur Ver=
breitung und Anerkennung des Turnwesens wirkte damals
der Berliner Turnrath, eine 1857 von den ver=
einigten Turnvereinen Berlin's durch Vertretung gebildete
Körperschaft. Der neue Aufschwung der Sache aber ver=

anlaßte im Frühjahr 1860 die schwäbischen Turner Theodor Georgii und Kallenberg, einen „Ruf zur Sammlung" an die deutsche Turnerschaft ergehen zu lassen. Derselbe zündete, und veranlaßte das erste allgemeine deutsche Turnfest zu Coburg, welches vom 16. bis 19. Juni 1860 gefeiert wurde.*) Ueber tausend ältere Turner, welche 139 deutsche Städte und Ortschaften vertraten, wohnten dem Feste bei, das von den Sympa= thien des Volkes getragen, dem Turnvereinswesen eine weitere mächtige Anregung gab. Ungemein zahlreich wuchsen von nun an die Turnvereine empor, und als im nächsten Jahre, am 10. 11. und 12. August 1861, zu Berlin das zweite allgemeine deutsche Turnfest, verbunden mit einer Jubelfeier des fünfzig= jährigen Bestehens der deutschen Turnerei abgehalten wurde,**) da betrug die Zahl der älteren theilnehmenden Turner schon nahe an 3000, welche 262 Ortschaften angehörten. Auf den berathenden Versammlungen, welche mit diesen Festen verbunden waren, wurde zwar nicht, wie beantragt worden, die deutsche Turnerschaft zu einem formell geschlossenen Bunde gestaltet, indessen ward zur Leitung der allgemeinen Angelegenheiten derselben ein ständiger Ausschuß eingesetzt. Die bekanntesten und in Turnerkreisen einflußreichsten Mitglieder desselben waren und sind Th. Georgii, der erste Führer der deutschen Turnerschaft, Ferd. Götz, J. C. Lion, Konrad Friedländer und Ed. Angerstein.***) Auf dem

---

*) S. darüber: Th. Georgii. Das erste deutsche Turn= und Jugendfest zu Coburg. Leipzig, C. Keil, 1860.

**) S. darüber: E. Angerstein und C. Bär. Gedenkbuch zur Erinnerung an das zweite allgemeine deutsche Turn= und Jubelfest zu Berlin. Zwickau, C. Bär, 1861.

***) Theodor Georgii, geb. 9. Jan. 1826 zu Eßlingen, Rechtsanwalt daselbst. Ueber ihn s. Hirth's Lesebuch für Turner, S. LXIV. — Ferdinand Götz, geb. 24. Mai 1826 zu Leipzig, Dr. med. und Arzt in Lindenau bei Leipzig. Ueber ihn s. Hirth's Lesebuch, S. LXXV. — J. C. Lion, geb. 13. März 1829, früher Lehrer der Mathematik und Naturwis= senschaften an der Realschule in Bremerhaven, jetzt Director des

Berliner Feste wurde in der Hasenhaide der Grundstein zu einem großen Denkmale Jahn's feierlichst gelegt, wobei A. Baur,[*]) einer der ältesten Jahn'schen Turner, die priesterliche Weiherede hielt. — Im Auftrage des Ausschusses der deutschen Turnvereine gab demnächst Dr. Georg Hirth[**]) ein „statistisches Jahrbuch der Turnvereine Deutschlands," Leipzig, bei E. Keil, 1863 heraus, welches über die turnerischen Vereinsverhältnisse eingehende Berichte und viele schätzbare Beiträge zur Geschichte des Turnwesens darbot. Nach dem Jahrbuche bestanden am 1. Juli 1862 in 1153 deutschen Ort=schaften 1284 Turnvereine. Und noch immer wuchs, von der Strömung der Zeit gehoben, die Zahl derselben. Die höchste Macht und Blüthe des turnerischen Vereins=wesens entfaltete sich aber auf dem dritten (und bis jetzt letzten) allgemeinen deutschen Turnfeste, welches vom 2. bis 5. August 1863 in Leipzig unter einer Betheiligung von ungefähr 20,000 Turnern in großartigster Weise gefeiert wurde.[***]) Ein „zweites

---

des städtischen Schulturnens und des Turnbetriebes im allge-meinen Turnverein in Leipzig; ausgezeichnet durch große tech-nische Tüchtigkeit und theoretische Klarheit sowie durch sein scharfes treffendes Urtheil; jedenfalls der bedeutendste unter den gegenwärtigen Repräsentanten des Turnens. Ueber ihn s. Hirth's Lesebuch, S. LXII. — Konrad Friebländer, Dr. phil. und Lehrer an der Realschule in Elbing. — Eduard Angerstein, geb. 1. Septbr. 1830 zu Berlin, Dr. med., seit 1864 Leiter des Turnens in den Berliner Volksschulen und Dirigent der städtischen Turnhalle zu Berlin. Ueber ihn s. Hirth's Lesebuch, S. LXXI.

[*]) Albert Baur, geb. 1803 in Berlin, Turner auf dem alten Turnplatze von 1813—19. Seit 1831 Prediger in Brüssow, seit 1836 in Belzig. War bis in die neuste Zeit für die Turnsache thätig.

[**]) Dr. Georg Hirth, früher in Gotha, seit 1863 in Leipzig, seit 1866 in Berlin, hat sich durch Herausgabe des Buches: „Das gesammte Turnwesen. Ein Lesebuch für deutsche Turner," Leipzig bei Keil, 1865, um die Bildung der Vereins-turner ein großes Verdienst erworben.

[***]) S. darüber: G. Hirth u. Eb. Strauch. Blätter für das dritte deutsche Turnfest zu Leipzig. Leipzig, E. Keil, 1863.

statistisches . Jahrbuch der Turnvereine" ebenfalls von
Hirth (Leipzig bei Keil) 1865 herausgegeben, giebt die
Zahl der am 1. Novbr. 1864 bestehenden deutschen Turn=
vereine auf 1934 und die ihrer Mitglieder auf 167,932
an. Von da an aber begann die turnerische Begeisterung
zu ermatten, die Theilnahme des Volkes wurde kühler,
und als gar noch die kriegerischen Verhältnisse des Jahres
1866 das Interesse und die materiellen Mittel des
Volkes anderweitig stark in Anspruch nahmen, da sank
die Zahl der Turnvereine und ihrer Mitglieder bedeutend
herab. In gegenwärtiger Ebbe nun geht das Turn=
vereinswesen stiller und bescheidener, aber auch ernster
und klarer als in der Zeit der Hochsluth den Zielen
nach, die es für die Volkserziehung sich gesteckt hat. —
     In der Schilderung der neusten Blüthezeit der
Turnvereine dürfen zwei Männer: Alwin Martens
(geb. 18. Octbr. 1832, gest. 26. Febr. 1862 in Leipzig)
und Fritz Siegemund (geb. 13. Novbr. 1831, gest.
5. März 1866 in Berlin) nicht mit Stillschweigen über=
gangen werden, die — in jugendlichem Alter dem Tode
verfallen — dennoch der Entwicklung des Vereinsturnens
ungemein förderlich waren. Der erstere,*) mit nüchterner
Klarheit, der letztere,**) mit wärmster Begeisterung,
wirkten sie beide — jener von Leipzig, dieser von Berlin
aus — in weiten Kreisen anregend, ermuthigend, auf=
klärend und bessernd. — —.***)

*) Ausführlicheres über Martens findet sich in: Guido
Reusche. Ueber das deutsche Turnen. Aufsätze und Vorträge
von A. Martens. Mit einer biograph. Skizze des verstorbenen
Verfassers. Leipzig, Friese, 1862.
**) Biographische Mittheilungen über Siegemund sind ent-
halten in der Schrift: Fritz Siegemund. Berlin bei A. Gold-
schmidt, 1866.
***) Eingehender, als es hier möglich war, sind die neusten
Verhältnisse des Vereinsturnens in Deutschland kennen zu lernen
aus einem Aufsatz von Karl Babewitz: „Die Entwicklung
des deutschen Turnwesens in der Neuzeit," abgedruckt in: Unsere
Zeit. Deutsche Revue der Gegenwart. Neue Folge, herausgegeben v. Rud. Gottschall. 2. Jahrg. 14. Heft. Leipzig,

Die Hebung des Turnwesens in den deutschen Turn=
vereinen seit dem Ende der fünfziger Jahre hat eine
unverkennbare günstige Einwirkung auch auf das Schul=
turnen in Deutschland gehabt. Schon auf dem beim
Coburger Feste abgehaltenen Turntage wurde eine
an alle deutschen Regierungen zu richtende Denkschrift
beschlossen, welche auf die Nothwendigkeit des Turnens
in allen Schulen, auch den Volksschulen, hinwies.

In ähnlichem Sinne richteten in der Folge viel=
fach einzelne Turnvereine, oder Verbände von solchen,
Vorstellungen oder Petitionen an Regierungen und Völks=
vertretungen. Die deutschen Turnlehrer aber, durch das
Leben und die Vereinigungen der Turnvereine angeregt,
fingen an, sich gleichfalls in Turnlehrer = Vereinen und in
großen allgemeinen deutschen Turnlehrer = Versammlungen
zusammen zu finden, um sich gegenseitig kennen zu lernen,
Gedanken und Erfahrungen auszutauschen, und dadurch
dem Einzelnen und der ganzen Sache nützlich zu sein.
Die erste deutsche Turnlehrer=Versammlung
fand im Anschluß an das Berliner Turnfest am 9. und
11. August 1861 zu Berlin, die zweite vom 10. bis
12. Juni 1862 zu Gera, die dritte am 30., 31. Juli
und 1. August 1863 zu Dresden und die vierte (letzte)
vom 1. bis 3. August 1867 in Stuttgart statt. Es
ist leicht erklärlich, daß diese, zahlreich besuchten, Ver=
sammlungen vorzüglich auf die Einheit und Verbesserung
des Turnbetriebes einen bedeutenden, heilsamen Einfluß
ausüben mußten. Der rege Eifer nun, mit dem Ver=
einsturner und Turnlehrer der Entwicklung der Turn=
sache oblagen, veranlaßte endlich auch die meisten deutschen
Regierungen, dem Turnwesen ihre Theilnahme zuzuwenden,
und für die Verallgemeinerung und Hebung desselben, in
Schule und Heer, durch Verordnungen und Einrichtungen
zu sorgen. So geht nun das deutsche Turnen, vorzüglich

Brockhaus, 1866. Ferner besonders aus den beiden erwähnten
statistischen Jahrbüchern sowie aus der seit 1856 in Leipzig
(bei Keil) erscheinenden „Deutschen Turnzeitung."

innerhalb der Schule, im Allgemeinen unter besseren äußeren Verhältnissen als früher, in einer wenn auch langsamen aber stätigen Entwicklung vorwärts. Die früherhin oft schroff einander gegenüberstehenden Ansichten der verschiedenen Schulen haben sich fast überall so weit gemildert und abgeschliffen, daß erbitterte, die Entwick= lung der ganzen Sache hemmende Kämpfe wohl kaum noch zu erwarten sind. Vielmehr hat sich eine Vereini= gung der Betriebsweisen (bei dem gegenwärtigen Stand= punkt des Turnens gewiß das förderlichste Verfahren) Geltung verschafft, wonach die Turnvereine, die haupt= sächlich in den Formen des Betriebes der älteren Jahn= Eiselen'schen Schule folgen, doch auch ein gutes Theil dessen, was Spieß gelehrt hat, in sich aufgenommen haben, während das Schulturnen, das sich vorwiegend auf die Spieß'sche Turnweise stützt, doch auch den Geist des Jahn'schen Turnens anerkennt und hochhält, und, besonders für ältere Schüler, einen Theil der Jahn= Eiselen'schen Betriebsformen mit Nutzen verwendet. Ja sogar den Einflüssen der schwedischen Schule hat das deutsche Turnen, so weit es dieselben für berechtigt hielt, sich nicht entzogen.

Neu freilich und vereinzelt dastehend sind noch die turnerischen Bestrebungen des Professors Heinrich Otto Jäger, welcher, seit 1863 Hauptlehrer an der Turn= lehrer=Bildungsanstalt in Stuttgart, ein neues Turn= system, das bisher nur in Würtenberg Anwendung gefunden, aufgestellt hat. Nach demselben werden die Ordnungs= und Freiübungen (welche letztere Jäger Gelenk= übungen nennt) in militairischer Straffheit unter Belastung der Turner mit Hanteln oder gewöhnlicher mit eisernen Stäben ausgeführt. Jäger hat eine große Anzahl von Stabübungen erfunden, die er meist in einer von der sonst allgemein gebräuchlichen Turnsprache abweichenden Weise benennt. Im Uebrigen läßt er mit besonderem Fleiße die von ihm sogenannten Hauptübungen: Laufen, Springen, Weitwurf, Zielwurf und Ringen betreiben, wogegen die Uebungen an Reck, Barren, Pferd und

Klettergeräthen schon bei älteren Schülern beschränkt, von jüngeren aber (vom zehnten bis vierzehnten Jahre) im Allgemeinen gar nicht vorgenommen werden sollen. Der Jäger'sche Turnbetrieb hat die Absicht, die Schüler möglichst direct zur Wehrhaftigkeit für den Staat heranzubilden. Sein System hat Jäger in der von ihm (bei Keil, Leipzig, 1864) herausgegebenen „Turnschule für die deutsche Jugend" dargestellt. Mit demselben hat die große Mehrzahl der deutschen Turnlehrer sich bisher nicht befreunden können. Die vierte allgemeine deutsche Turnlehrer=Versammlung, welche 1867 in Stuttgart stattfand, sprach sich — nachdem ihr Gelegenheit gegeben worden, den Jäger'schen Betrieb durch den Augenschein kennen zu lernen — zwar unter Anerkennung mancher Einzelheiten dieses Betriebes im Ganzen doch nicht günstig über denselben aus. (Vgl. die vierte Versammlung deutscher Turnlehrer zu Stuttgart am 1.—3. August 1867. Von Kloß. Dresden, 1867.)

Demnach hat das Jäger'sche System bis jetzt für das deutsche Turnen noch keine wesentliche Bedeutung gewonnen. Ob es zu einer solchen sich noch entwickeln (was vorläufig sehr zweifelhaft ist), oder aber ob es mehr und mehr zu einer Ausgleichung mit dem sonst gebräuchlichen Turnbetriebe sich zurückbilden werde (was eher angenommen werden könnte), wird die Zukunft lehren.

Dritter Theil.

Systematik des Turnens.

———

Handbuch für Turner.   16

1. Umfang und Ordnung des Turngebietes.

Die Erziehung soll den Menschen entwickeln und vervollkommnen.

Der Mensch ist ein einheitliches Wesen, an welchem aber zwei Seiten, die leibliche und geistige, unterschieden werden können. In Wirklichkeit sind diese beiden Seiten ungetrennt und untrennbar; nur durch die Abstraction können sie getrennt werden.

Wenn sonach die Erziehung den Menschen vervoll= kommnen soll, so muß sie den ganzen einheitlichen Men= schen vervollkommnen, oder die verschiedenen Seiten seines Wesens harmonisch ausbilden, d. h. in einer ihrer Zusammengehörigkeit entsprechenden Weise.

Thatsächlich ist nun keine Einwirkung auf den Geist und keine Thätigkeit des Geistes möglich ohne eine Ein= wirkung auf den Leib und ohne eine Thätigkeit des Lei= bes; und umgekehrt.

Erziehliche Leibesübungen sind darnach Thätigkeiten des Menschen, die in seiner leiblichen Seite zur Erschei= nung kommen, die aber nicht ohne geistige Thätigkeit vor sich gehen können, und die den Zweck haben und erreichen,*) in Verbindung mit anderen Erziehungsmitteln auf die Vervollkommnung des ganzen Menschen in seiner Einheit hinzuwirken, oder eine harmonische Entwicklung des Menschen hervorzubringen.

---

*) Es ergiebt sich schon aus dem Begriff der „Uebung," daß die in derselben liegende Thätigkeit ihrem Zweck immer näher komme und ihn endlich erreiche.

16*

Zu den erziehlichen Leibesübungen gehören die tur=
nerischen als ein Theil. Demnach sind nicht alle erzieh=
lichen Leibesübungen zugleich turnerische.

Die turnerischen Leibesübungen enthalten Thätigkei=
ten des Leibes, welche mittels der willkührlichen Muskeln,
unter Beherrschung und Anregung derselben vom Bewußt=
sein und Willen, zu Stande kommen.

Damit sind passive Bewegungen, sowie unbewußte,
unwillkührliche Bewegungen vom Gebiete des Turnens
ausgeschlossen. Ferner sind die Uebungen der Sinnes=
werkzeuge, obgleich sie erziehliche Leibesübungen sein kön=
nen, keine Turnübungen.

Aus Zweckmäßigkeitsgründen sind aber auch diejeni=
gen erziehlichen Uebungen des Leibes, welche auf den
Thätigkeiten der Sprachwerkzeuge und der Mimik beruhen,
vom Turnen zu trennen.

Aus der Thätigkeit der Sinneswerkzeuge ergeben sich
Empfindung und Wahrnehmung, hieraus Vorstellung und
Begriff und aus diesen das Denken. Lion urtheilt nun
richtig:*) „Da der Zusammenhang zwischen den einzel=
nen Gegenständen des Denkens, d. h. den Wissenschaften
und Künsten, und den Sinneswerkzeugen so unmittelbar
ist, so werden eben diese verschiedenen Wissenschaften und
Künste auch die passenden Uebungen der Sinne festzu=
setzen haben. In der That haben sie die Sinne recht
eigentlich in ihren Dienst genommen und jede einen oft
sehr umfänglichen Inbegriff von Regeln für den beson=
deren Sinnesgebrauch, dessen jede bedarf, aufgestellt.
So üben die Naturwissenschaften Auge, Ohr, Nase,
Zunge und Hand in ihrer Weise durch Aufgaben der
Beobachtung, so die zeichnenden Künste das Auge, die
Musik das Ohr. Es kann aber wohl Niemandem ein=
fallen, ein abgesondertes System der Sinnesübungen zu
entwerfen." Ebenso einleuchtend sagt derselbe ferner:**)
„Auf gleiche Stufe mit den eigentlichen Sinnesübungen

*) Vgl. J. C. Lion, System der Turnübungen, in
„Hirth. Das gesammte Turnwesen." S. 16.
**) Ebend. S. 17.

muß auch die Uebung der Mittel gesetzt werden, welche
der Geist anwendet, um auf die Sinne Anderer zu wir=
ken und dadurch in Beziehung zu ihrem Geiste zu treten.
Dahin gehört die Uebung der Sprachwerkzeuge und die
leibliche Geberde im weitesten Umfange. Sie ist von
dem Anlasse, der Beschaffenheit und dem Grade der
inneren Erregung so sehr abhängig, daß sie, davon abge=
löst, gar keinen Werth und Zweck haben würde. Ohne
Gedanken und Wortfolgen keine Sprache, ohne Tonfolge
kein Gesang, ohne Gefühl und Leidenschaft keine Mimik,
ohne Freude kein Tanz, — man sollte meinen, daran
zweifelte Niemand.“

Viele leibliche Thätigkeiten, welche als erziehliche und
turnerische Leibesübungen angewendet werden können, weil
sie geeignet sind, dem erziehlichen Zwecke der Vervollkomm=
nung zu dienen, können doch auch zu anderen Zwecken
getrieben werden, und dann sind sie eben keine erziehlichen
und turnerischen Leibesübungen mehr. So ist diejenige
körperliche Uebung, welche erstrebt wird, um einer Berufs=
thätigkeit zu genügen, oder diejenige körperliche Geschick=
lichkeit, welche zur Erzielung von gewerblichen Produkten
der Arbeit oder dgl. erworben wird, in Zweck und Wesen
von erziehlicher und turnerischer Leibesübung verschieden.
Fechten und Waffenführung können turnerische Uebungen
sein, wenn sie in erziehlicher Absicht zur leiblichen Aus=
bildung unternommen werden; sie sind keine solchen, wenn
sie nur getrieben werden, um die Fähigkeit des Angriffs
und der Vertheidigung zu erwerben. Darum ist die
Wehrgymnastik, wenn sie allein und unmittelbar den
Zweck verfolgt, den Mann für die besonderen Verhält=
nisse der Wehrthätigkeit geschickter zu machen, kein Tur=
nen sondern Einübung handwerksmäßiger Geschicklichkeit;
wenn sie dagegen in der Absicht betrieben würde, auf
die allgemeine Ausbildung des Mannes hinzuwirken, so
wäre sie freilich erziehliches Turnen, und höchstens metho=
disch von dem Turnen unter anderen äußeren Verhält=
nissen zu unterscheiden; aber dann wäre sie immerhin
keine besondere Wehrgymnastik mehr.

Die schwedische Gymnastik gliedert sich in pädago=
gische, Heil=, Wehr= und ästhetische*) Gymnastik. Nach
obigen Ausführungen schließen wir von vorn herein die
Wehr= und die ästhetische Gymnastik vom Gebiete des
Turnens aus. Demnach bleiben für uns nur die päda=
gogische und Heil=Gymnastik übrig. Was die letztere
betrifft, so scheiden wir ferner die passiven Bewegungen
der schwedischen Heil=Gymnastik mit den Manipulationen
des Drückens, Klopfens, Hackens, Schlagens, Knetens
u. dgl., (die unter Umständen freilich wie vieles Andere,
was darum doch keineswegs zur Heil=Gymnastik gerech=
net wird, in der Krankenbehandlung nützlich sein können,)
von der Gymnastik oder vom Turnen aus.

Das nunmehr übrig bleibende Gebiet des Turnens
fassen wir aber als ein seinem Wesen nach einheitliches
und nicht zu theilendes auf, weil alles Turnen, möge es
nun von gesunden oder kranken Menschen betrieben werden,
auf den gleichen Zweck allgemeiner Entwicklung und Ver=
vollkommnung hinwirkt, also im Wesentlichen erziehlich
ist. Wenn beim Kranken durch das Turnen zunächst die=
jenige Harmonie der Lebens=Thätigkeiten und Verhält=
nisse, welche wir Gesundheit nennen, erstrebt wird, so

---

*) Ueber die Aufnahme der ästhetischen Gymnastik in das
Ling'sche System und die Bezeichnung derselben als „ästhe=
tische,“ urtheilt Lion (a. a. O.) in seiner gewöhnlichen schla=
genden Weise: „Während die Stimmübungen mit denen der
Sinne leichthin bei Seite geschoben werden, weil ja die
Erziehung und das praktische Leben schon hinreichend die Aus=
bildung der Stimme übernähmen, bilden die übrigen Mittel
der Verständigung, über welche der Mensch verfügt, den
Grundstock der ästhetischen Gymnastik. Als herrschendes Prin=
cip derselben wird von Ling die Schönheit bezeichnet, da es
doch offenbar die Verständlichkeit oder Deutlichkeit sein müßte.
Wer spricht, singt und gesticulirt, will verstanden werden..
Daß er zugleich schön rede und thue, ist zwar wünschenswerth,
aber doch lange nicht so sehr, als daß er zuerst schön empfinde
und denke. Will somit das ganze menschliche Wesen und
Leben mit dem Maßstabe der Schönheit gemessen sein, so
kann der Begriff der Schönheit nicht noch einmal für eine
besondere Classe menschlicher Bestrebungen das Maß sein.“

weicht darum ein solches Kranken = Turnen doch nicht von
dem erziehlichen Zweck der allgemeinen Entwicklung ab.

Freilich kann und muß das Turnen unter verschie=
denen Verhältnissen in seiner äußeren Form und Anwen=
dung verschieden auftreten; anders in verschiedenen Lebens=
altern, bei verschiedenen Geschlechtern, bei Gesunden und
Kranken u. s. w. Aber diese Unterschiede liegen nur in
der Methode des Betriebes, nicht aber im Wesen und
Zweck des Turnens selbst, welche unter allen diesen For=
men dieselben bleiben. —

Der das gesammte Gebiet des Turnens ausfüllende
Uebungsstoff muß nun in irgend einer Weise geordnet
werden, sowohl um als Stoff an und für sich in geisti=
ger Erkenntniß aufgefaßt, als auch um zur leiblichen
Uebung äußerlich angewandt werden zu können. Nach
anderen Grundsätzen ist jedoch solche Ordnung herzustel=
len, wenn sie behufs theoretischer Erkenntniß, nach ande=
ren wiederum, wenn sie behufs practischer Anwendung
gefordert wird.

Diejenige Ordnung des Uebungsstoffes nun, welche
behufs theoretischer Erkenntniß desselben gebildet wird,
kann nur nach den inneren, natürlichen Gesetzen erfolgen,
nach welchen die Formen des Uebungsstoffes sich gestalten.
Diese Gesetze sind in der natürlichen Gliederung des
menschlichen Leibes gegeben; wie der Leib sich gliedert
und zusammensetzt, so auch die Uebung des Leibes. Eine
derartige, nach inneren natürlich = nothwendigen Gesetzen
gebildete Ordnung der Turnübungen ist ein S y s t e m
derselben. Ein solches System kann nicht beliebig so
oder so gebildet werden, weil ja die Gesetze für seine
Gestaltung fest gegeben sind. Es kann vielmehr, weil
diese Gesetze unveränderlich sind, auch nur e i n richtiges,
vollkommns System der Turnübungen geben. Aber da
wir jene Gesetze nicht überall klar bewußt erkennen, so
kann zunächst aus der theoretischen Erkenntniß allein
heraus ein solches System nicht geschaffen werden. Andrer=
seits aber erfüllen wir nothwendig in den Bewegungen
unseres Leibes stets, auch unbewußt, die inneren Gesetze

derselben; es können und müssen deßhalb unmittelbare
Erfahrungen und Betrachtungen der Leibesthätigkeit, die
freilich auch nur von relativem Werthe sind, da aus=
und nachhelfen, wo bei der Aufstellung eines Systems
der Turnübungen die mittelbaren Erfahrungen der theo=
retischen Wissenschaft (der Anatomie und Physiologie) uns
im Stiche lassen. Ein in solcher Art mit Hülfe theore=
tischer und practischer Kenntnisse aufgestelltes System der
Turnübungen wird zwar nicht absolut vollkommen sein, aber
doch den Zweck erfüllen können, den Uebungsstoff theore=
tisch kennen zu lehren. Dasjenige System aber, welches
diesen Zweck am besten erfüllt, ist für das beste zu halten.
    Die theoretische Kenntniß des Turnübungsstoffes soll
erworben werden, um durch dieselbe förderlich auf die
Ausübung des Turnens einzuwirken. Diese Ausübung
ist aber in jedem einzelnen Falle nicht durch das System
an sich, sondern durch die Art der Anwendung desselben,
d. h. durch die Methode, bestimmt. Wenn gesagt wird,
daß ein Turnsystem um so besser sei, je klarer und über=
sichtlicher es den gesammten Uebungsstoff des Turnens
kennen lehre, so liegt darin zugleich die Andeutung, daß
das beste Turnsystem, weil es am klarsten, auch am besten
für die Anwendung unter verschiedenen Bedingungen benutzt
werden könne. Aber während im System, um Klarheit
und Uebersicht demselben zu sichern, die Uebungsformen
nach ihrer inneren Verwandtschaft, die der Gliederung
des Körpers entspricht, geordnet sind, und während hier
äußere Bedingungen, die nicht in Beziehung zu der inne=
ren Zusammengehörigkeit oder Verschiedenheit der Bewe=
gungsformen stehen, wie z. B. leichtere oder schwerere
Ausführbarkeit einer Bewegung, verschieden gestaltete Vor=
richtungen, an denen die Uebungsformen zur Erscheinung
gebracht werden, verschiedene körperliche Anlagen und
Bedürfnisse der Uebenden u. dgl. m. nicht berücksichtigt wer=
den brauchen, so müssen für die practische Anwendung
gerade die äußeren Bedingungen, unter denen die Anwen=
dung geschieht, vorzüglich beachtet werden. Setzen wir
nun voraus, daß ein Turnlehrer diese äußeren Bedingungen

der Anwendung kenne, so ist es klar, daß ein solcher aus
einer guten theoretischen Uebersicht des Turnstoffes sich
leicht in jedem besonderen Falle diejenigen Formen der
Uebung herauswählen kann und wird, die für denselben
passen. Freilich, wie schon zur Aufstellung des Systems
die practische Erfahrung des Turnplatzes nicht entbehrt
werden kann, so noch viel weniger in der Anwendung
des Systems, in der Methode. Ein grober Fehler
würde es sein, wollte man urtheilslos systematische Uebungs=
reihen abturnen lassen. Während im System in langer
Reihe ähnliche Bewegungsformen ein und desselben Kör=
pertheils einander folgen können, muß die Methode solche
vermeiden, um den Turner nicht einseitig zu ermüden
und in ihm das Gefühl der Unbehaglichkeit hervorzubrin=
gen, da vielmehr ein angemessener Wechsel der Thätig=
keiten ihn in angenehmer Frische erhalten soll. Während
das System Uebungen, die mit geringem und solche, die
nur mit großem Aufwand von Muskelkraft auszuführen
sind, neben einander stellen darf, muß die Methode die
Uebungen der Kraft des Turners angemessen an einander
reihen; u. s. f. Was aber die äußeren Bedingungen
des Turnens erheischen, das lernt man am besten im
Turnbetriebe selber kennen. Zwar kann der Turnlehrer
methodische Tüchtigkeit auch einigermaßen durch Lehre,
Beispiel und Nachahmung, hauptsächlich aber erst durch
die Erfahrungen der eigenen turnerischen Lehrthätig=
keit, sowie der eigenen Turnthätigkeit erlangen. Deß=
halb ist es im Allgemeinen für nöthig zu halten, daß
Jemand, der sich zum Turnlehrer ausbilden will, schon
vorher practischer Turner gewesen sei, und daß ihm
Vorübung und Vorkenntniß nicht fehlen. Ein Turn=
lehrer, der bei tüchtiger theoretischer Ausbildung wenig
oder keine Praxis und Erfahrung hat, wird doch nur
schwer ein guter Lehrer werden. In den meisten Fällen
wird ihm ein verständiger Empiriker vorzuziehen sein.
Dagegen ist auch nicht zu läugnen, daß die practische
Thätigkeit und Tüchtigkeit des Turnlehrers, wenn neben
ihnen noch theoretische Klarheit vorhanden ist, durch letz=

tere sehr wesentlich gefördert und befruchtet werden können. *) — —

Jede willkührliche Bewegung des Körpers, welche ohne eine Beschädigung desselben möglich ist, ist deßhalb, wenn anders sie nicht schon durch die früheren Erwägungen ausgeschlossen wurde, zur Aufnahme in das System der Turnübungen berechtigt. Freilich sind nicht alle möglichen Bewegungen von gleichem Werthe. Aber hierüber entscheidet die Methode. Manche Uebungen können für alle oder sehr viele äußere Verhältnisse werthvoll sein; dann werden sie in der Methode als allgemein angewandte Grundübungen erscheinen; manche können sich unter gewissen Verhältnissen (z. B. beim Mädchenturnen) sehr nutzbar, unter anderen, (z. B. beim Männerturnen) als unbrauchbar erweisen; manche endlich können unter allen Bedingungen für den Betrieb entbehrlich, und dennoch im System berechtigt sein, etwa weil sie eine Lücke zwischen anderen wichtigeren Thätigkeiten überbrücken, also dem systematischen Zusammenhange zu Liebe aufgenommen sind.

Bei der überaus großen Zahl möglicher Uebungsformen wird kaum irgend ein Turnsystem sie alle erschöpfend aufführen können. Aber hierin braucht kein wesentlicher Mangel des Systems zu liegen, weil trotzdem — was allerdings nothwendig ist, — die theoretische Ordnung desselben gewahrt sein kann, und in demselben für die einzelnen Theile des Körpers so viele einfache, und für die zusammenwirkende Thätigkeit mehrerer Körpertheile so viele aus den einfachen zusammengesetzte Thätigkeiten gegeben sein können, daß für die practische Verwendung eine überreiche Auswahl bleibt. —

---

*) In Bezug auf die Abgränzung des Gebiets der Turnübungen und auf die Bedeutung von System und Methode des Turnens empfehlen wir dem Leser das Studium des geistreichen Aufsatzes von Lion „Das System der Turnübungen" (in: „Hirth, Gesammtes Turnwesen, S. 14 u. flgde.), welchem wir in obigen Ausführungen größtentheils folgen zu müssen glaubten.

Die Thätigkeiten des Körpers können zunächst an und für sich, d. h. nur in Bezug auf das Verhalten des Körpers und seiner einzelnen Theile zu der Thätigkeit, aber ohne Beziehung zur Außenwelt, betrachtet und geord= net werden. Da aber andrerseits der Mensch sich stets in irgend welcher Beziehung zur Außenwelt befindet, so treten solche Beziehungen auch in den turnerischen Uebungs= formen hervor. Zwar können die Formen der Bewegung an sich, da sie ja auf der Gliederung des Körpers selbst beruhen, durch die Einwirkung äußerer Dinge nicht geändert werden; wohl aber vermögen äußere Dinge (natürliche Gegenstände, Hindernisse, künstliche Vorrich= tungen, Geräthe) die Uebungsthätigkeit theils zu erleich= tern, theils zu erschweren, und in beiderlei Hinsicht mannigfacher und wirksamer zu gestalten, so daß sie im Gegensatz zu den eigenen Mitteln, die der Körper in sich selbst zu seiner Uebung besitzt, als äußere Uebungsmittel zu betrachten sind.

Bei genauerer Untersuchung der Verhältnisse zeigt es sich nun, daß die von außen auf die Uebungsthätig= keit einwirkenden Gegenstände in Bezug auf die Art ihrer Wirkung gewisse Uebereinstimmungen und Unter= schiede darbieten, nach welchen man sie classificiren kann. Da nun ein System der Turnübungen, auch in seiner abstracten Form, die nicht zur unmittelbaren Verwendung, sondern zunächst zur klaren Erkenntniß des Stoffes dienen soll, schließlich doch immer den Zweck hat, den Betrieb des Turnens möglichst vollkommen zu gestalten, so ist es vernünftig und zweckmäßig, die turnerischen Leibesthätig= keiten nicht bloß an und für sich zu betrachten und zu ordnen, sondern auch mit Rücksicht auf die nach der Art ihrer Einwirkung geordneten äußeren Uebungsmittel.

Während das System der Turnübungen in ersterer Beziehung sich als rein abstract darstellt, und deßhalb der practischen Anwendung um so ferner steht, nähert sich das nach letzterer Rücksicht aufgestellte System viel mehr der Wirklichkeit, und kann deßhalb unmittelbarer einen Einfluß auf den Betrieb ausüben.

Ersteres ist in dem Fortschreiten von der Theorie
zur Praxis als die Vorstufe, aber auch als die Grund=
lage des letzteren zu betrachten.

In den folgenden Abschnitten wird auf das System
der Turnübungen nach beiden genannten Beziehungen
näher eingegangen werden.

2. Die turnerischen Thätigkeiten des Leibes an sich.

Die turnerischen Thätigkeiten des Leibes werden
möglich durch die Gelenkgliederung des Knochengerüstes
und durch die Wirkung der willkührlichen Muskeln auf
die Knochen. Beides ist ausführlich im ersten Theile
dieses Buches (Abschnitt 4 und 5) erörtert worden. Durch
die Muskelwirkung kann entweder eine feste Stellung des
gesammten Knochengerüstes oder eines Theiles desselben
(eine Haltung, Halte) oder eine Lageveränderung
eines oder mehrerer Knochen (eine Bewegung,) her=
vorgebracht werden. Wenn während der ganzen Dauer
der Bewegung die Muskelthätigkeit gleichmäßig wirkt, so
ist die Bewegung eine ruhige, gleichmäßige, schwunglose;
wenn dagegen die Muskelkraft nur zu Anfang der Bewe=
gung heftig und plötzlich, aber kurz, wirkt, so ist letztere
eine ruckartige, schwunghafte. —

Der menschliche Körper besteht aus Kopf, Rumpf
und Gliedmaßen (Armen und Beinen).

Kopfthätigkeiten. Der Kopf ist mit der Wirbel=
säule gelenkig verbunden, und kann mit Hülfe dieser Ver=
bindung sowie der Beweglichkeit der Halswirbel um seine
Längenachse rechts und links im Viertelkreise gedreht
werden (Kopfdrehen); er kann ferner vorwärts, rück=
wärts und rechts und links seitwärts gebeugt werden
(Kopfbeugen). Die Drehungen können zur Dreh=
halte, die Beugungen zur Beughalte erfolgen. Aus
der Beugung kehrt der Kopf durch die Streckung (Kopf=
strecken) in die aufrechte Stellung zurück, die, wenn

sie festgehalten wird, eine **Streckhaltung** ist. End=
lich kann der Kopf die Bewegung des **Kopfkreisens**
machen, indem er aus einer Beughaltung so (nach rechts
oder links) bewegt (gedreht) wird, daß seine Längenachse
den Mantel eines Kegels beschreibt, dessen Spitze im
Genick liegt. Eine Pause in der Bewegung des Kopf=
kreisens ist eine **Drehbeughalte.**

Rumpfthätigkeiten. Der Rumpf kann vermöge der
gelenkigen Verbindung der einzelnen Wirbel mit einander
um seine Längenachse rechts und links im Viertelkreise
gedreht werden (**Rumpfdrehen**). Er kann ferner
vorwärts, rückwärts, seitwärts rechts und links gebeugt
werden (**Rumpfbeugen**). [Fig. 8. Rumpfbeugen
vorwärts; Fig. 9. Rumpfbeugen rückwärts].

Fig. 8.

Die Vorbeugung kann
in größerer Ausdeh=
nung als die Beugung
in den übrigen Rich=
tungen erfolgen. Ein
fortgesetztes Beugen
und Strecken des Rum=
pfes ist das **Rumpf=
wippen.** Die Dreh=
ungen des Rumpfes
können zur **Dreh=
halte,** die Beugungen
zur **Beughalte** füh=
ren. Die Rückkehr des Rumpfes aus der Beugung zur
aufrechten Haltung stellt das **Rumpfstrecken** dar.
Das Verharren des Rumpfes in aufrechter Haltung ist
eine **Streckhaltung.** Endlich kann der Rumpf die
Bewegung des **Rumpfkreisens** machen, indem er
aus einer Beughaltung so (nach rechts oder links) bewegt
(gedreht) wird, daß seine Längenachse den Mantel eines
Kegels beschreibt, dessen Spitze im unteren Ende der
Wirbelsäule liegt. Eine Pause in dieser Bewegung bringt
eine **Drehbeughalte** des Rumpfes hervor.

Fig. 9.

Armthätigkeiten. Schulterblatt und Schlüsselbein bilden das Schultergerüst, welches die Verbindung der Ober = Extremität mit dem Rumpf herstellt. Mit dem Schulterblatt ist der Oberarm, mit diesem der Vorder= arm, mit letzterem die Handwurzel gelenkig verbunden. Der Vorderarm besitzt außer dem Verbindungsgelenk mit dem Oberarm noch das Drehgelenk mit der Speiche. An der Hand haben wieder die Finger Gelenkverbindun= gen mit den Mittelhandknochen und ebenso zwischen ihren einzelnen Gliedern. Von den Mittelhandknochen ist nur der des Daumens gelenkig mit der Handwurzel verbunden. Die verschiedenen Theile der oberen Gliedmaßen und ihre Gelenkverbindungen ermöglichen Bewegungen der Schulter, Bewegungen des Armes im Schulter = und Ellenbogengelenk, im Drehgelenk des Vorderarmes, im Handgelenk und Fingerbewegungen, sowie auch Haltun= gen, die aus diesen Bewegungen hervorgehen.

Die Schultern können gehoben und wieder gesenkt werden. Erstere Bewegung heißt Achselzucken. Sie können ferner nach vorn und hinten bewegt werden (Vor= und Rückschultern). Eine Verbindung des Vor = und

Rückschulterns, Achselzuckens und Achselsenkens ist das Schulterkreisen, wobei die Schulter einen in senk=recht er Ebene liegenden Kreis beschreibt, indem sie zuerst gehoben, dann nach vorn bewegt dann gesenkt und zuletzt nach hinten bewegt wird. Doch können beim Schulterkreisen diese Thätigkeiten auch in umgekehrter Reihenfolge geschehen.

Wenn die gestreckten Arme zu beiden Seiten des aufrecht stehenden Körpers herabhängen, so heißt diese Haltung derselben Abhang. Aus dem Abhang können die Arme im Schultergelenk nach vorn und oben, nach den Seiten und oben, nach hinten und oben sowie in Zwi=schenrichtungen nach oben und wieder zurück bewegt werden. Diese Bewegungen können ruhig, gleichmäßig (Armhe=ben und Armsenken) oder schwunghaft (Armschwin=gen) geschehen. Das Armheben und =schwingen nach hinten ist beschränkter als in den übrigen Richtungen.

Das Armheben und =schwingen kann in jedem Punkte der Bewegung zu einer Halte unterbrochen werden. Befin=den sich in derselben die Arme senkrecht nach oben gestreckt, so ist sie eine Senkhalte, befinden sie sich wagerecht nach vorn oder nach den Seiten gestreckt, so ist sie eine Waghalte. Aus der Waghaltung können die Arme durch eine wagerechte Ebene ohne Schwung (Wagschwe=ben) und mit Schwung (Wagschwingen) bewegt werden. Schrägschweben und Schrägschwingen der Arme sind ähnliche Bewegungen durch eine schräg=liegende Ebene. — Im Schultergelenk können ferner die gestreckten Arme eine Drehung um ihre Längenachse machen (Armdrehen). Wenn dabei die Hände mit Hülfe des Drehgelenks der Speiche die Drehung mit=machen, so entstehen folgende Handlagen: Speichlage, wenn der Daumen: Ristlage, wenn der Handrücken; Elllage, wenn der kleine Finger; Kammlage, wenn die Hohlhand im Abhang der Arme nach vorn, in Wag=haltung nach oben, in Senkhaltung nach hinten gerichtet ist. — Das Armkreisen (vorwärts) ist eine Bewegung des gestreckten Armes im Schultergelenk, wobei derselbe, zunächst mit Speichlage der Hand, senkrecht nach

256

Fig. 10.

vorn bis in die Richtung der Senkhal=
tung gehoben wird, während allmählig eine
Achsendrehung zur Ellage der Hand erfolgt.
Dann wird der Arm senkrecht nach hinten hin=
abgeführt, wo=
bei wiederum die Ellage in die Speichlage

übergeht. [Fig. 10. Armkreisen vorwärts.] Diese Bewegung

Fig. 11.

kann auch in umgekehrter Richtung (Armkrei=
sen rück=
wärts,
Fig. 11) er=
folgen. Eine Abart des Armkreisens ist das Trichter=
kreisen, wobei der Arm vor oder seit=
wärts von dem Körper den Mantel

eines Kegels beschreibt, dessen Spitze im Schultergelenk liegt. Beide Arten können ohne und mit Schwung ausgeführt werden.

Im Ellenbogengelenk können die Arme gebeugt werden, wodurch die Vorderarme den Oberarmen sich nähern (Armbeugen). Diese Bewegung kann aus dem Abhang, der Wag= und Senkhaltung und allen Zwischenlagen des gestreckten Armes erfolgen. Der Oberarm kann dabei fest gehalten werden, so daß nur der Vorderarm sich bewegt. Die der Beugung entgegengesetzte Bewegung ist das Armstrecken, wobei wiederum nur der Vorder=arm sich zu bewegen braucht. Die Beugung sowohl als die Streckung können in dieser Form ohne und mit Schwung erfolgen, und werden in letzterem Falle Armschnellen (die Beugung Anschnellen, die Streckung Ausschnel=len) genannt. [Fig. 12. Armschnellen seitwärts wech=selarmig mit Waghaltung der Arme seitwärts.] Das schwungvolle Arm=

Fig. 12.

strecken aus einer Armbeughaltung bei festgehaltenem Oberarme wird auch als Unterarm=hauen bezeichnet. — Eine andere Form des Armbeugens und =streckens, bei welcher, außer im Ellenbogengelenk, auch im Schulter=gelenk eine Bewegung stattfindet, ist folgende: Aus dem Abhang, der Wag= und Senkhaltung und allen Zwischen=lagen werden die Arme im Ellenbogengelenk so gebeugt, daß die Hände vor den Schultern zu liegen kommen. Die Streckung erfolgt dann, indem Ober= und Unterarm an der Bewegung Theil nehmen, in der Richtung nach oben, nach vorn, nach den Seiten, nach unten, nach hinten schräg abwärts und in allen Zwischenrichtungen. [Fig. 13.] — Große Aehnlichkeit mit dieser Form des Armbeugens und =streckens zeigt das Armbeugen zum Stoß und

Handbuch für Turner.   **17**

das Armstoßen. Beim Armbeugen wird hier die (zweck=
mäßig zur Faust geballte) Hand aus einer Streckhaltung
des Armes mit kräftigem Ruck in gerader Linie an die

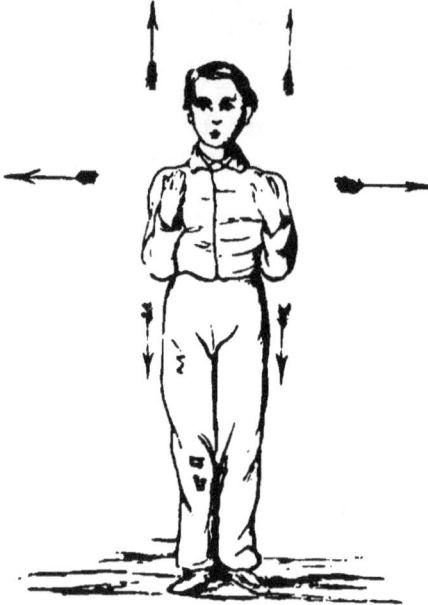

Fig. 13.

Schulter gezo=
gen, und die
Stoßstreckung
erfolgt dann
ebenso kräftig in
gerader Linie
nach den bei
der vorigen Ue=
bungsform an=
gegebenen Rich=
tungen. Auch
hier nehmen so=
wohl in der
Beugung wie in
der Streckung
Ober = und Un=
terarm an der
Bewegung
Theil. — Hieran
schließt sich ferner das Armbeugen zum Hieb und
das Armhauen. Die Faust wird bei dieser Uebung
aus einer Streckhaltung des Armes in einer Bogenlinie
vor, über, neben und unter die Schulter (der gleichen
oder der anderen Seite) geführt, worauf die Armstreckung
zum Hiebe erfolgt, indem die Faust in einer Bogenlinie
sich von der Schulter entfernt. An der Beugung wie
an der Streckung sind Ober= und Unterarme zugleich
betheiligt. Die Richtung der Hiebe ist, wenn die Faust
vor, über und neben der Schulter lag: abwärts, seit=
wärts, schräg seitwärts nach oben und unten, und rück=
wärts; wenn die Faust unter der Schulter lag: aufwärts,
seitwärts, schräg seitwärts nach oben und unten, und rück=
wärts. — Eine Bewegung des Unterarmes, an welcher
auch der Oberarm Theil nimmt, ist das Unterarm=

freifen, wobei der Unterarm den Mantel eines Kegels
beschreibt, dessen Spitze im Ellenbogengelenk liegt. Wenn
beide Unterarme wagerecht vor der Brust gehalten werden,
so können sie bei dieser Uebung sich gegenseitig umkreisen.

Im Handgelenke können Beugungen nach dem Vor=
derarme zu (Handbeugen) vorgenommen werden, in der
Richtung der Daumenseite, Kleinfingerseite, Handrücken=
seite und Hohlhandseite. Die Rückkehr der Hand aus
der Beugung zur Streckhaltung ist das Handstrecken. —
Das Handkreisen ist eine Bewegung, bei welcher die
Hand den Mantel eines Kegels beschreibt, dessen Spitze
im Handgelenk liegt. — Fingerbewegungen zu
üben geben viele Thätigkeiten des practischen Lebens, unter
anderen besonders die Handhabung musikalischer Instru=
mente (Klavierspielen), viel ergiebigere Gelegenheit, als
der Turnbetrieb es vermag. Deßhalb können die Fin=
gerübungen in einem System der Turnübungen größten=
theils unberücksichtigt bleiben. Zu beachten wären fast
allein die Beugung aller Finger zur Faust, und das
Oeffnen der Faust zur Streckhaltung der Finger; allen=
falls noch das Spreizen und Schließen der Finger.

Beinthätigkeiten. Das Becken, welches die Hüf=
ten bildet, stellt die Verbindung der Unter = Extremität
mit dem Rumpfe her. Mit dem Becken ist im Hüftge=
lenk der Oberschenkel, mit diesem im Kniegelenk der
Unterschenkel, und mit letzterem in der Fußwurzel der
Fuß beweglich verbunden. Am Fuße sind ferner zwischen
den Mittelfußknochen und Zehen, sowie zwischen den
einzelnen Zehengliedern Gelenkverbindungen vorhanden.
Die verschiedenen Theile der unteren Gliedmaßen und
ihre Gelenkverbindungen ermöglichen Bewegungen der
Hüfte, des Beines im Hüft =, Knie= und Fußgelenk und
Bewegungen der Zehen, sowie auch Haltungen, die aus
diesen Bewegungen hervorgehen.

Die Hüften können gehoben und wieder gesenkt
werden (Hüftheben und Hüftsenken). Das mit der
Hüfte verbundene Bein macht diese Bewegung mit. —
Das Bein kann im Hüftgelenk um seine Längenachse nach

außen und innen gedreht werden (Beindrehen). — Das im Knie gestreckte Bein kann im Hüftgelenk gebeugt werden. Wenn man aufrecht auf den Füßen steht, so kann mittels dieser Hüftbeugung je ein Bein vorwärts, seitwärts, rückwärts und in Zwischenrichtungen, ohne und mit Schwung, gehoben werden. Diese Bewegung, bei welcher aus der geschlossenen Haltung beider Beine eines derselben sich vom anderen entfernt, heißt Spreizen. Man unterscheidet ein Spreizen vorwärts (Fig. 14), Spreizen seitwärts (Fig. 15), rückwärts, schräg vorwärts nach außen, ebenso nach innen, schräg rückwärts nach außen wie nach innen. Die

Fig. 14.

Spreizbewegungen nach hinten sind beschränkter als die übrigen. Das Spreizen kann in jedem Punkte der Bewegung zu einer Halte (Spreizhalte) unterbrochen werden. Ist bis zur wagerechten Lage des Beines gespreizt worden, so heißt die Halte eine Waghalte. (Fig. 14 u. 15). Die dem Spreizen entgegengesetzte Bewegung ist das Beinschließen. — Beim Spreizen schräg vorwärts nach innen kreuzt sich das spreizende Bein mit dem stehenden, und zwar vor demselben (Beinkreuzen, Vorkreuzen); beim Spreizen schräg rückwärts nach innen kreuzt sich gleichfalls das spreizende Bein mit dem stehenden, aber hinter demselben (Hinterkreuzen). — Wenn ein Bein, abwechselnd nach vorn und nach hinten spreizend,

Fig. 15.

im Pendelschwung sich vor= und rück=wärts bewegt, so heißt diese Bewegung ein Vor= und Rückschwingen des Beines. Aehn=lich kann ein Seit=schwingen darge=stellt werden, wenn ein Bein, nachdem es ein wenig vor=gespreizt worden, aus dieser Vorspreiz=halte nach rechts und links geschwungen wird. Auch in der Waghaltung kann ein Bein durch eine wagrechte Ebene nach rechts und links ohne Schwung (Wagschweben) oder mit Schwung (Wagschwin=gen) bewegt werden.

Wenn man nicht auf den Füßen steht, sondern diese, indem der Körper anderweitig unterstützt ist, frei sind, oder wenn die Füße im Stehen durch einen Sprung momentan standfrei werden, so kann mittels der Beu=gung im Hüftgelenk ein Heben beider geschlossenen und gestreckten Beine nach vorn erfolgen. Bleiben die Füße (wie z. B., wenn der Körper an den Armen hängt,) längere Zeit standfrei, so kann auch ein Vor= und Rück=schwingen, ein Wagschweben und Wagschwingen und ein Seitschwingen beider geschlossenen Beine ausgeführt werden. Bei (für längere oder kürzere Zeit) standfreien Füßen können ferner beide gestreckten Beine gleichzeitig seitwärts nach außen, das rechte nach rechts, das linke nach links bewegt werden; oder gleichzeitig das eine Bein vorwärts, das andere rückwärts; oder gleichzeitig das eine Bein in einer beliebigen Zwischenrichtung und das andre in der gerade entgegengesetzten. Diese Bewegungen, bei welchen die Beine gleichzeitig in entgegengesetzten Rich= tungen sich von einander entfernen, heißen Grätschen, und zwar Seitgrätschen, wenn die Beine seitwärts nach außen, Quergrätschen, wenn das eine vor=, das andre rückwärts sich bewegen. Aus dem Grätschen gehen Grätschhalte, eine Pause in der Bewegung des Grätschens, und Grätschhaltung, ein durch die Grätschbewegung hervorgebrachtes einige Zeit andauerndes Verhalten des Körpers, hervor. Die dem Grätschen entgegengesetzte Bewegung ist das Beinschließen. Auch ein Beinkreuzen kann mit gleichzeitiger Bewegung beider Beine ausgeführt werden, indem z. B. das rechte Bein vor das linke, und zugleich dieses hinter das rechte kreuzt.

Bewegungen, welche sich aus dem Drehen und dem Beugen des Beines im Hüftgelenk zusammensetzen, sind das Beinkreisen und das Bogenspreizen. Beim Beinkreisen beschreibt das gestreckte Bein den Mantel eines Kegels, dessen Spitze im Hüftgelenk liegt. Die Bewe= gung kann vor= und rückwärts geschehen. In ähnlicher Weise wird beim Bogenspreizen das Bein aus senkrechter Haltung zuerst vorwärts gehoben, und dann im Bogen seitwärts und rückwärts wieder zur senkrechten Haltung bewegt, oder zuerst rückwärts gehoben und dann seitwärts und vorwärts bewegt. Bei standfreien Füßen kann das Bogenspreizen und das Beinkreisen gleichzeitig mit beiden Beinen erfolgen, in entgegengesetzten Richtungen um gegen einander gerichtete Achsen, das Beinkreisen aber auch mit beiden geschlossenen Beinen in derselben Rich= tung um dieselbe Achse. —

Eine Beugung des Beines im Hüftgelenk kann auch vorgenommen werden, während zugleich das Bein im Kniegelenk gebeugt wird, so daß das Knie der Brust sich nähert. Wenn man aufrecht auf den Füßen steht, so kann nur je ein Bein, sind aber die Füße standfrei (oder werden sie es durch Sprung), so können beide Beine gleichzeitig diese Bewegung ausführen, welche bei aufrechter Haltung des Körpers sich als ein Heben des Oberschenkels darstellt und Knieheben genannt wird, weil dabei die Hebung im unteren Ende des Oberschenkels, im Knie, am meisten hervortritt. Das Knieheben kann vorwärts (Fig. 16) und zwar so weit, daß das Knie die Brust berührt,

Fig. 16.

und es kann auch seitwärts geschehen. Es kann ferner ohne und mit Schwung erfolgen. Ein schwunghaftes Knieheben nach vorn wird auch (mit einem wenig empfehlenswerthen Namen) Knieaufreißen, und, wenn es bis zur Berührung der Brust geschieht, Knieanreißen genannt. Der eben erwähnten Beugung des Beines im Hüft- und Kniegelenk entgegengesetzt ist die Streckung des Beines in diesen Gelenken, welche zugleich ein Senken des Knies darstellt. Geschieht dieselbe schwunghaft, so ist sie ein Beinschlagen, welches in der Richtung vorwärts, schräg vorwärts, seitwärts und zugleich abwärts erfolgen kann.

Das Bein kann im Hüft- und Kniegelenk auch so gebeugt werden, daß die Ferse sich in gerader Linie dem Gesäß nähert, wobei die Beugung im Hüftgelenk eine mäßige, die im Knie eine bedeutende ist. In aufrechter Haltung stellt sich diese Bewegung als ein Heben des Unterschenkels oder der Ferse nach hinten dar. Die Ferse kann dabei so weit gehoben werden, daß sie das Gesäß berührt, (bis zum Anfersen, Fig. 17). Wenn aus dieser Beugung das Bein schwunghaft gestreckt wird, indem sich die Ferse in gerader Linie vom Gesäß

264

Fig. 17.

Fig. 18.

entfernt, so heißt die Bewegung
Beinstoßen. Dasselbe kann
vorwärts, seitwärts, rückwärts,
abwärts und in allen Zwischenrichtungen erfolgen.

Wenn die Füße auf dem
Boden feststehen, so kann eine
Beugung der Beine im Hüft-
und Kniegelenk, wobei die Kniebeugung vorwiegt, ausgeführt
werden, indem das Gesäß sich
den Fersen nähert. Geschieht
diese Beugung nicht weiter, als
bis Ober- und Unterschenkel
einen rechten Winkel bilden, so
heißt sie kleine Kniebeu-
gung (Fig. 18), erfolgt sie
weiter — und sie kann bis
zur Berührung des Gesäßes mit
den Fersen gehen — so nennt
man sie große oder tiefe
Kniebeugung. (Fig. 19
u. 20). Bei der kleinen
und großen Kniebeugung können die Oberschenkel schräg
nach außen und vorn gerichtet, also die Kniee geöffnet
(Fig. 18 u. 19), oder die
Oberschenkel gerade nach vorn
gerichtet, also die Kniee
geschlossen sein (Fig. 20).
Die Kniebeugungen werden
erleichtert, wenn während
derselben die Fersen zum
Zehenstande sich heben. Man
kann auch auf einem Beine
stehend mit demselben eine
Kniebeugung darstellen, wäh-

Fig. 19.

Fig. 20.

renb bas anbre sich in einer Spreizhaltung befinbet. — Den Kniebeugungen entgegengesetzte Bewegungen sinb bie Knie= streckungen, bei welchen burch Stemmthätigkeit ber Beine ber Rumpf gehoben unb Ober= unb Unterschenkel in eine gerabe, senkrechte Linie gebracht werben. Aus fortgesetztem Wechsel von Beugung unb Streckung ber Kniee geht bas Kniewippen hervor.

Die verschiedenen Be= wegungen, welche burch Beugungen im Hüft= unb Kniegelenk zu Stanbe kommen, nennt man in's Gesammt auch Ho= cken, unb bie aus ihnen hervorgehenben Haltun= gen unb Stellungen Hockhaltungen unb Hockstellungen. — Auch bei festgehalte= nem Oberschenkel unb ohne Bewegung im Hüft= gelenk kann bas Bein im Kniegelenk gebeugt werben, inbem nur ber Unterschen= kel sich bewegt. Der Oberschenkel kann babei senkrecht nach unten gerichtet sein. Dann hebt sich ber Unterschen= kel nach hinten, bis bie Ferse bas Gesäß berührt (Heb= beugen bes Unterschenkels). Ober ber Ober= schenkel kann sich in irgenb einer anberen, aus bem Spreizen hervorgehenben, festen Haltung, z. B. in Wag= haltung befinben; bann befinbet sich in ber Streckung ber Unterschenkel gleichfalls in Waghaltung, in ber Beugung aber sinkt er aus berselben hinab (Senkbeugen bes

Unterschenkels). Die der ersteren Beugung entge=
gengesetzte Streckung ist eine Senkstreckung, die der
letzteren entgegengesetzte eine Hebstreckung des Unter=
schenkels. Beiderlei Streckungen werden, wenn sie schwung=
haft geschehen, auch als Unterschenkelschlagen
bezeichnet. Wenn Beugung und Streckung schnell und
schwunghaft auf einander folgen, so nennt man diese
Thätigkeit Unterschenkelschnellen.

Bewegungen des Unterschenkels, an welchen auch der
Oberschenkel durch Drehungen um seine Längenachse Theil
nimmt, sind das Seitschwingen des Unterschen=
kels, wobei derselbe, während der Oberschenkel zur
Waghaltung vorwärts gehoben ist, eine pendelartige
Schwingung nach rechts und links macht; und das Unter=
schenkelkreisen, bei welchem der Unterschenkel während
einer Kniehebhaltung den Mantel eines Kegels beschreibt,
dessen Spitze im Kniegelenk liegt. —

Im Fußgelenk kann eine Beugung vorgenommen
werden, indem sich die Fußspitze dem Schienbein nähert
(Fußbeugen). Dieser Beugung entgegengesetzt ist die
Fußstreckung, bei welcher sich die Fußspitze möglichst
weit vom Schienbein entfernt, in dem Bestreben, Schien=
bein und Fußrist in eine gerade Linie zu bringen. Wenn
die Füße auf dem Boden stehen, so kann die Fußbeu=
gung erfolgen, indem die Fußspitzen sich heben und ein
Fersenstand eintritt; die Fußstreckung kann ähnlich
geschehen, indem die Fersen sich heben und Zehenstand
erfolgt. Wenn aber im Stehen kein Theil der Sohle
den Boden verlassen soll, so kann doch eine Beugung im
Fußgelenk eintreten, indem durch eine Kniebeugung der
Unterschenkel sich senkt, und so das Schienbein der Fuß=
spitze näher kommt. Die dieser Fußbeugung entgegenge=
setzte Streckung erfolgt dann mit der Kniestreckung, indem
wieder der Unterschenkel sich erhebt, und so das Schien=
bein von der Fußspitze entfernt wird. — Das Fuß=
wippen ist eine Bewegung, bei welcher im Stehen
durch Strecken und Beugen des Fußgelenkes abwech=
selnd und fortgesetzt Zehenstand und Sohlenstand erfolgen.

Im Fußgelenk kann ferner eine Seitenbewe=
gung des Fußes vorgenommen werden, so daß die
Fußspitze sich nach innen oder nach außen bewegt; sowie
ein Fußkreisen, bei welchem der Fuß den Mantel
eines Kegels beschreibt, dessen Spitze im Fußgelenk liegt;
und endlich eine Drehung des Fußes um seine
Längenachse, wodurch entweder der äußere oder der
innere Fußrand sich nach oben wendet, so daß man
stehend nicht mit der Sohle, sondern mit dem inneren
oder äußeren Fußrande den Boden berührt. — Von
Bewegungen der Zehen sind die gemeinschaftlichen
Beugungen der fünf Zehen in ihren Verbindungen
mit den Mittelfußknochen bemerkenswerth, wodurch die
Zehen sich heben, so daß ihre Rückenflächen dem Fußrist
genähert werden. In der Streckung senken sie sich
wieder. Wenn die Füße auf dem Boden stehen, so kann
diese Beugung der Zehen auch hervorgebracht werden, indem
bei einer Streckung des Fußgelenks die Fersen sich heben
und Zehenstand eintritt. Mit dem Senken der Fersen
erfolgt dann auch wieder die Zehenstreckung. — —

Es ist bereits im vorigen Abschnitt (S. 251) darauf
hingewiesen worden, daß man die Thätigkeit des Körpers
und seiner Theile an und für sich betrachten könne, daß
man aber ferner, da der Mensch und sein Thun nie=
mals ohne alle Beziehung zur Außenwelt seien, die auf
die turnerische Uebungsthätigkeit einwirkenden äußeren
Verhältnisse berücksichtigen müsse. Nachdem wir nun
demgemäß versucht haben, im ersten Theile dieses (2.)
Abschnittes die Thätigkeiten des Körpers nur in Bezug
auf sein Verhalten und das seiner Theile zu der Thätig=
keit zu betrachten, möglichst vollständig darzustellen und
der Gliederung des Körpers gemäß zu ordnen, so müssen
wir doch zugestehen, daß wir dabei in einer Beziehung
das äußere Verhalten des Menschen beachten mußten,
insofern wir nämlich ihn, als einen materiellen Körper,
sowohl in seinen Beziehungen zum Raume als auch mit
den allgemeinen physikalischen Eigenschaften aller solchen

Körper behaftet uns denken mußten. Wir gingen in der Schilderung der Bewegungs = Formen und Richtungen von der Anschauung aus, daß der Körper sich in auf= rechter Stellung mit den Füßen auf dem Boden stehend, d. h. in einem Zustande, der als natürliche Ausgangs= stellung aller menschlichen Thätigkeiten gilt, befände, so daß der Kopf oben, die Füße unten, Gesicht und Brust vorn, der Rücken hinten wären, eine Bewegung in der Richtung von den Füßen zum Kopfe hin als ein Heben, eine umgekehrte als ein Senken sich darstellen würde, u. s. f.

In Folge seiner Schwere bedarf der menschliche Kör= per, wenn er nicht fallen soll, einer stützenden Grund= lage. Von einer solchen kann er sich freilich durch eigene Kraft (z. B. im Sprunge) erheben, so daß er dann, aber nur für kurze Zeit, sich im Zustande des Fliegens befindet.

Demnach kann der Körper seine Bewegungsthätig= keiten überhaupt nur in Zuständen des Unterstütztseins, des activen Fliegens oder des passiven Fallens ausüben. Letzteres kann begreiflicher Weise niemals als ein Zustand betrachtet werden, der zur Entfaltung turnerischer Thätig= keiten geeignet wäre. Es bleiben somit für die Vornahme körperlicher Uebungen nur die Zustände des Unterstütz= seins und des Fliegens übrig, welche aber beide der stützenden Grundlage des Körpers bedürfen.

Die allgemeine und natürliche Grundlage für alle Erdenbewohner ist aber der Erdboden.

Wenn wir nun auch die Thätigkeiten des Körpers so viel als möglich an und für sich in's Auge fassen, so werden wir dabei doch von dem stützenden Boden nicht absehen können, vielmehr die Zustände betrachten müssen, in welchen der Mensch auf dieser Grundlage sich befinden kann, und welche die nothwendigen Bedingungen für die Ermöglichung jener Thätigkeiten abgeben.

Damit soll nun keineswegs schon in eine Betrach= tung jener im vorigen Abschnitte angedeuteten äußeren Dinge (natürliche Gegenstände, Hindernisse, künstliche

Vorrichtungen, Geräthe), welche auf die Thätigkeiten des Leibes an sich erleichternd, erschwerend, vermannigfachend einwirken können, d. h. der sog. äußeren Uebungsmittel, eingegangen, sondern es sollen zunächst nur erst die eigenen Mittel, die der auf dem Erdboden sich befindende Mensch in sich selber zu seiner leiblichen Uebung besitzt, berücksichtigt werden.

Auf dem Erdboden, den wir in einfachster Gestaltung als horizontale Ebene uns denken, oder auf einem anderen ihm nachgebildeten ebenen Boden kann der Mensch sich in den Ruhezuständen des Liegens, Sitzens, Liegestützens, Knieens und Stehens, sowie in den aus mehreren dieser Ruhezustände abgeleiteten Bewegungszuständen des Gehens, Laufens, Hüpfens und Springens befinden. Die Zustände des Laufens, Hüpfens und Springens enthalten zugleich den Zustand des Fliegens. Wenngleich die Zustände des Liegens, Sitzens und Liegestützens als die ursprünglicheren und unmittelbareren anzusehen sind, in denen sich der Mensch in seiner ersten Kindheit befindet und aus denen er erst allmählig durch Uebung zu dem künstlicheren Stehen gelangt, so ist das letztere (nebst den aus ihm abgeleiteten Bewegungszuständen) doch für eine freie Entfaltung der Bewegungsmöglichkeiten so viel mehr geeignet, daß, um diese kennen zu lernen, man den Körper zunächst im Zustande des Stehens betrachten muß. — Die Bewegungsthätigkeiten des Körpers und seiner Theile in den Zuständen des Stehens, Gehens, Laufens, Hüpfens, Springens, Knieens, Sitzens, Liegens und Liegestützens auf dem ebenen Boden bilden das Gebiet der turnerischen Freiübungen. Dieser Name ist von Spieß gewählt worden, weil diese Uebungen solche seien, „welche frei von Geräthen, in Zuständen, welche die freieste Thätigkeit zulassen, den Leib des Turners frei machen sollen."

Stehen und Freiübungen im Stehen. Stehen ist der Zustand des Leibes, in welchem die Füße den Boden berühren, die Beine durch Thätigkeit der Streckmuskeln gegen diesen stemmen,*) und der Leib sich im Gleichgewicht befindet, weil sein Schwerpunkt unterstützt ist, indem er senkrecht über der Unterstützungsfläche liegt.

Wenn im Stehen Beine, Rumpf und Kopf völlig gestreckt, die Beine und Fersen geschlossen, die Füße in einem Winkel von etwa 60⁰ auswärts gerichtet sind, und die Arme senkrecht an den Seiten des Körpers herabhängen, so heißt dieses Verhalten Grundstellung.

Das Stehen kann durch verschiedene Thätigkeiten der Unterglieder aus der Grundstellung mannigfach abge= ändert werden. Es kann beibbeinig und einbeinig geübt werden. Letzteres, indem das eine Bein durch Hüftheben, Spreizen, Knieheben oder Hebbeugen des Unterschenkels standfrei wird. Das einbeinige Stehen kann abwechselnd auf dem einen und dem anderen Beine vorgenommen werden, wodurch ein wechselbeiniges Stehen, ein Wechselstand eintritt. — Durch Be= wegungen im Fußgelenk kann ein Zehenstand, Fer= senstand und Stand auf dem inneren oder äußeren Fußrand entstehen. — Durch Drehungen des Beines im Hüftgelenk um seine Längenachse können Drehstellun= gen hervorgebracht werden, wobei entweder die Füße geschlossen sind (Schlußstellung); oder die Spitze des rechten Fußes rechts seitwärts, die des linken links seit= wärts gerichtet ist, und, bei geschlossenen Fersen, die Füße in einer geraden Linie stehen (Zwangstellung); oder die Fußspitzen geschlossen und die Fersen geöffnet sind. — Durch Spreizbewegungen und Niederstellen des spreizenden Beines in einiger Entfernung vom Stand= bein können Schritt=, Grätsch= und Kreuzstellungen ent= stehen, und zwar Vorschritt=, Rückschritt=, Seit= schrittstellung durch Bein=Spreizen und Niederstellen vorwärts, rückwärts, seitwärts; Schrägschrittstel= lung vorwärts oder rückwärts durch Bein=Spreizen und

---

*) Stemmen heißt überhaupt eine gegen einen äußeren festen Punkt gerichtete Streckthätigkeit des Körpers oder seiner Theile.

Niederstellen schräg vorwärts oder rückwärts nach außen; Kreuzstellung durch Spreizen und Niederstellen schräg vorwärts oder rückwärts nach innen; Seitgrätsch= stellung durch Seitspreizen und Niederstellen seitwärts zuerst des einen, dann des anderen Beines; endlich Quer= grätschstellung durch Vorspreizen und Niederstellen vorwärts des einen und Rückspreizen und Niederstellen rückwärts des anderen Beines. Aehnlich werden auch die sog. Meßstellung, (bei welcher ein Fuß vor den anderen gesetzt wird, so daß die Ferse des vorderen die Spitze des hinteren berührt und beide in einer geraden Linie stehen,) und die Tanz=Positionen gebildet. — Durch Beugungen in den Kniegelenken können die Grundstellung und alle anderen eben erwähn= ten, aus derselben abgeleiteten Stellungen noch weiter abgeändert werden. So entsteht, durch größere oder geringere Beugung im Knie ein Hockstand, welcher beibeinig aus geschlossener Beinhaltung oder aus einer beliebigen Schrittstellung erfolgen kann. (Fig. 18 u. 19, Hockstand aus der Grundstellung; Fig. 20, Hockstand aus der Schlußstellung.) Eine Schrägschrittstellung mit mäßig gebeugten Gelenken beider Knie ist die Auslagestel= lung der Fechter. Hockstellungen eines Beines können vorkommen, indem das andre Bein durch Sprei= zen oder dergleichen standfrei wird. In den Schritt= stellungen kann auch, während das Knie des einen Beines gebeugt ist, das des anderen gestreckt sein, so im Fech= ter-ausfall, welcher aus einem Schritt vorwärts, schräg vorwärts oder seitwärts mit Kniebeugung nur des aus= geschrittenen Beines hervorgeht. (Fig 21. Ausfall schräg vorwärts rechts.) Doch kann man auch in die Ausfall= stellung gelangen, indem das eine Bein mit gestrecktem Knie einen Schritt rückwärts, schräg rückwärts oder seit= wärts macht, während das Knie des anderen standfest bleibenden Beines gebeugt wird. —

Im Stehen lassen sich sämmtliche im ersten Theile dieses Abschnittes aufgeführten Kopfthätigkeiten (Kopf= drehen, Kopfbeugen und =strecken, Kopffrei=

Fig. 21.

fen), ferner sämmtliche Rumpfthätigkeiten (Rumpfdre=
hen, Rumpfbeugen und =strecken, Rumpfwippen,
Rumpfkreisen), sowie alle Armthätigkeiten (Achsel=
zucken, Vor= und Rückschultern, Schulter=
kreisen, Armheben und =senken, Armschwingen
auf= und abwärts, nach vorn und hinten und
den Seiten, Wagschweben und Wagschwingen
der Arme, Armdrehen, Armkreisen, Trichter=
kreisen, Armbeugen und =strecken, Armschnel=
len, Armstoßen, Armhauen, Unterarmkreisen,
Handbeugen und =strecken, Handkreisen) dar=
stellen. Die Armthätigkeiten können sämmtlich mit beiden
Armen zugleich (gleicharmig), mit einem Arm
(einarmig), oder mit einem und dem anderen Arme
abwechselnd (wechselarmig) ausgeführt werden. Von
den oben angegebenen Beinthätigkeiten lassen sich im
Stehen die meisten; jedoch viele nur ein= und wechsel=

beinig, nicht gleichbeinig ausüben. Das Bein=
drehen, die kleine und große Kniebeugung,
das Kniewippen, Fußbeugen und =strecken im
Fersenstand und Zehenstand, Fußwippen,
Seitenbewegungen des Fußes, Drehungen
des Fußes um seine Längenachse, Zehen=
beugen und =strecken können gleichbeinig, ein=
und wechselbeinig, dagegen das Hüftheben und
=senken, die verschiedenen Spreizbewegungen, das
Vor= und Rückschwingen, Seitschwingen,
Wagschweben und Wagschwingen, Beinkreisen
und Bogenspreizen, Knieheben, Unterschen=
kelheben, Beinschlagen, Beinstoßen, Unter=
schenkelschlagen und =schnellen, Seitschwin=
gen des Unterschenkels, Unterschenkelkreisen
und Fußkreisen nur ein= und wechselbeinig geübt
werden.

Gehen und Freiübungen im Gehen. Gehen ist
eine Bewegung des ganzen Leibes, welche aus dem Stehen
hervorgeht, indem in fortgesetztem Wechsel das eine Bein
vom Boden gehoben wird, während das andere standfest
bleibt, dann das gehobene Bein sich niederstellt, worauf
das andere sich hebt. Abwechselnd befinden sich hierbei
das eine Bein und dann wieder beide in Stemmthätigkeit,
während der Leib dauernd unterstützt ist, abwechselnd von
einem und dann von beiden Beinen.

Wenn das Gehen aus der Grundstellung hervorgeht,
indem aus dieser das eine Bein spreizend mit geringer
Fußstreckung gehoben und dann niedergestellt, und darauf
das andere Bein ebenso gehoben und niedergestellt wird,
so heißt diese Art des Gehens Grundgang im wei=
teren Sinne. Derselbe kann an Ort und von Ort
geschehen. Beim Gang an Ort wird das gehobene Bein
jedesmal auf dieselbe Stelle niedergesetzt, von welcher es
sich erhob. Beim Gange von Ort wird das gehobene
Bein nicht auf dieselbe Stelle niedergesetzt, von der es
sich erhob. Der Gang von Ort kann vorwärts, rück=
wärts, seitwärts und in Zwischenrichtungen (schräg vor=

wärts und schräg rückwärts) erfolgen, und er kann in
allen diesen Richtungen ein.Gang mit Uebertreten
(Grundgang im engeren Sinne oder gewöhn=
licher Gang) und ein Gang mit Nachstellen sein.
Beim Gang mit Uebertreten vorwärts wird das gehobene
Bein vorgespreizt, dann zu einer Vorschrittstellung nieder=
gestellt, darauf das andere Bein gleichfalls, und zwar
neben dem ersteren vorbei, vorgespreizt und vor. demselben
niedergestellt, so daß in den einander folgenden Schritt=
stellungen immer abwechselnd der eine Fuß vor dem
anderen zu stehen kommt. Beim Gang mit Uebertreten
rückwärts erfolgt entsprechend ein Rückspreizen und Nieder=
stellen des Beines zur Rückschrittstellung. Beim Gang
mit Uebertreten seitwärts wird, wenn derselbe nach rechts
gerichtet ist, das rechte Bein rechts seitwärts gespreizt,
zur Seitschrittstellung rechts niedergestellt, und darauf
das linke Bein vor oder hinter dem rechten kreuzend nach
rechts gespreizt und zur Kreuzstellung niedergestellt, so
daß hier abwechselnd Seitschrittstellungen und Kreuzstellun=
gen auf einander folgen. Bei demselben Gange nach
links schreitet das linke Bein spreizend nach links aus
und das rechte macht die Kreuzung.

Beim Gang mit Nachstellen (Nachstellgang)
wird das ausschreitende Bein vorwärts, rückwärts oder
seitwärts gespreizt und zur Vor=, Rück= oder Seitschritt=
stellung niedergestellt, worauf das andere (nachschreitende)
Bein an das erstere zur Grundstellung herangezogen
wird. Es kann hierbei fortgesetzt dasselbe Bein immer
ausschreiten, während das andere immer nachschreitet.
Oder es kann bei einer beliebigen Schrittzahl das rechte
Bein aus=, das linke nachschreiten, und dann bei einer
beliebigen Schrittzahl das linke Bein aus=, das rechte
nachschreiten. Oder es kann abwechselnd beim ersten von
je zwei Schritten das rechte Bein aus=, das linke nach=
schreiten, und beim zweiten Schritt das linke Bein aus=
und das rechte nachschreiten.

Aus der verschiedenen Art des Ausschreitens und
Nachschreitens, des Niederstellens der Beine und der

Verbindung von Schritten mit Uebertreten und mit Nach=
stellen gehen mancherlei künstliche, auf Turnplätzen und
auch im Tanze angewandte, Gangarten hervor, von
denen wir als die bekanntesten Kiebitzgang, Wiege=
gang und Baskengang (s. Dieter's Merkbüchlein,
5. Aufl., S. 34 u. 35.) nennen.

Alle bisher genannten, dem Grundgange im weiteren
Sinne angehörigen Gangarten können noch dadurch mannig=
facher gestaltet werden, daß sie auf längere Zeitdauer
(als Dauergänge) oder in verschiedenen Zeitmaaßen
der Bewegung (als Schnell= und Langsamgang)
oder mit großen oder kleinen Schritten, im Gleichmaaß
der Schritte (Taktgang) oder mit ungleichmäßigen
Schritten, (wobei die einzelnen nach Zeitmaaß und Größe
verschieden sein können), mit langer oder kurzer Dauer
der Spreizstellungen im Verhältniß zu der Dauer der
Schrittstellungen, mit lautem Niedertritt (Stampfgang)
oder mit leisem Tritt (Leisegang) geübt werden.

Gangarten, welche vom Grundgange wesentlich
abweichen, entstehen, wenn die Ausgangsstellung des
Gehens nicht die Grundstellung sondern irgend eine andere
ist. So werden aus dem Zehenstande der Zehengang,
aus dem Fersenstande der Fersengang, aus der Zwang=
stellung der Zwanggang, aus den Schritt=, Grätsch=
und Kreuzstellungen Gangarten in der Vor= und Rück=
schrittstellung (seitwärts rechts und links), in der Seit=
grätschstellung (vorwärts und rückwärts), in der Kreuz=
stellung (vorwärts und rückwärts), aus der Meßstellung
der Meßgang, endlich aus dem Hockstande der Hock=
gang, aus der Fechterauslage ein Gang in derselben
und aus dem Fechterausfall ein Gang in demselben
abgeleitet. Auch bei diesen Gangarten kann die Mannig=
faltigkeit durch verschiedene Zeitdauer des Gehens, durch
Verschiedenheit im Zeitmaaß und in der Größe der Be=
wegungen, wie kurz vorher erwähnt wurde, gesteigert
werden. —

Mit dem Gehen in den verschiedenen Gangarten
lassen sich alle schon früher (S. 252 u. folgde.) ange=
18*

führten Kopf=, Rumpf= und Armthätigkeiten verbinden.
Auch von den dort genannten Beinthätigkeiten können
viele im Gehen ausgeübt werden. Doch ist hier zu
beachten, daß manche Beinthätigkeiten nur mit dem stand=
festen, andere mit dem standfreien, und wieder manche
mit einem und dem anderen Beine darzustellen sind. Es
lassen sich nun ausführen ein Hüftheben und =senken
des standfreien Beines, ein Beindrehen des standfreien
Beines, beßgleichen des standfesten Beines, Bewegungen
des Spreizens, Beinkreuzens, Wagschwebens
und =schwingens, Bogenspreizens und Bein=
kreisens mit dem standfreien Beine, ein Knieheben
des standfreien Beines (Steigegang), ein Bein=
schlagen, Beinstoßen, Unterschenkelheben,
Unterschenkelschlagen und =schnellen, Seit=
schwingen des Unterschenkels und Unterschen=
kelkreisen des standfreien Beines, ein Kniewippen
des standfesten Beines (Kniewippgang), ein Fuß=
wippen des standfesten Fußes und ein Fußbeugen,
=strecken, =drehen und =kreisen des standfreien
Fußes.

**Hüpfen, Springen und Laufen, und Freiübun=
gen in diesen Zuständen.** Die Zustände des Hüpfens,
Springens und Laufens stellen sämmtlich Bewegungen
dar, bei welchen der Körper aus den Stehen durch
Stemmthätigkeit der Beine so aufgeschnellt wird, daß er
den Boden verläßt und fliegt, bis er in Folge der Schwere
wieder auf denselben zum Stande niederfällt.

Dem Stemmen der Beine, wodurch das Aufschnellen
veranlaßt wird, muß eine Beugung derselben im Fuß=
oder Kniegelenk oder in beiden und auch noch im Hüft=
gelenk vorangehen. Das Aufschnellen erfolgt dann durch
plötzliche Streckung der gebeugten Gelenke und Abstoßen
der Füße vom Boden. Der Körper kann auf diese Weise
senkrecht aufgeschnellt werden und dann wieder auf die=
selbe Stelle niederfallen, wo er vorher stand (Hüpfen
an Ort), oder er kann in einem Bogen vorwärts, rück=
wärts, seitwärts und in Zwischenrichtungen fortgeschnellt

werden und auf eine andre Stelle niederfallen, als wo
er, vorher stand (Hüpfen von Ort, vorwärts,
rückwärts, seitwärts u. s. w.) Im Niederfallen
werden wieder die Gelenke des Beines mäßig gebeugt
und dann stemmend gestreckt.

Das Hüpfen an Ort und von Ort kann beid=
beinig, einbeinig (Hinkhüpfen, Hinken), und
wechselbeinig geschehen; es kann ferner aus und in
der Grundstellung, aus und in dem Zehenstande, aus
und in verschiedenen Drehstellungen der Beine, aus und
in Schritt=, Grätsch= und Kreuzstellungen, aus und in
der Meßstellung und endlich aus und in dem Hockstande
erfolgen. Die Beinstellung nämlich, welche beim Auf=
schnellen vorhanden war, kann während des Fliegens
beibehalten werden, so daß der Körper beim Niederfallen
sich in derselben Stellung wie vorher befindet. Oder sie
kann während des Fliegens verändert werden, so daß
dann der Körper beim Niederfallen eine andere Stellung
einnimmt.

Das Springen unterscheidet sich vom Hüpfen
nur quantitativ durch kräftigere Stemmthätigkeit beim
Aufschnellen wie beim Niederfallen und durch länger dau=
erndes Fliegen. Es besteht aus denselben drei Momenten
wie das Hüpfen, die man hier Absprung, Fliegen und
Niedersprung nennt, und verhält sich auch in Bezug auf
die Bewegungsformen ganz wie das Hüpfen.

Das Laufen ist ein wechselbeiniges Hüpfen, bei
welchem der Körper aus dem Stehen von einem Beine
aufgeschnellt wird und auf das andre niederfällt, welches
nun seinerseits das Aufschnellen übernimmt, u. s. f. in
stetem Wechsel. Die Bewegung des Laufens erscheint
der des Gehens ähnlich, ist aber von letzterer dadurch
unterschieden, daß beim Gehen der Körper ununterbrochen
unterstützt ist (abwechselnd von einem Beine und von
beiden Beinen), während beim Laufen Zeiten der Unter=
stützung durch ein Bein und Zeiten des Fliegens in
unmittelbarem Wechsel einander folgen.

In ähnlicher Weise wie die verschiedenen Arten
des Gehens gestalten sich auch die des Laufens, nämlich
als ein Grundlauf im weiteren Sinne, an Ort
und von Ort, welcher letztere in allen möglichen Rich=
tungen des Gehens erfolgen kann. Der Grundlauf kann
auch ebenso ein Lauf mit Uebertreten (Grundlauf im
engeren Sinne, gewöhnlicher Lauf, Trablauf)
und ein Lauf mit Nachstellen (Nachstelllauf, Ga=
lopplauf) sein. Wie beim Gehen aus den verschiedenen
Arten des Ausschreitens und Nachschreitens, des Nieder=
stellens der Beine und der Verbindung von Schritten
mit Uebertreten und mit Nachstellen mancherlei künstliche,
im Turnen und im Tanze vielfach angewandte Gangarten,
wie Kiebitzgang, Wiggegang, Baskengang hervorgehen,
so bilden sich auch aus dem Laufe die bekannten und
beliebten künstlichen Lauf= und Hüpfarten des Kiebitz=
laufes oder Kiebitzhüpfens; Wiegelaufes oder
Wiegehüpfens und Baskenlaufes oder Basken=
hüpfens. Durch eine Verbindung des Gehens mit
ein= oder wechselbeinigem Hüpfen entsteht der Hopfer=
gang (s. Dieter's Merkbüchlein, 5. Aufl., S. 34), und
durch eine Verbindung des Kiebitzhüpfens mit einem ein=
beinigen Hüpfen nach jedem dritten Tritt des Kiebitz=
hüpfens das Schottischhüpfen.

Laufarten, die aus von der Grundstellung verschie=
denen Ausgangsstellungen entstehen, gestalten sich wie
entsprechende Gangarten, so der Zehenlauf, Fersen=
lauf, Zwanglauf, Laufarten in Schritt=, Grätsch=
und Kreuzstellungen, in der Meßstellung, Hockstellung,
in der Fechterauslage und im Fechterausfall.

Auch der Lauf kann auf längere Zeitdauer (als
Dauerlauf), oder in verschiedenen Zeitmaaßen der
Bewegung (als Schnelllauf oder Rennen und als
Langsamlauf), oder mit großen und kleinen Schritten,
im Gleichmaaß der Schritte (Taktlauf), oder mit
ungleichmäßigen Schritten, wobei die einzelnen nach Zeit=
maaß und Größe verschieden sein können, mit lautem
Niedertritt (Stampflauf) oder mit leisem Tritt geübt

werden. Wenn das Aufschnellen im Laufe mit mäßiger Kraft erfolgt, so nennt man den Lauf auch Hüpflauf, geschieht es mit bedeutender Kraft, Springlauf. Der sog. Laufsprung ist ein in die Weite oder in die Höhe, oder in die Weite und Höhe ausgedehnter Laufschritt, der im kräftigen Trablauf gemacht wird, indem mit einem Fuß abgesprungen, auf den anderen niedergesprungen und sofort weitergelaufen wird. —

In den Zuständen des Hüpfens, Springens und Laufens lassen sich alle früher angegebenen Kopf=, Rumpf= und Armthätigkeiten darstellen, die beiden ersteren freilich meist nur schwierig, unvollkommen und unschön, die letzteren dagegen fast alle, besonders das Armschwingen und Armstoßen, sehr schön und zweckmäßig.

Was die Darstellung von Beinthätigkeiten im Hüpfen, Springen und Laufen betrifft, so lassen sich zunächst im beibbeinigen Hüpfen und Springen; und zwar während des Fliegens das Beindrehen, das Heben beider geschlossenen und gestreckten Beine nach vorn, das Seit= und Quergrätschen und Bein=kreuzen ausführen, und zwar so, daß zugleich auch während des Fliegens die diesen Thätigkeiten in der Be=wegungsrichtung entgegen gesetzten, also z. B. nach dem Beinheben das Senken, nach dem Grätschen das Schließen, ausgeführt werden, und der Niedersprung zur ursprüng=lichen Stellung erfolgt; oder auch so, daß Drehen, Grät=schen oder Kreuzen der Beine (aber nicht das Heben nach vorn) zu einer Haltung (Dreh=, Grätsch=, Kreuzhaltung) führen, die noch im Niedersprung beibehalten wird. Im beibbeinigen Hüpfen und Springen läßt sich ferner ein beibbeiniges Knieheben, auch mit Beinschlagen im Niedersprung, ferner ein Anziehen beider Beine zum Stoß und ein Beinstoß im Niedersprung, ein Unter=schenkelheben (bis zum Anfersen), auch mit Unter=schenkelschlagen im Niedersprung, ein Kniewippen und Fußwippen darstellen. — Im einbeinigen Hüpfen und Springen (und auch im Wechsel=hüpfen, falls der Wechsel des Hüpfbeins erst nach

mehreten Hüpfen erfolgt), laffen fich mit dem Hang=
bein das Beindrehen, Spreizen vorwärts, feit=
wärts, rückwärts und fchräg, Kreuzen vorwärts und
rückwärts, Wagfchweben und =fchwingen, Bogen=
fpreizen und Beinkreifen, Knieheben, Bein=
fchlagen, Beinftoßen, Unterfchenkelheben,
Unterfchenkelfchlagen und =fchnellen, Unter=
fchenkelkreifen, Fußbeugen und =ftrecken, Sei=
tenbewegungen, Drehungen und Kreifen des
Fußes ausführen. Mit dem Hüpfbein dagegen
können das Beindrehen, Knieheben, auch mit
Beinfchlagen im Niederhupf, Beinanziehen zum Stoß
und der Beinftoß im Niederhupf, Unterfchenkel=
heben, auch mit Unterfchenkelfchlagen im Niederhupf, Kniewippen und Fußwippen dargeftellt wer=
den. Hier ift auch der gewöhnliche Spreizfprung
(vorwärts) zu erwähnen, welcher aus der Grundftellung,
Vorfchrittftellung oder dem Lauf erfolgt, indem ein Bein
(in der Vorfchrittftellung und im Lauf das vordere)
abfpringt, während das andre (in der Vorfchrittftellung
und im Lauf das hintere) vorfpreizt, worauf dann wäh=
rend des Fliegens beide Beine fich fchließen und der
Niederfprung zur Grundftellung erfolgt. Mit dem wech=
felbeinigen Hüpfen (wenn nach jedem Hupf ein
Wechfel des Hüpfbeins erfolgt), und dem Laufen laffen
fich befonders wechfelbeiniges Spreizen, Bogen=
fpreizen, Kreuzen, Knieheben, Unterfchenkel=
heben, Beinfchlagen, Beinftoßen, Unterfchen=
kelfchlagen, Kniewippen und Fußwippen ver=
binden.

Hand=, Unterarm=, Genick= und Kopfftehen.
Auf der Stützfläche des ebenen Bodens kann der Menfch
fich in Zuftänden befinden, bei welchen nicht, wie bei
den bisher betrachteten, die Füße fondern andere Körpertheile, oder nicht die Füße allein fondern auch andere
Körpertheile den Boden berühren und durch Stemmthätig=
keit den Körper im Gleichgewicht halten. Solche Zuftände
find das Handftehen, bei welchem die Hände den

Boden berühren, und der Rumpf entweder zwischen den
stemmenden Armen hängt, mit hockend angezogenen oder
nur im Hüftgelenk gebeugten und ·nach vorn gestreckten·
Beinen; oder bei welchem der gestreckte Körper sich ·in
senkrechter, aber umgekehrter Lage, die Füße nach oben, den
Kopf nach unten gerichtet, befindet. Ferner das Unter=
armstehen, wobei der Körper, gleichfalls in umgekehr=
ter Lage, sich auf den auf den Boden gelegten Unter=
armen stützt; das Genickstehen, bei welchem Nacken,
Schultern und Oberarme, während die Hände auf die
Hüften gesetzt sind, und das Kopfstehen, bei dem
Vorderkopf und beide Hände den Körper in umgekehrter
Lage unterstützen.

Knieen, Sitzen, Liegen und Liegestützen. Zu
jenen Zuständen gehören ferner das Knieen, Sitzen, Lie=
gen und Liegestützen. Beim Knieen ruht (steht) der
Körper auf den Knieen und meist auch auf den Schien=
beinen und Fußristen. Man kann im Knieen, entsprechend
den Stellungen im Stehen, eine Grundstellung, Seit=
und Quergrätschstellung und Schrittstellungen darstellen,
man kann beibbeinig, ein= und wechselbeinig knieen, und
im Knieen Gangbewegungen, Beugungen im Hüft= und
Kniegelenk, Kopf-, Rumpf= und Armthätigkeiten ausführen.

Beim Sitzen auf dem Boden ruht der Körper auf
dem Gesäß, und die Beine liegen entweder gestreckt
(geschlossen oder gegrätscht), mit der hinteren Seite des
Oberschenkels, Wade und Ferse auf dem Boden, oder
sie sind hockend gebeugt, (wobei auch die Unterschenkel
gekreuzt sein können), und die Füße allein liegen auf.
Im Sitzen kann man sich fortbewegen durch ein abwech-
selndes Sitzen auf den Sitztheilen der rechten und linken
Körperhälfte (Sitzeln) oder durch ein Aufschnellen des
Körpers (Sitzhüpfen.) Im Sitzen, auch in ·Ver=
bindung mit dem Sitzeln und Sitzhüpfen, lassen sich
Kopf-, Rumpf=, Arm= und Beinthätigkeiten in passender
Auswahl darstellen.
Im Liegen ruht der Körper entweder auf seiner
ganzen Rückseite oder auf der vorderen oder der rechten

ober linken Seite. Die Stemmthätigkeit kann hier gänz=
lich aufhören, so daß der Körper sich völlig passiv verhält;
es können aber auch die Muskeln der aufliegenden Körper=
seite durch allgemeine Spannung gegen den Boden stemmen.
Man kann im Liegen sich fortschieben und sich vom Bo=
den abschnellen, man kann auch in diesem Zustande Kopf=,
Rumpf=, Arm= und Beinthätigkeiten in passender Aus=
wahl vornehmen.

Beim Liegestützen ist der Körper von den Armen
und Beinen unterstützt, und wendet dem Boden die vor=
dere, hintere oder die rechte oder linke Seite zu (Liege=
stützt vorlings, rücklings, seitlings). Es kön=
nen von Theilen des Armes die Hände oder die Unter=
arme oder die Ellenbogen, von Theilen des Beines im Liege=
stüt vorlings die Füße oder die Kniee, oder Kniee, Unter=
schenkel und Füße, im Liegestüt rücklings, die Füße den Bo=
den berühren. Arme und Beine können gestreckt oder gebeugt
sein. [Siehe Fig. 22. Liegestüt vorlings auf Händen
und Füßen.]

Fig 22.

Im Liege=
stüt kön=
nen beide
Arme und
beide Bei=
ne, oder
ein Arm
und beide
Beine,
oder beide
Arme und ein Bein, oder ein Arm und ein Bein den
Boden berühren. Man kann in diesem Zustande Kopf=,
Rumpf=, Arm=, Beinthätigkeiten ausführen. Der Kopf
kann gebeugt, gedreht und kreisend bewegt werden, der
Rumpf gebeugt und gedreht, die Arme aus dem Stütz
wechselseitig gehoben und gesenkt, im Stütz gleicharmig,
wechsel= und einarmig gebeugt und gestreckt werden; ein
stützfreier Arm kann Armstöße, Armhiebe u. dgl. aus=

führen; es kann Stützeln und Stützhüpfen der Arme (an
und von Ort, letzteres vorwärts, rückwärts, seitwärts
zum Kreise, wobei die Füße feststehen), ausgeführt werden.
Beim Stützhüpfen können die Hände während des Flie=
gens zusammengeklappt werden. Ebenso können die Beine
gehoben und gesenkt, gebeugt und gestreckt werden; es
können Beinstöße u. dgl., ein Gehen und wechselbeiniges,
ein = und gleichbeiniges Hüpfen (an und von Ort, letzteres
vorwärts, rückwärts, seitwärts zum Kreise, wobei die
Arme feststehen), dargestellt werden. Beim gleichbeinigen
Hüpfen können die vorher in Seitgrätschstellung befind=
lichen Beine während des Fliegens ein Fußklappen aus=
führen. Auch lassen sich Stützeln der Arme mit Gehen
der Beine, Stützhüpfen der Arme mit Hüpfen der Beine
(letztere Zusammensetzung auch mit Hand= und Fußklappen)
verbinden.

  Thätigkeiten des Drehens. In allen bisher
geschilderten Ruhe = und Bewegungszuständen können
Drehungen des ganzen Körpers vorgenommen
werden. Es sind dies Thätigkeiten, welche sich zwischen
die bereits oben abgehandelten Thätigkeiten der einzelnen
Körpertheile nicht einordnen lassen, da zu ihrer Ausfüh=
rung stets mehrere verschiedene Körpertheile mitwirken.
Sie können Drehungen um die Längen=, Breiten = oder
Tiefenachse des Körpers sein, und einen ganzen Kreis
oder verschieden große Theile eines Kreises umfassen.
(Achtel=, Viertel=, halbe, dreiviertel=, ganze
Drehungen.) Die Drehungen können ohne und mit
Schwung gemacht werden. Wenn mehrere Drehungen
unmittelbar auf einander folgend ausgeführt werden, so
können sie alle in derselben Richtung (als Gleichdre =
hen) oder die je folgende in einer der vorhergehenden
Drehung entgegengesetzten Richtung (als Gegendrehen)
geschehen.

  Die Drehungen um die Längenachse erfolgen
nach rechts oder links hin, und zwar: 1) Im Stehen
(Standdrehen.) Hier kann in der Grundstellung
auf den Fersen oder auf den Zehen gedreht werden.

Gewöhnlich geschieht diese Drehung auf einer Ferse, als
Viertel = und halbe Drehung. Ferner in Vor = und
Rückschritt =, Schrägschritt =, Seitgrätschstellung, in der
Fechterauslage und im Fechterausfall, als Viertel = und
halbe Drehung; in der Kreuzstellung als Viertel =, halbe,
dreiviertel = und ganze Drehung. Endlich in einbeinigen
Stellungen. — 2) Im Gehen (Gangdrehen). In
allen Gangarten können Viertel = und halbe, im Gehen
in der Kreuzstellung auch dreiviertel = und ganze Drehungen
ausgeführt werden. Besondere Formen des Gangdrehens
sind das Spreizzwirbeln, Kreuzzwirbeln und
Schrittzwirbeln (s. Spieß' Turnbuch, 2 Theil, S. 182
u. 320). — 3) Im Hüpfen, Springen und Laufen.
In allen Hüpf =, Spring = und Laufarten sind Drehungen
des Körpers um die Längenachse möglich. — 4) Im
Knieen, Sitzen, Liegen und Liegestützen. Beiden Drehungen um die Längenachse im Liegestütz tritt
ein Wechsel des Stützes ein, indem durch die Drehung
eine andre Körperseite dem Boden zugekehrt wird als
vorher. So wechselt z. B. Liegestütz vorlings mit Liegestütz rücklings, oder Liegestütz rechts seitlings mit Liegestütz links seitlings, in Folge von halber Drehung.

Die Drehungen um die Breitenachse des
Körpers erfolgen vorwärts und rückwärts. So im
Sprunge aus dem Stande oder Laufe, als ein Ueber-
schlagen ohne und mit Aufsetzen der Hände auf den
Boden; ferner im Knieen, Sitzen und Liegen als ein
Ueberrollen mit Aufsetzen des Kopfes auf den Bo-
den. Im Liegestütz kann auch eine Drehung um die
Breitenachse vorgenommen werden, indem man aus
Liegestütz vorlings zwischen den feststehenden Armen
mit hockenden Beinen nach vorn hindurchspringt, so daß
Liegestütz rücklings entsteht; oder auch umgekehrt aus
Liegestütz rücklings rückwärts hindurch zum Liegestütz
vorlings.

Drehungen um die Tiefenachse des Körpers
kommen in dem bekannten Radschlagen auf dem Boden vor; ferner im Liegestütz, wenn man durch Stützeln

ober Stützhüpfen seitwärts mit den Armen einen Kreis beschreibt, dessen Mittelpunkt die feststehenden Füße sind; oder wenn man durch Gehen oder Hüpfen seitwärts mit den Füßen einen Kreis beschreibt, in dessen Mittelpunkt die Arme feststehen. —

Die Zahl und Mannigfaltigkeit der Freiübungen ist ungemein groß. Schon die Zustände des Körpers selber mit ihren verschiedenen Veränderungen und Arten bieten einen reichen Stoff der Uebung dar, welcher für jeden einzelnen Zustand noch bedeutend vermehrt wird, wenn man in demselben Thätigkeiten der einzelnen Körpertheile anordnet. Und auch diese letzteren Thätigkeiten können, indem man in einem beliebigen Zustande des Körpers Zusammensetzungen von Thätigkeiten mehrerer verschiedenartiger Körpertheile bildet, eine weit über das Maaß unsrer obigen Darstellungen hinausgehende Mannigfaltigkeit erreichen. So können im Stehen und in den verschiedenen Gangarten u. s. w. Arm= und Beinthätigkeiten, oder Kopf= und Beinthätigkeiten, Rumpf= und Beinthätigkeiten, Kopf= und Armthätigkeiten, Rumpf= und Armthätigkeiten, endlich Kopf= und Rumpfthätigkeiten in passender Auswahl verbunden dargestellt, ja sogar vielfach Verbindungen von dreierlei Thätigkeiten gebildet werden. Durch Verbindung ferner der Drehungen des ganzen Körpers mit den übrigen Gliederthätigkeiten wird die Zahl der Zusammensetzungen wiederum sehr vergrößert, und endlich kann die Mannigfaltigkeit der Uebung durch aufeinander folgenden Wechsel verschiedener Zustände und verschiedener Thätigkeiten in diesen Zuständen fast in's Endlose gesteigert werden. —

Die Freiübungen sind sehr ausführlich von Spieß bearbeitet worden, dessen Werke in dieser Beziehung*) die Grundlage und den hauptsächlichen Stoff des eingehenderen turnerischen Studiums bilden. Wir sind ihm

---

*) „Die Lehre der Turnkunst. 1. Theil. Das Turnen in den Freiübungen" und „Turnbuch für Schulen," 1. u. 2. Thl., Abschnitte über Freiübungen.

in unsrer Darstellung fast überall gefolgt, und nur darin
von ihm abgewichen, daß wir die Zustände des Knieens,
Sitzens, Liegens und Liegestützens, die Spieß an anderer
Stelle (unter den Stemmübungen) abhandelt, zu den
Freiübungen geordnet haben, wohin sie jedenfalls gehören,
wenn alle ohne Vorrichtungen ausführbaren Uebungen
vereinigt werden sollen. Anderenfalls gehören sie freilich,
wie auch das Stehen, Gehen und Hüpfen, zu den Stemm=
übungen, und sind dort zu nennen, wenn eine Gesammt=
Ueberſicht dieser Uebungen gegeben werden soll. Ferner
hat Spieß das Drehen des ganzen Körpers als einen
Zustand aufgefaßt, während wir daſſelbe als eine Thä=
tigkeit ansehen, die in den verſchiedenen Zuständen des
Körpers geübt und auch mit anderen Thätigkeiten ver=
bunden werden könne.

2. Die turnerischen Thätigkeiten des Leibes in Bezug auf äußere Verhältnisse.

Die Außenwelt, zu der der Mensch in jedem Augen=
blick in irgend welcher Beziehung steht, bietet in der für
das Zustandekommen körperlicher Thätigkeiten überall
nothwendigen Unterſtützungsfläche außer der einfachsten
Form des Bodens als horizontale Ebene noch vielerlei
andere Gestaltungen dar. Der Erdboden kann aus seiner
horizontalen Fläche schräg oder gar senkrecht sich erheben
oder absenken, er kann in der horizontalen, schrägen oder
senkrechten Fläche den glatten Spiegel des Eises sowie
die Erhöhungen und Vertiefungen des Gebirges zeigen,
er enthält Wasserläufe und Becken, Pflanzen= und Thier=
gestalten; und außerdem treten uns zahlreiche Veranstal=
tungen und Einrichtungen, Gebäude und Geräthe, die
der Mensch für seine Bedürfnisse hergestellt, entgegen.
Und alle diese Verschiedenheiten bilden mannigfach abge=
ändert Stützungsflächen und Angriffspunkte für die leib=
lichen Thätigkeiten des Menschen, in erster Linie für die
Bewegungen des eigenen Körpers. Aber die Natur und

die menschlichen Einrichtungen bieten auch mancherlei fremde Körper dar, die wir bewegen, handhaben und umformen können, und in dieser Bewegung fremder Körper ist in zweiter Linie eine veränderte Bedingung der Thätigkeit des eigenen Körpers gegeben. Alle angedeuteten äußeren Dinge sind nun entweder Hindernisse für die freie Entfaltung leiblicher Thätigkeit, und bilden somit Erschwerungen derselben, oder sie sind Unterstützungen und Erleichterunden, in jedem Falle aber Mittel, um die Uebung des Leibes mannigfacher und wirksamer zu gestalten.

Bei einer genaueren Betrachtung jener äußeren Dinge ergiebt sich, daß sie in ihrer Beziehung zu unseren Körperthätigkeiten gewisse Uebereinstimmungen und Unterschiede enthalten, nach welchen sie classificirt werden können. So tritt uns zunächst in der Gestaltung der Unterstützungsfläche der Umstand entgegen, daß sie, indem sie entweder auf einen kleinen Raum beschränkt, oder keine feste, sondern schwankende, oder eine sehr glatte ist, erschwerend auf die Erhaltung des körperlichen Gleichgewichts wirkt; ferner sehen wir Erhöhungen und Vertiefungen des Bodens, Bäume, Thiere, Geräthe der Menschen und das Wasser als Hindernisse für die Bewegungen unseres eigenen Körpers auftreten, die wir indeß überwinden können, durch Thätigkeiten entweder der Unterglieder oder der Oberglieder oder beider zugleich. Aus der Bewegung fremder Körper ergiebt sich ein Unterschied derselben besonders darin, daß manche von ihnen geeignet sind, unsere eigenen körperlichen Thätigkeiten zu erschweren, andere sie zu erleichtern und zu unterstützen.

Aber auch die eigenthümliche Beschaffenheit der Bewegungsorgane unseres Körpers bringt besondre Beziehungen desselben zur Außenwelt hervor. Indem wir mit unsrer Muskelkraft an die äußeren Dinge herantreten, üben wir hauptsächlich zwei Grundthätigkeiten unserer Muskulatur, die Beuge- und die Streckthätigkeit; und wir erkennen, daß auf manche jener äußeren Dinge allein durch Beugethätigkeit, auf andere durch Streckthätigkeit, auf wieder andere durch beide zugleich oder abwechselnd

eingewirkt werden kann. Wenn die Beugethätigkeit des
Körpers oder seiner Theile auf einen äußeren festen Punkt
wirkt, so nennen wir sie Ziehen; und wenn das Ziehen
auf die Unterstützungsfläche gerichtet ist, und so einen
Ruhezustand des Körpers hervorbringt, so heißt dieser
Zustand Hangen oder Hang. Wenn die Streckthätig=
keit gegen einen äußeren festen Punkt wirkt, so wird sie
Stemmen; und wenn sie, auf die Unterstützungsfläche
gerichtet, einen Ruhezustand des Körpers hervorbringt,
so wird dieser Zustand Stehen und Stützen oder
Stand und Stütz genannt. —

Während im Naturzustande des Menschen die von
der Natur selber dargebotenen mannigfachen Erscheinungen
der Außenwelt eine wesentliche Einwirkung auf die Ge=
staltung der leiblichen Thätigkeiten haben, während der
Naturmensch in seinem steten Umgange mit der unmittel=
baren Natur immer in der Lage ist, die natürlichen
äußeren Hindernisse und Beförderungen seiner Bewegungen
theils zu bekämpfen theils zu benutzen, so treten im Leben
eines cultivirten Volkes jene unmittelbaren Natureinflüsse
in den Hintergrund, wogegen hier die künstlichen Gestal=
tungen und Einrichtungen des Menschen mancherlei Be=
dingungen für nützliche wie schädliche Modificationen der
Leibesthätigkeit abgeben.

Wenn man nun in bewußter Weise den Leib üben
und entwickeln will, so ist es natürlich, daß man dabei
jene äußeren Dinge, natürliche wie künstliche, welche die
Leibesübung zu erhöhen vermögen, nicht zu entbehren
wünscht. Und so hat man in der That in die Schulen
der Leiblichkeit aus der Natur und aus dem Leben der
Menschen solche Dinge hereingenommen, welche zur Uebung
tauglich waren, und wenn man sie nicht unmittelbar mit
allen Nebenerscheinungen ihres Wesens unter den äußer=
lich anderen Verhältnissen erhalten oder brauchen konnte,
so hat man sie nachgeahmt und zwar gerade in Bezug
auf diejenigen ihrer Eigenschaften, welche man verwerthen
konnte. Auf diese Weise hat sich nach und nach für das
Turnen eine umfangreiche äußerliche Einrichtung gebildet,

welche im Gegensatz zu den eigenen Kräften, die der
Mensch zu seiner leiblichen Ausbildung verwenden kann,
die äußeren Uebungsmittel enthält.

Betrachten wir diese äußeren Uebungsmittel, welche
man auch Turngeräthe und, falls dieselben im Turn=
raum fest angebracht sind, Gerüste nennt, so finden
wir, daß dieselben, entsprechend den obigen Ausführun=
gen, Gelegenheit zur Entwicklung einerseits der Streck=
und andrerseits der Beugethätigkeit, oder beider Thätig=
keiten, im Wechsel derselben oder zugleich, geben.

Hiernach, sowie nach sonstigen Einflüssen, welche
die Turngeräthe auf die körperliche Thätigkeit ausüben,
sind die letzteren in folgender Uebersicht classificirt worden:

I. Geräthe, an welchen der Leib durch seine eigene Bewegung geübt wird.

1. Geräthe zur Uebung der Streckthätigkeit

A. der Unterglieder,

a) indem diese Geräthe die Erhaltung des Gleich=
gewichts erschweren.

Hierher gehören sämmtliche Geräthe, welche zu
Schwebeübungen verwandt werden, wie Schwe=
bebaum, Schwebestange, Schwebekante,
Schwebepfahl; ferner Stelzen und Schau=
kelbiele.

Auch die schräge und senkrechte Leiter,
Sprossenmast und Sprossenständer sind
hier zu nennen, insofern sie zu Steigeübungen
benutzt werden. Endlich die glatte Eisfläche
und Schlittschuhe als Gelegenheit und Vor=
richtung zum Eislaufe.

b) indem diese Geräthe Hindernisse setzen, welche
durch die Bewegung überwunden werden müssen:

Geräthe und Vorrichtungen zum Freisprung in
die Weite, Höhe und Tiefe, als: Sprunggra=
ben, Sprungpfeiler (Springel) nebst
Springschnur, Sprungbrett, Schwung=
brett, Sprungtreppe u. dgl. Geräthe zum
Sturmspringen: Sturmsprungbock und
Sturmsprungbrett.

Ferner Reifen, Rohr, kurzes und langes Schwungseil zu Sprüngen im Reifen, Rohr und Seil.

B, der Oberglieder. (Das Geräth erscheint als zu überwindendes Hinderniß.)

Hierher gehört zunächst der Barren, der obgleich auch für andre Thätigkeiten brauchbar, doch das hauptsächlichste Geräth für die Streckthätigkeit der Oberglieder ist.

Ferner die Abarten des Barrens: dreiholmiger Barren, Schrägbarren, Stufenbarren, Schaukelbarren, Drehbarren u. s. w.

Auch die schräge Leiter, insofern auf ihrer oberen Seite Stemmübungen der Arme ausgeführt werden, ist hier zu erwähnen; gleichfalls Reck, Schaukelreck, Schaukelringe und Rundlauf wegen der an diesen Geräthen vorkommenden reinen Armstützübungen.

C. der Unter= und Oberglieder im Wechsel. (Geräth als Hinderniß.)

Hier sind zuerst Pferd und Bock, dann Stemmbalken und Sprungtisch, (auch Sprungkasten) und endlich Barren und Reck wegen der an diesen Geräthen üblichen Sprünge mit Armstütz zu nennen, bei welchen dem Absprung der Unterglieder der Stütz der Oberglieder folgt. Auch die Sprungstäbe gehören hierher, weil mit ihrer Hülfe ähnliche Sprünge mit Armstütz ausgeführt werden. Sie sind nicht als Hindernisse, sondern als Beförderungsmittel der Bewegung zu betrachten.

D. der Unter= und Oberglieder zugleich. (Geräth als Hinderniß.)

Hierher sind Barren, wagerechte Leiter, Pferd und Reck zu zählen, wegen der Liegestützübungen, die an ihnen ausführbar sind, und die eine gleichzeitige Stemmthätigkeit der Unter= und Oberglieder enthalten.

Ferner der Wippbarren (Stützwippe), weil hier das Wippen im Armstütz durch Absprung mit den Füßen erfolgt.

Endlich Schaukelringe und Rundlauf wegen einiger Uebungen im Armstütz, bei denen die Füße vom Boden abstoßen.

2. Geräthe zur Uebung der Beugethätigkeit (Hinder= nisse der Bewegung).

A. der Oberglieder.

Zuerst ist hier die wagerechte Leiter zu nennen, als das Hauptgeräth für die Uebungen im Armhang. Auch Reck, Querbaum, Schrägbaum und Schrägtau müssen dann genannt werden, wegen vieler an ihnen vorzunehmenden Uebungen im Armhang. Ebenso die schräge Leiter, das Schaukelreck, Schaukelringe, der Rund= lauf, Kletterstangen und Taue, an welchen allen Uebungen des reinen Armhanges vorkommen.

B. der Unterglieder.

Hier sind Reck, Querbaum, Schrägbaum, Schrägtau zu nennen, an welchen am häufigsten die Beugethätigkeit der Unterglieder im Beinhange (Oberschenkelhang, Kniehang, Fersenhang, Zehen= hang) geübt wird. Auch an der wagerechten Leiter und den Sprossen der Schrägleiter kann der Beinhang ausgeführt werden.

C. der Ober= und Unterglieder.

Beugethätigkeiten der Ober= und Unterglieder kommen in den Liegehängen am Reck, Quer= baum, Schrägbaum, Schrägtau, den Schaukelringen, am Barren, der wage= rechten Leiter und auf der unteren Seite der schrägen Leiter vor.

3. Geräthe zur Uebung der Streck= und Beugethä= tigkeit (Hindernisse der Bewegung).

A. Beuge= und Streckthätigkeit der Ober= glieder, im Wechsel der Thätigkeiten.

Besonders am Reck kommen viele Uebungen vor (Aufschwünge, Umschwünge, Abschwünge u. dgl.), bei denen Hang und Stütz der Arme, also Beuge= und Streckthätigkeit derselben wechseln. Aehnliche Ue= bungen werden auch am Schaukelreck, an den Schaukelringen und am Barren ausgeführt. Der Drehbarren ist hier zu nennen, wegen eines an demselben geübten Umschwunges aus Stütz durch den Hang wieder zum Stütz, wobei das Geräth eine Drehung um seine Längenachse macht.

B. Beugethätigkeit der Oberglieder, zu= gleich Streckthätigkeit der Unterglieder.

19*

Hier ist der Rundlauf zu nennen, an welchem die meisten Uebungen im Armhange mit
Stemmthätigkeit der Beine (Lauf und Sprung)
ausgeführt werden. Ferner die Schaukelringe,
wegen der im Armhang geübten Schaukelschwünge,
bei denen ein Abstoß der Füße vom Boden vorkommt. Ebenso die Wippleiter (Hang-
wippe), an der im Armhang mit Abstoß der
Füße vom Boden gewippt wird. Endlich Kletterstangen und Taue, des Kletterns wegen,
welches durch ein Ziehen der Arme und Stemmen
der Beine hervorgebracht wird.

C. Beuge= und Streckthätigkeit der Ober=
und der Unterglieder.

Hierher gehören die Uebungen im Schwimmen, bei denen das Wasser die äußere Vorrichtung darstellt.

II. Geräthe, an welchen der Leib geübt wird, indem er sie (als fremde Körper) bewegt.

Durch die Handhabung dieser Geräthe wird häufig
sowohl die Streck= als die Beugethätigkeit der Oberglieder, und zwar abwechselnd, geübt. Die Unterglieder
befinden sich dabei gewöhnlich in Streckthätigkeit, indem
die Uebungen stehend ausgeführt werden; oft unterstützt
auch eine gesteigerte Stemmthätigkeit der Beine die Thätigkeit der Arme.

1. Die Streckthätigkeit der Oberglieder wird
vorwiegend geübt:

a) Durch Schieben und Stoßen, wobei die Stelle
des Geräths ein Mensch vertritt, der als Gegner
ohne Zuhülfenahme eines anderen Geräths fortzuschieben oder zu stoßen ist. Zum Fortschieben des Gegners kann aber auch der Schiebstab benutzt werden.
Beim Schieben und Stoßen werden auch die Unterglieder in erhöhte Stemmthätigkeit gesetzt.

b) Ferner durch Wurfübungen mit eisernen Kugeln und Steinen (Schocken, Kugelstoßen,
Steinstoßen), mit Stangen (Gerwerfen)
und Bällen.

c) Endlich beim Fechten mit Stock, Keule, Hieb-
fechtel, Stoßfechtel, Lanze und Gewehr.

2. **Die Beugethätigkeit der Oberglieder** wird besonders geübt:

> Durch Uebungen im Ziehen, indem man entweder einen Menschen ohne Zuhülfenahme eines Geräthes oder auch mittels des Ziehstabes, Knebelgurtes, Nachziehseiles oder Rollentaus fortzuziehen sucht; oder indem man an Kraftmessern, Stahlfederketten oder Gummisträngen die Zugkraft übt. Am Ziehtau strebt eine Schaar von Turnern eine andre gegenüberstehende fortzuziehen.
>
> Die Stemmthätigkeit der Beine wirkt bei diesen Uebungen bedeutend mit.

3) **Die Streck- und Beugethätigkeit der Oberglieder gemischt,** während die Unterglieder in Streckthätigkeit (stehend) sind, üben:

> a). Die zum Heben, Halten, Tragen und Schwingen benutzten Geräthe, wie Stabkraftmesser, Kastenkraftmesser, Federkraftmesser, Gewichte, Hantel, Kugelstäbe, hölzerne Stäbe, Eisenstäbe, Keulen. Zum Heben und Tragen u. dgl. können an Stelle von Turngeräthen auch mancherlei schwere Gegenstände und Menschen benutzt werden.
>
> b) Das Ringen, bei dem die Beine oft eine bedeutende Stemmthätigkeit entwickeln müssen, und die Widerstandsbewegungen. Bei beiden letzteren Uebungsarten vertritt der Gegner die Stelle des zu bewegenden Geräthes. — —

Es liegt nicht im Zwecke dieses Buches, hier eine Beschreibung der Turngeräthe nach Gestalt, Maaß und Eigenschaften derselben zu geben. Wir setzen vielmehr Leser voraus, denen dies Alles im Allgemeinen bekannt sein muß. Zur eingehenderen Belehrung über das Aeußere der Turngeräthe verweisen wir indeß auf folgende Schriften und bildliche Darstellungen: „Wilh. Angerstein. Anleitung zur Einrichtung von Turnanstalten. Nebst Beschreibung und Abbildung aller beim Turnen gebräuchlichen Geräthe und Gerüste. Berlin, 1863, Haube- und Spener'sche Buchhandlung," und „Sieben Tafeln Werkzeichnungen von Turngeräthen. 2. Aufl. besorgt von J. C. Lion. Leipzig, E. Keil, 1865.". —

Die Formen der Leibesbewegungen sind zwar, weil sie auf der Einrichtung des Körpers beruhen, unabhängig von den Turngeräthen, und wie auch ein Turngeräth erdacht und gestaltet werden möge, so wird es doch niemals andre Bewegungsformen des Leibes ermöglichen, als die schon ohnedies aus den Körperverhältnissen selber hervorgehen. Aber es bestehen dessenungeachtet, wie die hier gegebene Uebersicht zeigt, viele verschiedene Beziehungen zwischen den Geräthen und den Bewegungsthätigkeiten, wodurch zwar nicht die Formen der Bewegungen, wohl aber die Art und Weise der Ausführung und das Maaß der Thätigkeit derselben bestimmt werden. Während der Körper in sich selber allein die Bedingungen für das Qualitative der Bewegungen trägt, ergeben sich die quantitativen Verhältnisse derselben hauptsächlich aus der Einwirkung äußerer Dinge. Da aber eine Kenntniß dieser Verhältnisse für das Verständniß und den Betrieb der Leibesübungen ebenso unentbehrlich ist wie eine Bekanntschaft mit den Bewegungsformen an sich, so ist es nöthig, die Turngeräthe sowohl wie die an ihnen zu betreibenden Uebungen nach ähnlichen Grundsätzen wie die Thätigkeiten des Leibes an sich zu ordnen. Eine solche Ordnung der Turngeräthe soll durch die obige Uebersicht derselben gegeben sein. Und da nun diese Ordnung auf Grund von Beziehungen zwischen Geräth und Thätigkeit gebildet ist, welche einerseits auf der Beschaffenheit des Geräthes, andrerseits, und zwar hauptsächlich, auf der Art der Leibesthätigkeit beruhen, so gilt dieselbe ebensowohl wie für die Geräthe, so auch ganz besonders für die Uebungen an den Geräthen. Es ist somit jene Classification der Turngeräthe zugleich unser S y s t e m d e r G e r ä t h ü b u n g e n. Dasselbe stimmt im Ganzen wie im Einzelnen vielfach mit der von J. C. Lion in seinem System der Turnübungen gegebenen „Uebersicht der Turnarten" (S. Hirth, gesammtes Turnwesen, S. 23) überein. Lion legt derselben die L e i b e s t h ä t i g k e i t e n zu Grunde, was auch in der von uns gewählten Ordnung, obgleich es bei oberflächlichem Blick anders scheinen könnte, der Fall ist.

Wir halten die Aufstellung einer solchen allge=
meinen Uebersicht für die Gewinnung einer klaren
Einsicht in die Verwandtschaftsverhältnisse der einzelnen,
im Betriebe von einander getrennten, Geräthübungen
in der That für nothwendig, glauben aber nicht, daß es
ebenso nöthig oder auch nur besonders zweckmäßig sei,
diese Art der Uebersicht bis in's Einzelne durchzufüh=
ren, wie es Spieß in seinen „Hangübungen" und
„Stemmübungen" (Lehre der Turnkunst, 2. u. 3. Theil)
thut, indem er z. B., ähnlich wie in den Freiübungen,
zunächst den Ruhezustand des Hanges, die Hangarten,
die Gliederthätigkeiten im Hang, dann die abgeleiteten
Bewegungszustände des Hangelns, Hangzuckens (bei Spieß
noch Zuckhangeln) u. s. w. und die Gliederthätigkeiten in
letzteren Zuständen betrachtet, und alle möglichen Uebungs=
formen nur nach den Thätigkeiten des Leibes, keines=
weges nach den Geräthen, an welchen sie geübt werden,
ordnet. „Dadurch erhält man," wie Lion (a. a. O.,
S. 21) sagt, „ein analytisches Register statt der ange=
strebten. natur= und kunstgemäßen Zusammenstellung."
Man vernichtet auf diese Weise gänzlich diejenige Ueber=
sichtlichkeit der Uebungen, welche sich an das Geräth
knüpft, denn da an fast allen Geräthen verschiedenartige
Thätigkeiten darstellbar sind, so müssen sich in jener Art
des Systems die Uebungen eines und desselben Geräthes
an ganz verschiedenen Stellen vorfinden. — Wenn aber
doch — wie es allerdings in der weiteren Entwicklung
des Systems der Uebungen nöthig ist, — eine in die
Einzelheiten gehende systematische Uebersicht der Geräth=
übungen gegeben werden muß, so halten wir es für
geboten, einer solchen als Eintheilungsprincip die Geräth=
arten zu Grunde zu legen, und die unter der Einheit
des Geräthes zusammengefaßten Uebungen unter sich nach
Leibesthätigkeiten zu sondern und zu ordnen.

Man könnte freilich einwenden, daß das Geräth,
so oder so gestaltet, ein zufälliges, leicht veränderliches,
äußeres Ding sei, während die Leibesthätigkeiten auf
unveränderlichen Gesetzen der Natur beruhen; und daß

deßhalb diese die hauptſächliche, jenes nur eine ganz
untergeordnete Beachtung bei der Aufſtellung eines Ue=
bungsſyſtemes verdienen. Aber wenn auch die Geräthe
in ihrer äußeren Geſtaltung und Umgeſtaltung dem
zufälligen Belieben Einzelner unterworfen ſein können,
ſo erſtreckt ſich dieſes Belieben doch immerhin nur auf
unweſentliche Nebendinge, da auch die Natur um uns
her immer nur in gewiſſen ſtets wiederkehrenden Grund=
formen, die gleichfalls von natürlichen Geſetzen abhängen,
zu der Bewegungsthätigkeit des menſchlichen Körpers in
Beziehung treten kann, und alſo die einzelnen Turngeräthe,
trotz mancher Abweichungen und Beſonderheiten, doch
immer auf eine gewiſſe Zahl von Grundformen *) zurück=
zuführen ſind, die unter allen, ſcheinbar verwiſchenden
und verdeckenden, Abänderungen und Zuthaten dem kun=
digen Blick leicht erkennbar bleiben. Außerdem iſt zu
beachten, daß ein Turnübungsſyſtem zunächſt freilich nur
der theoretiſchen Belehrung, durch dieſe aber ſchließlich
immer der wirklichen Ausübung des Turnens dienen ſoll,
und daß ein nur auf Grund der Leibesthätigkeiten ent=
worfenes Syſtem zwar das erſtere Ziel leicht und gut
erreicht, das letztere aber nur auf Umwegen und mit
Beſchwerden, die von Vielen kaum überwunden werden.
Dagegen kann ein Syſtem, welches als Eintheilungs=
princip die Grundformen der Geräthe wählt, und die an
einem Geräth zu betreibenden Uebungen nach Leibesthä=
tigkeiten weiter ordnet, in gleicher Weiſe wie das andre
Syſtem natur= und vernunftgemäß und für die theoretiſche
Belehrung klar und durchſichtig aufgebaut ſein, während
es zugleich für die Praxis des Turnens, — in der doch
einmal jedes Geräth als eine mehr oder weniger abge=
ſchloſſene und ſelbſtſtändige Einheit behandelt werden
muß, — viel leichter, weil unmittelbarer, zu verwerthen iſt.
    Aus dieſen Gründen geben wir — im folgenden
Abſchnitt — eine die einzelnen Uebungsformen enthaltende

---

*) Vergl. Spieß, Turnlehre 2. Th., S. 29, u. 3 Th.,
S. 33.

Ueberſicht der Geräthübungen, welche in der von uns vertretenen Weiſe gebildet iſt.

4. Die Uebungen an den einzelnen Turn= geräthen in ſyſtematiſcher Ordnung.

Da die vorliegende Schrift für Leſer beſtimmt iſt, von denen wir einige practiſche Uebung im Turnen, alſo auch eine Anſchauung der hauptſächlichſten Uebungsformen vorausſetzen können, da ferner eine morphologiſche Beſchrei= bung des Uebungsſtoffes gar nicht innerhalb der Gränzen dieſes Buches liegt, wir vielmehr hauptſächlich den Zweck haben, demjenigen, der ſchon eine allgemeine Anſchauung turneriſcher Bewegungen erlangt hat, hier den inneren Zuſammenhang der Formen, die Entwicklung abgeleiteter und zuſammengeſetzter Formen aus den Grundformen, die Geſetze ihres Zuſammenhanges und ihrer Entwicklung zum klaren Bewußſein zu bringen, ſo beſchränken wir uns auf kurze Erklärungen der Grundformen, deren weſentlichſte zum Theil noch durch bildliche Darſtellungen erläutert ſind; und verſuchen im Uebrigen in den folgen= den Zuſammenſtellungen durch die Anordnung, Reihen= folge und Eintheilung der Uebungen das verwandtſchaft= liche Verhältniß derſelben darzulegen. Um ſo mehr glauben wir in dieſer Weiſe kurz verfahren zu können, als wir in der Darſtellung der Freiübungen, deren Verhältniſſe in Bezug auf Zuſammenhang und Entwicklung der Formen hier ihre Analoga finden, ziemlich ausführlich geweſen ſind.

Diejenigen, welchen die Anſchauung einzelner Uebungs= formen fehlt, verweiſen wir zur Belehrung darüber auf folgende Werke: Fr. L. Jahn's deutſche Turnkunſt, 2. Aufl., Berlin, G. Reimer 1847; Dieter's Merk= büchlein für Turner, 5. Aufl., Ravenſtein, Volksturn= buch, 2. Aufl.; Lion, Turnübungen des gemiſchten Sprunges, Leipzig, Keil, 1866.

Noch bemerken wir, daß die in den folgenden Ueber= ſichten angeführten, aus den Grundformen abgeleiteten

und zusammengesetzten Uebungen keineswegs als eine
alle Möglichkeiten der Ableitung und Zusammensetzung
erschöpfende Aufzählung, sondern nur als Beispiele aus
der übergroßen Zahl solcher Formen anzusehen sind, denen
entsprechend noch manche andere gebildet werden können.

Uebungen an den Schwebegeräthen. Diese
Uebungen (Schwebeübungen, Schweben) bestehen
in der Erhaltung des körperlichen Gleichgewichts- in
Zuständen des Stehens, Gehens, Laufens u. dgl. auf
beschränkter, schwankender oder glatter Grundfläche.

a) **Uebungen auf Schwebebaum, Schwebestan=
gen, Schwebekanten, Schwebepfählen.**

Aufsteigen, Absteigen, Abspringen.

Schwebestand (Seitstand, Querstand.)

Grundstellung, Zehenstand, Schritt-, Grätsch- und
Kreuzstellungen, Hockstand,

Gliederthätigkeiten im Schwebestand, (Kopfbeugen,
Kopfdrehen, Rumpfbeugen, Rumpfdrehen, Armheben,
Armhalten, Armschwingen, Armschnellen, Armstoßen.
Beinheben, Beinspreizen, Beinschwingen, Kniebeben,
Unterschenkelheben, Beinschlagen, Beinstoßen, Knie=
wippen, Fußwippen u. dgl.)

Schwebegang (vorwärts, rückwärts, seitwärts).

Grundgang mit Uebertreten, Nachstellgang, Kiebitzgang, Wiegegang.

Zehengang, Hockgang.

Gliederthätigkeiten im Schwebegang, (Rumpfbeugen,
Armheben, Armhalten, Armschwingen, Armstoßen,
Beinspreizen, Kniebeben, Unterbeinheben, Kniewippen,
Fußwippen.)

Schwebelauf.

Grundlauf, Galopplauf, Hopsergang, Kiebitzlauf,
Schottischhüpfen, Wiegehüpfen.

Drehen im Schwebestand (in Grundstellung, Schritt-,
Grätsch- und Kreuzstellung), im Schwebegang und
Schwebelauf.

Vorbeischweben von zwei sich Begegnenden.

Schwebekampf.

b) **Uebungen auf der Schaukelbiele.**

Bei ruhig hängender Diele:

Uebungen im Stehen, (verschiedene Stellungen; Gliederthätigkeiten im Stehen.)

Uebungen im Gehen, (in verschiedenen Richtungen und Gangarten, auch mit Gliederthätigkeiten.)

Im Schaukelschwung:

Sitzen, mit Rumpfvor= und rückbeugen, mit Arm=thätigkeiten.

Liegestützen, mit Armbeugen und =strecken, mit Knie=beugen und =strecken.

Stehen, die Hände an den Aufhängedrähten; in verschie=denen Stellungen, mit Beinthätigkeiten.

Frei stehen, in verschiedenen Stellungen, mit Rumpf=, Arm= oder Beinthätigkeiten.

Gehen. Nachstellgang, gewöhnlicher Gang; auch mit Armthätigkeiten.

c) Uebungen auf Stelzen. Von geringer Wichtig=keit; auf Turnplätzen wenig geübt. S. darüber „Spieß, Turnlehre, III, 59" und „Ravenstein, Volksturn=buch, 2. Aufl., S. 377 u. 577."

d) Eislauf (Schlittern, Schleifen, Schlittschuhlaufen). Schöne Uebungen, die aber auf dem Turnplatz nicht betrieben werden können. S. darüber „Spieß, Turn=lehre, III, 45 u. 63" und „Vieth, Encyclopädie der Leibesübungen, II, 319."

Uebungen an den Freisprunggeräthen. Frei=springen ist ein Abschnellen des Körpers vom Boden durch Stemmkraft der Beine über ein Hinderniß hinweg. Man unterscheidet dabei Absprung, Fliegen und Nieder=sprung (Fig. 23).

a) Vorübungen.

Ohne Geräth:

Zehenstand, Fußwippen, kleine und große Kniebeugung, Kniewippen, Knieheben, Beinspreizen vorwärts, Hüp=fen mit Beinschluß an Ort, desgl. vorwärts, seit=wärts, rückwärts, Hinkhüpfen, Wechselhüpfen, Hoch=hüpfen.

Mit Sprungbrett ohne Schnur:

Sprung aus dem Stande mit geschlossenen Füßen, (Zehenstand und kleine Kniebeugung, Absprung, Heben beider Knien im Fliegen, Niedersprung zu Zehenstand und Kniebeugung. Vgl. Fig. 23.)

Fig. 23.

Spreizsprung aus Vorschrittstellung, (Vorschwingen des hinteren Beines, Abstoß des vorderen Beines, Schließen der gestreckt nach vorn gehobenen Beine im Fliegen, Niedersprung zu Zehenstand und Kniebeugung.) Spreizsprung mit 3 Schritten Angang. Desgl. mit 3 Schritten Anlauf. Desgl. mit beliebig vielen Schritten Anlauf, aber mit bestimmtem Fuße abstoßend.

b) Freisprung in die Weite und in die Höhe.
Mit allmähliger Vergrößerung der Weite oder der
Höhe, oder beider.

Sprung mit geschlossenen Füßen aus dem
Stande, vorwärts (Fig. 23), seitwärts, rückwärts.
Desgl. mit Viertel- und halber Drehung (rechts und
links) um die Längenachse. Sprung mit geschlossenen
Füßen und gleichbeinigem Anhüpfen; auch mit Anlauf.

Spreizsprung aus Vorschrittstellung mit Niedersprung
zum Beinschluß; dgl. mit 3 Schritten Angang; desgl.
mit 3 Schritten Anlauf; Spreizsprung mit
beliebig großem Anlauf und Abstoß eines
bestimmten Fußes; desgl. und Viertel- oder
halbe Drehung nach der Seite des abstoßenden oder
des vorspreizenden Beines.

Sprung aus dem Hockstand, auch mit Anhüpfen im
Hockstande. Sprung mit gestreckten Kniegelenken.
Sprünge in Verbindung mit Arm- und Beinthätigkeiten, (Armschwingen, Armstoßen, Grätschen, Kreuzen der Beine, Kniebeben, Unterbeinheben.)

Hinksprung aus dem Stande. Desgl. mit Anhinken.
Desgl. mit Viertel- und halber Drehung. Desgl.
mit Arm- und Beinthätigkeiten. Hinksprung mit
Niedersprung auf das Hangbein.

Laufsprung. Dreisprung.

Fortgesetzte Sprünge über mehrere Schnüre, vorwärts;
auch mit Drehungen, und zum Absprungsort zurück-
kehrend.

Sprung über 2 hinter einander gestellte Schnüre, mit
Steigerung der Höhe, der vorderen, oder der hinteren Schnur, oder beider; auch mit Auseinander-
rücken der Schnüre. Sprung auf oder über einen
Tisch, Sprungkasten u. dgl.

Fenstersprung.

Sprung mit Drehung um die Breitenachse (Luftsprung).

Sprung auf die Hände nieder (Hechtsprung), dann Hockstand oder Ueberschlag.

Sprünge von 2 Turnern, Hand in Hand; (Sprung
mit geschlossenen Beinen aus dem Stande, Spreizsprung mit Anlauf, auch Sprünge mit Drehungen
nach innen und außen).. Sprünge einer Stirnreihe
(3, 4 u. s. w. Turner), Hand in Hand; (aus dem
Stande und mit Anlauf). Sprünge eines Reihenkörpers in Säule, mit Anlauf und Weiterlaufen
nach dem Niedersprung.

c) Freisprung in die Tiefe.

Sprung aus dem Hochstande, vorwärts, seitwärts, rückwärts; auch mit Drehungen um die Längenachse.

Sprung aus der Grundstellung, vorwärts, seitwärts,
rückwärts; auch mit Drehungen.

Spreizsprung aus Vorschrittstellung, auch mit Drehungen.

Spreizsprung mit Anlauf.

[Durch Anwendung einer Springschnur können die
Sprünge in die Weite und Tiefe, in die Höhe und
Tiefe, endlich in die Weite, Höhe und Tiefe ausge-
dehnt werden.]

Sprung mit Drehung um die Breitenachse (Luftsprung),
aus dem Stande und mit Anlauf.

Sprung aus dem Sitz, mit Abstoß der Hände. Sprung
aus dem Stütz vorlings, rückwärts. Sprung aus
dem Hang.

d) Sturmlaufen und Sturmspringen. Auf
allmählig steiler gestelltem Brett.

Gehen, Laufen und gleichbeiniges Hüpfen auf dem Brett,
vorwärts, rückwärts, seitwärts; Drehungen in diesen
Zuständen. Z. B. Vorwärts Hinaufgehen, rückwärts
hinab; vorwärts Hinaufgehen oder laufen, halbe Drehung in der Schrittstellung oder mit Uebertreten,
vorwärts hinab; vorwärts gleichbeinig Hinaufhüpfen,
halbe Drehung im gleichbeinigen Hupf, vorwärts
Hinabhüpfen.

Laufen auf das Brett mit einem, zwei oder mehreren
Schritten und seitwärts Abspringen, mit gleichbeinigem
Absprung oder mit Spreizsprung. Letzteren mit Ab-
sprung nach der Seite des sprungfreien oder des
abspringenden Beines. Auch mit Viertel- und halben
Drehungen (rechts und links) im Fliegen.

Laufen zum Stand auf der oberen Brettkante, und von
derselben vorwärts, seitwärts, rückwärts, auch mit
Drehungen Niederspringen, mit zugeordneten Arm-
und Beinthätigkeiten, (Armschwingen, Armstoßen;
Seitgrätschen der Beine, Vorspreizen eines Beines,
Kniebeben, Unterbeinheben).

Laufen auf das Brett mit drei, zwei oder
einem Schritt, und Spreizsprung vorwärts über die obere Brettkante. Auch mit
vorgesetzter Schnur und mit Steigerung der Schnur-
höhe oder der Bretthöhe oder beider; ferner mit ver-
größerter Entfernung der Schnur.

Lauf- und gleichbeiniger Niedersprung auf das Brett,
gleichbeiniger Absprung von demselben vorwärts über

die obere Kante. Auch mit Arm = und Beinthätig=
keiten, besonders Seitgrätschen; auch mit Drehung
um die Breitenachse (Luftsprung).
Von 2 Turnern, Hand in Hand: Gehen, Laufen, Hüp=
fen und Springen auf das Brett; hinauf und hinab;
auch mit Drehungen. Z. B. Vorwärts Hinauflaufen,
halbe Drehung (in Schrittstellung oder mit Ueber=
treten) nach außen oder nach innen, vorwärts Hinab=
laufen. Ebenso Hinauflaufen und seitwärts Absprin=
gen, auch mit Drehungen nach innen oder außen.

Am Sturmbrett sind auch Uebungen mit Armstütz
ausführbar, welche, wenn man die Bewegungsformen
nach Körperthätigkeiten, nicht nach Geräthen zusammen=
ordnet, nicht hierher (unter die Freisprünge) sondern
unter die gemischten Sprünge (Sprünge mit Armstütz),
die hauptsächlich am Bock und Pferde zur Darstellung
kommen, zu rechnen sind. Beispiele:
Gleichbeiniger Sprung auf das Brett und Handstütz
auf der oberen Kante, Absprung über dieselbe mit
Grätsche, Wolfsprung, Hocke, Flankensprung, Wende,
Kehre, Ueberschlag.
Stand vorlings vor der oberen Brettkante auf dem
Boden, Handstütz auf der Kante und Sprung über
dieselbe auf das Brett mit Hocke, Wolfsprung, Grätsche,
Kehre, Wende; entweder zum Hockstand oder zum
Liegestütz. Auch Kehre und Wende u. dgl. über das
Brett hinweg.

e) Lauf und Sprung im langen Schwungseil.
Laufen unter dem im Bogen geschwungenen Seile hin=
durch von einzelnen Turnern, von kleinen Stirn=
reihen, von geöffneten Flankenreihen. In verschie=
denen Laufarten. Mit zugeordneten Bein = und
Armthätigkeiten. Lauf in gerader Linie, in einer
Kreislinie, in der Acht u. s. w.
Sprung über das im Bogen dem Turner entgegen
geschwungene Seil. Aus dem Stande vorlings,
seitlings, rücklings; auch mit Drehungen; in ver=
schiedenen Sprungarten, mit zugeordneten Bein = und
Armthätigkeiten; von 2 oder mehreren Turnern in
Flanken = oder Stirnreihe. Mit Anlauf in verschie=
denen Sprungarten (besonders im Laufsprunge); mit
zugeordneten Bein = und Armthätigkeiten; von Meh=
reren u. s. w.
Verbindung von Lauf und Sprung. Z. B. Lauf unter
dem Seil hindurch von einer Flankenreihe, Sprung

über das Seil von einer andren Flankenreihe, ·die der erften ·entgegenläuft. Lauf eines Einzelnen in das Seil und zurückspringen; oder Sprung in das Seil und zurücklaufen, u. dgl.

Sprung über ein wagerecht im Kreife geschwungenes Seil. Z. B. Die Turner ftehen im Kreife, dem Mittelpunkte das Geficht, die Flanke oder den.Rücken zuwendend, und überfpringen das Seil in verfchiedenen Beinftellungen, mit zugeordneten Bein- und Armthätigkeiten, auch mit Drehungen. Auch im Liegeftütz, dem Mittelpunkte des Kreifes den Kopf oder die Füße zuwendend, und das Seil mit Arm- oder Bein-, oder mit Arm- und Beinhüpfen überfpringend; oder im Liegeftütz, dem Mittelpunkte die Flanke zuwendend, und das Seil zuerft mit Arm-, dann mit Beinhüpfen, oder umgekehrt, überfpringend. Oder die Turner laufen im Kreife in der Richtung gegen den Schwung des Seils oder mit demfelben, und fpringen, wenn das Seil ihnen entgegenkommt oder fie überholt.

f) Springen im Reifen, Rohr und kurzen Schwungſeil. (Fig. 24).

Fig. 24.

Schwung des Reifens, Rohres oder kurzen Schwungfeiles über den Kopf und (im Sprunge) unter den Füßen hindurch. Dabei: Springen über Reifen, Rohr u. f. w. beim Niederfchwung vorwärts oder rückwärts, in verfchiedenen Hüpfarten (aus Grundftellung, Hinkftand, im Wechfelhüpfen u. f. w.), an Ort oder mit Fortbewegung. Auch doppelter Umfchwung während eines Sprunges; oder Schwung vor- und rückwärts mit 2 fchnellen Hüpfen, oder während eines Sprunges; Schwung mit Armkreuzen (nur beim kurzen Seil); auch von Zweien neben einander.

Das kurze Seil kann auch, mit einer Hand ·gehalten,

wagerecht im Kreise geschwungen und wechselbeinig
oder gleichbeinig übersprungen werden.

Bockspringen. Die Thätigkeit des Bockspringens
beginnt mit Absprung der Beine vom Boden, worauf
unmittelbar die Hände auf den Bock gelegt werden und
die Arme stemmend von demselben abstoßen. Die Stemm=
thätigkeit der Arme erhöht die Wirkung des Absprungs,
so daß ein ausgedehnteres Fliegen erfolgt. Derartige
Sprünge, bei welchen neben der Beinthätigkeit auch die
Armthätigkeit wirkt, heißen im Gegensatz zu den Frei=
sprüngen gemischte Sprünge. *)

a) **Vorübungen.**

Ohne Geräth:

> Zehenstand, Fußwippen, kleine Kniebeugung, Hüpfen in
> Grundstellung an Ort, Spreizen seitwärts rechts und
> links, Seitgrätschen im Stehen durch Beindrehen,
> Hüpfen zur Seitgrätschstellung, Sprung mit Seit-
> grätschen während des Fliegens und Beinschließen im
> Niedersprung.

Am Bock:

> Hüpfen in den Stütz aus dem Stande; dasselbe mit
> Seitgrätschen, die Beine im Hüftgelenk gestreckt;
> Sprung in den Reitsitz aus dem Stande, dann rück-
> wärts Abrutschen oder vorwärts Abrutschen, oder
> Heben zum Schwebestütz und rückwärts Abschwingen;
> dieselben Uebungen mit Vorsprung, mit Angang, mit
> Anlauf.

b) **Grätschsprung über den Bock.**

> **Hochsprung,** bei allmählig gesteigerter Bockhöhe, siehe
> Fig. 25.
> **Weitsprung,** (die zu überspringende, allmählich ver-
> größerte Weite kann vor oder hinter dem Bock liegen.)
> **Sprung** in die Höhe und Weite.
> **Sprung über eine vor oder hinter den Bock
> gestellte Schnur,** (mit allmähliger Erhöhung des
> Bockes oder der Schnur oder beider, oder mit gestei-
> gerter Entfernung der Schnur vom Bocke.)
> **Sprung** über ein auf den Bock gelegtes Kissen oder dgl.

---

*) Dieselben sind sehr ausführlich behandelt in Lion's „Turn-
übungen des gemischten Sprunges.".

Handbuch für Turner.   20

Fig. 25.

c) **Bockſprünge mit beſonbren Thätigkeiten.**

Grätſchſprung mit Armthätigkeiten, z. B.

Handklappen im Aufſprung vor Aufſetzen der Hände, Handklappen im Niederſprung, Aufſchwingen der Arme vorwärts im Niederſprung, Berührung der Schenkel mit den Händen im Niederſprung, Armkreuzen vor der Bruſt im Niederſprung.

Sprünge mit Rumpf= und Beinthätigkeiten, z. B.

Sprung zum Knieen auf dem Bock (Knieſprung) mit einem oder beiden Knieen, und rückwärts oder vorwärts Abſchnellen; Sprung zum Hockſtand auf dem Bock mit einem oder beiden Beinen; ebenſo Sprung zum Streckſtand; Hocke über den Bock zum Niederſprung jenſeits; Hocke über den Bock zum Stütz rücklings auf dem Bock; Hocke (im Aufſprung mit halber Drehung um die Längenachſe des Leibes) rückwärts über den Bock zum Niederſprung jenſeits; Hocke über den Bock und halbe Drehung um die Längenachſe nach dem Durchhocken zum Niederſprung jenſeits; Hocke über den Bock und halbe Drehung um die Längenachſe nach dem Durchhocken zum Stütz vorlings auf dem Bock; Wolfſprung; Katzenſprung; Flankenſprung; Kehraufſitzen; Wendeaufſitzen; Kehre; Wende; Sprung mit Kehrſchwung zum Hockſtande

auf dem Bock; Sprung mit Wendeschwung zum Hockstande auf dem Bock, Hockkehre (Affenkehre); Hockwende (Affenwende); Sprünge mit Drehung um die
Breitenachse des Leibes, wie Sprung mit Aufsetzen
der Hände zum Kopfstehen oder Handstehen auf dem
Bock oder zum Ueberschlagen vorwärts, oder Hocke
zum Stütz rücklings und Ueberschlagen rückwärts aus
dem Kreuzliegen.

Grätschsprünge mit Drehungen um die Längenachse
des Leibes:

Grätschsprung über den Bock vorwärts und jenseits
desselben vor dem Niedersprunge Viertel- oder halbe
Drehung; oder im Aufsprunge Beinkreuzen und Viertelbrehung des Körpers, (bei Drehung links kreuzt
das rechte Bein nach links vor,) und dann S p r u n g
s e i t w ä r t s über den Bock; oder im Aufsprunge
ebenso Beinkreuzen und halbe Drehung des Körpers,
und dann S p r u n g r ü c k w ä r t s über den Bock.
Beide letzteren Sprünge können auch bloß zum Sitz
auf dem Bock (Seitsitz auf einem Schenkel und Reitsitz) gemacht werden.

d) **Fechtsprünge.**

Fechtsprünge sind Bocksprünge, bei denen nur eine Hand
auf den Bock gelegt wird und also nur ein Arm die
Stemmthätigkeit ausübt. Gewöhnlich wird nur der
Grätschsprung vorwärts bei mäßiger Bockhöhe so geübt,
es können jedoch von gewandten Turnern auch alle
anderen Arten des Bocksprunges als Fechtsprünge
ausgeführt werden.

e) **Sprünge über mehrere Böcke.**

Sprung über 2 hinter einander gestellte Böcke. Die
Hände können auf dem vorderen oder auf dem hinteren Bock aufstützen. Es kann bloß der hintere oder
bloß der vordere Bock oder beide erhöht, auch kann
die Entfernung zwischen beiden Böcken vergrößert
werden.

Sprung über 2 neben einander gestellte Böcke. Auf
jedem Bock stützt entweder eine Hand, oder beide
Hände auf einem Bock, dem rechts oder dem links
stehenden.

Fortgesetzte Sprünge derselben oder verschiedener Art über
mehrere Böcke, die so gestellt sind, daß nach dem
Ueberspringen des einen Bockes aus dem Niedersprunge
sogleich der Aufsprung zum Ueberspringen des nächsten
Bockes gemacht werden kann. Derartige Sprünge
werden öfters über Menschen, die statt der Böcke

in einer offenen Flankenreihe gebückt stehen, hinweg
gemacht (Gesellschaftssprung). Die Hände des Sprin=
gers stützen dabei auf den Schultern des Stehenden.

f) **Freisprünge über den Bock**, die freilich nicht
zu den gemischten Sprüngen gehören, können

mit Absprung eines oder beider Füße und auch mit
Drehung um die Längenachse auf und über den Bock
(letzteres mit Seitgrätschen der Beine, oder mit hockend
oder gestreckt nach vorn gehobenen und geschlossenen
Beinen) ausgeführt werden. Am gebräuchlichsten ist
der Spreizsprung mit Seitgrätschen über den Bock.

Pferdspringen. Am künstlichen Pferde (Schwingel)
sind der Hals, der Sattel und das Kreuz zu unter=
scheiden. Zwischen Hals und Sattel befindet sich die
Vorderpausche, zwischen Kreuz und Sattel die Hin=
terpausche. Beide Pauschen, längliche Wülste, die
quer über dem Pferde liegen, können für manche Uebungen
auch weggenommen werden. — Die Uebungen am Pferde
sind größtentheils Sprünge mit Armstütz, wie die Bock=
sprünge. Sie zerfallen in Seitensprünge, bei welchen
der Sprung aus dem Seitstande des Turners gegen die
Flanke des Pferdes, und in Hintersprünge, bei
denen der Sprung aus dem Querstande des Turners
gegen das Kreuz des Pferdes gerichtet ist.

A. **Seitensprünge.**

a) Sprünge in den Seitstütz vorlings, (aus dem Stande
oder mit Anlauf und mit Abstoß beider Füße), und:

Hocken (ein= und beidbeinig), Spreizen seitwärts rechts
und links, Hocken des einen und Seitspreizen des
anderen Beines, Seitgrätschen der Beine, Hurten,
Rückschwung der Beine und des Rumpfes. (Seitstütz
rücklings, Querstütz.)

b) Sprünge auf und über das Pferd mit Hocken und
Grätschen, (mit Anlauf, aus dem Stande und
aus dem Stütz).

Hocken zum Knieen im Sattel auf einem Knie und
Abschnellen zum Niedersprung rückwärts. Dasselbe
auf beiden Knieen und Abschnellen zum Niedersprung
rückwärts oder vorwärts, oder zum Seitstand im
Sattel oder zum Seitsitz im Sattel (Kniesprung).

Hocken zum Hockstand oder Streckstand im Sattel oder auf Kreuz und Hals oder auf den Pauschen, auf einem oder beiden Beinen.
Affensprung.
Hocke mit einem Bein vorwärts und rückwärts über den Sattel. Gaffel. Nabel.
Hocke mit beiden Beinen vorwärts zum Stütz rücklings und Hocke rückwärts, oder Abburzeln rückwärts.
Hocke über den Sattel zum Niedersprung jen- seits des Pferdes (Fig. 26).

Fig. 26.

Auch als Hocke rück- wärts mit halber Drehung um die Län- genachse im Auf- sprung. Hocke vor- wärts über den Sat- tel und nach dem Durchhocken Viertel- oder halbe Drehung zum Niedersprung. Auch Hocke mit hal- ber Drehung nach dem Durchhocken zum Seitstütz vorlings auf der hinteren Seite des Pferdes.
Schaffsprung, ein hock- ähnlicher Sprung mit Unterschenkelheben ohne Beugung der Hüftgelenke.
Wolfsprung auf und über das Pferd, ein Sprung, bei welchem ein Bein hockt, das andere spreizt, ohne Drehung des Leibes, oder auch mit Kehr- oder Wendedrehung.
Grätsche zum Stand auf Hals und Kreuz. Grätsche über das Pferd zum Niedersprung jenseits (Fig. 27.) Grätsche zum Stütz rücklings und Hocke rückwärts über den Sattel, oder Abburzeln rückwärts. Grätsche zum Grätschschwebestütz vorlings, die Beine jedoch über das Pferd hinweggrätschend, und Grätsche rückwärts. Im Aufsprung halbe Drehung um die Längenachse des Leibes und Grätsche rückwärts über das Pferd. Grätsche über das Pferd mit Drehung um die Längenachse unmittelbar nach dem Uebergrät- schen. — Bei den Grätschübungen haben die Hände Griff auf beiden Pauschen, oder beide Hände inner-

Fig. 27.

halb der Pauschen im Sattel, oder beide Hände
außerhalb der Pauschen neben diesen auf dem Pferde,
oder eine Hand auf einer Pausche, die andre daneben
auf Sattel, Kreuz oder Hals, oder beide Hände auf
einer Pausche.

c) Uebungen zu, in und aus dem Sitz.

Aus dem Stütz vorlings: Spreizaufsitzen mit
feststehenden Händen zum Seitsitz auf einem
Schenkel oder zum Reitsitz; Spreizaufsitzen
mit Vorgreifen der gleichseitigen Hand;
Spreizaufsitzen mit Lüften der gleichseitigen Hand; Spreizaufsitzen mit Lüften
der anderseitigen Hand; Schraubenaufsitzen; Flankenaufsitzen, rechts und links, auf
Kreuz, Sattel, Hals; Wendeaufsitzen, rechts und
links, auf Kreuz, Sattel, Hals; Kehraufsitzen, rechts und links, auf Hals, Sattel, Kreuz. —
Zu jedem Aufsitzen das gleichartige Absitzen.
Aus dem Stütz rücklings: Spreizaufsitzen mit
feststehenden Händen, mit Rückgreifen der gleichseitigen
Hand, mit Lüften der gleichseitigen Hand, mit Lüften
der anderseitigen Hand, Schraubenaufsitzen, Aufsitzen
mit Flankenschwung, mit Kehrschwung, mit Wende-

schwung. — Zu jedem Aufsitzen das gleichartige Absitzen.

Seitsitz auf einem Schenkel; Seitsitz auf beiden Schenkeln. Quersitz: auf jeder Seite des Pferdes ein Bein (Reitsitz, Schlußsitz;) Hocksitz; Quersitz mit gekreuzten Beinen; Strecksitz (mit geschlossenen Beinen;) Quersitz auf einem Schenkel, beide auf derselben Seite des Pferdes. Schrägsitz.

Sitzwechsel, z. B.: Aus Seitsitz auf einem Schenkel durch Vierteldrehung um die Längenachse zu Reitsitz; und umgekehrt. Aus Seitsitz auf dem einen Schenkel durch halbe Drehung um die Längenachse zu Seitsitz auf dem anderen Schenkel. Aus Seitsitz auf dem einen Schenkel durch Ueberspreizen des anderen nach vorn zum Seitsitz auf beiden Schenkeln; und aus letzterem Sitz durch Ueberspreizen eines Schenkels rückwärts zu dem ersteren Sitz. Aus Reitsitz durch Ueberspreizen eines Beins seitwärts in den Quersitz auf einem Schenkel; und umgekehrt. Aus Sitz mit gekreuzten Beinen, aus Strecksitz mit geschlossenen Beinen (beide Quersitz) und aus Reitsitz (mit Beinheben nach vorn) mittels halber Drehung um die Längenachse und Beinkreuzen Sitzwechsel zum Reitsitz nach der entgegengesetzten Richtung (Scheere vorwärts.) Scheere rückwärts aus Reitsitz (mit Aufsetzen der Hände.) Aus Quersitz auf einem Schenkel an der einen Seite des Pferdes hinter den stützenden Händen (Wendesitz) durch Rückschwung (Wendeschwung) beider Beine zu demselben Sitz an der anderen Seite des Pferdes (Wendesitzwechsel). Aus Quersitz auf einem Schenkel an der einen Seite des Pferdes vor den stützenden Händen (Kehrsitz) durch Vorschwung (Kehrschwung) beider Beine zu demselben Sitz an der anderen Seite des Pferdes. Aus Reitsitz hinter den auf beiden Pauschen stützenden Händen auf Kreuz (Wendesitz) durch Wendeschwung zu demselben Sitz auf Hals; und umgekehrt (Mühle). Aus Reitsitz vor den auf beiden Pauschen stützenden Händen auf Hals (Kehrsitz) durch Kehrschwung zu demselben Sitz auf Kreuz; und umgekehrt.

Sitzhüpfen im Reitsitz (Reiteln) an Ort und vorwärts und rückwärts. Sitzhüpfen im Seitsitz auf einem oder auf beiden Schenkeln seitwärts.

d) Flankensprung, Wende, Kehre.

Flankensprung vorwärts: zum Liegestütz seitlings; zum Flankenaufsitzen rechts und links, auf Kreuz, Sattel, Hals, zum Seitsitz auf dem rechten oder

linken Schenkel; über das Pferd zum Seitstütz rücklings; über das Pferd zum Niedersprung jenseits
(Fig. 28). Flankensprung rückwärts aus Stütz rücklings.

Fig. 28.

Wende: zum Liegestütz vorlings; zum Wendeaufsitzen
rechts und links auf Kreuz, Sattel, Hals; über das
Pferd zum Quersitz auf einem Schenkel; über das
Pferd zum Seitstütz rücklings; über das Pferd zum
Seitstütz vorlings (mit Griffwechsel beider Hände);
über das Pferd zum Niedersprung jenseits (Fig. 29);

Fig. 29.

über das Pferd mit Gegendrehen um die Längenachse zum Niedersprung jenseits (Wendekehre); über das Pferd mit Weiterdrehen in der Richtung der Wendedrehung zum Niedersprung jenseits (Drehwende). Wende rückwärts aus Stütz rücklings. Hockwende (Affenwende).

Kehre: zum Liegestütz rücklings; zum Kehraufsitzen rechts und links auf Hals, Sattel, Kreuz; über das Pferd zum Quersitz auf einem Schenkel; über das Pferd zum Seitstütz rücklings; über das Pferd zum Seitstütz vorlings (mit Griffwechsel beider Hände); über das Pferd zum Niedersprung jenseits (Fig. 30);

Fig. 30.

über das Pferd mit Gegendrehen um die Längenachse zum Niedersprung jenseits (Kehrwende); über das Pferd mit Weiterdrehen in der Richtung der Kehrdrehung zum Niedersprung jenseits (Drehkehre.) Kehre rückwärts aus Stütz rücklings. Hockkehre (Affenkehre.)

e) Uebungen im Schwebestütz.

Vorschwingen (Vorschweben) eines Beines bei feststehenden Händen im Bogen um einen Arm herum; mit Vorgreifen einer Hand; mit Lüften der gleichseitigen Hand; mit Lüften der anderseitigen Hand.

Dem Vorschwingen des Beins folgt ein Rückschwingen zum Seitstütz, aus welchem dann ein Schwung in entgegengesetzter Richtung zum Aufsitzen oder über das Pferd folgen kann (Rad.) — Vorschwingen beider geschlossenen Beine bei festestehenden Händen im Bogen um einen Arm herum und Rückschwung zum Stütz, aus welchem dann ein Schwung in entgegengesetzter Richtung zum Aufsitzen oder über das Pferd folgen kann (Finte.) — Wechsel einer Art des Vorschwingens rechts mit derselben oder einer anderen Art links. Uhrwerk.

Scheere aus dem Querstütz mit Rückschwung, mit Vorschwung; aus dem Seitstütz (ein Bein rechts, das andere links neben dem Pferde, in Quergrätschhaltung) mit Seitschwung.

Schwebestütz mit (bis zur Waghaltung) gehobenen, geschlossenen oder gegrätschten, im Knie gebeugten oder gestreckten Beinen. Bratenwender.

Rumpfheben rückwärts (Drehungen um die Breitenachse des Körpers) im Schwebestütz, mit gebeugten oder gestreckten Knieen, mit gebeugten oder gestreckten Hüftgelenken, mit gewölbtem oder hohlem Kreuz; zur Wage, (Seitwage auf beiden· Armen, beide Hände auf beiden Pauschen, oder die eine Hand auf einer Pausche, die andre auf Kreuz oder Hals des Pferdes; Querwage auf beiden Armen: beide Hände auf einer Pausche oder auf dem Kreuz oder dem Hals des Pferdes; Seitwage auf einem Arm; Wagewechsel; Drehung um die Tiefenachse des Körpers in der Wage auf einem Arm;) zum Kopfstehen; zum Handstehen; zum Ueberheben; zum Ueberschlagen. [Ueberschläge, d. h. ganze Drehungen um die Breitenachse können auch aus dem Stande neben dem Pferde; mit Anlauf; aus dem Stande oder dem Knieen auf dem Pferde; mit Unterarmstütz; aus dem Seitsitz auf beiden Schenkeln, aus dem Seitstütz rücklings, aus dem Kreuzliegen (Abburzeln rückwärts) gemacht werden.]

f) Geschwünge, d. h. Zusammensetzungen von Schwüngen auf das Pferd mit anderen Schwüngen, welche in entgegengesetzter Richtung zum Aufsitzen oder zum Niedersprunge erfolgen. Beispiele:

Halbkreise: Spreizaufsitzen rechts mit Lüften der rechten Hand und Hocke rückwärts mit dem rechten Bein; Hocke vorwärts mit dem rechten Bein und

Spreizabsitzen rechts mit Lüften der rechten Hand;
Kehraufsitzen rechts und Hocke rückwärts mit dem
rechten Bein; Hocke vorwärts mit dem rechten Bein
und Kehrabsitzen über die Vorderpausche; Kehre zum
Stütz rücklings und Hocke rückwärts; Hocke zum Stütz
rücklings und Kehre rückwärts über Hals oder Kreuz
des Pferdes.

Kreise: Spreizaufsitzen rechts mit Lüften der rechten
Hand und in ununterbrochenem Schwunge Spreizabsitzen rechts mit Lüften der linken Hand; Spreizaufsitzen rechts mit Lüften der linken Hand und Spreizabsitzen rechts mit Lüften der rechten Hand. [Die
verschiedenen Arten des Vorschwingens eines Beines
können mit Kreisbewegungen so verbunden werden,
daß dem Vor- und Rückschwunge des Beins sich ein
mit demselben oder dem anderen Beine auszufüh-
render Halbkreis oder Kreis anschließt. Der sog.
Hexensprung ist eine Verbindung von einem Vorschwingen und zwei Kreisen, je einem mit dem einen
und mit dem anderen Beine.]
Aus dem Reitsitz (Gesicht dem Hals des Pferdes
zugekehrt) Rückspreizen des rechten Beines über die
Hinterpausche und Vorspreizen desselben Beins über
die Vorderpausche wieder zum Reitsitz; oder Vorspreizen über die Vorderpausche und dann Rückspreizen
über die Hinterpausche.

Halbe Räder, d. h. Vor- und Rückschwingen eines
Beines mit hinzugefügtem Aufsitzen nach der anderen
Seite, wie Vorschwingen über das Kreuz und Kehr-,
Wende- oder Schraubenaufsitzen auf den Hals oder
über die Vorderpausche in den Sattel.

Räder, d. h. Vor- und Rückschwingen eines Beines
mit hinzugefügtem Ueberschwunge über das Pferd:
Vorschwingen rechts über das Kreuz und dazu gefügt
Hocke vorwärts über den Sattel, oder Wolfsprung
links, Flankenschwung links, Kehre rechts, Wende
links. [Der zweite Schwung kann dann zum Niedersprunge jenseits des Pferdes führen oder auch nur
zum Stütz rücklings (auch zum Stütz vorlings,) und
aus diesem unmittelbar noch ein dritter Schwung sich
anschließen; z. B. Vorschwingen über das Kreuz,
Kehre über den Hals zum Stütz rücklings und
Kehraufsitzen rückwärts auf das Kreuz; Vorschwingen über das Kreuz, Flankenschwung über den
Hals zum Stütz rücklings und Hocke rückwärts über
den Sattel; Vorschwingen über das Kreuz, Kehre
über den Hals mit Griffwechsel der Hände zum Stütz

vorlings und Grätsche vorwärts über das Pferd zum
Niedersprung auf den Absprungsort.]

Finten, d. h. Vor- und Rückschwingen beider geschlossenen Beine mit hinzugefügtem Aufsitzen (halbe Finten)
oder Ueberschwung (ganze Finten); z. B. Vorschwingen
über das Kreuz und Kehraufsitzen auf den Hals;
Vorschwingen über das Kreuz und Flankenschwung,
Kehre oder Wende über den Hals, oder Hocke vorwärts über den Sattel.

Einige andre hergebrachte Zusammensetzungen: D o p p e l -
k e h r e (Kehre vorwärts über den Hals zum Stütz
rücklings, und in fortgesetztem Schwunge Kehre rückwärts über das Kreuz zum Niedersprung auf den
Absprungsort); D o p p e l w e n d e (Wende über das
Kreuz und in fortgesetztem Schwunge Wende über
den Hals zurück auf den Absprungsort;) D o p p e l -
f l a n k e. — D r e h l i n g: Vorschwingen eines Beines
über das Kreuz, Rückschwingen des Beins und Uebergang in die Seitwage auf dem rechten Arm, aus
der Wage dann Wendeaufsitzen auf Hals, oder Wende
über den Hals, Kehraufsitzen auf Hals, Kehre über
den Hals, Ueberschlag über den Sattel.
Anderweitige Zusammensetzungen sind noch in großer
Zahl möglich.

g) Fechtsprünge. Fechtsprünge sind Sprünge auf und
über das Pferd, bei denen nur der e i n e Arm
aufstützt, während der andre stützfrei bleibt. Letzterer
trägt entweder eine Fechtwaffe, oder man denkt
sich eine solche von ihm getragen. Absprung gleichbeinig oder mit dem einen Bein und Spreizen des
andren. Bei letzterem Absprung erfolgt der Anlauf
auch schräg gegen das Pferd. Bsp.

Spreizaufsitzen mit Wendeschwung (der linke Arm stützt,
der linke Fuß springt ab, das rechte Bein spreizt;)
ähnlich die Wende über das Pferd. Spreizaufsitzen
mit Kehrschwung (der rechte Arm stützt, der linke
Fuß springt ab, das rechte Bein spreizt;) ähnlich die
Kehre über das Pferd. — Sprünge mit Hocken, Wolfsprung, Grätsche, Flankensprung, Affensprung.

h) Freisprünge, (Diebsprünge).

Halber Diebsprung, ganzer Diebsprung, auch
mit Drehungen um die Längenachse.

Freisprung über das Pferd, auch mit Drehungen um
die Längenachse, desgl. mit Drehung um die Breitenachse (Luftsprung), Todtensprung.)

Hechtsprung, ein Freisprung über das Pferd, Aufsprung mit beiden Füßen, Niedersprung jenseits auf
die Hände, und dann Hockstand oder Ueberschlagen.

i) Sprünge von mehreren Turnern an einem Pferde.

Doppelsprünge: Zwei Turner, A und B, laufen
gleichzeitig gegen dieselbe oder die verschiedenen Seiten
des Pferdes an, und machen auf oder über Hals und
Kreuz dieselben oder verschiedene Sprünge. Zu solchen
eignen sich vorzüglich die verschiedenen Arten des
Spreizauf- und Absitzens mit den äußeren Beinen,
Sprünge mit Hocken auf und über das Pferd, Wolf-
sprünge, Flankensprünge, Kehren, Wenden nach außen,
auch Sprünge in den Sitz rücklings und Hocke
oder Abburzeln rückwärts, Ueberschläge mit Aufstützen
der Arme, halbe und ganze Diebsprünge, Freisprünge,
Freisprünge mit Drehung um die Breitenachse (Luft-
sprünge), Hechtsprünge. Ferner Affensprünge beider
Turner, A auf Kreuz, B auf Hals; dann macht B
mit Stütz der Hände auf den Schultern des A einen
Bockgrätschsprung über A zum Niedersprung hinter
das Pferd, und unmittelbar darauf B einen Grätschsprung mit Stütz der Hände auf dem Hals des
Pferdes über diesen hinweg zum Niedersprung vor
das Pferd.

Dreisprünge: Drei Turner, A, B und C, laufen
gleichzeitig gegen dieselbe Seite des Pferdes an, und
machen A auf oder über den Hals, B auf oder über
den Sattel, C auf oder über das Kreuz des Pferdes
dieselben oder verschiedene Sprünge. Auch können
A und C von derselben, B von der anderen Seite
des Pferdes her anlaufen. Geeignete Sprünge sind:
A und C machen verschiedene Arten des Spreizauf-
und Absitzens mit den äußeren Beinen, auch Wolf-
sprünge, Flankensprünge, Kehren, Wenden nach außen,
während B einen Sprung mit Hocken auf oder über
den Sattel, auch zum Stütz rücklings und Hocke oder
Abburzeln rückwärts, ein Kopfstehen, Handstehen,
eine Seitwage, einen Ueberschlag, einen Diebsprung
oder Freisprung ausführt. Oder A und C machen
Affensprünge auf Hals und Kreuz, B Kniesprung;
und während B sich vorwärts abschnellt, grätschen
A und C aus dem Stande frei nach hinten ab. Oder
A und C machen Affensprünge auf Hals und Kreuz,

B Hocke über den Sattel; alsdann A einen Bock-
· grätschsprung über C, und C darauf Abgrätschen mit
Stütz über den Hals des Pferdes. Oder A, B und C
machen gleiche Sprünge, wie Sprünge mit Hocken
auf oder über das Pferd, Ueberschläge mit Aufstützen
der Arme, Diebsprünge, Freisprünge.

B. **Hintersprünge.**

a) Stütz= und Sitzübungen.

Sprung in den Querstütz auf dem Kreuz des
Pferdes; auch mit Beinthätigkeiten: Hocken einbeinig
und gleichbeinig, Spreizen, Seitgrätschen; auch mit
Rumpfheben rückwärts (Hüftgelenke gebeugt und
gestreckt:) auch mit Vorschwung der gestreckten und
seitgrätschenden Beine und dann Rückschwung der
Beine (zum Beinschluß) und des Rumpfes; auch
Sprung zum Querstütz, dann sogleich Stützhüpfen
vorwärts und Beinschwung vorwärts, darauf Rückschwung der Beine und des Rumpfes zum Niedersprung.

Querschwebestütz, (Beine hockend gebeugt oder gestreckt,
geschlossen oder gegrätscht, herabhängend oder [bis zur
Waghaltung] gehoben;) Stützeln in demselben an
Ort, vorwärts, rückwärts; ebenso Stützhüpfen. Beinschwingen im Querschwebestütz vorwärts und rückwärts, (Beine dauernd gestreckt; oder zu Ende des
Vor- und des Rückschwungs hockend gebeugt, sonst
gestreckt; oder dauernd in Hockbeugung.) Beinschwingen im Querschwebestütz rückwärts mit Kreuzen der
· Beine und Drehung um die Längenachse (Scheere
rückwärts;) ebenso vorwärts (Scheere vorwärts.)

Sprung in den Seitstütz (vorlings) mit Viertel-
drehung des Leibes um die Längenachse und um das
Kreuz des Pferdes herum; dabei Hände auf Kreuz
(Fig. 31;)· oder die eine Hand auf Kreuz, die andre
auf Hinterpausche; oder beide Hände auf beiden Pauschen; auch, unmittelbar nach dem Aufstützen der
Hände auf Kreuz, Stützhüpfen seitwärts auf die Pauschen. — Seitstütz rücklings. — Seitstütz mit Beinthätigkeiten: Hocken, Spreizen, Seitgrätschen, Vorschwingen (Vorschweben) und Rückschwingen.

Quersitz (Reitsitz), Hocksitz, Sitz mit gekreuzten
Beinen, Strecksitz; Seitsitz; Schrägsitz. Sitzwechsel durch Ueberspreizen, durch Drehungen um
die Längenachse, durch Beinkreuzen und Drehungen
um die Längenachse (Scheere), durch Wende-,
Kehr- und Flankenschwung. Ferner Sitzhüpfen

(Reiteln) u. s. w.,
Alles wie bei den
Seitensprüngen.

b) Sprünge auf und
über das Pferd mit
Hocken, Spreizen,
Grätschen.

Längensprünge:
Sprung in Reit-
sitz auf Kreuz, Sat-
tel, Hals; über ein
aufgelegtes Kissen
oder eine vorgesetzte
Schnur. Sprung in
den Liegestütz vor-
lings.

Riesensprung
vorwärts über
die ganze Länge des
Pferdes (auch über
ein Kissen oder eine
Schnur), mit mög-
lichst weitem Vor-
greifen der Hände
(Fig. 32) oder mit

Fig. 31.

Fig. 32.

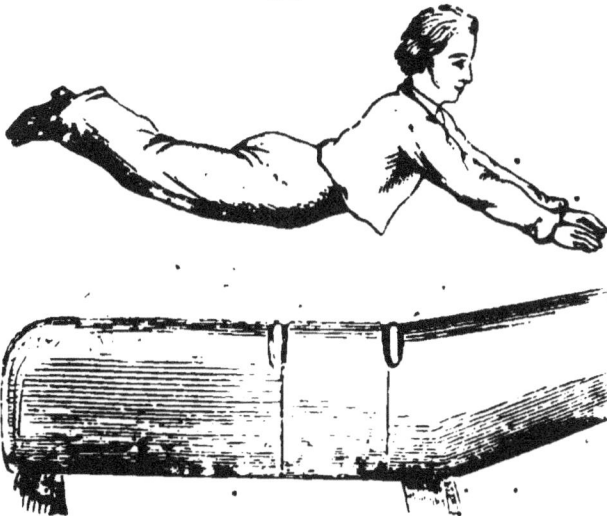

Aufstützen auf Kreuz. Sprung zum Aufsitzen
rückwärts in Reitsitz, und Riesensprung rückwärts über das Pferd (wie beim Bocksprung rückwärts.) —

Sprünge mit Hocken: zum Knieen auf dem Pferde;
zum Hockstande hinter den aufstützenden Händen oder
an der Stelle der Hände, mit geschlossenen oder
geöffneten Knieen (Affensprung;) zum Hockstande
vor den aufstützenden Händen (Katzensprung);
zum Streckstande; zum Reitsitz; zum Liegestütz rücklings. Sprung mit Hocken über die ganze Länge
des Pferdes (Riesenhocke.) Hocke rückwärts (mit
halber Drehung um die Längenachse im Aufsprung)
auf das Pferd. Hocke, mit halber Drehung um die
Längenachse während des Durchhockens, auf das Pferd
oder über die ganze Länge desselben. Auch Katzensprung mit Drehung um die Längenachse.

Aus dem Stande auf dem Pferde kann ein freier
Niedersprung mit geschlossenen Beinen, mit Spreizen,
Seitgrätschen u. dgl. seitwärts, vorwärts, rückwärts
erfolgen, oder auch ein Abgrätschen vorwärts mit
Aufstützen der Hände (Abfroschen, Froschsprung.)

Breitensprünge: Halbe Spreize vorwärts und
Spreize vorwärts über das Pferd, Spreize rückwärts; Spreizaufsitzen mit Kehrschwung, mit Wendeschwung durch den Seitstütz; Schraubenaufsitzen aus
dem Seitstütz; Scheeraufsitzen aus dem Kehrschwung,
(auch als Längensprung aus dem Vorschwung der
seitgrätschenden Beine.) Sprung in den Seitstütz
und Vor- und Rückschwingen eines Beines, wie bei
den Seitensprüngen, (hier Spille genannt.) Sprung
in den Seitstütz und Hocke, Wolfsprung, Grätsche
auf oder über das Pferd.

c) Kehre, Flankensprung, Wende (vgl. Seitensprünge).

Kehre: durch den Querstütz, wobei beide Beine an einer
Seite des Pferdes aufschwingen, zum Liegestütz rücklings; zum Kehraufsitzen; über das Pferd zum Quersitz auf einem Schenkel, oder zum Seitstütz rücklings,
oder zum Seitstütz vorlings; über das Pferd zum
Niedersprung auf der andren Seite. Kehrwende.
Drehkehre. Affenkehre. Kehrkatzensprung.

Flankensprung: durch den Seitstütz vorlings zum
Liegestütz seitlings; zum Flankenaufsitzen; über das
Pferd zum Seitstütz rücklings; über das Pferd zum
Niedersprung auf der andren Seite. Auch Flanken-
sprung rückwärts durch den Seitstütz rücklings.

Wende: durch den Seitstütz vorlings zum Liegestütz
vorlings; zum Wendeaufsitzen; über das Pferd zum
Quersitz auf einem Schenkel, oder zum Seitstütz
vorlings oder rücklings; über das Pferd zum Niedersprung auf der andren Seite. Wendekehre. Drehwende. Affenwende.

d) **Geschwünge.**

Wenn ein Hintersprung zum Seitstütz gemacht wird, so
können aus diesem ähnliche Geschwünge ausgeführt
werden wie bei den Seitensprüngen: Halbkreise, Kreise,
halbe und ganze Räder, Finten. Bekannt sind besonders die Zusammensetzungen des Vor- und Rück-
schwingens eines Beines (Spille) mit anderen Schwüngen, wie Spillrad mit Hocke, Wolfsprung, Kehre,
Wende, Doppelkehre u. dgl. Andre Zusammensetzungen werden auch hier ähnlich wie bei den Seitensprüngen gebildet, z. B. Kehre mit Kehraufsitzen,
Kehre mit Kehre, Kehre mit Wendeaufsitzen u. dgl.

e) **Sprünge mit Drehungen um die Breitenachse (Ueberschläge).**

Sprung in den Reitsitz und Ueberschlag vorwärts (mit
Stütz der Hände auf Hals) zum Stande rücklings
vor dem Pferde. Sprung in den Stand auf dem
Pferde und Ueberschlag vorwärts, mit Aufsetzen der
Hände auf Hals, zum Stand rücklings vor dem
Pferde. Bärensprung, ein Ueberschlag schräg
vorwärts, mit Aufstützen einer Schulter, zum Stand
neben dem Pferde (aus Reitsitz, oder aus dem Stand
auf dem Pferde, oder aus dem Aufsprung.) Rolle,
ein Ueberschlag vorwärts aus dem Aufsprung, mit
Stütz der Hände und Aufsetzen des Hinterkopfes und
Nackens, zum Reitsitz oder zum Stand rücklings
vor dem Pferde. Aufsprung mit Aufstützen der
gestreckten Arme und Ueberschlag vorwärts zum Reitsitz oder über das Pferd hinweg zum Stande rücklings vor demselben (Todtenriesensprung.)
Sprung zum Kopfstehen, Sprung zum Handstehen
auf dem Pferde. Abbürzeln rückwärts, ein
Ueberschlag rückwärts aus der Querlage rücklings auf
dem Pferde über Hals oder Kreuz desselben zum
Stande vorlings vor dem Pferde. [Radschlagen
aus dem Stande auf dem Pferde zum Stande vor demselben, ein Ueberschlag mit Drehung um die Tiefenachse.]

f) **Fechtsprünge. Mit Stütz nur eines Armes.**

Spreize vorwärts; Hocke auf das Pferd; Katzensprung;
Affensprung; Abgrätschen mit Stütz eines Armes;

Riesensprung vorwärts, auch (mit Drehung um die Längenachse) seitwärts und rückwärts.

Aufsitzen mit Kehrschwung, (der rechte Arm stützt, der linke Fuß springt ab, das rechte Bein spreizt;) Kehre. Aufsitzen mit Wendeschwung, (der linke Arm stützt, der linke Fuß springt ab, das rechte Bein spreizt;) Wende. Bei Kehr- und Wendeschwüngen Anlauf schräg gegen das Kreuz des Pferdes.

g) Freisprünge.

Freisprung über das Pferd mit seitgrätschenden, auch mit geschlossenen Beinen (Freier Riesensprung). Derselbe auch mit Drehung um die Längenachse kurz vor dem Niedersprung. Auch mit Drehung um die Breitenachse, ein Ueberschlag im freien Fliegen.

h) Sprünge von mehreren Turnern an einem Pferde.

Zwei Turner, A und B, laufen gleichzeitig von vorn und von hinten gegen das Pferd an, und machen dieselben oder verschiedene Sprünge, A auf den Hals, B auf das Kreuz; z. B. A und B Reitsitz und Abschwingen rückwärts; A Reitsitz, B Katzensprung und Bocksprung über A hinweg mit Stütz auf den Schultern desselben, darauf A Kehrabsitzen; A und B Katzensprung und freies Abgrätschen rückwärts; A und B Katzensprung, A Bocksprung über B hinweg, dann B Abfroschen über den Hals des Pferdes.

Zwei oder drei Turner, A, B, C, springen kurz nach einander von hinten her auf das Pferd, beispielsweise in folgenden Arten: A Katzensprung auf Hals, B auf Kreuz, dann A freies Abgrätschen vorwärts, B rückwärts; A Reitsitz in Sattel, B Katzensprung auf Kreuz, dann B Abschwingen rückwärts mit Abstemmen von den Schultern des A, darauf A Kehrabsitzen; A Reitsitz auf Hals, B Katzensprung in Sattel, C Katzensprung auf Kreuz, dann B Bocksprung vorwärts über A, zugleich C Abgrätschen rückwärts, darauf A Wendeabsitzen.

Mannigfaltiger noch, als sie schon ohnedies sind, gestalten sich die Pferdsprünge, wenn man auf das Pferd eine Längenpausche oder einen Kopf (nach Angabe Lion's) aufsetzt, oder in der einen Hand einen Springstab führt, während die andre auf dem Pferde Stütz nimmt. Die so entstehenden Uebungen sind bei der sehr reichen und vielseitigen Auswahl, die das Pferdspringen auch ohne sie bietet, entbehrlich; und sie geben deßhalb und weil zu ihrer Ausführung sowohl viel Zeit, die man meistens wichtigeren Uebungen entziehen müßte, als auch große Fertigkeit erforderlich ist, wohl nur aus= nahmsweise ganz geübten Turnern oder besonderen Lieb= habern Stoff zur Thätigkeit. Solche verweisen wir betreffs dieser Uebungen auf Lion's Buch vom gemischten Sprunge.

Dasselbe glauben wir thun zu müssen in Bezug auf den **Stemmbalken**, **Sprungtisch** und **Sprung= kasten**, Geräthe, deren Uebungsgebiete dem des Pferdes entlehnt, aber beschränkter sind. Wer mit dem Pferd= springen bekannt ist, vermag übrigens leicht auf jedes dieser Geräthe die für dasselbe passenden Uebungen des Pferdspringens zu übertragen.

Stabspringen. Stabsprünge sind gemischte Sprünge, bei welchen unmittelbar nach dem Absprung eines Fußes (oder auch wohl beider Füße) vom Boden die Sprung= thätigkeit durch Thätigkeit der Arme, gewöhnlich Stem= men des einen und Ziehen des andren Armes am **Springstabe**, unterstützt wird.

a) **Vorübungen.** Dieselben erfolgen rechts und links, sind aber hier nur für die rechte Seite angeführt.

Stellung: Grundstellung, Stab senkrecht mit der Spitze nach unten neben der rechten Fußspitze, die rechte Hand umfaßt in Schulterhöhe mit Kammgriff den Stab.

Auslage: Hinaufgreifen der rechten Hand am Stabe, Umfassen des Stabes mit der linken Hand kamm= griffs, wobei der linke Unterarm wagerecht vor dem Leibe liegt, Rücktritt des rechten Beines und Senken des Stabes nach hinten, bis die Stabspitze in Kopf= höhe liegt.

Einsetzen des Stabes: Aus der Auslage wird der rechte Arm gebeugt, so daß die rechte Hand über der rechten Schulter liegt, zugleich der linke Arm nach unten gestreckt und die Stabspitze vor den Füßen in den Boden gesetzt.

Beinschwingen zum Sprunge: Nach Einsetzen des Sta= bes Vorschwingen des rechten Beins an der rechten

21*

Seite des Stabes vorbei, zugleich Zehenstand des linken Fußes. Dann zurück in die vorige Stellung.

Sprung aus Auslagestellung ohne Drehung: Einsetzen des Stabes, Vorschwingen des rechten Beins an der rechten Seite des Stabes vorbei, Absprung mit dem linken Bein, welches sich dem rechten anschließt.

Sprung aus Auslagestellung mit Drehung: Wie bei der vorigen Uebung, und halbe Drehung des Körpers um die Längenachse nach links im Fliegen.

Angang und Anlauf, Stab in der Auslage; nachdem der linke Fuß den letzten Tritt gemacht, Einsetzen des Stabes und Vorschwingen des rechten Beins.

Angang und Anlauf, zuerst mit bestimmter, dann mit unbestimmter Schrittzahl, und Sprung ohne und mit Drehung.

b) **Stabsprünge.**

In die Weite und in die Höhe. Mit allmähliger Vergrößerung der Weite oder der Höhe, oder beider.

Stabweitsprung über den ebenen Boden, ohne und mit Drehung. Desgl. über einen Graben. — Stabhochsprung über eine aufgelegte Schnur, ohne und mit Drehung. Mit Zurückwerfen oder Mitnehmen des Stabes. — Stabhochsprung auf eine Höhe hinauf. — Stabsprung in die Höhe und Weite, über eine im Sprunggraben aufgestellte Schnur. — Besondre Arten des Stabsprunges: mit Ristgriff der unteren Hand; mit Absprung beider geschlossenen Füße; mit Absprung des rechten Fußes an der rechten Seite des Stabes vorbei; mit Auflegen der Brust auf das Ende des Stabes; Stab zwischen den Beinen; mit zwei Stäben, Körper zwischen denselben; Stablaufsprung, ein fortgesetztes Springen abwechselnd rechts und links mit abwechselndem Einsetzen des einen und des andren Stabendes bei grifffesten Händen.

In die Tiefe. Auch über eine Schnur in die Weite und Tiefe oder in die Höhe und Tiefe oder in die Weite, Höhe und Tiefe zugleich).

Sprünge ohne und mit Drehung, besonders auch mit Abstoß beider Füße, oder den Stab zwischen den Beinen, oder mit zwei Stäben.

Uebungen am Barren. Am Barren wird vorwiegend die Stemmthätigkeit der Arme geübt, doch auch in Verbindung mit Bein= und Rumpfthätigkeiten. Auch

Hangübungen, besonders Armhang und Liegehang, kom=
men vor.

a) Stütz und Stützwechsel.

>Querstütz auf beiden Holmen; auf einem Holm innen
oder außen. Seitstütz auf beiden Holmen innen;
auf einem Holm innen oder außen, vorlings oder
rücklings. Grundstütz, Schlußstütz, Spannstütz, Stütz
auf einem Arm. Stütz mit Speich=, Ell=, Rist=
und Kammgriff. Streckstütz, Beugestütz (Knick=
stütz), Unterarmstütz. (Fig. 33. Beugestütz, Un=

Fig. 33.

terarmstütz, Streckstütz als Querstütz auf beiden Hol=
men mit Speichgriff.) Liegestütz vorlings, rück=
lings, seitlings auf beiden Händen und beiden Füßen,
oder auf einer Hand und beiden Füßen, oder beiden
Händen und einem Fuß, oder auf einer Hand und
einem Fuß, letzteres gleichseitig oder ungleichseitig;
im Liegestütz Hände und Füße auf beiden Holmen,
oder Hände auf einem Holm und Füße auf einem
Holm, auf demselben oder verschiedenen.

>Stützwechsel, bewirkt durch Griffwechsel der Hände,
durch Armbeugen oder = strecken (Wechsel von Streck=

und Beugeſtütz), durch Niederkippen oder Aufkippen
(Wechſel von Strec- oder Beugeſtütz mit Unterarmſtütz), durch Viertel- oder halbe Drehung um die
Längenachſe (Wechſel von Seit- und Querſtütz, oder
eines Seitſtützes oder Querſtützes mit demſelben
Stütz nach der entgegengeſetzten Richtung.) Liegeſtütz-
wechſel aus vorlings in rücklings und umgekehrt
durch Drehung um die Breitenachſe oder um die Längenachſe, aus rechts ſeitlings in links ſeitlings durch
Drehung um die Längenachſe.

b) **Stützeln und Stützhüpfen.**

Stützeln und Stützhüpfen in den verſchiedenen Stützarten an Ort oder vorwärts, rückwärts, ſeitwärts,
auch mit Stützwechſel, beſonders durch Armbeugen
und -ſtrecken, oder Nieder- und Aufkippen, oder
durch Drehungen um die Längenachſe, Gleichdrehen
(Stützwalzen) oder Gegendrehen, bewirkt.

c) **Stützübungen in Verbindung mit Beinthätigkeiten.**

Mit den verſchiedenen Arten des Stützes, des Stütz-
wechſels, des Stützelns und Stützhüpfens können
Beinhaltungen und Beinbewegungen verbunden werden, wie: Hochhaltung, Waghaltung eines oder beider Beine, Waghaltung mit Seitgrätſchen, Quer-
grätſchhaltung; Beinheben einbeinig, wechſel- oder
gleichbeinig, vorwärts und rückwärts, Quergrätſchen,
Seitgrätſchen, Kreuzen der Beine, Knieheben, Unterbeinheben, Beinſtoßen und -ſchlagen.

d) **Stützübungen in Verbindung mit Rumpf-
und Beinſchwingen.**

Vor- und Rückſchwingen im Querſtütz auf
beiden Holmen und zwar im Strec-, Beuge- und
Unterarmſtütz mit verſchiedenen Griffarten, als Kurz-
und Langſchwingen, Niedrig- und Hochſchwingen,
mit ganz geſtrecktem Körper (Steifſchwingen)
oder mit Beugung im Hüftgelenk. Daſſelbe mit
Seitgrätſchen, Kreuzen, Quergrätſchen, Stoßen, Quer-
grätſchhaltung, Hochhaltung der Beine u. dgl. m. —
Seitſchwingen im Seitſtütz auf beiden Holmen
innen.

Stützeln und Stützhüpfen in verſchiedenen Stützarten vorwärts und rückwärts mit Vor- und
Rückſchwingen, und zwar Fortbewegung vorwärts
beim Vorſchwung allein, beim Rückſchwung allein,

beim Vorschwung und beim Rückschwung; Fortbewegung rückwärts beim Rückschwung allein, beim Vorschwung allein, beim Rückschwung und beim Vorschwung. Auch mit Beinthätigkeiten.

Wechsel von Streck- und Beugestütz beim
Vor- und Rückschwingen und zwar durch Armbeugen und -strecken entweder zu Ende des Rückschwungs,
oder zu Ende des Vorschwungs, oder zu Ende des
Rück- und des Vorschwungs, oder während des Rückschwungs, oder während des Vorschwungs, oder endlich während des Rück- und des Vorschwungs (Knick-
schwingen.) Auch in Verbindung mit Stützhüpfen vorwärts und rückwärts.

Wechsel von Unterarm- und Streckstütz beim
Vor- und Rückschwingen, und zwar durch
Aufkippen aus Unterarmstütz beim Rückschwung,
Niederkippen beim Vorschwung, oder umgekehrt.
Auch Aufkippen und Stützhüpfen vorwärts
oder rückwärts, als: Aufkippen beim Rückschwung
und Stützhüpfen rückwärts, Aufkippen beim Rück-
schwung und Stützhüpfen vorwärts, Aufkippen beim
Vorschwung und Stützhüpfen vorwärts, Aufkippen
beim Vorschwung und Stützhüpfen rückwärts.

Vor- und Rückschwingen und Stützwechsel mit Drehung
um die Längenachse (beim Vorschwung, im Beuge-
und Streckstütz: Stützkehre.)

Vor- und Rückschwingen zum Sitz.
Sitzarten: Seitsitz auf einem und beiden Schenkeln; Quersitz als Kehr- und Wendesitz auf
der inneren und äußeren Seite des Holms, (Fig. 34.
Kehrsitz links auf der äußeren Seite des Holms;
Fig. 35. Wendesitz rechts auf der äußeren Seite des
Holms,) als Reitsitz vor und hinter der Hand (auf
einem Holm,) als Grätschsitz vor oder hinter den
Händen (auf beiden Holmen,) als Kreuzsitz vor
oder hinter der Hand (auf einem Holm) mit Vorkreuzen des rechten oder linken Beins.

Sitzwechsel (mit und ohne Zwischensprung, mit und
ohne Zwischenschwung): Aus Kehrsitz rechts in denselben links, an der Innenseite oder an der Außenseite des Holms; ebenso aus Wendesitz rechts in denselben links; aus Reitsitz (vor oder hinter der Hand)
rechts in denselben links. Sitzwechsel von Kehr- und
Wendesitzen, von Reitsitzen vor und hinter der Hand
zum Halbmond und zur Schlange. Sitzwechsel

Fig. 34.

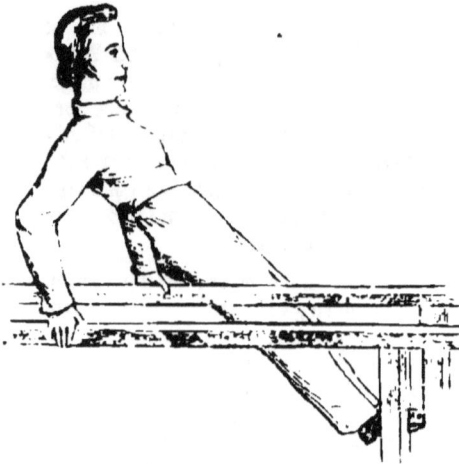

aus Grätschsitz vor den Händen in denselben hinter den Händen. Sitzwechsel aus Grätschsitz mit Beinkreuzen und Drehen des Rumpfes um die Längenachse (Scheere rückwärts oder vorwärts). Sitzwechsel aus Kreuzsitz auf dem einen Holm in Kreuzsitz auf dem andren Holm, vor oder hinter der Hand. Sitzwechsel aus Kehrsitz mit Rückschwung und halber Drehung um die Längenachse in Kehrsitz nach entgegengesetzter Richtung, ähnlich Sitzwechsel aus Wendesitz mit Vorschwung und halber Drehung in Wendesitz. — Sitzwechsel mit Fortbewegung vorwärts und rückwärts.

Fig. 35.

Ueberschwünge: Aus Querstütz als Streck-, Unterarm- und Beugestütz, aus Liegestütz, aus Reit-, Kehr-, Wende-, Grätsch- und Kreuzsitz, aus Halbmond und Schlange, aus dem Querstand im Barren werden Kehre, Wende, Drehkehre, Wendekehre (f. Seitensprünge) ausgeführt. Aus Seitstand und Seitstütz im Barren ist ein Flankenschwung darzustellen.

Hierher gehörige Uebungen sind auch folgende: Spreizen am Ende des Barrens mit Hand-lüften, sowohl aus dem Querstaude vorlings mit Aufhüpfen zum Querstütz vorlings, als auch in diesem Stütz, und zwar von außen nach innen oder von innen nach außen über den gleich-seitigen oder den anderseitigen Holm; auch fortgesetzt abwechselnd rechts und links als Acht. Ebenso Sprei-zen über beide Holme mit einem Bein, mit jedem Bein von rechts nach links und von links nach rechts. Ebenso am Ende des Barrens Kehre über einen Holm von innen nach außen und von außen nach innen, rechts und links; auch Kehre von außen über den einen Holm und Spreizen über den ande-ren, oder umgekehrt; auch Kehre über beide Holme. Ebenso am Ende des Barrens Wende über einen oder beide Holme zum Sitz, Stütz oder Stand. — Am Ende des Barrens aus Quer-stütz rücklings über den gleichseitigen Holm Hinaus-oder Hineinspreizen zum Stand oder Stütz. — Grät-schen am Ende des Barrens, und zwar aus Querstütz rücklings Hinausgrätschen zu Stand oder Stütz; aus Querstand oder -stütz vorlings Hinein- oder Hinausgrätschen zu Stand oder Stütz. — In der Mitte des Barrens Kreis mit einem Bein über den gleichseitigen Holm rückwärts (Rück-wärts-Hinausspreizen und Vorwärts-Hineinspreizen) und vorwärts (Vorwärts-Hinausspreizen und Rück-wärts-Hineinspreizen). Auch Stützeln mit Bein-kreisen. Auch Kreis mit beiden Beinen über einen und beide Holme vorwärts und rückwärts. Die Kreise können auch mit Vorschwingen wie bei den Seitensprüngen gemacht werden, auch kann mit ihnen Kehre oder Wende als Ueberschwung verbunden wer-den. — Grätschen in der Mitte des Barrens aus Querstütz, rückwärts hinaus und vorwärts hinein, wieder in Stütz oder Oberarmhang.

e) **Barrenspringen.** Viele Barrenübungen sind den Pferdsprüngen ähnlich, sowohl weil man auch bei ersteren, um in den Armstütz zu gelangen, eines Aufsprunges vom Boden bedarf, als auch wegen ähnlicher Längen- und Breitenverhältnisse bei Pferd und Barren. Indeß ist der Sprung in den Stütz am Barren doch im Verhältniß zur Armthätigkeit meist sehr untergeordnet, und nur bei einer kleinen Reihe von Barrenübungen erscheint die Sprungthätigkeit der Armthätigkeit, wie bei den Pferdsprüngen, gleich bedeutend. Diese Uebungen begreifen wir unter dem Namen Barren = sprünge. Beispiele derselben sind folgende, bei denen Anlauf und Aufsprung von der Seite her (wie bei den Seitensprüngen) gegen das Geräth gerichtet sind:

Wendeaufsitzen auf den vorderen Holm; Wende zum Querstütz im Barren; Wende zum Liegestütz vorlings oder rücklings, zum Grätschsitz hinter oder vor den Händen; Wendeaufsitzen auf den hinteren Holm; Wende; Wendekehre, Drehwende über beide Holme. — Kehraufsitzen, Kehre, Kehrwende und Drehkehre in derselben Weise. — Der Kehre und der Wende zum Querstütz im Barren kann eine andre Uebung angeschlossen werden, wie der Kehre eine Wende, der Wende eine Kehre über den hinteren Holm zum Stand, eine Scheere, ein Ueberschlag u. s. w. — Flankenschwung zum Aufsitzen auf dem vorderen oder hinteren Holm, zum Seitstütz im Barren auf dem vorderen, hinteren oder auf beiden Holmen, zum Seitstand im Barren, über beide Holme.

Hocke, Grätsche, Wolfsprung über den vorderen Holm zum Seitstand im Barren, oder zum Seitsitz an der inneren Seite des vorderen Holms, oder zum Seitstütz vorlings an der inneren Seite des zweiten Holms. Aus diesem Seitstand, Seitsitz und Seitstütz kann dann noch Hocke, Grätsche oder Wolfsprung vorwärts über den zweiten Holm oder rückwärts über den ersten Holm gemacht werden; ebenso auch Kehr-, Wende- und Flankenschwünge. — Hocke, Grätsche, Wolfsprung über den vorderen Holm mit Viertelbrehung um die Längenachse zum Querstütz im Barren, auch mit Anschluß noch einer andren Uebung. — Hocke, Grätsche, Wolfsprung über beide Holme.

f) Hangübungen am Barren.

Handhänge lassen sich als Anhänge am sehr hohen Barren im Seithang und Querhang ausführen, ebenso Hangeln, Hangzucken u. andre Uebungen, welche alle gewöhnlich an den Holmen der wagerechten Leiter (s. die Uebungen an derselben) dargestellt werden. — Unterarmhang ist am Barren darstellbar als Querhang rücklings (Arme von innen über die Holme gelegt), vor-

lings (Arme von außen über die Holme greifend),
als Seithang an einem Holm vorlings und rücklings. — Oberarmhang als Seithang an einem
Holm vorlings und rücklings; wichtiger als Querhang an beiden Holmen, die Arme entweder seitwärts über die Holme gestreckt, oder vorlings oder
rücklings längs auf die Holme gelegt. — Fortbewegungen im Unter- und Oberarmhang sind möglich,
aber wenig ergiebig.

Abhang (Sturzhang) im Handhang als Seithang und Querhang, mit gebeugten oder gestreckten
Hüft- und Kniegelenken. Armbeugen und -strecken,
Hangeln, Hangzucken, Beinthätigkeiten in diesem
Hange. — Ueberschieben oder Ueberschwingen des Körpers aus Querstand im Barren durch
den Querabhang über einen Holm nach rechts oder
links; ähnlich Durchschieben oder Durchschwin-
gen des Körpers aus dem Seitstand vorlings außerhalb des Barrens vor dem einem Holm durch den
Seitabhang zwischen den Holmen hindurch und über
den anderen Holm hinüber. — Wage rücklings,
vorlings im Handhang als Seit- und Querhang. — Abhang im Oberarmhang, aus dem
Queroberarmhang rücklings durch Drehung um die
Breitenachse bewirkt, (fälschlich meist Armstehen
genannt). Wage rücklings, vorlings im
Oberarmhange.

Liegehang als Seithang vorlings, rücklings (Nest);
als Querhang vorlings, rücklings (Schwimmhang: Fig. 36). Fortbewegungen in den Liegehängen.

Fig. 36.

Beinhänge: Oberschenkelhang, ein Querhang im Barren an den seitgrätschenden Oberschenkeln. — Kniehänge an einem oder beiden Holmen: Kniehangswechsel; Schwingen und Haugeln im Kniehange. — Abhang nach der Seite, ein Hang an Knieen und Fußristen; auch eine Wage aus demselben.

g) Schwebestütz und Ueberschläge.

Schwebestütze: Beine hockend gehoben, oder zur Waghaltung gestreckt nach vorn gehoben, geschlossen oder seitgrätschend. Beine nach hinten gehoben, besonders zur Seitgrätsche, entweder über beiden Holmen hinter beiden Armen oder über einem Holm hinter einer Hand. Schwebewechsel rechts und links. Stützeln und Stützhüpfen in diesen Arten des Schwebestützes. — Rumpfheben rückwärts, Rumpfhebhaltung, Stützeln und Stützhüpfen in derselben. — Wage im Querstütz auf beiden untergestemmten Ellenbogen, auf einem Ellenbogen, frei zwischen beiden Armen; Wage im Seitstütz auf beiden Armen, auf einem Arm. — Unterarmstehen, Schulterstehen, Handstehen, (Handgehen, Handhüpfen).

Ueberschläge (ganze Drehungen um die Breitenachse): Im Handhang, besonders Querhang, Ueberschlag rückwärts und vorwärts, schwunghaft mit Abstoß der Füße vom Boden, oder ohne Schwung als langsames Ueberheben. Das Ueberheben rückwärts führt allmählig den Körper durch die Lage der Wage vorlings, des Abhanges und der Wage rücklings hindurch, kann aber auch zum Liegehang rücklings führen. — Aus (Quer-) Oberarmhang rücklings Ueberschlag vorwärts, und aus Oberarmhang vorlings Ueberschlag rückwärts zum Stande oder wieder zum Oberarmhang; mit oder ohne Schwung. Aus Grätschsitz, Reitsitz, Kehr- und Wendesitz, ebenso aus Unterarm-, Beuge- und Streckstütz Ueberschlag vorwärts und rückwärts mit Fall in den Oberarmhang, zum Sitz oder zum Stand (Rolle). — Ueberschlag aus Unterarm-, Beuge- oder Streckstütz rückwärts mit Fall in den Handhang zum Stand. — Ueberschlag aus Grätschsitz (Arme frei über dem Kopfe) vorwärts oder rückwärts mit Fall in den Handhang zum Stand oder wieder zum Sitz. Auch ohne Fall in den Handhang als Ueberschlag durch den freien Oberschenkelhang zum Sitz. Ueberschlag rückwärts aus dem Liegen rücklings

auf beiden Holmen zum Stand (Abburzeln rückwärts). Hieraus ergiebt sich das Genickstehen
an der äußeren Seite eines Holms mit
Ristgriff der Hände auf dem andren Holm, sowie
eine Wage. Auch ein Genickstehen an der inneren Seite eines Holms, mit Kammgriff der
Hände auf dem andren Holm wird geübt, und zu
einer Wage oder einem Ueberschlag vorwärts zum
Stand fortgesetzt. — Ueberschlag vorwärts aus dem
Liegen vorlings auf beiden Holmen, das Brust-
stehen als Durchgangsstellung enthaltend.

Ueberschlag vorwärts aus Unterarmstütz mit
Aufkippen, zum Stand, (am Ende des Barrens).—
Ueberschlag vorwärts und rückwärts aus Beugestütz wieder zum Beugestütz (Rolle). — Ueberschlag vorwärts aus Streckstütz zum Stande,
mit Armbeugen im Ueberschlagen (Fig. 37),
oder mit

Fig. 37.

dauernd
gestreckten
Armen; am
Ende des
Barrens.
Ersteres auch
als schwung-
loses Ueber-
heben. Ueber-
schlag vor-
wärts aus
dem Beu-
gestütz zum
Stande, auch
als Ueberhe-
ben, (am
Ende des
Barrens.)
Dgl. vor-
wärts aus
Streckstütz
mit Arm-
beugen und -strecken während des Rückschwungs.
Dgl. vorwärts aus Grätsch-, Reit-, Wendesitz oder Stand auf den Holmen mit Stütz der
gebeugten oder gestreckten Arme zum Stand auf
dem Boden. — Ueberschläge aus der Wage
(Seit- und Querwage). — Aus Unterarmstütz, Beugestütz, Schulterstehen und Streckstütz Ueberschlag

schräg vorwärts über einen Holm zum Stand an
der äußeren Seite desselben.

h) **Wechsel von Hang und Stütz.**

Aus Querliegestütz vorlings Niederlassen in
den Querliegehang rücklings; aus diesem wieder
Aufstemmen in jenen. Ebenso aus Querliegestütz
rücklings in den Querliegehang vorlings, und umgekehrt. Niederlassen und Aufstemmen wechsel = und
gleicharmig. — Aus Oberarmhang vorlings mit
Rückschwung Aufkippen zum Streckstütz, aus diesem mit Vorschwung wieder Niederkippen in den
Oberarmhang. — Aus Querstreckstütz vorlings am
Ende des Barrens Niederlassen in den Handhang
und aus diesem mit Rückschwung wieder Aufkippen
zum Stütz. — Aus dem Handhang (Querhang
vorlings am Ende des Barrens) Aufstemmen
(wechsel = oder gleicharmig) ohne Schwung zum
Stütz.

Die Uebungen, welche an dem Barren von gewöhnlicher Form betrieben werden, lassen sich auch mit unwesentlichen Abänderungen auf die Abarten des Barrens:
dreiholmigen Barren, Schrägbarren, Stufenbarren,
Schaukelbarren, Drehbarren u. s. w. übertragen. Für
letzteren giebt es außerdem eine Uebung, bei welcher,
indem das Geräth eine ganze Drehung um seine Längenachse macht, der im Querstütz sich befindende Turner
einen Ueberschlag seitwärts (Drehung um die Tiefenachse
des Körpers) durch den Hang wieder zum Stütz ausführt, oder auch aus dem Grätschsitz einen Ueberschlag
seitwärts durch den Hang wieder zum Sitz.

Uebungen am Reck. Die Reckübungen enthalten
meist Armthätigkeiten, sowohl des Hanges wie des
Stützes, und ganz besonders einen Wechsel der Hang =
und Stützthätigkeit.

a) **Hangübungen.**

Handhang: (Anhang): als Seithang, Querhang,
als Streckhang, Beugehang (Klimmhang);
als Grundhang, Schlußhang, Spannhang und Hang
an einem Arm; mit Rist=, Kamm=, Speich=, Ell=,
Zwiegriff. (Fig. 38. Handhänge, und zwar: Querstreck-
hang mit Speichgriff, Seitstreckhang mit Kammgriff,
dgl. mit Ristgriff.) — Beinthätigkeiten in diesen

Fig. 38.

Arten des Hanges: Spreizen vorwärts, seitwärts, rückwärts, Quergrätschen, Seitgrätschen, Kreuzen, Heben der geschlossenen Beine nach vorn, Kniebeben, Unterbeinheben, Beinstoßen, Beinschlagen u. s. w. — Rumpfthätigkeiten in diesen Hangarten: Drehungen um die Längenachse, Viertel- und halbe; Drehungen um die Breitenachse, als Vor- und Rückschwingen im Hang, wobei die Beine dem Schwunge des Rumpfes folgen, (auch mit besondren Beinthätigkeiten, z. B. Beinstoßen zu Ende des Vor- und Rückschwungs, auch als Abschwung rückwärts oder vorwärts zum Stand,) oder als Ueberschläge (auch Ueberheben) aus Seitstand und Seithang, rückwärts und vorwärts, aus Querstand und Querhang rückwärts, zu Schwebehängen, Abhängen und Liegehängen); Drehungen um die Tiefenachse (Seitschwingen); Drehungen, bei denen der Körper den Mantel eines Kegels beschreibt, dessen Spitze

in den Händen liegt (Kreisschwingen). — Armthätigkeiten in diesen Hängen: Armbeugen und
-strecken (Armwippen). Ferner Hangeln an
und von Ort (vorwärts, rückwärts, seitwärts), mit
Nachgriff, mit Uebergriff, mit Kreuzgriff (Vorkreuzen,
Hinterkreuzen), mit Griffwechsel; mit Drehungen um
die Längenachse (Gleichdrehen, Gegendrehen), mit
Vor- und Rückschwingen, mit Seitschwingen, mit
Kreisschwingen; mit Beinthätigkeiten. Ebenso Hangzucken an und von Ort (vorwärts, rückwärts, seitwärts), mit Griffwechsel, mit Drehungen um die
Längenachse, mit Vor- und Rück-, Seit-, Kreisschwingen, mit Beinthätigkeiten.

Unterarmhang als Querhang, als Seithang vorlings und rücklings; Oberarmhang als Seithang

Fig. 39.

vorlings und rücklings.
(Fig. 39. Seit-Oberarm-
hang rücklings.) Auch Unter-
und Oberarmhänge an einem
Arm. — Beinthätigkeiten,
Rumpfthätigkeiten, Hangeln
und Hangzucken in diesen
Hängen. — Wechsel von
Hand-, Unterarm- und Ober-
armhängen.

Schwebehang als: Seit-
schwebehang vorlings, rücklings; mit gebeugten Hüft-
und Kniegelenken; mit gebeugten Hüft- und gestreckten Kniegelenken; mit gestreckten Hüft-
und Kniegelenken, wobei der
ganz gestreckte Körper entweder umgekehrt senkrecht (Abhang, Sturzhang) oder
wagerecht (Wage im Hang
vorlings, rücklings) liegt.
Querschwebehang mit
gebeugten Hüft- und Kniegelenken; mit gebeugten Hüft-
und gestreckten Kniegelenken;
ganz gestreckt als Abhang mit
geschlossenen oder seitgrätschenden Beinen, oder als
Wage vorlings und rücklings.

Ueberschlagen und Ueberheben rückwärts und vorwärts aus dem Stande durch den Seit- und Quer-

schwebehang, oder aus diesen Hängen. Anschwe-
ben. In den genannten Hängen die verschiedenen
Griffarten, Griffwechsel, Beinthätigkeiten, Drehungen des Rumpfes um die Längenachse, Hangeln
und Hangzucken in den verschiedenen Arten.

Liegehänge, als: Seitliegehang an beiden Händen oder einer Hand und einem oder beiden Fußristen, vorlings, rücklings (Schwimmhang, Nest).
Der sogenannte Knoten ist ein Seitliegehang vorlings an Händen und Fußristen, wobei die Beine
von außen nach innen die Arme umschlingen. —
Ferner an einem oder beiden Knieen und einer oder
beiden Händen. — Bei diesen Rist- und Knieliegehängen
kann das Verhältniß der Orte, wo Ober- und Unterglieder an der Reckstange hängen, sehr verschieden
sein, z. B. beim Seitliegehang an beiden Händen
und beiden Knieen können beide Hände innerhalb
beider Kniee, oder beide Hände außerhalb beider
Kniee, die rechte Hand rechts außen, die linke links
außen, oder beide Hände rechts außerhalb der Kniee,
oder beide Hände links außerhalb der Kniee, oder
die eine Hand innerhalb, die andre außerhalb, und
zwar die äußere (rechte oder linke) sowohl rechts außen
als links außen sich befinden. — Auch Seitliegehang
mit Risthang der Füße an der Reckstange und Griff
der Hände an den Fußspitzen; ferner Seitliegehang
an einem oder beiden Knieen auf der Reckstange und
Griff der Hände unter der Stange hindurch an den
Schienbeinen oder an den Fußspitzen; auch Seitliegehang an einem Oberarm und dem Knie der anderen Körperseite. — In den Seitliegehängen können
die Hände verschiedene Griffe haben, es können Liegehangswechsel durch Griffwechsel der Hände oder durch
Lage- und Haltungsveränderung der Beine hervorgebracht, es kann ferner Vor- und Rückschwingen
des Rumpfes, sowie Hangeln und Hangzucken geübt
werden.

Querliegehang: vorlings an einer oder beiden
Händen und einem oder beiden Knieen, (ungleichsei-
tig, wenn nur eine Hand und ein Knie auf der
Reckstange liegen). Derselbe seitlings an einer Hand
oder einem Unterarm und einem Knie, (gleichsei-
tig.) Derselbe rücklings an Händen und Fußristen
(Schwimmhang). Verschiedene Griffarten der
Hände, Griffwechsel, Liegehangswechsel, Seitschwin-
gen des Rumpfes, Hangeln und Hangzucken in den
Querliegehängen.

22

Beinhänge: im Seithang als Oberschenkelhang, Kniehang, Fußrist- oder Zehenhang, Fersenhang, an beiden und einem Beine; im Querhang als Kniehang und Fersenhang. Hangwechsel, Hangeln, Hangzucken, Rumpfschwingen in diesen Hängen. Im Querkniehang an einem Knie wird eine Wage geübt, bei welcher die Fußspitze des andren Beins von unten gegen die Reckstange gestemmt wird.

b) Stützübungen.

Seitstütz: als Streckstütz, Beugestütz (Knickstütz), mit Rist-, Kamm- oder Zwiegriff, vorlings, rücklings; [Fig. 40. Seitstreckstütz vorlings mit Ristgriff; Fig. 41. Seitstütz rücklings mit Ristgriff und Armwippen;] als Unterarmstütz mit wagerecht vor dem Leibe längs oder quer auf der Reckstange liegenden Unterarmen; als Grundstütz, Schlußstütz, Spannstütz, als Zwiestütz (z. B. rechts Beugestütz, links Spannstreckstütz), als Stütz auf einem Arm. — Beinthätigkeiten (Beinbewegungen und Beinhaltungen) in diesen Stützarten. Rumpfthätigkeiten: Drehungen um die Längenachse; Hurten; Rumpfheben; Schwebestütz, und zwar: aus Seitsitz auf einem Schenkel, beide Hände innerhalb oder beide außerhalb des Beins, oder die eine Hand innen, die andre außen; aus Seitsitz auf beiden Schenkeln, beide Hände innerhalb der Beine, (in dieser Stellung Drehen um die Längenachse mit Griffwechsel, als Bratenwender,) oder beide Hände außerhalb, die eine rechts, die andre links, oder beide rechts außerhalb, oder beide links außerhalb; aus Seitstütz vorlings durch Rumpfheben rückwärts, bis zur Seitstützwage (auf beiden Ellenbogen, frei zwischen beiden Armen, auf einem Ellenbogen, Wagewechsel), bis zum Handstehen und zum Ueberschlagen vorwärts. — Armthätigkeiten: Armwippen (Armbeugen und -strecken) ein-, wechsel- und gleicharmig, vorlings bis zum Anmunden, rücklings

Fig. 40.

Fig. 41.

(Fig. 41.) bis zum Anschultern. Das sog. Arm-
abstrecken ist ein wechselseitiges Armwippen im
Spannstütz. Ferner Wechsel von Streck- oder Beugestütz mit Unterarmstütz; Griffwechsel; Stützeln an und von Ort (seitwärts rechts und links)
in allen Stütz- und Griffarten, mit Nachgriff, Uebergriff, mit gleichbleibendem oder wechselndem Griff,
mit Beinthätigkeiten, mit Drehungen des Rumpfes
um die Längenachse, (Viertel- und halben Drehungen,
aus Seitstütz in Querstütz, aus Seitstütz vorlings
in Seitstütz rücklings,) auch in den verschiedenen
Arten des Schwebestützes; ebenso Stützhüpfen.

Querstütz, die Beine geschlossen zur rechten oder linken
Seite der Reckstange, oder die Reckstange zwischen
den Beinen; als Streck- oder Beugestütz; mit Speich-,
Ell- und Zwiegriff; beide Hände vor dem Leibe,
oder beide hinter demselben, oder die eine vorn, die
andre hinten. Bei letzterer Form auch Spannstütz.
Auch Stütz auf einem Arm. — Bein-, Rumpf-,
Armthätigkeiten ähnlich wie beim Seitstütz.

c) Sitz- und Liegeübungen.

Seitsitz auf beiden Schenkeln, auf einem Schenkel
(Fig. 42); Quersitz als Reitsitz, oder beide geschlos-

Fig. 42.

senen Beine auf einer Seite der Reckstange hängend, oder beide geschlossenen Beine gestreckt auf der Reckstange liegend. Bei diesen Sitzen entweder Hände grifffest (in den Arten, wie oben unter Seit-Schwebestütz und Querstütz angegeben,) oder freier Sitz ohne Gebrauch der Hände.

Sitzwechsel, mit und ohne Gebrauch der Hände, entweder durch Drehung um die Längenachse, (z. B. aus Reitsitz durch Viertelrehung in Seitsitz auf einem Schenkel; aus Seitsitz auf einem Schenkel durch halbe Drehung in Seitsitz auf dem andren Schenkel; aus Quersitz, mit beiden Beinen zu einer Seite der Reckstange, durch halbe Drehung in denselben Quersitz an derselben Seite der Reckstange, aber nach entgegengesetzter Richtung sehend;) oder durch Ueberschwingen eines oder beider Beine von einer Seite der Reckstange auf die andre; oder durch Vor- oder Rückschwingen beider Beine aus Quersitz und Beinkreuzen mit halber Drehung (Scheere vorwärts, rückwärts).

Sitzeln und Sitzhüpfen, an und von Ort, mit und ohne Gebrauch der Hände, auch mit Drehungen und Sitzwechsel.

Liegen vorlings oder rücklings auf der Reckstange, entweder längs derselben, d. h. in Querlage, wobei die Breitenachse des Körpers die Längenachse des Geräthes (die Reckstange) rechtwinklig schneidet; oder in Seitlage, wobei die Breitenachse des Körpers, der Reckstange parallel läuft, auf dem Bauch oder dem Kreuz, mit gestrecktem oder gebeugtem Körper.

d) Wechsel von Hang und Stütz (mit Drehungen des Körpers um die Breitenachse).

Aufschwünge und Aufzüge, Aufstemmen.

Felgaufschwünge und Felgaufzüge. Aus dem reinen Seithang vorlings oder aus dem Seit-

ſtande durch dieſen Hang zum Seitſtütz vorlings,
in folgenden Arten: Aus dem Stande (Grundſtellung,
Schrittſtellung,) mit Abſprung vom Boden gleichbeinig oder mit Vorſpreizen des einen Beines, auch
aus dem Hinkſtande mit Abſprung, aus dem Stande
ohne Abſprung, aus ruhigem Hang, aus dem Hang
mit Vor- und Rückſchwingen des Körpers und Aufſchwung beim Vorſchwung (mit geſtreckten Armen
als R i e ſ e n a u f ſ ch w u n g), auch mit Rumpfdrehen
um die Längenachſe im Aufſchwunge zum Liegen
rücklings auf der Reckſtange oder zum Seitſitz auf
beiden Schenkeln oder zum Seitſtütz rücklings, (aus
welchem auch noch unmittelbar ein Fall in den Seithang rücklings folgen kann.) Die Arme können dabei
Streckhang oder Beugehang haben mit Riſt-, Kamm-,
Zwie-, Grund-, Schluß-, Spann-, Kreuzgriff,
auch mit Griff nur einer Hand, wobei die andre
entweder das Handgelenk des Hangarms umfaßt oder
grifffrei iſt. Oder es kann Unterarmhang beider
Arme, oder Unterarmhang des einen und Handhang
des andren Armes ſtattfinden, oder endlich können
beide Unterarme vor dem Leibe auf der Reckſtange
längs liegen, während die Hände grifffeſt ſind, oder
es kann nur ein Unterarm ſo liegen, während der
andre Arm Handhang hat. — Der Aufſchwung unter-
ſcheidet ſich vom Aufzug nur dadurch, daß bei erſte-
rem ein ſchnelles plötzliches Aufſchwingen, bei letzterem
ein langſames, ruhiges Aufziehen ſtattfindet.

K r e u z a u f z ü g e und K r e u z a u f ſ ch w ü n g e. Aus
oder durch verſchiedene Arten des Seithangs rücklings,
und zwar: aus dem Seit-Knieliegehang, aus dem
Seit-Abhang rücklings, aus der Wage im Seithang
rücklings, aus dem Seitſtand vorlings mit Abſprung
vom Boden und Durchhocken unter der Reckſtange
zum Abhang rücklings, aus dem Seithang vorlings
mit Vor- und Rückſchwingen des Körpers und
Durchhocken unter der Reckſtange beim Vorſchwung.
Die Kreuzaufzüge und Aufſchwünge erfolgen: zum
Liegen rücklings auf der Reckſtange, zum Seitſitz
auf beiden Schenkeln, zum Seitſtütz rücklings, (aus
welchem unmittelbar ein Fall in den Oberarmhang
rücklings oder Handhang rücklings folgen kann.) Auch
mit Rumpfdrehen um die Längenachſe im Aufſchwunge
zum Liegen vorlings oder Seitſtütz vorlings. Die
Beine können bei allen Kreuzaufzügen und Auf-
ſchwüngen zwiſchen den grifffeſten Händen oder
außerhalb derſelben, rechts oder links, liegen. —

Aufzug und Aufschwung unterscheiden sich auch hier einerseits durch langsame, ruhige, andrerseits durch schnelle, schwunghafte Bewegung.

Aufstemmen, mit Rist-, Kamm- und Zwiegriff, wechselarmig und gleicharmig, aus dem Seithang vorlings in ruhiger, gleichmäßiger Bewegung oder mit Ruck; aus demselben Hang mit Vor- und Rückschwingen des Körpers und Aufstemmen beim Rückschwung (Schwungstemmen); aus demselben Hang mit Vorschwingen oder Vorheben der Beine bis zur Berührung der Reckstange mit den Fußristen und dann folgendem plötzlichem Rückschwung der Beine nebst gleichzeitigem Ruckstemmen (Kippe); in allen diesen Arten zum Seitstütz vorlings. Das Aufstemmen kann auch aus dem Seithang rücklings in den Seitstütz rücklings erfolgen, oder aus dem Seithang rücklings mit Drehung um die Längenachse und Griffwechsel der einen Hand in den Seitstütz vorlings. Auch Kippe aus dem Seithang rücklings zum Stütz rücklings.

Wellaufschwünge, aus dem Seitliegehang an einem oder beiden Knieen zum Seitsitz auf einem oder beiden Schenkeln, mit Rist-, Kamm- und Zwiegriff, Aufschwung vorwärts und rückwärts, in folgenden Arten: Aufschwünge aus Seitliegehang an einem Knie: Dabei hat die Hand derselben Körperseite Griff innerhalb des Knies, und der andre Arm hat Oberarmhang mit grifffester Hand; oder beide Hände haben Griff auf der Reckstange, und das Knie liegt zwischen den Händen oder rechts oder links außerhalb der Hände; oder die eine Hand hat Griff auf der Reckstange innerhalb oder außerhalb des Knies, die andre Hand umfaßt das Haubgelenk des Hangarms oder ist grifffrei; oder beide Hände umfassen, unterhalb der Reckstange hindurchgreifend das Knie oder Schienbein des Liegebeins (Kniewellaufschwung). — Aufschwünge aus Seitliegehang an beiden Knieen: Dabei haben beide Hände Griff auf der Reckstange und zwar rechts und links außerhalb der Kniee, oder beide Hände innerhalb der Kniee, oder die eine Hand innerhalb, die andre außerhalb, oder es hat nur die eine Hand Griff auf der Reckstange, während die andre das Haubgelenk des Hangarms umfaßt oder grifffrei ist, oder es erfolgt Griffwechsel der Hände im Aufschwunge (Sitzaufschwünge). Auch können die Hände

unter der Reckstange hindurch die Kniee oder Schienbeine umfassen (Burzelwellaufschwung).

[Hier zu nennen sind auch: Mühlaufschwünge
seitwärts aus dem Quer-Abhang mit Seitgrätschen
in den Reitsitz; vorwärts und rückwärts aus dem
Seit-Abhang mit Quergrätschen in den Seit-Spalt-
sitz; auch vorwärts und rückwärts aus dem Seitstand
und Seithang.

Ferner Kniehangsaufschwünge vorwärts und
rückwärts (bei grifffreien Händen) aus dem Hang an
beiden Knieen oder an einem Knie, wobei das andre
den Fußrist des Liegebeins umfaßt, oder frei schwebt.]

Abschwünge.

Aus Seitstütz vorlings in Seithang vorlings
oder in Stand: Abschwung rückwärts ohne Drehung
um die Breitenachse in Hang oder Stand, letzteres
auch mit Drehung um die Längenachse im Niedersprung. Felgabschwung vorwärts mit gebeugten oder gestreckten Hüften. Abschwung vorwärts
mit Hocken eines oder beider Beine, so daß Schienbein oder Fußrist an die Reckstange gelegt oder die
Sohlen auf dieselbe gesetzt werden. Abschwung vorwärts mit Seitspreizen eines Beines, mit
Seitgrätschen beider Beine, mit Seitspreizen
des einen und Hocken des andren Beines, (Fußriste
an der Reckstange). Abschwung mit Ueberschlag
vorwärts aus dem Rumpfheben, aus der Wage, als
Riesenabschwung mit gestreckten Armen und
gestrecktem Körper. — Aus Seitstütz rücklings
oder aus Seitsitz auf beiden Schenkeln in Seithang rücklings oder in Stand: Abschwung vorwärts
ohne Drehung um die Breitenachse in Hang oder
Stand, letzteres auch mit Drehung um die Längenachse im Niedersprung. Abschwung rückwärts mit
Fall in den Kniehang. Felgabschwung rückwärts.

[Abschwung bei grifffreien Händen aus Kniehang an
beiden oder einem Knie, oder aus Seitsitz auf beiden
oder einem Schenkel durch den Kniehang, zum Stand
(Kniehangsabschwung, Stehschwung)].

Umschwünge. Felge aus Seitstütz vorlings, rückwärts und vorwärts; rücklings, vorwärts und rückwärts; auch als freie Felge. Speiche (Brust-
welle) vorlings rückwärts, aus Oberarmhang oder
Unterarmstütz vorlings mit grifffesten Händen. Bauch-
welle vorlings, rückwärts und vorwärts; die Un-

terarme stützen quer auf der Reckstange, die Hände fassen beim Umschwung die Kniekehlen. Kreuzbiege (Rückenwelle), aus Unter- oder Oberarmhang rücklings (auch mit seitwärts auf die Reckstange gelegten Armen), vorwärts und rückwärts. Halber Riesenschwung, aus Stütz vorlings ein Schwung rückwärts mit gestreckten Armen und gestrecktem Körper in den Hang und aus diesem weitergehend wieder in den Stütz. Riesenschwung, ein fortgesetzter Umschwung mit gestreckten Armen und gestrecktem Körper aus Seitstütz vorlings rückwärts (Fig. 43.) und vorwärts.

Fig. 43.

Kniehangswelle (mit grifffreien Händen) aus Seitsitz auf beiden Schenkeln rückwärts durch den Kniehang an beiden Knieen wieder zum Sitz, auch in den Oberarmhang rücklings oder mit Drehung um die Längenachse in den Stütz vorlings; auch aus Seitsitz auf einem Schenkel rückwärts oder vorwärts durch den Hang an einem Knie, wobei die Kniekehle des freien Beins auf den Fußrist des Sitz- und Hangbeins gelegt ist. — Mühle seitwärts, aus Reitsitz ein Umschwung seitwärts in denselben Sitz, wobei nur eine Hand oder beide Hände vor oder hinter dem Körper, oder die eine Hand vorn, die andre hinten die Reckstange mit Speichgriff gefaßt halten; Mühle vorwärts und rückwärts aus Seitspaltsitz. — Welle rückwärts und vorwärts, ein Umschwung aus Seitliegehang an einem Knie, wobei die Hand derselben Körperseite Griff innerhalb des Knies und der andre Arm Oberarmhang mit grifffester Hand hat. — Welle rückwärts und vorwärts, ein Umschwung aus Seitsitz auf einem Schenkel oder aus Seitliegehang an einem Knie; wobei

entweder beide Hände Griff auf der Reckstange haben
und das Knie sich zwischen den Händen, oder rechts
oder links außerhalb derselben befindet; oder wobei
nur eine Hand, innerhalb oder außerhalb des Knies,
Griff auf der Reckstange hat, während die andre das
Handgelenk des Hangarms umfaßt oder grifffrei ist.
Kniewelle rückwärts und vorwärts, ein Umschwung
aus Seitsitz auf einem Schenkel oder aus Seitliegehang an einem Knie, wobei beide Hände unterhalb
der Reckstange hindurchgreifend das Knie oder Schienbein des Liegebeins umfassen. Sitzwelle rückwärts
und vorwärts, ein Umschwung aus Seitsitz auf beiden Schenkeln oder aus Seitliegehang an beiden
Knieen; wobei entweder beide Hände Griff auf der
Reckstange haben und zwar rechts und links außerhalb der Knie, oder beide innerhalb der Knie, oder
die eine Hand innerhalb, die andre außerhalb; oder
wobei nur die eine Hand Griff auf der Reckstange
(innerhalb oder rechts oder links außerhalb der Knie)
hat, während die andre das Handgelenk des Hangarms umfaßt oder grifffrei ist; oder wobei Griffwechsel der Hände im Umschwung erfolgt. Burzel-
welle rückwärts und vorwärts, ein Umschwung
aus Seitsitz auf beiden Schenkeln oder aus Seitliegehang an beiden Knieen; wobei beide Hände unterhalb der Reckstange hindurchgreifend die Kniee oder
Schienbeine von außen oder von innen umfassen;
oder wobei nur eine Hand ein Knie oder Schienbein
umfaßt, während die andre Hand grifffrei bleibt.
Ristwelle, ein Umschwung vorwärts aus dem
Seitstütz vorlings durch den Ristliegehang an beiden
oder nur einem Fuße; entweder mit Seitgrätschhaltung oder mit Hochhaltung beider Beine, oder mit
Hochhaltung des einen und Seitspreizhaltung des
andren Beins, in welchen drei Fällen beide Füße
Risthang haben; oder mit Hochhaltung des einen und
Rückspreiz- oder Vorspreizhaltung des andren Beins,
in welchen Fällen nur das Hochbein allein Risthang
haben kann; oder mit Hochhaltung und Risthang
des einen Beins, während das andre mit der Kniekehle die Reckstange faßt, (also im Umschwunge
abwechselnd Seitsitz und Kniehang darstellt.) In
letzter Art kann der Umschwung auch rückwärts
erfolgen. — Schwimmhangswelle, ein Umschwung seitwärts aus dem Querliegehang rücklings
an einem gebeugten Arm mit Kammgriff und dem
Rist des gleichseitigen Fußes, während der andre
Arm Beugestütz mit Ristgriff hat.

Ueberschwünge.

Felgüberschwung, mit gebeugten Armen entweder aus Seitstand vorlings durch Hang und Stütz zum Stand, oder aus Seithang vorlings durch Stütz zum Stand, oder aus Seitstütz vorlings mit Rückschwung in den Hang und aus diesem durch Stütz zum Stand.

Riesenüberschwung, mit gestreckten Armen, aus Seitstand, Seithang oder Seitstütz wie Felgüberschwung.

Kreuzüberschwung, aus Kniehang oder Abhang rücklings, oder aus Seitstand vorlings mit Hocken unter der Reckstange hindurch zum Abhang rücklings. — Alle Arten von Ueberschwüngen auch mit halber Drehung um die Längenachse.

c) Recksprüngen. Die Uebungen des Recksprin-gens sind entweder Sprünge mit Armstütz und den Seitensprüngen am Pferde ähnlich, oder sie sind Sprünge mit Armhang, sog. Unterschwünge.

Die Sprünge mit Armstütz können wie die Seitensprünge in verschiedenen dort angegebenen Formen (mit Hocken, Spreizen, Grätschen, mit Flanken-, Wende- und Kehrschwung, als Geschwünge, Fechtsprünge u. s. w.) in den Stütz oder Sitz auf der Reckstange, oder als Uebersprünge über dieselbe hinweg in den Stand führen. Den Sprüngen zum Stütz oder Sitz kann dann noch ein Abschwung oder Umschwung sich anschließen, die Uebersprünge können auch zum Hang rücklings oder (mit Drehung um die Längenachse) zum Hang vorlings erfolgen, und aus diesem noch ein Auf- oder Umschwung hinzugefügt werden.

Bei den Unterschwüngen erfolgt aus dem Seitstande vorlings vor der Reckstange ein Absprung zum Seithang und zugleich Schwung der Beine und des Rumpfes vorwärts über eine vorgesetzte Schnur hinweg. Dieser Schwung über die Schnur kann auch aus ruhigem Seithang, oder aus Seitstütz vorlings mit Rückschwung zum Seithang erfolgen. Auch kann im Schwunge über die Schnur eine Drehung um die Längenachse gemacht werden.

Viele Reckübungen, besonders Hangübungen, Stütz-übungen, Sitz- und Liegeübungen und Recksprünge, beschränkter die Auf- und Abschwünge, am wenigsten

Umschwünge lassen sich auch am Querbaum darstellen. Auch am Schrägbaum und Schrägtau sind einige dieser Uebungen (besonders im Hang, Liegehang und Stütz) ausführbar.

Uebungen am Schaukelreck.

a) Ohne Schaukelschwung.

Hangübungen wie am Reck; aber auch mit Griff an den Tauen, z. B. Ueberheben aus Seithang vorlings in Seithang rücklings, Seitliegehang rücklings an Händen und Fußristen (Hände und Füße an den Tauen), Seitliegehang vorlings oder rücklings an Händen und Fußsohlen (Hände an den Tauen, Sohlen an der Stange), Fußristhang an den Tauen. Stützübungen, Aufschwünge, Aufzüge, Aufstemmen, Abschwünge, Umschwünge wie am Reck. Uebungen aus dem Sitz, z. B. Hände über dem Kopfe an den Tauen und Hocke rückwärts aus Seitsitz auf beiden Schenkeln in Hang vorlings, dann Hocke vorwärts; ähnlich Hocke mit einem Bein und Gaffel; Umschwung um das Seil seitwärts aus Seitsitz in Seitsitz mit geschlossenen Beinen; ähnlich die Nadel, eine Hocke mit einem Bein um das Seil herum; (bei den beiden letzten Uebungen eine Hand im Hang am Tau, die andre im Stütz auf der Stange;) Ueberheben aus Seitsitz in Seitsitz, beide Hände an beiden Tauen im Hang; Liegen rücklings auf der Stange, beide Hände an beiden Tauen.

b) Mit Schaukelschwung.

Vor- und Rückschwingen im Hang, und zwar im Handhang, Unter- und Oberarmhang vorlings, rücklings, (mit Abstoß vom Boden: wechselbeinig mit mehreren Laufschritten, mit Galopptritt, gleichbeinig, einbeinig; ohne Abstoß,) auch in Schwebehängen, im Kniehang und in Liegehängen. Vor- und Rückschwingen im Sitz, im Liegen, im Stütz und im Stehen auf der Stange.

Vor- und Rückschwingen im Seit-Handhang vorlings und während des Schwunges Ueberheben zum Abhang rücklings oder zum Liegehang rücklings, auch während des Schwunges Felgaufschwung, oder mit Durchhocken unter der Stange Kreuzaufzug; Vor- und Rückschwingen im Seitliegehang an einem oder beiden Knieen und während des Schwunges

Aufschwung zum Sitz oder Umschwung; Vor=
und Rückschwingen im Seitsitz auf einem
oder beiden Schenkeln und während des Schwun=
ges Fall in den Liegehang oder Umschwung;
Vor= und Rückschwingen im Seitstütz vor=
lings oder rücklings und während des Schwun=
ges Abschwung zum Hang oder Umschwung.

Uebungen an der wagerechten Leiter. An der
wagerechten Leiter werden vorwiegend Thätigkeiten der
Arme im Hang, doch auch in Verbindung mit Rumpf=
und Beinthätigkeiten geübt. Auch Hangübungen der Un=
terglieder sowie Stützübungen der Ober= und Unterglie=
der kommen, doch in beschränkter Zahl, vor.

a) **Handhang als Anhang.**

Hangarten: Seithang, Querhang; Grundhang, Schluß=
hang, Spannhang, Kreuzhang, Hang an einem
Arm; Streckhang, Beugehang (Klimmhang).

Griffarten: Speich=, Ell=, Rist, Kamm= oder Zwie=
griff an Holm und Sprosse. —

Verbindungen der Hang= und Griffarten:
Seithang am Holm mit Rist=, Kamm= oder Zwie=
griff, als Grundhang, Schlußhang, Spannhang,
Kreuzhang, als Streckhang oder Beugehang. Seit=
hang an den Sprossen mit Speich=, Ell= oder
Zwiegriff, Hangarten wie beim Seithang am Holm.
Seithang mit der einen Hand am Holm in Rist=
oder Kammgriff, und der andren Hand an einer
Sprosse in Speich= oder Ellgriff, Hangarten wie
vorher. Querhang an den Holmen mit Speichgriff,
Ell= oder Zwiegriff; als Grundhang an beiden Hol=
men einer Leiter, als Schlußhang an einem Holm,
als Spannhang an den Holmen zweier neben ein=
ander liegenden Leitern; als Streck= oder Beugehang.
Querhang an den Sprossen mit Rist=, Kamm=,
Zwiegriff; als Grundhang oder Schlußhang an
einer Sprosse, als Spannhang an den Sprossen
zweier neben einander liegenden Leitern; als Streck=
oder Beugehang. Querhang mit der einen Hand an
einer Sprosse in Rist= oder Kammgriff, und der
andren Hand an einem Holm in Speich= oder Ell=
griff; als Grund= oder Schlußhang an einer, als
Spannhang an zwei Leitern; als Streck= oder Beu=
gehang.

Beinthätigkeiten in diesen Hangarten.

Beinbewegungen: Spreizen vorwärts, seitwärts, rückwärts, Quergrätschen, Seitgrätschen, Kreuzen, Heben der geschlossenen Beine, Knieheben, Unterbeinheben, Beinstoßen, Beinschlagen, Fußbeugen und
-strecken u. s. w. — Beinhaltungen: Spreizhaltung
eines Beins vorwärts, seitwärts, rückwärts, Quer-
grätsch-, Seitgrätsch- oder Kreuzhaltung, Knieheb-,
Unterbeinheb-, Fußbeug-, Fußstreckhaltung u. dgl. m.

Rumpfthätigkeiten in diesen Hangarten.

Drehungen um die Längenachse, Viertel-
und halbe.

Drehungen um die Breitenachse, als Vor- und
Rückschwingen, wobei die Beine mitschwingen;
oder als Ueberschläge oder Ueberheben rückwärts, vorwärts zu Schwebehängen, Abhängen, Liegehängen.

Drehungen um die Tiefenachse, als Seitschwingen.

Drehungen, bei denen der Körper den Mantel
eines Kegels beschreibt, dessen Spitze in den Händen
liegt, als Kreisschwingen.

Armthätigkeiten in diesen Hangarten.

Armbeugen und -strecken (Armwippen).

Hangeln, an Ort und von Ort, im Querhang vorwärts und rückwärts, im Seithang seitwärts; mit Nachgriff, mit Uebergriff, mit Kreuzgriff (Vorkreuzen, Hinterkreuzen); mit Griffwechsel;
mit Drehungen um die Längenachse (Gleichdrehen,
Gegendrehen); mit Vor- und Rückschwingen, mit
Seitschwingen, mit Kreisschwingen; mit Beinthätigkeiten.

Hangzucken, an und von Ort, im Querhang
vorwärts und rückwärts, im Seithang seitwärts;
mit Griffwechsel; mit Drehungen um die Längenachse; mit Vor- und Rück-, Seit-, Kreisschwingen;
mit Beinthätigkeiten.

b) Unterarmhang und Oberarmhang.

Unterarmhang, als Seithang vorlings an einem
Holm (von vorn oder von hinten über den Holm
greifend), als Seithang rücklings an einem Holm;
als Querhang vorlings an einer Leiter (von außen
über die Holme greifend), als Querhang rücklings
(von innen über die Holme einer Leiter greifend,

ober an zwei neben einander liegenden Leitern von
außen über die inneren Holme greifend).

Oberarmhang, als Seithang vorlings oder
rücklings an einem Holm; als Querhang an zwei
Leitern, (die seitgestreckten Arme auf die inneren
Holme derselben gelegt.) Auch Unter- und Oberarmhänge an einem Arm.

Beinthätigkeiten, Rumpfthätigkeiten, Hangeln, Hangzucken in diesen Hängen. Wechsel von Hand-, Un-
terarm- und Oberarmhängen.

c) Schwebehänge, Liegehänge, Beinhänge.

Schwebehänge erfolgen durch Ueberbrehen aus Seit-
und Querhängen im Hand-Anhang, als Seit- und
Querschwebehänge, mit gebeugten oder gestreckten
Knie- und Hüftgelenken, als Sturzhänge, Wagen
vorlings oder rücklings. In den Schwebehängen
können Beinthätigkeiten, Armwippen, Hangeln und
Hangzucken vorgenommen werden.

Liegehänge (Seit- und Quer-), vorlings,
rücklings; beides an Händen, Unterarmen, Oberarmen; vorlings an Knieen oder Fersen, rücklings
an den Fußristen. Armwippen, Hangeln, Hangzucken in denselben.

Beinhänge: Kniehang als Seit- und Querhang an Holmen und Sprossen; ebenso Zehenhang
Hangeln, Hangzucken (?) in diesen Hängen.

d) Stützübungen, (Uebungen auf der oberen Seite
der Leiter).

Auf der oberen Seite der wagerechten Leiter
lassen sich Liegestütze vorlings, rücklings, seitlings,
ähnlich wie am Barren, mit Griff der Hände auf
Holmen oder Sprossen, und Stützeln und Stützhüpfen in diesen Liegestützen ausführen.

[Ebenso ein Ueberschlag vorwärts aus dem
Querliegen vorlings am Ende der Leiter mit
Ristgriff der Hände von unten her an die Sprossen
zum Hang an der unteren Leiterseite. Auch ein Ueberschlag vorwärts aus dem Seitliegen
vorlings in der Mitte der Leiter über den Holm
zum Hang. Auch Felgaufzug über einen Holm
aus Seithang in der Mitte der Leiter mit Griff an
Holm oder Sprossen zum Seitliegen (und Stütz)
vorlings auf der Leiter, oder Felgaufzug am Ende
der Leiter über die letzte Sprosse aus Querhang mit
Griff an Sprosse oder Holmen zum Querliegen (ob.
Stütz) vorlings auf der Leiter. Aehnlich auch Kreuz-

aufzüge aus Hang zum Liegen (und Stütz) rücklings auf der Leiter].

Uebungen am Klettergerüst. Das Klettergerüst
enthält verschiedene Geräthe, an welchen theils die Beug=
gethätigkeit der Oberglieder oder der Unterglieder (Hang=
übungen), theils die Streckthätigkeit der Oberglieder

Fig. 44.*)

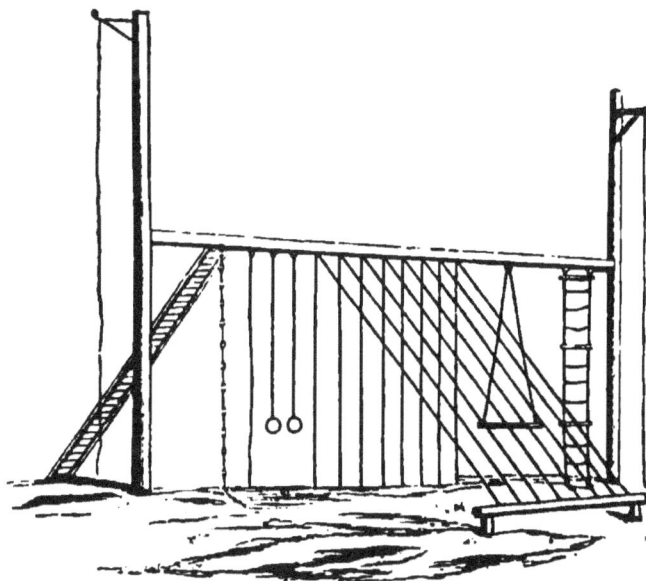

---

*) Fig. 44 stellt ein ziemlich einfaches Klettergerüst (ähnlich
dem in Kloß' Katechismus der Turnkunst 2. Aufl. S. 142
abgebildeten) dar, welches in compendiöser Weise die gebräuchlichsten eigentlichen Geräthe des Klettergerüstes und zwar acht
schräge, acht senkrechte Stangen, drei glatte Taue von verschiedener Länge, ein Knotentau, eine Strickleiter und eine schräge
Leiter, ferner noch zwei Geräthe (Schaukelreck und ein Paar
Schaukelringe) vereinigt, die (letztere beide Geräthe) wegen der
an ihnen vorzunehmenden Uebungen theoretisch nicht mit den
übrigen Geräthen zusammenzustellen sind, aber in Praxi doch
bequem neben ihnen am Klettergerüst angebracht werden können.
An Stelle der Strickleiter kann zeitweise auch eine feste senkrechte
Leiter und neben derselben an Stelle des Schaukelrecks nach
Bedürfniß noch eine zweite solche angebracht werden, ebenso
neben der schrägen Leiter eine zweite derartige.

(Stemmübungen) oder der Unterglieder (Steigeübungen), theils die Beugethätigkeit der Oberglieder und zugleich die Streckthätigkeit der Unterglieder (Ziehklettern), theils endlich die Streckthätigkeit der Ober= und Unterglie= der (Stemmklettern) geübt wird. Das allen diesen Ge= räthen Gemeinsame und Eigenthümliche ist die auf= und abwärts führende Bewegung der hier vorzunehmen= den Hang=, Stütz=, Steige= und Kletterübungen. Mehrere dieser Geräthe sind allgemein gebräuchlich, (wie schräge Leiter, senkrechte Leiter, Strickleiter, schräge Stangen, senkrechte Stangen, Mast, glattes Tau, Kno= tentau,) andere selten, (wie Doppelleiter, Schrägbaum und Schrägtau, Sprossenmast und Sprossenstange, Mast mit seitlichen Ausschnitten, Steigebohle, Steigewand, Sprossentau.) Die letzteren sind ohne Schaden zu ent= behren.

a) **Hangübungen.**

An der schrägen Leiter.

Auf der unteren Seite der Leiter, Querhänge auch vor einem Holm zur rechten oder linken Seite der Leiter: Handhang im Anhang als Streckhang, Beugehang; Seithang*) (vorlings, rücklings) an den Sprossen mit Rist=, Kamm= oder Zwiegriff, an den Holmen mit Speich=, Ell= oder Zwiegriff, an Holm und Sprosse, Querhang zwischen den Holmen oder vor einem Holm (vor= lings oder rücklings) an den Sprossen mit Speich=, Ell= oder Zwiegriff, an einem Holm (vorlings oder rücklings) mit Rist=, Kamm= oder Zwiegriff, an Holm und Sprosse. Beinthätigkeiten in diesen Hän= gen. Ebenso Rumpfthätigkeiten (Drehungen um die Längenachse, Vor= und Rückschwingen, Seitschwingen, Kreisschwingen, Ueberdrehen). Ferner Armwippen, Hangeln (an Ort und aufwärts und abwärts, mit Nachgriff, mit Uebergriff, mit Griffwechsel, mit Beinthätigkeiten, mit Rumpfdrehen um die Längen= achse, mit Vor= und Rück=, Seit= und Kreisschwin= gen) und Hangzucken (an Ort, aufwärts und

---

*) Im Seithang liegt hier die Sprosse parallel mit der Breitenachse des Rumpfes.

abwärts, mit Griffwechsel, Bein- und Rumpfthätigkeiten.) — Unterarmhang und Oberarmhang im Seithang vorlings, rücklings an den
Sprossen. Beinthätigkeiten, Rumpfthätigkeiten und
Hangeln (an Ort, aufwärts und abwärts) in diesen
Hängen. Auch Wechsel von Hand-, Unter- und
Oberarmhang. — Schwebehänge, im Seithang
an Holmen oder Sprossen, erfolgen durch Ueberbrehen
aus dem Seit-Anhang vorlings zum Hang rücklings mit gebeugten oder gestreckten Knie- und Hüftgelenken, zum Sturzhang oder zur Wage rücklings.
Beinthätigkeiten, Armwippen, Hangeln und Hangzucken (an Ort, aufwärts und abwärts) in den
Schwebehängen. — Liegehänge im Seithang,
Hände an den Sprossen mit Rist- oder Kammgriff
oder an den Holmen mit Speich- oder Ellgriff, vorlings (Beine im Knie- oder Fersenhang an Holmen
oder Sprossen), rücklings (Fußristhang an Holmen
oder Sprossen); im Querhang vor einem Holm,
Hände an diesem Holm mit Rist- oder Kammgriff
oder an den Sprossen mit Speich- oder Ellgriff,
vorlings (Beine im Knie- oder Fersenhang), rücklings (Fußristhang). Armwippen, Hangeln und
Hangzucken an Ort, aufwärts und abwärts in den
Liegehängen. — Beinhänge an den Sprossen als
Seit- und Querhänge, (letztere an der unteren Leiterseite oder zur äußeren Seite des Holms,) und
zwar Knie-, Fersen- und Fußristhänge. Hangeln
aufwärts und abwärts in diesen Hängen.

Auf der oberen Seite der Leiter: Liegehang,
vorlings oder rücklings, im Handhang, Arme
gestreckt oder gebeugt, Hände mit Rist- oder Kammgriff an den Sprossen oder mit Speich- oder Ellgriff an den Holmen, Füße auf den Holmen oder
Oberschenkel mit Seitgrätschhaltung der Beine auf
den Holmen. Hangeln in diesen Hängen an Ort,
aufwärts und abwärts, mit Nachgriff oder Uebergriff, auch mit Griffwechsel. Auch Hangeln aufwärts
und abwärts mit Hindurchwinden des Körpers zwischen den Sprossen der Leiter. Hangzucken in diesen
Hängen, an Ort, aufwärts und abwärts, auch mit Griffwechsel. — Liegehang vorlings oder rücklings im
Unterarmhang und Oberarmhang an den
Sprossen, und Hangeln (Hangzucken?) in diesen Hängen.

An der senkrechten Leiter.

Hier sind die Hangübungen der schrägen Leiter —
mit Ausnahme aller derjenigen, welche an ihrer

oberen Seite, und derjenigen, welche an ihrer
unteren Seite mit Vor- und Rück-, Seit- und
Kreisschwingen des Rumpfes ausgeführt werden —
darstellbar; ferner ein Hangeln aufwärts und abwärts
schlängelnd um die Leiter herum. — An der senkrechten Doppelleiter (mit drei Holmen) können
dieselben Uebungen vorgenommen werden; eigenthümlich ist diesem Geräth ein Hangeln aufwärts und
abwärts mit Hindurchwinden des Körpers zwischen
den Sprossen und Schlängeln um den Mittelholm
herum.

An den schrägen Stangen.

An einer Stange auf ihrer unteren Seite:
Handhang im Anhang, im Streck- oder Beugehang, vorlings, rücklings mit Speich- oder Ellgriff, seitlings mit Rist- oder Kammgriff. In diesen
Hängen Beinthätigkeiten, Rumpfthätigkeiten (Drehungen um die Längenachse, Vor- und Rück-, Seit-,
Kreisschwingen), Armwippen, Hangeln (an Ort,
aufwärts und abwärts, mit Nachgriff, mit Uebergriff, mit Griffwechsel, mit Beinthätigkeiten, mit
Rumpfdrehen um die Längenachse, mit Vor- und
Rück-, Seit- und Kreisschwingen) und Hangzucken (an Ort, aufwärts und abwärts, mit Griffwechsel, Bein- und Rumpfthätigkeiten). — Schwebehang (mit seitgrätschenden Beinen) und Hangeln
und Hangzucken in demselben. — Liegehang im
Handhang mit Speich- oder Ellgriff, vorlings Kniehang mit gekreuzten Beinen oder Fersenhang, rücklings Fußristhang; Hangeln und Hangzucken in diesen Hängen.

An zwei Stangen auf ihrer unteren Seite:
Handhang im Anhang, im Streck- oder Beugehang, vorlings, rücklings, mit Speich- oder Ellgriff, mit Beinthätigkeiten, Rumpfdrehen um die
Längenachse, Vor- und Rück-, Seit- und Kreisschwingen, Ueberbrechen, Armwippen, mit Hangeln
und Hangzucken (an Ort, aufwärts und abwärts,
mit Griffwechsel, mit Bein- und eben genannten
Rumpfthätigkeiten; auch mit Griffwechsel aus Griff
auf zwei Stangen zum Griff auf einer Stange und
umgekehrt, oder mit Griffwechsel aus Griff auf der
rechten Stange zum Griff auf der linken Stange
und umgekehrt, welche Griffwechselarten mit Rumpfdrehen um die Längenachse verbunden sind). —

Schwebehänge mit gebeugten oder gestreckten Knie- und Hüftgelenken, als Abhang, Wage rücklings oder vorlings; Hangeln und Hangzucken in den Schwebehängen. — Liegehang im Handhang mit Speich- oder Ellgriff, vorlings Knie- oder Fersenhang, rücklings Fußristhang; Hangeln und Hangzucken in diesen Hängen.

An zwei Stangen auf ihrer oberen Seite: Liegehang, vorlings oder rücklings, im Handhang (Speich- oder Ellgriff), Füße auf den Stangen oder Oberschenkel mit Seitgrätschhaltung der Beine auf den Stangen. Hangeln und Hangzucken in diesen Hängen.

An einer Reihe von schrägen Stangen: Auf der unteren Seite in Handhängen und Liegehängen verschiedene Arten des Hangelns und Hangzuckens seitwärts, oder schräg aufwärts und schräg abwärts.

An den senkrechten Stangen und am glatten Tau.

An einer Stange oder an einem Tau: Handhang im Anhang, im Streck- oder Beugehang, vorlings, rücklings, mit Speich- oder Ellgriff, mit Beinthätigkeiten, mit Armwippen, Hangeln (mit Nachgriff, Uebergriff, Griffwechsel) und Hangzucken (auch mit Griffwechsel) an Ort, aufwärts und abwärts, auch schlängelnd um Stange oder Tau herum. — Schwebehänge, Hangeln und Hangzucken in denselben.

An zwei Stangen oder an zwei Tauen: Hier sind die Uebungen, welche auf der Unterseite zweier schrägen Stangen vorgenommen werden, ausgenommen die Liegehänge und an zwei senkrechten Stangen auch das Seit- und Kreisschwingen des Rumpfes, darstellbar.

An einer Reihe senkrechter Stangen: Im Handhang Hangeln und Hangzucken seitwärts, oder schräg aufwärts und schräg abwärts.

An Schrägbaum und Schrägtau.

Hangübungen im Seit- und Querhang, in Hand-, Unter-, Oberarm-, Schwebe- und Liegehängen, Hangeln und Hangzucken in denselben.

23*

b) **Stemmübungen der Oberglieder.**

An der schrägen Leiter.

Auf der oberen Seite der Leiter: Liegestütz, Füße auf den Holmen oder Oberschenkel mit Seitgrätschhaltung der Beine auf den Holmen, vorlings (die Hände auf den Sprossen mit Rist- oder Kammgriff), rücklings (die Hände auf den Sprossen mit Rist- oder Kammgriff oder auf den Holmen mit Speichgriff). Arme gestreckt oder gebeugt. Stützeln und Stützhüpfen an Ort, aufwärts und abwärts in diesen Stützarten, mit Nachgriff, mit Uebergriff, mit Griffwechsel. — Ueberschlag aus dem Rückliegen auf der Leiter, Kopf nach unten, mit Stütz der Arme auf einer Sprosse.

An zwei schrägen Stangen.

Auf der oberen Seite: Liegestütz rücklings, Hände mit Speichgriff auf den Stangen, Füße auf den Stangen oder Oberschenkel mit Seitgrätschhaltung der Beine auf den Stangen. Arme gestreckt oder gebeugt. Stützeln und Stützhüpfen.

An den Sprossen der senkrechten Leiter, an der senkrechten Stange und dem Tau ist eine Wage seitlings (Fahne) darstellbar, bei der der eine Arm gestreckt nach unten stemmt, der andre gestreckt nach oben zieht. An der Stange kann diese Fahne auch mit Stütz beider gebeugten Arme, deren einer mit dem Ellenbogen unter eine Hüfte gestemmt wird, ausgeführt werden.

Am Schrägbaum sind Uebungen im Seit- und Querstütz in ähnlicher Weise wie am Reck ausführbar.

c) **Steigeübungen.**

An der schrägen Leiter.

Auf der oberen und der unteren Seite der Leiter: Steigen vorlings, rücklings, seitlings, aufwärts und abwärts, wechselbeinig mit Nachtritt oder mit Uebertritt, mit gleichbeinigem Hüpfen, mit Hinkhüpfen. Dabei die Hände auf Holmen oder Sprossen, mit Rist-, Kamm-, Speich- oder Ellgriff wechselhändig, gleichhändig oder nur einhändig greifend. Thätigkeiten der Arme und Beine gleichzeitig oder nach einander, gleichseitig oder ungleichseitig. Auch mit zugeordneten Bein- oder Armthätigkeiten oder mit Drehen des Rumpfes um die Längenachse. —

Auch Steigen aufwärts auf der oberen Leiterseite,
Umsteigen auf die untere und auf dieser Steigen
abwärts; und umgekehrt. Ferner Steigen aufwärts und abwärts schlängelnd um die Leiter herum. — Nur auf der oberen Leiterseite: Frei-
steigen, vorlings, rücklings, seitlings, mit Nachtritt, mit Uebertritt, und mit grifffreien Händen. —
Auf der unteren Leiterseite: Hangstand vorlings
oder rücklings, die Hände mit Ristgriff auf einer
Sprosse in Kopfhöhe, Arme gestreckt; die Füße steigen bei gestreckten Knieen wechselbeinig auf den Sprossen möglichst nahe zu den Händen empor. Oder
Hangstand vorlings oder rücklings, beide Füße auf
einer Sprosse, Kniee gestreckt; die Hände greifen mit
Ristgriff wechselhandig auf den Sprossen möglichst
nahe zu den Füßen hinunter.
An der Außenseite eines Holms: Steigen vorlings, rücklings, seitlings, aufwärts und abwärts,
wechselbeinig mit Nachtritt oder Uebertritt, gleichbeinig, einbeinig. Hände auf Holm oder Sprossen,
wechselhandig, gleichhandig, einhandig greifend. Thätigkeiten der Arme und Beine gleichzeitig oder ungleich-
zeitig, gleichseitig oder ungleichseitig. Auch mit Bein-
oder Armthätigkeiten oder mit Rumpfdrehen um die
Längenachse.

An der senkrechten Leiter.

Hier können im Stande vor den Sprossen
alle Steigeübungen, welche an der schrägen Leiter
auf deren oberer und unterer Seite zu üben sind, —
mit Ausnahme des Freisteigens, — ferner im
Stande an der Außenseite eines Holms
alle in gleicher Stellung bei der schrägen Leiter
genannten Steigeübungen ausgeführt werden. — An
den Sprossen der senkrechten Leiter ist auch eine
Wage seitlings (Fußfahne) darzustellen, bei
welcher in Seitgrätschhaltung der gestreckten Beine
der eine Fuß an einer höheren Sprosse sich im Risthang (durch einen Riemen befestigt) befindet, während der andre Fuß gegen eine tiefere Sprosse mit
der Sohle stemmt.

An der Strickleiter.

An der lose hängenden oder senkrecht gespannten
Strickleiter sind alle Steigeübungen der senkrechten
Holzleiter, an der schräggespannten Strickleiter alle
Steigeübungen der schrägen Holzleiter ausführbar.
An der lose hängenden Strickleiter ist auch ein Stei-

gen mit Hindurchwinden des Körpers zwischen den
Sproſſen zu üben.

[Auch zu vielerlei Hangübungen iſt die Strickleiter,
die ſchräggeſpannte auch zu Stemmübungen der Arme
verwendbar, obgleich ſie zu ſolchen Uebungen ſelten
benutzt wird.]

Am Sproſſenmaſt, an der Sproſſenſtange, dem
Maſt mit Ausſchnitten, der Steigebohle und
Steigewand werden Steigeübungen, die denen an
der ſenkrechten Leiter im Allgemeinen ähnlich, aber
in Folge der veränderten Geſtalt jener Geräthe doch
in Einzelheiten abgeändert ſind, geübt. (Vgl. „W.
Angerſtein, Einrichtung von Turnanſtalten," S. 182
und 226; „Ravenſtein, Volksturnbuch," 2. Aufl.,
S. 382 und 390.)

d) Kletterübungen.

Ziehklettern, (Ziehen der Arme im Hang und
Stemmen der Beine im Kletterſchluß, vgl.
Fig. 45.)

Fig. 45.

Am Sproſſentau und Knotentau: Sitz-
ſteigen und gleichbeiniges Hüpfſtei-
gen, Hände am Tau wechſelhandig (mit
Nachgriff oder Uebergriff) oder gleichhandig,
oder an den Sproſſen gleichhandig greifend.
Die Uebungen an dieſen Geräthen bilden
einen Uebergang von den Steige- zu den
Kletterübungen.

Am glatten Tau: Kletterſchluß: (Das
Tau liegt auf dem Riſt des einen Fußes, der
andre Fuß hält mit der Achilleſſehne von
oben drückend das Tau feſt, ſ. Fig. 45;
oder das Tau liegt auf dem Riſt des einen
Fußes, der andre Fuß ſteht mit der Sohle
auf dem Tau und hält ſo daſſelbe feſt; beide
Arten aus dem Hang vorlings oder rücklings.) Tauraſt: (Stehen oder Sitzen
in einer einfachen mit den Händen gehaltenen Schleife des Taus oder in einer mehr-
fachen Umſchlingung eines oder beider Beine
mit dem Tau.) Klettern aufwärts
und abwärts, auch ſchlängelnd um das
Tau, vorlings oder rücklings, wechſelhandig
(mit Nachgriff oder Uebergriff) oder gleichhandig oder einhandig greifend, Füße im Kletterſchluß, (auch mit Wechſel des Kletterſchluſſes aus

der einen Art in die andre, oder indem in derselben
Art des Kletterschlusses der obere und untere Fuß
ihre Lage wechseln,) auch mit Benutzung nur eines
Beins, welches mit gebeugtem Knie das Tau faßt.
Vorbeiklettern zweier, an einem Tau kletternd
sich begegnender und ausweichender Turner. Sturzklettern (Kopf unten).

An den senkrechten Stangen: An einer Stange
(Fig. 45.) kann das Klettern in denselben Formen
wie am glatten Tau geübt werden, mit Ausnahme
der zweiten dort angegebenen Art des Kletterschlusses. —
An zwei Stangen wird, nachdem man an der
einen aufwärts geklettert ist, ein Ueberklettern
auf die andre und Abwärtsklettern an dieser geübt. —
Klettern aufwärts und abwärts an zwei
Stangen kann dargestellt werden, indem beide
Hände an beiden Stangen greifen und zugleich beide
Beine an beiden Stangen stemmen, oder beide Beine
an einer Stange Kletterschluß haben, oder nur ein
Bein stemmt; ferner indem beide Beine an beiden
Stangen stemmen und zugleich beide Hände an einer
Stange greifen, oder nur eine Hand greift; ferner
indem beide Hände an der einen Stange greifen und
beide Beine an der andren Kletterschluß haben; endlich indem nur eine Hand an der einen Stange
greift, während das andre Bein allein an der andren Stange stemmt. Beim Klettern an zwei Stangen können die Gliederthätigkeiten wechselhandig oder
gleichhandig, wechselbeinig oder gleichbeinig, und die
rechts und links wechselnden Thätigkeiten der Ober-
und Unterglieder gleichseitig oder ungleichseitig geübt
werden. Alle diese Arten des Kletterns an zwei
Stangen können auch als Sturzklettern geschehen. — Auch das Stangensteigen (Sohlen an
den Stangen) ist an zwei wie auch an einer Stange
zu üben. — An einer Reihe senkrechter Stangen wird ein Ueberklettern von der einen zur andren schräg aufwärts, schräg abwärts oder wagerecht
seitwärts (Wanderklettern) geübt.

An den schrägen Stangen: Sowohl an einer schrägen Stange als auch an zweien und einer Reihe
derselben, und zwar auf der unteren ebenso wie
auf der oberen Seite können alle entsprechenden Kletterübungen der senkrechten Stangen ausgeführt werden.

Am Mast. Klettern aufwärts und abwärts, auch
schlängelnd um den Mast.

Stemmklettern (Stemmen der Arme im Stütz und
der Beine im Kletterschluß) läßt sich an einer,
zwei und mehreren senkrechten oder schrägen Stangen
(auf der oberen Seite der letzteren) sowie am glatten
Tau in verschiedenen Formen, entsprechend dem
Ziehklettern, üben. Ebenso ist auch ein Sturzklet=
tern mit Stemmthätigkeit der Arme (Beine im Klet=
terschluß) an jenen Geräthen ausführbar.

Uebungen an den Schaukelringen.

a) Ohne Schaukelschwung.

Hangübungen.

Anhang im Handhang als Streckhang, Beu=
gehang vorlings, rücklings an beiden Armen; Hang
an einem (gestreckten oder gebeugten) Arme; Wech=
selhang am rechten und linken Arme; Handlüften
und Griffwechsel; Armwippen; Armstrecken
seitwärts im Beugehang, wechselarmig, gleichar=
mig; Wechsel von Hang vorlings und rücklings durch
Drehen der Arme in den Schultergelenken (Schul=
terbrehen). Unterarmhang vorlings, rück=
lings. Oberarmhang mit senkrecht nach unten
gestreckten Armen (Achselhang), an beiden oder an
einem Arme; oder Arme in Waghaltung vorlings,
seitlings, rücklings. — Beinthätigkeiten in
Verbindung mit diesen Hang-Zuständen und Thä=
tigkeiten: Knieheben, Heben der gestreckten und geschlos=
senen Beine, Spreizen, Grätschen u. s. w. Auch
Lüften einer Hand und Bogenspreizen eines Beins
rückwärts (gleichseitig, ungleichseitig) oder vorwärts
zwischen Ring und gelüfteter Hand hindurch.
Rumpfthätigkeiten im Hang: Ueberdrehen
(Ueberschlagen, Ueberheben) rückwärts oder vorwärts
aus Stand und Handhang vorlings oder rücklings;
auch Ueberdrehen rückwärts (oder vorwärts) aus
Stand und Hang vorlings (oder rücklings) mit
Schulterdrehen wieder zu Stand und Hang vorlings
(oder rücklings); ferner Ueberdrehen rückwärts aus
Stand und Hang vorlings mit Seitgrätschen der
Beine und Loslassen der Hände zum Niedersprung;
auch Ueberdrehen in Unterarm= oder Oberarmhän=
gen. Abhang mit gebeugten oder gestreckten Hüft=
und Kniegelenken. Wage vorlings, rücklings, auch
seitlings aus dem Ueberheben rückwärts. Seit=
liegehang (Hände und Füße an den Ringen) vor=
lings, rücklings (Schwimmhang, Nest); Querlie=
gehang (Hände an dem einen, Füße an dem and=

ren Ringe) vorlings, rücklings; beide Arten des Liegehanges an beiden Händen oder einer Hand und
beiden Füßen oder einem Fuß. Hangwechsel aus
Hang rücklings mit Lüften einer Hand und ganzer
Drehung des Rumpfes um die Längenachse während
des Lüftens zum Hang vorlings. Rumpfschwingen (ohne Schaukelschwung der Ringe!) vor- und
rückwärts, seitwärts, im Kreise.

Liegehang, Hände an den Ringen, Füße auf
dem Boden: vorlings, rücklings, seitlings, als
Streckhang oder Beugehang, an beiden oder einem
Arme, mit Hangwechsel, mit Handlüften und Griffwechsel, mit Armwippen, mit Armstrecken seitwärts
im Beugehang. In diesem Liegehang bei feststehenden Füßen: Vor- und Rückbewegen des Körpers
aus Liegehang vorlings in Liegehang rücklings, und
umgekehrt; ferner Seitwärtsbewegen des Körpers
aus Liegehang links seitlings in Liegehang rechts
seitlings, und umgekehrt; endlich Kreisen des Körpers, wobei derselbe den Mantel eines Kegels beschreibt,
dessen Spitze die Füße bilden.

Stützübungen.

Streckstütz, Beugestütz, vorlings, rücklings;
Armwippen; Armstrecken seitwärts, wechselarmig, gleicharmig. Unterarmstütz. — Beinthätigkeiten im Stütz. — Rumpfthätigkeiten: Rumpfheben rückwärts und -senken;
Stützwage (Hüften auf den untergestemmten Ellenbogen oder frei zwischen den Armen); Handstehen;
(in demselben Armwippen oder Seitwärtsstrecken der
Arme); Seitliegestütz und Querliegestütz, vorlings,
rücklings, Hände und Füße an den Ringen; Rumpfschwingen (ohne Schaukelschwung der Ringe), im
Streckstütz vor- und rückwärts, im Beugestütz vor-
und rückwärts oder seitwärts oder im Kreise.

Liegestütz, Hände an den Ringen, Füße auf
dem Boden; vorlings, rücklings, seitlings, als
Streck- oder Beugestütz, mit Armwippen oder Seitwärtsstrecken der Arme; ferner bei feststehenden Füßen
Vor- und Rückbewegen des Körpers aus Stütz rücklings in Stütz vorlings und umgekehrt, Seitwärtsbewegen, Kreisen des Körpers wie oben bei den entsprechenden Liegehängen.

Wechsel von Hang und Stütz (s. Reck).

Aufstemmen aus dem Handhang vorlings oder
rücklings, wechselarmig, gleicharmig; auch mit Beinschwung als Kippe. Auch Aufstemmen aus dem

Unterarmhang vorlings in Unterarmstütz. Ferner
Aufstemmen aus dem Handhang vorlings mit
Ueberdrehen rückwärts zum Stütz vorlings wie
beim Felgaufschwung; auch fortgesetzt aus Hang
vorlings Aufstemmen und Ueberdrehen rückwärts zum
Stütz vorlings, aus diesem Niederlassen zum Hang
vorlings, u. s. w., als Felge vorlings rückwärts. In ähnlicher Weise Aufstemmen aus dem
Hang rücklings mit Ueberdrehen vorwärts zum Stütz
rücklings, wie beim Kreuzanfzug; auch fortgesetzt
aus Hang rücklings Aufstemmen und Ueberdrehen
vorwärts zum Stütz rücklings, aus diesem Niederlassen zum Hang rücklings, u. s. w., als Felge
rücklings vorwärts.

Aus Stütz (Streckstütz, Beugestütz) Niederlassen in Hang, wechselarmig, gleicharmig. Aus
der freien Stützwage Niederlassen in die Hangwage
rücklings. Ueberschlag vorwärts aus dem Stütz
zum Hang vorlings; dann auch aus diesem unmittelbar folgend ein Aufstemmen zum Stütz, so daß
Ueberschlag aus Stütz in Hang und Aufstemmen aus
Hang in Stütz fortgesetzt einander folgen als Felge
vorlings vorwärts. In ähnlicher Weise Ueberschlag rückwärts aus dem Stütz zum Hang
rücklings, dann auch aus diesem Aufstemmen zum
Stütz, und so fortgesetzt wechselnd als Felge rücklings rückwärts.

Eine Verbindung von Hang und Stütz (Hangstütz) kommt vor, wenn der eine Arm sich im Beugehang, der andre im Beugestütz befindet. Dabei können auch die Arme ihre Thätigkeit wechseln.

Aus Seit- oder Querliegestütz (Hände und Füße
an den Ringen), vorlings oder rücklings, Niederlassen in den entsprechenden Liegehang, und aus diesem wieder Aufstemmen zum Liegestütz, wechsel- oder
gleicharmig. In derselben Weise Wechsel der Arten
des Liegehanges und Liegestützes, bei welchen die
Füße auf dem Boden stehen.

b) Mit Schaukelschwung.

Hangübungen.

Im Handhang vorlings (Streckhang, Beugehang):
Zurücktreten, gleichbeinig Aufspringen und einmal
Vorschwingen mit hockend oder gestreckt nach
vorn gehobenen Beinen zum Niedersprung vorwärts.
Dasselbe über eine vorgesetzte Schnur wie bei den
Unterschwüngen am Reck. Zurücktreten, gleich-
beinig Aufspringen, Vorschwingen, Niedersprung in

Schritt= oder Grundstellung mit halber Drehung um
die Längenachse, und wieder Vorschwingen. Vorlau=
fen, Aufspringen und Rückschwingen (mit bocken=
den Beinen, mit gestreckten und geschlossenen Beinen,
mit Seitgrätsch=, Quergrätschhaltung der Beine u.
s. w.); auch fortgesetzt. Vorlaufen und Aufspringen
mit halber Drehung (rechts) um die Längenachse,
Niederspringen, wieder Vorlaufen und Aufspringen
mit halber Drehung (links); so fortgesetzt (Unband).
Vor= und Rückschwingen mit Absprung
(einbeinig, wechselbeinig im Galopptritt, gleichbeinig)
in der Mitte des Schwunges, des Vorschwun=
ges oder des Rückschwunges oder des Vor= und des
Rückschwunges. Dasselbe mit halber Drehung am
Ende des Vorschwungs. Vor= und Rückschwin=
gen ohne Absprung: mit Heben der Beine nach
vorn beim Vorschwung und Senken beim Rück=
schwung; auch mit Armwippen im Schwunge und
zwar aus Streckhang Armbeugen zu Ende des Vor=
schwungs oder des Rückschwung oder des Vor= und
des Rückschwungs, oder Armbeugen in der Mitte des
Vorschwunges oder des Rückschwunges oder des Vor=
und des Rückschwunges; auch mit halber Drehung
am Ende des Vorschwungs.

Vor= und Rückschwingen und Ueberbre=
hen während des Schwingens aus Hang vorlings
zum Hang rücklings, und umgekehrt; auch ans Hang
vorlings oder rücklings in denselben Hang mit Schul=
terdrehen. Vor= und Rückschwingen und Ueberbrehen
rückwärts aus Hang vorlings (mit geschlossenen oder
seitgrätschenden Beinen) während des Rückschwungs
zum Niedersprung rückwärts. Vor= und Rück=
schwingen im Abhang, in der Wage, im Lie=
gehang.

Seitschwingen, mit Absprung (einbeinig, wech=
selbeinig im Galopptritt, gleichbeinig), ohne Absprung,
auch mit Armwippen. Baskensprung im Hang
mit Seitschwingen.

Viele von obigen Uebungen sind auch in Unter=
und Oberarmhängen auszuführen.

Stützübungen.

Im Stütz vorlings oder rücklings (Streckstütz, Beu=
gestütz): Zurücktreten, Sprung in Stütz und einmal
Vorschwingen zum Niedersprung vorwärts. Zu=
rücktreten, Sprung in Stütz, Vorschwingen, Nieder=
sprung in Schritt= oder Grundstellung mit halber
Drehung um die Längenachse, wieder Sprung in

Stütz und Vorschwingen. Vortreten, Sprung in Stütz und einmal Rückschwingen zum Niedersprung rückwärts. Zurücktreten, Sprung in Stütz, Vorschwingen, Niedersprung vorwärts, dann sogleich wieder Sprung in Stütz, Rückschwingen und Niedersprung rückwärts. Vor- und Rückschwingen mit Absprung (einbeinig, wechselbeinig im Galopptritt, gleichbeinig) in der Mitte des Schwunges, des Vorschwunges oder des Rückschwunges oder des Vor- und des Rückschwunges. Dasselbe mit halber Drehung am Ende des Vorschwunges. Vor- und Rückschwingen ohne Absprung: mit Heben der Beine nach vorn beim Vorschwung und Senken beim Rückschwung; auch mit Armwippen im Schwunge und zwar aus Streckstütz Armbeugen zu Ende des Vorschwungs oder des Rückschwungs oder des Vor- und des Rückschwungs, oder Armbeugen in der Mitte des Vorschwungs oder des Rückschwungs oder des Vor- und des Rückschwungs; auch mit halber Drehung am Ende des Vorschwungs. Vor- und Rückschwingen mit Rumpfheben rückwärts und -senken, dgl. in der Stützwage (?), im Handstehen. — Seitschwingen, mit Absprung (einbeinig, wechselbeinig, im Galopptritt, gleichbeinig), ohne Absprung, auch mit Armwippen. Baskensprung im Stütz mit Seitschwingen.

Viele der obigen Uebungen sind auch im Unterarmstütz auszuführen.

Wechsel von Hang und Stütz.

Vor- und Rückschwingen im Handhang vorlings und Aufstemmen zum Stütz vorlings, beim Rückschwung oder beim Vorschwung oder beim Rück- und beim Vorschwung. Dieselben Uebungen als Kippen. Ebenso Vor- und Rückschwingen im Unterarmhang vorlings und Aufstemmen zum Unterarmstütz. Vor- und Rückschwingen im Handhang vorlings und Aufstemmen mit Ueberbrehen rückwärts beim Vorschwung zum Stütz vorlings (als Felgaufschwung), dann beim Rückschwung Niederlassen in den Hang, und so fortgesetzt als Felge vorlings rückwärts.

Vor- und Rückschwingen im Stütz vorlings und Niederlassen in den Hang vorlings, beim Vorschwung oder beim Rückschwung. Vor- und Rückschwingen im Stütz vorlings und Ueberschlag rückwärts in den Hang beim

Vorschwung, oder Ueberschlag vorwärts in
den Hang beim Rückschwung.

Auch im Hangstütz, bei welchem sich der eine
Arm im Beugestütz, der andre im Beugehang befin=
det, kann ein Vor= und Rückschwingen geübt
werden; auch können dabei die Arme ihre Thätig=
keiten wechseln.

Uebungen am Rundlauf.

Der Rundlauf ist entweder an einer hängenden oder
an einer stehenden Kurbel*) befestigt. Die erstere gestattet
Uebungen an Ort, ferner mit Schaukelschwung und Be=
wegungen im Kreise; die letztere nur Bewegungen im
Kreise. Die Uebungen an Ort und die mit Schaukel=
schwung sind dieselben wie die an den Schaukelringen,
doch sind alle Schaukelschwünge, bei welchen eine halbe
Drehung des Körpers um die Längenachse vorkommt,
am Rundlauf leichter auszuführen als an den Schaukel=
ringen, weil die um ihre senkrechte Achse drehbare Kur=
bel des Rundlaufs die Drehung des Turners erleichtert.
Dem Rundlauf eigenthümlich sind nur die im Kreise vor=
zunehmenden Bewegungen, welche auch allein im Fol=
genden aufgeführt werden. Dieselben enthalten eine
Hang= oder Stützthätigkeit der Arme, in Verbindung
mit Stemmthätigkeit (Lauf und Sprung) der Beine.

a) Uebungen im Hang.

Griffarten: Bei Bewegungen vorwärts oder
rückwärts, bei denen eine Flanke der Mitte zugekehrt
ist, an einer Staffel entweder Grundgriff (d. h.
die äußere Hand auf der untersten Sprosse mit Kamm=
griff, die innere Hand auf der nächst höheren Sprosse
mit Ristgriff, Fig. 46); oder Ristgriff nur der inne=
ren Hand auf der untersten Sprosse, während die
äußere Hand grifffrei bleibt; oder in derselben Weise
Unterarmhang oder Oberarmhang an dem inneren
Arme. Bei Bewegungen seitwärts, bei denen das
Gesicht oder der Rücken der Mitte zugekehrt ist, ent=

---

*) Die hängende Kurbel ist an der Decke des Turnsaales
oder im Freien an einem auf zwei senkrechten Ständern wage=
recht liegenden Balken befestigt, die stehende auf einem Pfahl
oder einer Säule. Beide Kurbeln sind in einer einfachen Form
in Fig. 46 (a die hängende, b die stehende) dargestellt.

Fig. 46.

weder an einer Staffel auf der unterften Sproſſe
Riſt = oder Kammgriff beider Hände; oder an zwei
Staffeln auf den unterſten Sproſſen Riſt = oder Kamm=
griff beider Hände, oder Unterarmhänge oder Ober=
armhänge beider Arme (vorlings, rücklings, ſeitlings).

Gang und Laufarten mit obigen Griffen:
Gewöhnlicher Gang und gewöhnlicher Lauf (Fig.
46) vorwärts oder rückwärts; der Lauf vorwärts
oder rückwärts auch mit möglichſt kleinen und ſchnellen
Schritten; der Lauf vorwärts auch mit möglichſt gro=
ßen Schritten, von denen in höchſter Leiſtung nur
einer auf den ganzen Kreis kommt; ferner Lauf vor=
wärts oder rückwärts mit zugeordneten Beinthätig=
keiten (Knieheben, Vorspreizen, Kreuzen, Unterbein=
heben bis zum Anferſen u. dgl.); auch Nachſtellgang
und Galopplauf, Kiebißgang und = lauf, Wiege=
gang und = lauf u. dgl. vorwärts oder rückwärts.
Nachſtellgang und Galopplauf ſeitwärts, Ge=
ſicht oder Rücken der Mitte zugekehrt; ebenſo Gang
und Lauf ſeitwärts mit Uebertreten (Bein=
kreuzen).

Springen und Fliegen: Springlauf vor=
wärts, rückwärts, ſeitwärts aus dem Lauf mit Ue=

vertreten und dem Galopplauf; Lauf sprung vorwärts, rückwärts, seitwärts; Galopp sprung vorwärts, rückwärts, seitwärts; Spreizsprung mit
Anlauf im Kreise und Beinschluß im Fliegen;
Sprung mit geschlossenen Füßen, auch mit
Kreisschwingen des Körpers im Fliegen; Hinkt-
sprung, auch mit Vor- und Rückschwingen des
sprungfreien Beins, welches so scheinbar die Laufbewegung macht (Scheinlauf mit einem Bein).
Bei allen Sprüngen werden im Aufsprung die Arme
möglichst gebeugt. — Fliegen im Kreise vorwärts aus dem Lauf vorwärts, mit hockend oder
gestreckt nach vorn gehobenen und geschlossenen Beinen, auch mit Quergrätschhaltung der Beine, oder
indem beide Beine wechselseitig vor- und rückschwin-
gend die Laufbewegung scheinbar machen (Scheinlauf mit beiden Beinen), auch mit Kreisschwingen des Körpers, endlich im Abhang mit seitgrätschenden und im Hüftgelenk gebeugten Beinen; Fliegen im Kreise seitwärts, Gesicht oder Rücken
der Mitte zugekehrt, aus dem Lauf vorwärts oder
seitwärts, mit hockend oder gestreckt nach vorn gehobenen und geschlossenen Beinen, oder mit Seitgrätschhaltung der Beine, auch im Abhang, endlich auch
mit Baskensprung (Rücken der Mitte zugekehrt);
Fliegen im Kreise rückwärts aus dem Lauf
vorwärts mit halber Drehung im Aufsprung oder
aus dem Lauf rückwärts, Beinhaltungen u. s. w.
wie beim Vorwärtsfliegen

Rumpfbrehen: um die Längenachse im gewöhnlichen Lauf, indem fortgesetzt je nach einer bestimmten
Zahl von Schritten eine halbe Drehung (Gegendrehen
oder Gleichdrehen) mit Griffwechsel der Hände gemacht
wird (Walzen). Ferner Viertel- oder halbe Drehungen um die Längenachse im Kreisfliegen, so daß
das Fliegen vorwärts oder rückwärts mit seitwärts,
oder vorwärts mit rückwärts, oder seitwärts (Gesicht
nach innen) mit seitwärts (Rücken nach innen) wechselt. Ganze Drehung um die Tiefenachse im Kreisfliegen durch Umfallen seitwärts aus einem Liegehang vorlings oder rücklings, bei welchem Gesicht
oder Rücken der Mitte zugewandt sind, beide Hände
an beiden Staffeln Griff haben und die Füße der
Mitte zugekehrt auf dem Boden stehen; wenn die
Ausgangsstellung Liegehang vorlings war, so sind
im Fliegen die Beine gestreckt nach vorn gehoben,
war sie Liegehang rücklings, so befindet sich der Körper während des Fliegens in einer Hangwage rücklings.

b) **Uebungen im Stütz** (ſtets an zwei Staffeln).

Stützarten: Bei Bewegungen vorwärts oder rückwärts hat der innere Arm Beugeſtütz auf der unterſten Sproſſe der einen Staffel, der äußere Arm iſt ſeitwärts geſtreckt mit Riſtgriff der Hand auf der unterſten Sproſſe der anderen Staffel, oder er befindet ſich im Oberarmhang. Bei Bewegungen ſeitwärts haben beide Arme Streck- oder Beugeſtütz.

Die Uebungen des Gehens, Laufens, Springens und Fliegens, welche im Hang geübt werden, laſſen ſich im Stütz meiſtens in ähnlicher Weiſe, wenn auch ſchwieriger, darſtellen. Eigenthümlich iſt hier ein Fliegen im Halbkreiſe oder Kreiſe ſeitwärts in Wendelage (Geſicht nach innen) oder in Kehrlage (Geſicht nach außen). Auch Rumpfdrehungen können im Stütz geübt werden, beſonders ein Stützwalzen mit Stützwechſel der Arme, ſowie ein Umfallen ſeitwärts aus einem Liegeſtütz mit gebeugten Armen, bei welchem das Geſicht nach außen gewandt iſt und die Füße der Mitte zugekehrt auf dem Boden ſtehen.

Uebungen an der Wippe. Die Uebungen an der Wippe (Wippleiter, Wippbarren) bieten für die Arme Hang- oder Stützthätigkeiten, für die Beine Stemmthätigkeiten (Aufſprünge) dar.

a) **Hangübungen.**

Hangarten: Querhang vorlings oder rücklings, als Handhang mit Speich- oder Ellgriff beider Hände an den Holmen oder mit Riſt- oder Kammgriff beider Hände an der Sproſſe oder mit Zwiegriff, als Streckhang oder als Beugehang, auch als Unterarmhang an Holmen oder Sproſſe, auch als Oberarmhang an den Holmen mit grifffeſten Händen. Seithang vorlings oder rücklings, als Handhang mit Riſt- oder Kammgriff beider Hände an einem Holm oder mit Speich- oder Ellgriff beider Hände an der Sproſſe, oder mit Zwiegriff, als Streckhang oder als Beugehang, auch als Unterarmhang ſowie als Oberarmhang an einem Holm. Seit- und Querhang auch als Hänge an einem Arm.

Auf- und Abwippen in dieſen Hängen, [Fig. 47. Auf- und Abwippen im Querhang vorlings mit Speichgriff an den Holmen,] auch mit zugeordneten Armthätigkeiten (z. B. Armwippen, Handlüften,

Fig. 47.

Wechselhang an je einem Arm) zu üben, ferner mit Beinthätigkeiten im Fliegen (Fußklappen, Unterbein-heben, Kniebeben, Heben der gestreckten Beine, Sprei-zen, Seit - oder Quergrätschen, Kreuzen) oder im Niedersprung (Grund-, Schluß-, Zwang-, Schritt-, Grätsch-, Kreuzstellung, Hinkstand u. dgl. m.), auch mit Rumpfthätigkeiten (mit Viertel-Drehung um die Längenachse, mit Vorschwingen, Rückschwingen, Seit-schwingen, mit Ueberdrehen zum Abhang).

b) Stützübungen.

Stützarten: Querstütz vorlings oder rück-lings, als Streck- oder Beugestütz mit Speich- oder Ellgriff auf den Holmen oder mit Rist- oder Kamm-griff auf der Sprosse oder mit Zwiegriff, auch als Unterarmstütz auf Holmen oder Sprosse. Seitstütz vorlings oder rücklings, als Streck- oder Beugestütz mit Rist- oder Kammgriff auf einem Holm oder mit Speich- oder Ellgriff auf der Sprosse oder mit Zwiegriff, auch als Unterarmstütz auf einem Holm.

Auf- und Abwippen in diesen Stützarten, auch mit zugeordneten Arm-, Bein- oder Rumpf-thätigkeiten, wie bei den Hangübungen, aber schwie-riger auszuführen. Statt des Ueberdrehens im Hang ist im Stütz ein Rumpfheben rückwärts anzuwenden.

Schwimmen. Das Schwimmen ist eine vorzüg-liche Leibesübung, bei welcher sowohl die Beugethätig-

keit als auch die Streckthätigkeit der Ober= und der Un=
terglieder geübt wird. Da dasselbe aber in Turnanstalten
nicht gelehrt werden kann, so übergehen wir es hier,
und verweisen zur Belehrung über Schwimmkünste und
Wassersprünge auf „H. O. Kluge, Schwimm = und
Sprung = Gymnastik. Berlin, bei Hirschwald, 1843."

Hantelübungen. Die Hantelübungen enthalten
gemischte Armthätigkeiten des Beugens und Streckens
Sie treten in den Formen der Arm = Freiübungen auf,
von denen sie sich nur dadurch unterscheiden, daß bei
ihnen die Hand den Hantel trägt. Sämmtliche früher
(S. 254 u. flgde) angeführten Armthätigkeiten können
als Hantelübungen dargestellt werden, doch sind beson=
ders üblich: Armheben und =senken, Armschwingen auf=
wärts und abwärts nach vorn und hinten oder nach den
Seiten, Wagschweben und Wagschwingen der Arme
(Schulterprobe), Armdrehen, Armkreisen, Trichterschwin=
gen, Armbeugen und =strecken, Armschnellen, Armstoßen,
Armhauen, Handbeugen und =strecken, Handkreisen. Die
Hantelübungen werden gewöhnlich in den Zuständen des
Stehens, Gehens, Laufens, Hüpfens und Springens
dargestellt, können aber zum Theil auch im Knieen,
Sitzen und Liegen vorgenommen werden. Im Stehen
können sie in mancherlei Stellungen (Grundstellung,
Schlußstellung, Schrittstellungen, Grätschstellungen u. s. w.)
oder mit Stellungswechsel (z. B. aus Grundstellung zum
Hockstand, verbunden mit Armheben vorwärts zur Wag=
halte; aus Grundstellung durch gleichbeiniges Hüpfen zur
Seitgrätschstellung, mit Armschnellen seitwärts zur Wag=
halte; aus Grundstellung zum Ausfall, verbunden mit
Armstoßen; u. dgl. m.) geübt werden. Im Gehen, Lau=
fen, Hüpfen und Springen, und zwar in vielerlei Arten
und Wechsel dieser Zustände lassen sich allerlei Hantel=
übungen wie Armthätigkeiten überhaupt ausführen. Auch
können in allen diesen Zuständen die Hantelübungen
noch mit zugeordneten Bein=, Kopf= und besonders
Rumpfthätigkeiten (z. B. Armstoßen gleicharmig vorwärts
abwärts mit Rumpfvorbeugen, sog. Stampfe; Armschwin=

gen vorwärts auf= und abwärts mit Rumpfrück= und
vorbeugen in Seitgrätschstellung, sog. Sägemann) ver=
bunden werden. Endlich können Drehungen des Körpers
um die Längenachse in allen diesen Zuständen (als Stand=
drehen, Gangdrehen, Laufdrehen, Hüpf= und Sprung=
drehen) vorkommen. Vergl. S. 270 u. folgende dieses
Buches, auch Dieter's Merkbüchlein, 5. Aufl. S. 58 u.
folgende, ferner: Eiselen, Hantelübungen, Berlin bei
G. Reimer, 1847; und Kloß, Hantelbüchlein, Leipzig
bei Weber, 1858.

Die Uebungen im Heben, Stemmen und
Halten von Lasten als schweren Hanteln (jeder
etwa 10--25 𝓊. schwer), Steinen, Gewichten,
Kugelstäben, des Stabkraftmessers, des Ka=
stenkraftmessers sind von den entsprechenden Uebun=
gen mit gewöhnlichen Hanteln (jeder 1 — 10 𝓊. schwer)
nur durch das Maaß der Muskelthätigkeit, nicht durch
die Form der Bewegung unterschieden.

Stabübungen. Die Stabübungen enthalten man=
nigfache Handhabungen und Bewegungen kurzer (3 — 4
Fuß langer) Holz= oder Eisenstäbe oder langer höl=
zerner Stäbe, wie solche auch zum Stabspringen benutzt
werden. Den Uebungen mit kurzen Stäben verwandt
sind die mit Kugelstäben und Keulen.

a) Uebungen mit kurzen Stäben.

Stabhaltungen:

Waghaltung des Stabes vorlings, mitten
vor dem Körper, (Fig. 48), seitwärts rechts oder
links vor dem Körper; rücklings, mitten hinter
dem Körper (Fig. 49), seitwärts rechts oder links
hinter dem Körper; seitlings rechts oder links;
schräg vorlings rechts oder links; schräg rück=
lings rechts oder links. In allen diesen Fällen
kann zugleich der Stab nahe oder entfernt von der
Längenachse des Körpers gehalten werden, und zwar
entweder tief, mit nach unten gestreckten Armen;
oder hoch, mit nach oben gestreckten Armen; oder in
Zwischenlagen mehr oder weniger hoch oder tief,
mit gestreckten oder gebeugten Armen. Die Hände
können dabei sich in Grundgriff, Schlußgriff

ober Spanngriff befinden, oder es kann nur eine Hand Griff haben, und alle diese Griffe können als Rist-, Kamm- oder Ellgriff, bei der Stabhaltung seitlings auch als Speichgriff auftreten.

Senkhaltung des Stabes in denselben Formen wie die Waghaltung, nur daß hier als Drehlagen der Hand nur Speich- und Ellgriff vorkommen.

Wechsel der Stabhaltungen:

Obige Stabhaltungen können in mannigfacher Wahl mit einander gewechselt werden, wobei ein Heben und Senken beider Arme oder ein Heben des einen und ein Senken des andren Armes, auch ein Armdrehen, schwunglose oder schwunghafte Bewegungen,

Fig. 48. *)

Bewegungen der gestreckten Arme oder Wechsel von Streckung und Beugung, Formen des Armschwingens, Armstoßens, Armschnellens, Armhauens vorkommen können. Bekannte Beispiele solcher Stabhaltungswechsel sind die gleicharmige, die einarmige und die wechselarmige Stabwende rückwärts und vorwärts, deren Ausgangsstellungen Fig. 48 und 49 darstellen.

Die Stabhaltungen sowohl wie der Wechsel derselben können im Stehen und zwar in vielerlei Stellungen, auch mit Stellungswechsel, ferner im Gehen, Laufen, Hüpfen und Springen, und endlich auch mit Drehungen um die Längenachse in allen diesen Zuständen ausgeführt werden. Auch kann man der Hauptthätigkeit noch Kopf-, Rumpf- oder Beinthätigkeiten als Nebenthätigkeiten zuordnen. Vgl. Ravenstein's Volksturnbuch, 2. Aufl. S. 432 u. folgde, sowie Jäger's Turnschule (Leipzig, Keil, 1864), in welcher eine große Zahl von Stabübungen, aber in ungebräuchlicher und zum Theil unverständlicher Turnsprache angegeben ist.

---

*) Fig. 48: Waghaltung des Stabes vorlings mitten vor dem Körper tief mit Spanngriff und Ristgriff.

Fig. 49.*)

Stabschwingen.

Der Stab wird mit seitwärts geſtreckten Armen
an einem Ende gefaßt und in ſenkrechtem Kreiſe
(nach außen rückwärts oder vorwärts, ferner nach
innen rückwärts oder vorwärts) oder in einer Acht
(rückwärts oder vorwärts) geſchwungen. Aehnliche
Schwünge können bei Waghaltung des Armes nach
vorn ausgeführt werden. Oder der Stab wird in
wagerechtem Kreiſe über dem Kopfe (nach außen
oder nach innen) geſchwungen, desgl. in ſchrägem
Kreiſe. Auch ein gleichzeitiges Schwingen zweier
Stäbe (in jeder Hand einen) iſt ausführbar. Mit
dem Stabe ſind ferner Schwünge in den Richtungen
und Formen der beim Fechten gebräuchlichen Hiebe
zu üben, bei denen eine oder beide Hände den Stab
halten können. Die Stabſchwünge laſſen ſich im
Stehen und zwar in verſchiedenen Stellungen (beſonders Schrittſtellungen, Auslageſtellung), auch mit
Beinthätigkeiten im Stehen (z. B. Fußwippen, Kniewippen, Ausfall), ferner im Gehen, Laufen und
Springen, auch mit Drehungen um die Längenachſe
in allen dieſen Zuſtänden ausführen. (S. Ravenſtein, a. a. O., S. 442.)

[Kugelſtäbe laſſen ſich, ſoweit es ihre Schwere
erlaubt, zu denſelben Uebungen, wie ſie bisher für den
Gebrauch der kurzen Holz- und Eiſenſtäbe angegeben
ſind, benutzen. (S. Ravenſtein, a. a. O., S. 471.)

Keulen ſind zu Schwüngen und Hieben, die
denen mit den kurzen Stäben gleichen, verwendbar,

S. Ravenstein, a. a. O., S. 458; und Rothstein und Neumann, Athenäum, 2. Bd., S. 143.]

Stabsteigen.

Bei Stabhaltung vorlings (oder rücklings) tief in Waghaltung wird der Stab vorwärts (oder rückwärts) wechselbeinig überstiegen. Auch steigt man, bei Stabhaltung vorlings) mit einem Bein von außen um den gleichseitigen Arm herum, macht dann mit dem andren Arm die Stabwende rückwärts, darauf dieselbe vorwärts, und steigt dann zurück in die Ausgangsstellung. Ferner steigt man bei Stabhaltung vorlings mit einem Fuß auf den Stab, und streckt dann das Steigebein nach vorn. Auch kann man bei Stabhaltung vorlings den Stab einbeinig mit Hocke und gleichbeinig mit Hocke, Wolfsprung oder Grätsche vorwärts (vgl. bei Stabhaltung rücklings rückwärts) überspringen.

Stabwinden.

Unter dem mit einem Ende vorwärts auf den Boden gesetzten Stabe, dessen andres Ende beide Hände oder nur eine Hand fassen, windet sich der Turner mit Rückbeugen und Drehen des Rumpfes von einer Seite zur andern hindurch und wieder zurück.

b) Uebungen mit langen Stäben.

Mehrere Turner in Stirnreihe fassen vorlings oder rücklings jeder mit beiden Händen oder mit einer Hand, oder in Flankenreihe seitlings jeder mit einer Hand einen langen Sprungstab, und machen mit demselben Bewegungen des Hebens und Senkens der gestreckten Arme, des Armbeugens und -streckens, des Armstoßens u. dgl. im Stehen, auch mit zugeordneten Bein-, Rumpf- oder Kopfthätigkeiten, desgl. im Gehen, Laufen und Hüpfen, auch Drehungen des Körpers um die Längenachse sowie Schwenkungen als Stirn- oder Flankenreihe. Durch Heben des Stabes über die Köpfe von vorn nach hinten oder von rechts nach links (oder umgekehrt) und dann folgendes Uebersteigen kann ein Stabkreisen hervorgebracht werden. In der Haltung des Stabes rücklings oder seitlings kann derselbe auch mit den Unterarmen gefaßt werden. Einige der Turner können auch den Stab in Waghaltung tief oder hoch festhalten, so daß ein oder mehrere Andre an demselben wie an einer Reckstange Stütz- oder Hangübungen, Aufschwünge, Abschwünge, Umschwünge u. dgl. ausführen können.

Ober es werden von mehreren Turnern in Flan-
tenreihe zwei Stäbe seitlings, der eine rechts, der
andre links gefaßt, und in ähnlicher Weise wie mit
einem Stabe Armthätigkeiten, denen andre Thätigkeiten zugeordnet sein können, geübt. Auch können
diese zwei Stäbe von mehreren Turnern hoch oder
tief festgehalten werden, so daß ein oder mehrere
Andre an denselben wie an einem Barren Hang-
oder Stützübungen darstellen können.

Wurfübungen. Das Werfen kann geschehen als:
Wurf in die Höhe, in die Tiefe, in die Weite, oder in
die Höhe und Weite, in die Tiefe und Weite; Kernwurf
(in gerader Linie), Bogenwurf; Wurf vorwärts mit
gesenktem Arm, mit gehobenem Arm; Wurf rückwärts
zwischen den Beinen hindurch oder über den Kopf; Wurf
aus dem Stande (Schrittstellung), mit Anlauf oder im
Laufe. — Besondre Uebungsarten des Werfens sind
folgende: Gerwerfen (Speerwerfen, Lanzenwerfen,)
geschieht mit Vorstrecken des gehobenen Arms in die

Fig. 50.

Weite als Kernwurf (Fig. 50) oder als Bogenwurf, aus Schrittstellung, mit Anlauf oder im Laufe. Schocken mit Steinen oder Kugeln, geschieht mit Vorschwung des gesenkten Arms als Bogenwurf in die Weite, gewöhnlich aus dem Stande; ähnlich das Scheibenwerfen. Stoßen mit Steinen oder Kugeln, geschieht mit Vor= strecken des gebeugt gehobenen Arms als Bogenwurf in die Weite, aus dem Stande. Ballwerfen geschieht mit Vorschwung des gesenkten oder des gehobenen Arms als Bogenwurf nach vorn, auch mit Vorschwung beider gesenkten Arme vorwärts, oder mit beiden Armen als Bogenwurf rückwärts zwischen den Beinen hindurch oder über den Kopf; einarmige Würfe aus dem Stande, mit Anlauf oder im Laufe, beibarmige meist aus dem Stande.

Uebungen im Ziehen und Schieben. Die Ue= bungen im Ziehen werden von zwei Gegnern aus= geführt, die sich in Schrittstellung entweder ohne Ge= räth Hand in Hand, oder mit je vier, zwei oder einem Finger (häkelnd), oder mit Griff um das Handgelenk, oder mit den Unterarmen, und zwar mit den gleichsei= tigen oder den ungleichseitigen Gliedern fassen und ein= ander fortzuziehen streben; oder von denen jeder stehend oder auf dem Boden sitzend den kleinen Ziehstab oder den Knebelgurt gefaßt hat und so den andren von der Stelle fort oder vom Boden auf zu ziehen sucht; oder von denen jeder einen Springstab mit beiden Händen an einem Ende faßt und rückwärts oder vor= wärts schreitend den Gegner fortzuziehen strebt; oder die beide in gleicher Weise am Rolltau oder am gewöhn= lichen Ziehtau ziehen oder endlich am Nachziehseil, dessen Gurt beim Rückwärtsziehen um den Nacken oder die Hüften gelegt ist, beim Vorwärtsziehen am Nacken anliegt, (während die Leinen unter den Armen oder zwischen den Beinen hindurchgehen,) oder der mit beiden Unterarmen rücklings gefaßt wird. Mit dem Nachzieh= seil wird auch seitwärts gezogen, indem dasselbe um die Hüfte gelegt oder mit einem Unterarm gefaßt ist. Beim Vorwärtsziehen am Nachziehseil können die Gegner auch auf Händen und Füßen am Boden kriechen. Die Arten des Ziehens, bei welchen die Gegner in Schrittstellung stehen und schreiten, werden erschwert, wenn ein Hink= stand als Ausgangsstellung angenommen wird. Beim Ziehkampf am langen Ziehtau treten zwei Geg= nerschaaren an den beiden Enden des Taus einander gegenüber, fassen das Tau mit den Händen und suchen rückwärts schreitend einander fortzuziehen.

Bei den Uebungen im Schieben stehen sich in Schrittstellung zwei Turner gegenüber und suchen entwe= der ohne Geräth, indem sie mit beiden Händen an beide Schultern oder mit einer Hand an eine Schulter (die gleichseitige oder ungleichseitige) des Gegners fassen, oder indem sie sich bei gestrecktem Arm je eine Hand (die gleichseitige oder ungleichseitige) reichen, einander fortzuschieben; oder sie schieben an einem Stabe, der an jedem Ende eine Krücke hat, indem jeder Gegner eine solche an die Schulter legt; oder an einem Spring= stabe, der von jedem Gegner an einem Ende mit bei= den Händen gefaßt wird. Erschwert wird das Schieben, wenn statt der Schrittstellung Hinkstand angewendet wird. Eine besondre Art des Schiebens ist der Hinkkampf, bei welchem die Gegner, während sie die Arme auf der Brust gekreuzt haben, hinkend gegen einander hüpfen und sich durch Stöße gegen die Schultern oder Arme gegen= seitig aus der Hinkstellung zu bringen suchen.

Die Ziehthätigkeit wird auch an Federkraft= messern, an Stahlfederketten und Gummi= strängen geübt. An manchen Federkraftmessern kann auch die Streckthätigkeit des Armes durch Druck, Stoß und Schlag geprüft werden.

Ringen, Widerstandsbewegungen, Freiübungen mit gegenseitiger Unterstützung. Bei diesen Uebungen findet wie beim Ziehen und Schieben eine gegenseitige Thätigkeit zweier oder mehrerer Turner statt, welche auf den einzelnen in Bezug auf seine Thätigkeit eine ähnliche erschwerende Wirkung wie das Hinderniß, wel= ches ein Geräth darbietet, ausübt.

Beim Ringen ist die Ausgangsstellung, der halbe Griff (Fig. 51), der ganze Griff, das Abgewinnen des

Fig. 51.

Griffes, das Werfen mittels Heben und Niederdrücken, sowie das Niederhalten des geworfenen Gegners zu unter=scheiden. Die Widerstandsbewegungen, auch duplicirte Bewegungen genannt, geschehen in den Formen der Freiübungen, unterscheiden sich aber von diesen dadurch, daß bei ihnen dem übenden Turner ein andrer (Gehülfe) während der Bewegung durch Anlegung sei=ner Hände an die thätigen Körpertheile einen gleich=mäßigen und ruhigen Widerstand leistet. Die Wider=standsbewegungen sind für den Betrieb des erziehlichen Turners wenig brauchbar, dagegen lassen sie sich in heil=gymnastischen Cursälen mit Nutzen verwenden. Einge=hende Belehrung über dieselben findet man in Neumann's Heilgymnastik, Berlin, 1852 und in Nitzsche, die dupli=cirten Widerstandsbewegungen, Dresden, H. Klemm, 1861.

Die Freiübungen mit gegenseitiger Un=terstützung enthalten mancherlei Uebungsformen, bei denen einige Turner auf oder an den Händen, Armen,

Schultern, Hüften, Knieen und sonstigen geeigneten Kör-
pertheilen andrer in passender Aufstellung sich befindender
Turner Stand=, Stütz= oder Hangübungen ausführen.
Hierher gehören die bei turnerischen Schaustellungen
beliebten Pyramiden. Vgl. Ravenstein's Volksturnbuch,
2. Aufl., S. 189 u. flgde.

Fechten. Das Fechten, obgleich eine sehr gute
Leibesübung, hat doch nur eine lose Zugehörigkeit zu
dem Uebungsgebiet des erziehlichen Turnens, weil die
eigenen Zwecke der Waffenführung diesem fremd sind.
Man unterscheidet das Stoß= und Hiebfechten, das
Fechten mit Bajonettgewehr, Lanze und Spieß.
Von diesen Arten ist als leibliches Bildungsmittel das
Stoßfechten am vorzüglichsten, das Hiebfechten dagegen
gebräuchlicher. Als gute Schriften über Fechten sind
Lübeck's deutsche Fechtkunst sowie Eiselen's Arbeiten über
Stoß= und Hiebfechten zu nennen.

5. Gemeinübungen, Ordnungsübungen, Spiele, Turnfahrten.

Die bisher geschilderten Freiübungen sowohl wie
die Geräthübungen wurden im Allgemeinen*) als Uebungen eines einzelnen Menschen aufgefaßt, bei welchen derselbe ohne Beziehung zu anderen Menschen nach der
Anregung seines eigenen Willens die in der Uebung vorkommenden einzelnen Thätigkeiten seines Körpers und der
Theile desselben zu ordnen und zu verbinden hatte.
Anders verhält es sich mit den **Gemeinübungen.** Bei
diesen sind stets mehrere Menschen zu einem geordneten
Ganzen, zu einem größeren Körper oder Organismus

*) Mit wenigen Ausnahmen, wie bei den Freisprüngen
von Reihen und Reihenkörpern, bei den Sprüngen von zwei
oder drei Turnern an einem Pferde, bei den Uebungen mit
langen Stäben, den Uebungen im Ziehen und Schieben, im
Ringen, bei den Widerstandsbewegungen und beim Fechten.

verbunden, welcher den Einzelwesen, als seinen Gliedern
oder Organen übergeordnet ist, indem er deren organi=
sche Vereinigung und Einheit darstellt. Dieser gemein=
same Uebungskörper kann nunmehr in seiner Einheit
Uebungen ausführen, denen zwar turnerische Thätigkeiten
seiner Glieder, d. h. der einzelnen Turner, zu Grunde
liegen, die dennoch aber als Uebungen des geeinten
Uebungskörpers eine besondre und eigenthümliche Uebungs=
art bilden. Die den Gemeinübungen als Mittel der
Darstellung zu Grunde liegenden Thätigkeiten der einzel=
nen Turner können mancherlei Frei = und Geräthübungen
sein, die in den Zuständen des Stehens, Gehens, Lau=
fens, Hüpfens und Springens, des Stützens auf den
Obergliedern, des Hangens an Unter= oder Oberglie=
dern, des Sitzens, Liegens u. s. w. ausgeführt werden.
Die Thätigkeit des einzelnen Turners in dem Gemein=
körper erscheint dann, für sich betrachtet, nicht anders,
als wenn der Turner, losgelöst von dem größeren Gan=
zen, als Einzelner selbstständig wäre und so eben diese
Thätigkeit übte. Dessenungeachtet übt der im Gemein=
körper wirkende Turner eine zwiefache Thätigkeit, indem
er außer der Darstellung jener Grundthätigkeit noch den
Gesetzen, nach welchen der Gemeinkörper als solcher
thätig ist, Folge leistet. Im Verhältniß nämlich zu der
zu Grunde liegenden Thätigkeit der Einzelnen ist die
Gemeinübung, indem sie eben die Thätigkeiten aller
Einzelnen zu einer gemeinsamen Thätigkeit verbindet, eine
besondre, nach eigenen Gesetzen einer räumlichen und
zeitlichen Ordnung, (die sich in der Gestaltung und den
räumlichen Verhältnissen der Bewegung des Gemeinkör=
pers, sowie im Tact und Rhythmus der Thätigkeiten
seiner Glieder ausspricht,) vor sich gehende Thätigkeit,
die nur in der Gemeinsamkeit zur Erscheinung kommen
kann. Denn während der Turner, welcher Frei= oder
Geräthübungen als ein einzelner, ohne Beziehung zu
anderen, ausführt, sich als Individuum selbstständig fühlt,
indem er selber die Verhältnisse seines eigenen Körpers
und die der Außenwelt zu seinem Ich empfindet, und

mit eigenem Willen und eigener Kraft auf diese Empfin=
dungen reagirt, fühlt der im Gemeinkörper thätige Tur=
ner sich als unselbstständigen Theil eines größeren Gan=
zen, dessen übergeordnetem Willen er als Glied sich
fügen muß, indem er den eigenen Willen und die eigene
Kraft und Bewegung, bald sie mildernd, bald verstär=
kend, bald verlangsamend, bald beschleunigend, der gemein=
samen Thätigkeit anpaßt. Er fühlt das Gesetz für seine
Thätigkeit nicht mehr bloß in sich selber, sondern auch
und hauptsächlich außer sich. So ist die Einzelübung
ein Mittel für die Entwicklung des Individuums zur
freien Selbstständigkeit, die Gemeinübung ein solches für
die Erziehung des Menschen zu einem den Gesetzen des
Gemeinwesens sich fügenden und innerhalb derselben
thätigen Mitgliede einer geordneten Gesellschaft.

Darnach wird es klar sein, daß Einzelübung und
Gemeinübung nicht bloß (wie es auf den ersten Blick
scheinen könnte) methodisch in dem Betriebe des Turnens
sich unterscheiden, sondern daß in den Gemeinübungen —
insofern sie nicht bloß äußerlich sondern ihrem innersten
Wesen nach von allen Einzelübungen unterschieden sind —
auch ein neuer Theil des Turnsystems, eine besondre
Uebungsart, gegeben ist.

Wenn Geräthübungen, z. B. Hangübungen an
mehreren in einer Linie neben einander stehenden Recken
oder an mehreren parallel liegenden wagerechten Leitern,
als Gemeinübungen betrieben werden, so ergiebt die
Gestalt und Stellung des Geräthes die räumliche Ord=
nung der im Gemeinkörper übenden Turner, so daß in
obigem Beispiele, falls an jedem Reck oder jeder Leiter
mehrere Turner üben, der Gemeinkörper bei den Reck=
übungen einen Reihenkörper in Linie, bei den Uebungen
an den Leitern einen Reihenkörper in Säule bildet. Die
zeitliche Ordnung wird dagegen durch den von dem
Uebungsleiter angeordneten Tact und Rhythmus dargestellt,
in welchem die Uebenden gleichzeitig mit einander oder
in zeitlicher Folge nach einander die Uebungsthätigkeit
und ihre einzelnen Bewegungsabschnitte ausführen. Wer=

ben dagegen Freiübungen als Gemeinübungen betrieben, in welchem Falle die räumliche Ordnung durch Nichts Aeußeres (als etwa die Gestalt des Uebungsraumes im Allgemeinen) bedingt wird, so muß sowohl die räumliche wie die zeitliche Ordnung von der Uebungsleitung gegeben werden.

Ein Theil der Gemeinübungen nun, die Ordnungs-übungen, beschäftigen sich in Sonderheit mit der Darstellung der Gesetze räumlicher Ordnung des Gemeinkörpers in seiner Bildung und Umbildung. Die Zustände des Stehens, Gehens und Laufens, verbunden mit Thätigkeiten des Drehens sind die gewöhnlichen Mittel, welche als Thätigkeiten der einzelnen Turner der gemeinsamen Ordnungsübung zu Grunde liegen. Das Verhalten des Einzelnen zum Raum, die Richtung und Lage seiner Leibesachsen und Seiten und die durch Drehung und Fortbewegung bewirkte Veränderung dieser Richtung oder Lage, bildet gewissermaßen die Einleitung zu den Ordnungsverhältnissen des Gemeinkörpers. Dieser bildet sich in seinen einfachsten Verhältnissen aus den Einzelnen durch Reihungen (Nebenreihen, Vorreihen, Hinterreihen) zur Reihe und zwar zur Stirn-reihe, Flankenreihe oder Schrägreihe, deren jede eine gerade (als solche auch Winkelreihe) oder gebogene (in Kreislinien oder Theilen einer solchen und in anderen Curven), ferner eine geschlossene (als Stirnreihe mit Fühlung, mit Händefassen, Arm in Arm, mit Armverschränkung der Neb-ner u. dgl., als Flankenreihe mit Fassen der Hände auf die Schultern oder Hüften der Vorgereiheten) oder geöffnete (auf Abstand von einfacher oder doppelter Armlänge oder einem oder mehreren Schritten) sein kann. Die Reihe kann sich in geraden oder gebogenen Linien vorwärts, rückwärts, seitwärts oder schräg in Zwischenrichtungen fortbewegen, wobei auch (wie an Ort) Reihungen, Neben-, Vor- und Hinter-terreihungen, auch mit Umkreisen und auch mit Auswei-chen geschehen können; sie (besonders die Stirnreihe) kann dann, entsprechend den Drehungen eines Einzelnen um seine Längenachse, Schwenkungen (an Ort und in der Fortbewegung von Ort) um eine senkrechte Achse, die in oder zwischen verschiedenen Gliedern der Reihe (z. B. in den Führern, in der Mitte) liegend gedacht wird, üben; sie (besonders die Flankenreihe) kann ferner eine eigene Art von Drehungen, die neuerdings von Waßmannsdorf den bezeichnenden Namen „Windungen" erhalten haben, wie Schrägzug, Winkelzug, Umzug, Gegenzug, Schlängelzüge, Gegenzug mit Schlängeln (Kette), Ziehen im Kreise, in der Schnecke, in der Acht u. dgl. ausführen.

In ähnlicher Weise wie aus den Einzelnen die Reihe, ist aus Reihen der Reihenkörper zusammengesetzt. Die einzelnen Reihen sind seine Glieder. Es kann der Reihenkörper in Linie (Stirnlinie, Flankenlinie) oder in Säule (Stirnsäule, Flankensäule) oder in Staffel erscheinen. Er wird aus einer größeren Reihe gebildet entweder durch Eintheilung (Abzählen), wodurch ein Reihenkörper in Linie entsteht; oder durch Ausschreiten (bei einer Stirnreihe Vor = oder Rückschreiten, bei einer Flankenreihe Seitschreiten), wodurch ein Reihenkörper in Säule entsteht; oder durch Reihung (bei Stirnreihe Vor = oder Hinterreihen, bei Flankenreihe Nebenreihen); oder durch Drehung der Einzelnen um ihre Längenachse in der Fortbewegung der Reihe, (indem z. B. in einer vorwärts ziehenden Flankenreihe die vier ersten Einzelnen eine Vierteldrehung machen, und so eine kleine Stirnreihe bilden, worauf die nächsten Vier, wenn sie an die Stelle der vorigen kommen, dieselbe Drehung machen, u. s. f., so daß die Flankenreihe sich zu lauter kleinen Stirnreihen von je vier Einzelnen umbildet); oder durch Schwenken kleiner Reihen; oder endlich durch Windung kleiner Reihen. — Im Reihenkörper, besonders deutlich in dem in Säule geordneten, lassen sich die einander ihrer Reihenfolge nach entsprechenden Einzelnen der verschiedenen Reihen als ein zusammengehöriger Theil, den man eine Rotte nennt, erkennen.

Wie die Reihen in den Verhältnissen sowohl der einzelnen
Gereihten als auch der ganzen Reihen eine Verwandt=
schaft unter einander zeigen, so auch die Rotten unter
sich, sowohl in Bezug auf die Verhältnisse der einzelnen
Gerotteten als auch der ganzen Rotten. Ein Reihen=
körper kann ein geschlossener oder geöffneter (und
zwar in Reihen oder in Rotten oder in beiden geöffnet)
sein. — In dem Reihenkörper an Ort können von Ein=
zelnen wie von Reihen und Rotten mancherlei Ordnungs=
übungen vorgenommen werden, wie: Reihungen von
Einzelnen oder von Reihen oder Rotten an Einzelne
oder an Reihen oder Rotten (als Neben=, Vor=, Hin=
terreihen, auch mit Umkreisen, auch mit Ausweichen),
wodurch eine Umgestaltung des Reihenkörpers aus Linie
zur Säule, oder aus Säule zur Linie, aber auch aus
Linie wieder zu einer Linie, oder aus Säule wieder zu
einer Säule geschehen kann. Ferner Neben=, Vor=
oder Hinterziehen (auch mit Umkreisen, auch mit
Ausweichen), ebenso Durchziehen von Reihen oder
Rotten. Ferner Schwenken von Reihen oder Rotten,
um einen Führer oder um die Mitte der Reihe oder
Rotte, als Gegenschwenken oder Gleichschwenken, als
Schwenken der verschiedenen Reihen oder Rotten nach
gleicher oder widergleicher Richtung. Ferner Windun=
gen von Reihen oder Rotten und zwar als Schrägzug,
Winkelzug, Gegenzug (der verschiedenen Reihen oder
Rotten in gleicher oder widergleicher Richtung, letzteres
auch im Wechsel der Einzelnen oder der Reihen oder
Rotten und mit Einschwenken), als Schlängeln, Gegen=
zug mit Schlängeln, Ziehen im Kreise, in der Schnecke
oder in der Acht. — Der ganze ungetheilte Rei=
henkörper kann sich in den verschiedenen Richtungen
und Linien, wie eine Reihe, fortbewegen, er kann wie
eine solche in der Fortbewegung Schwenkungen und Win=
dungen machen; es können aber auch während der
Fortbewegung die Reihen und Rotten im Reihenkör=
per Bewegungen ausführen wie in dem Reihenkörper
an Ort.

Aus mehreren Reihenkörpern kann ein Reihen=
körper=Gefüge gebildet werden, das zu seinen ein=
zelnen Reihenkörpern sich wie der Reihenkörper zu den
ihn bildenden Reihen verhält. Die Ordnungsverhältnisse
und Uebungen des Reihenkörper=Gefüges entsprechen
denen des Reihenkörpers.

Die Gemeinübungen erscheinen in ihrer höchsten
Blüthe in dem Reigen, einer mehr oder weniger künst=
lichen Zusammensetzung verschiedener Ordnungsübungen,
die entweder bloß in den Zuständen des gewöhnlichen
Ganges oder Laufes oder auch in mancherlei künstlichen
Gang= und Laufarten, auch in Verbindung mit Arm=
oder Rumpfthätigkeiten dargestellt werden. Die verschie=
denen zu einem Reigen verbundenen Thätigkeiten müssen
stets in der Art gewählt, geordnet und ausgeführt wer=
den, daß der Reigen in allen Bewegungen sowohl der
Glieder des Gemeinkörpers als auch dieses in seiner
Gesammtheit eine gefällige Darstellung bietet.

Ausführliche Darstellungen der Ordnungsverhältnisse
und Uebungen sind in „Spieß, Lehre der Turnkunst,
4. Theil: die Gemeinübungen, Basel, 1846" sowie in
„Waßmannsdorf, Ordnungsübungen, Frankfurt a. M.
bei Sauerländer, 1868" gegeben. Auf diese Bücher
sind Diejenigen, welche sich eine eingehende Kenntniß
der Ordnungsübungen verschaffen wollen, zu verweisen.
Auch die weniger ausführliche Darstellung in „Lion,
Leitfaden für den Betrieb der Ordnungs= und Freiübun=
gen, Leipzig bei Friese, 1866" liefert guten Stoff zur
Belehrung. —

Den Gemeinübungen ihrem Wesen nach verwandt
sind die **Turnspiele**, bei welchen gleichfalls der einzelne
Spielgenosse nur ein dienendes Glied eines größeren
Ganzen, der Spielgenossenschaft, ist. Das jedem Spiel
eigenthümliche Gesetz, durch welches die Vorgänge des
Spiels bestimmt sind, regelt die Thätigkeit der einzelnen
Spielgenossen wie der Genossenschaft im Ganzen. Einem
Turnspiel muß freilich auch wie den Gemeinübungen
eine leibliche Thätigkeit zu Grunde liegen, welche schon

an und für sich als Leibesübung wirkt, und es wird ein Turnspiel um so besser sein, je wirksamer einerseits die ihm zu Grunde liegende körperliche Bewegung ist und je mannigfacher und anregender es andrerseits die Spieler im Dienste der Spielgenossenschaft beschäftigen kann. Als gute Turnspiele sind die verschiedenen Spiele des Lau= fens und Haschens (Zeck, Schneidezeck, den Dritten abschlagen, Fuchs in's Loch, schwarzer Mann, Bären= schlag, Glucke und Geier, Schlaglaufen, Jagd, Bar= lauf u. s. w.) sowie Ball= und Reifenspiele und Kampf= spiele (Ritter und Bürger) bekannt. Eine reiche Auswahl von Turnspielen findet man in „Gutsmuths, Spiele, 4. Aufl. v. Klumpp, Stuttgart, 1845" beschrieben.

Auch der gemeinsamen Wanderungen der Turner, der **Turnfahrten**, ist hier zu gedenken, die sowohl wegen der kräftigen Leibesübung ihrer Dauergänge wie auch wegen der fröhlichen Gemeinschaft, deren Sitte, Brauch, Ordnung und Thätigkeit jeder Theilnehmer gern sich fügt, den Gemeinübungen und Spielen angereiht zu werden verdienen.

----

6. Ueber Turnsprache.

Die deutsche Turnsprache ist für die Systematik des Turnens von hohem Werthe, insofern sie geeignet ist, schon in der Bezeichnung der Uebungen durch Grund= wörter und von diesen abgeleitete Wortformen die Bedeu= tung der turnerischen Thätigkeiten als Grund= oder abge= leitete Formen erkennen zu lassen. Jahn ist der Schö= pfer der in ihren Ausdrücken kurzen und klaren, äußerst biegsamen und bildsamen Turnsprache. Ueber die Grund= sätze, welche er bei der Bildung derselben verfolgt hat, spricht er sich in der Vorrede der „Deutschen Turnkunst" ziemlich ausführlich aus; (vgl. das Citat in dem Abschnitt über Jahn im Th. II, 4 dieses Buches.) Mannigfach ist freilich in neuerer und neuester Zeit theils aus Unkennt=

niß der Sprache und der Turnkunst, theils aus Neue=
rungssucht und dem eitlen Wunsche, etwas Besonderes
zu schaffen, gegen die deutsche Turnsprache, besonders
von den Anhängern der schwedischen Gymnastik gesündigt
worden. Indessen hat sie doch immer die Herrschaft im
Turngebiete behauptet, und ist auch von turn= und sprach=
kundigen Männern im Sinne ihres Gründers weiter ent=
wickelt worden. Als Hauptförderer der Turnsprache
nach Jahn sind Eiselen und Spieß und für die neueste
Zeit Carl Waßmannsdorf (in Heidelberg) zu nennen,
dessen eifrige und löbliche Bestrebungen für die Reinheit
und Einheit der Turnsprache die allgemeine Anerkennung
der deutschen Turnlehrer gefunden haben. (Vgl. Vor=
schläge zur Einheit in der Kunstsprache des deutschen
Turnens v. K. Waßmannsdorf, Berlin bei Mohr, 1861.)
Man kann die Turnsprache in ihren Einzelheiten
nicht allein durch theoretische Belehrung kennen lernen,
da die (vielfach bildlichen) Bezeichnungen derselben für
Bewegungen, die meist aus mehreren gleichzeitig oder
nacheinander geübten Theilen zusammengesetzt sind, zu
ihrem Verständniß wenigstens eine unmittelbare An=
schauung fordern, leichter und besser aber aufgefaßt werden,
wenn sich durch eigene Uebung der Turnthätigkeiten ein
gewisses körperliches Gefühl für die Verschiedenheiten der=
selben bildet. Viele einfache Grundverhältnisse werden
indessen in der Turnsprache so klar und einfach, meist
nur mit Befolgung des allgemeinen Sprachgebrauches
bezeichnet, daß dieselben Jedem durch bloße Mittheilung
verständlich werden können. Weniger verständliche aber
häufig wiederkehrende Kunstausdrücke pflegen in allen
Leitfäden und Anweisungen zum Turnbetriebe an erster
Stelle erklärt zu werden, und sind bei Allen, die schon
einige nicht ganz oberflächliche Turnthätigkeit gehabt
haben, als ziemlich bekannt vorauszusetzen. Die Benen=
nungen der selteneren turnerischen Einrichtungen, Geräthe
und Uebungen sind dagegen, was sehr zu bedauern ist,
auch eifrigeren Turnern nur unvollständig bekannt. Man
lernt die Turnsprache am besten (und fast allein gründlich)

25*

im Turnbetriebe selber an der Hand eines Lehrers oder Leitfadens, welche der neueren Entwicklung derselben Rechnung tragen, kennen. Dieses Buch, welches bestimmt ist, Denjenigen, die bereits einige practische Anschauung des Turnens besitzen, eine theoretische Uebersicht über das gesammte Turngebiet zu geben, hat weder Raum noch Beruf, die Turnsprache eingehender zu behandeln.

Vierter Theil.

Methodik des Turnens.

———

1. Bedeutung der Methode.

Indem wir in Bezug auf den Unterschied von System und Methode an das schon oben S. 248 u. 249 Gesagte erinnern, betonen wir, daß die Methode die Anwendung des Turnübungsstoffes lehre. Mannig= fache Verschiedenheiten der Anwendung ergeben sich aus den verschiedenen Verhältnissen, unter denen Turnübun= gen betrieben werden. Als solche Verhältnisse, die dem Uebungsstoff selbst gegenüber als äußerliche erscheinen, sind zunächst die leibliche und geistige Beschaffenheit der Tur= ner, ihr Geschlecht, Lebensalter, ihre Entwicklung, ihr Gesundheitszustand, ihre Berufsthätigkeit und Lebens= stellung, ferner Klima, Jahreszeit, Witterung, Beschaf= fenheit der Oertlichkeit, Uebungsräume und Vorrichtungen, Ausdehnung der Uebungszeit u. dgl. m. zu betrachten. Daraus ergeben sich vielerlei verschiedene Betriebsweisen des Turnens, wie sie als Knabenturnen, Mädchenturnen, Männerturnen, Schulturnen, Turnen in höheren Schulen oder in Volksschulen, Vereinsturnen, Zimmerturnen, Heil= turnen, Turnen der Blinden und Taubstummen, Wehr= turnen u. s. w. vorkommen. Für alle diese Betriebs= weisen ist der Uebungsstoff aus dem großen Schatze des Systemes der Turnübungen auszuwählen, aber die Aus= wahl muß, je nach der Besonderheit der äußeren Ver= hältnisse, auch eine besondre sein. Es ist bei derselben zu beachten, ob einfache oder zusammengesetzte, mit geringer oder bedeutender Muskelkraft ausführbare Ue= bungen, ob Thätigkeiten von längerer oder kürzerer ununterbrochener Dauer, einmalige oder zu wiederholende Thätigkeiten auszuwählen seien, ob längere oder kürzere

Thätigkeitspausen eintreten und von welcher Art Zeit=
maaß, Takt und Rhythmus der Bewegung sein müssen.
Die Bedürfnisse der Turner verschiedener Katego=
rieen in Bezug auf diese verschiedenen Verhältnisse sind
klar und eingehend erst durch größere Erfahrungen eige=
ner turnerischer Lehrthätigkeit, mangelhaft dagegen aus
theoretischer Belehrung kennen zu lernen. Ein guter
Turnlehrer, d. h. ein solcher, welcher neben tieferer
practischer Erfahrung auch tüchtige theoretische Kenntnisse
vom Turnen besitzt, bildet und findet selbst die richtige
Methode verschiedenartigen Schülern gegenüber schnell
und leicht heraus, nachdem er gleichfalls mit raschem
Blick die besondren Bedürfnisse seiner Schüler erkannt
hat. Die Auswahl und eigenthümliche Anwendung der
Uebungen für die unterschiedenen Schülerkategorieen kann
eigentlich keinem Turnlehrer als fremde Arbeit ganz fertig
und genügend dargeboten werden. Zwar giebt es zahl=
reiche, mehr oder weniger gute methodische Leitfäden für
die verschiedenen Betriebsweisen des Turnens; aber der
Lehrer, welcher ohne eigene Erfahrung und eigenes Ur=
theil in seinem Unterricht nur mechanisch auch dem besten
Leitfaden folgte, würde einen geist = und werthlosen, von
Verstößen wimmelnden, die Individualität der Schüler
und vielerlei nicht vorherzusehende Besonderheiten unbe=
achtet lassenden, kurz einen schlechten Unterricht ertheilen.
Die eigene methodische Arbeit, deren Gelingen recht
eigentlich den tüchtigen Lehrer erkennen läßt, kann und
darf eben keinem Lehrer erspart bleiben. Darum ist
auch in Bezug auf Methode durch theoretische Belehrung
verhältnißmäßig wenig zu wirken, und es dürfte zweck=
mäßig sein, anstatt ausführlicher und in Einzelheiten
gehender Anweisungen, die von angehenden Lehrern im
entscheidenden Moment doch häufig vergessen werden,
wenige kurze, auf die wichtigsten Punkte des practischen
Betriebes bezügliche Andeutungen zu geben. Ganz beson=
ders erscheint dieses Verfahren diesem Buche angemessen,
welches bestimmt ist, dem Turner, der bereits ein gewis=
ses Maaß practischen Könnens erworben, übersichtlich ein

in engen Rahmen gefaßtes Bild des turnerischen Kennens und Wissens zu geben.

Zunächst in methodischer Beziehung nothwendig ist es, den Uebungsstoff den Turnschülern in einer solchen Ordnung vorzulegen, daß allmählig und gleichmäßig vom Einfachen und Leichten zum Zusammengesetzten und Schwereren aufgestiegen wird. Zwar ist öfters gesagt worden, leicht und schwer seien von relativer Bedeutung, was Vielen schwer werde, sei Manchem wiederum leicht, und umgekehrt. Aber wenn auch in Bezug auf einzelne Menschen ein solches Ausnahmeverhältniß der körperlichen Bewegungsfähigkeit (ausnahmsweise hohe oder ausnahms= weise geringe Leistung) vorkommt, so ist doch andrerseits auf diesem Gebiete unter Vielen eine gewisse Uebereinstimmung nicht zu verkennen, die uns mit einer verhält= nißmäßig einfachen Eintheilung des Uebungsgebietes aus= kommen läßt.

Jeder Anfänger, mag derselbe jung oder alt, natür= lich begabt oder nicht sein, hat seine Turnübungen mit dem Einfacheren und Leichteren zu beginnen, und im Verhältniß zum Fortschreiten seiner Leistungen mehr oder weniger schnell zu schwierigen und zusammengesetzten Uebungen überzugehen. Personen von geringer geistiger Fassungskraft, Idioten, jüngere Kinder, dürfen stets nur einfache Thätigkeiten üben, deren Vorgänge sie mit ihrem Erkennungsvermögen wirklich aufzufassen im Stande sind. Menschen von schwächlicher Constitution, besonders auch jüngere Knaben und Mädchen, welche ein schnelles Wachs= thum zeigen, dürfen, zumal wenn ihre Verdauungsorgane nicht kräftig sind, ihre Muskulatur nie bis zur Erschö= pfung bethätigen, damit es dem Organismus möglich werde, Stoffverbrauch und Neubildung der Körperbe= standtheile in richtigem Verhältniß stattfinden zu lassen, nicht aber durch einen in Folge allzu harter Uebung unverhältnißmäßig erhöhten Stoffverbrauch eine Abschwä= chung zu erzeugen. Das weibliche Geschlecht, dessen Muskeln im Allgemeinen weicher und weniger voluminös sind als die des männlichen, muß deßhalb geringere An=

forberungen an seine Muskulatur in Bezug auf Energie und Dauer der Contractionen stellen. Dagegen ist, weil die Innervation der Muskeln beim Weibe mindestens gleich schnell und genau wie beim Manne erfolgt, die Forderung künstlich zusammengesetzter, aber ohne große Muskelkraft zu leistender Bewegungsformen (wie im Tanze) eine für das weibliche Geschlecht berechtigte und ihm zusagende. Für Knaben, welche der Geschlechtsreife sich nähern und für Jünglinge ist dagegen eine anstrengende Muskelarbeit heilsam, um so durch Stoffverbrauch für die Ernährung der Muskulatur eine allzu schnelle oder abnorme Entwicklung des Geschlechtslebens zu verhüten. Auch für junge Männer, die in der Vollkraft des Lebens sich befinden, ist anstrengende Leibesübung angemessen, für ältere Männer dagegen eine ruhige mehr anregende als anstrengende Thätigkeit.

In jedem Falle müssen Thätigkeit und Ruhe angemessen wechseln. Innerhalb der Uebungszeit selbst müssen Pausen und Abwechselungen der Thätigkeit vorhanden sein, entweder in der Art, daß zur Erholung vollständige kurze Unterbrechungen der Thätigkeit eintreten, oder besser, indem anstrengende Uebungen mit einer Reihe leichterer abwechseln. Die Turnzeiten selbst müssen weder zu kurz noch zu lang ausgedehnt sein, (zweckmäßig bei Kindern auf eine Stunde, bei kräftigen Knaben und Jünglingen nicht über zwei Stunden,) sie müssen weder in zu langen noch in zu kurzen Zwischenräumen einander folgen (mindestens wöchentlich zweimal je eine Stunde, höchstens täglich eine Stunde).

Die Uebungen müssen ferner so gewählt sein, daß sowohl die einzelne Uebungsstunde wie die Uebung überhaupt den Körper möglichst allseitig und gleichmäßig bethätigen und ausbilden, nicht aber ihn nur einseitig in Anspruch nehmen, bei vorübergehender derartiger Thätigkeit schnell ermüden, bei wiederkehrender verbilden.

Mancherlei andre Rücksichten, die beim methodischen Betriebe des Turnens zu nehmen sind, ergeben sich entweder dem denkenden und erfahrenen Turner von selbst,

ober ſie ſind aus ſpeciellen, für die einzelnen Betriebs=
weiſen des Turnens aufgeſtellten Anweiſungen (zum Kna=
ben =, Mädchen =, Volks =, Zimmer =, Heil =, Wehrturnen)
kennen zu lernen. Uebrigens aber können der äußeren
Verhältniſſe, durch welche jene Rückſichten bedingt werden,
ſo viele und mannigfache ſein, daß man dieſelben unmög=
lich alle vorherzuſehen und von vorn herein für ſie alle
Regeln aufzuſtellen vermag.

In den folgenden Abſchnitten gehen wir auf die
wichtigſten, ſchon oben angedeuteten Theile der Methodik
näher ein.

2. Methodiſche Eintheilung des Uebungsſtoffes.

Wenn auch ein guter Turnlehrer die für ſeine Schü=
ler paſſende Methode zu finden im Stande iſt, ſo giebt
es doch — abgeſehen von den Fähigkeiten des Lehrers —
Fälle, für welche die äußerliche Feſtſtellung eines metho=
diſchen Uebungsbetriebes nothwendig iſt. Solche treten
ein, wenn Schulen, die in verſchiedene Turnklaſſen zer=
fallen und von einander getrennte Turnanſtalten die Auf=
gabe haben oder ſich ſtellen, im Intereſſe höherer Zwecke
eine einheitliche Turnausbildung ihrer Schüler und der
Jugend eines größeren Kreiſes, etwa eines ganzen Landes
zu erreichen. Dann muß eine beſtimmte Art methodiſcher
Unterweiſung feſtgeſtellt und unabhängig gemacht werden
von den zufällig thätigen und wechſelnden Perſönlichkeiten
der Lehrer und den zufällig eintretenden, für das größere
Ganze unweſentlichen Schwankungen beſonderer äußerer
Verhältniſſe. So wird ein Plan, vielleicht ein Schema,
geſchaffen, wonach jeder einzelne Lehrer an jeder einzelnen
Stelle in ſeinem Turnbetriebe verfährt, ſo daß in dem
größeren Kreiſe als Frucht der einheitlichen Thätigkeit
im Ganzen übereinſtimmende Erfolge erzielt werden. Die
ſo dem Lehrer gegebene Form für den Betrieb wird
zwar in jedem Falle als ein Geſetz auch äußerlich erfüllt
werden müſſen; aber da anzunehmen iſt, daß dieſe Form

inneren Bedingungen der Thätigkeit entsprechend gebildet
worden, so wird sie auch ohne inneres Widerstreben
sogar von sehr selbstständigen Lehrern erfüllt werden
können. Dabei ist zu bemerken, daß eine solche Form
weder zu allgemeine, subjectiv verschiedenartig zu deutende
und zu erfüllende, noch auch zu specielle, kleinliche und
freiere Geister belästigende Vorschriften und Forderungen
enthalten muß, um einerseits dem schwachen Lehrer eine
sichere Stütze und Norm zu sein, dem tüchtigen aber
doch keinen derartigen Zwang aufzulegen, daß er nicht
im Stande sein sollte, auch innerhalb des gegebenen
Rahmens seinen individuellen Fähigkeiten gemäß selbstständig methodisch zu wirken.

Die Nothwendigkeit derartiger Lehrpläne des Turnens behufs Erzielung einheitlicher Erfolge für größere
Turnkreise ist seit lange erkannt worden, und hat man
auch versucht, ihr zu genügen. Zuerst war es Eiselen,
der einen Turnlehrplan schuf, indem er die seiner Zeit
gebräuchlichen Uebungen nach der Schwierigkeit ihrer
Ausführung in vier Stufen ordnete (s. Eiselen, Turntafeln, Berlin 1837). So verdienstlich und nützlich auch
diese Arbeit zunächst war, so muß doch erkannt werden,
daß sie nur für gewisse Verhältnisse des erziehlichen Turnens, nämlich für reifere Knaben und für Männer
genügen konnte, daß sie dagegen, weil die ersten und
einfachsten Grundübungen in ihr sehr dürftig behandelt
waren, für den Turnunterricht jüngerer Knaben und Mädchen eine empfindliche Lücke ließ. Nächstdem stellte wiederum Spieß in seinem Turnbuche eine vierstufige Uebungs-
eintheilung auf, welche gerade den Grundübungen vorzüglich Rechnung trug und dadurch für schwächere Turner
brauchbarer war als die Eiselen'sche. Dagegen dürften
die Spieß'schen Stufen den turnerischen Bedürfnissen
kräftiger Jünglinge und Männer wohl kaum genügen.
In Bezug auf beide erwähnten Arbeiten ist aber zu
bemerken, daß, indem sie den gesammten Uebungsstoff,
der für alle Alters- und Fertigkeitsstufen der Turner
berechnet ist, nur in vier Abtheilungen sondern, der Rah-

nen für jede ihrer vier Stufen ein so weiter wird, daß nothwendig in Folge der mannigfachen Unterschiede, welche die Alters- und Ausbildungsverhältnisse der Turner dar- bieten, innerhalb einer und derselben Stufe noch mehr- fache Abstufungen der Leistungsfähigkeit der Turner, die man dieser Stufe zuzutheilen genöthigt ist, sich zeigen müssen. Dadurch wird aber der selbstständigen Thätig- keit jedes einzelnen Lehrers ein so weiter Raum gelassen, daß der Zweck, unabhängig von dem zufälligen Wirken dieses oder jenes Lehrers für die verschiedenen Kategorieen der Turnschüler eine feste Norm des Unterrichtsganges zu gewinnen, wieder zum Theil verloren geht. Dieser Uebelstand tritt besonders dann hervor, wenn das Turnen innerhalb einer Schule in ähnlicher Weise wie andre Unterrichtsgegenstände getrieben werden soll. Der Lehr- stoff aller anderen Gegenstände ist nach Klassenzielen getheilt und begränzt, und es würde nothwendig sein, auch für den Turnunterricht der Schule solche Klassenziele festzustellen, wenn überhaupt in den einzelnen Klassen bestimmte Erfolge, auf denen die nächst höheren Klassen mit Sicherheit weiterbauen können, erreicht werden sollen.

Zwar ist andrerseits zur Erreichung solcher Erfolge nothwendig, daß jede Klasse Schüler enthalte, die im Ganzen eine Gleichmäßigkeit ihrer Fähigkeiten zeigen. In körperlicher und turnerischer Beziehung ist dies aber, wie die Schulverhältnisse gegenwärtig stehen, nur selten der Fall, weil im Allgemeinen die Schule auf die leibliche Ausbildung des Schülers ein viel geringeres Gewicht legt als auf die geistige. Es ist, da diese Thatsache an vielen Orten und zu verschiedenen Zeiten sich gezeigt hat, sogar öfters bezweifelt worden, ob die Schule, welche ursprünglich nur eine geistige Unterrichtsanstalt war und nach den Bedürfnissen einer solchen geordnet und verwaltet wurde, ihrem Wesen nach überhaupt in der Lage ist, auch die leibliche Entwicklung ihrer Schüler zu leiten; und man hat gefragt, ob es nicht zweckmäßiger wäre, der Schule des Geistes eine selbstständige Schule der Leiblich- keit nebenzuordnen. Freilich läßt sich nicht läugnen, wenn

es gelingt, möglichst viele Entwicklungsrichtungen des
jungen Menschen von einem Punkte aus und nach einem
Gesammtziele hin einheitlich zu leiten, daß dann die als
schließlicher Erfolg solcher Erziehungsthätigkeit gewonnene
Bildung eine schönere Harmonie zeigen wird, als wenn
gesonderte Bestrebungen auf die Ausbildung einzelner
Kräfte des Menschen sich richten Von diesem Gesichts=
punkte aus ist auch bereits die obige Frage von der
Mehrzahl der Pädagogen und Turnlehrer zu Gunsten
einer Einordnung des Turnens in die Schulerziehung
entschieden worden. Jedenfalls aber muß als Consequenz
dieser Entscheidung auch gefordert werden, daß die Schule
nunmehr mit derselben Gewissenhaftigkeit das Turnen
betreibe wie irgend einen andren ihrer Gegenstände. Dazu
gehört aber, daß sie bei der Bildung ihrer Abtheilungen
und Klassen die leibliche Entwicklung der Schüler gebüh=
rend berücksichtige, und sie nicht gänzlich aus dem Auge
lasse, wie es meist geschieht. Denn wenn nicht eine Klasse
auch in leiblicher Leistungsfähigkeit eine gewisse Einheit
darstellt, so wird auch der beste Turnlehrplan nutzlos
sein, weil nur an die einheitliche Klasse auch die einheit=
lichen Forderungen des Pensums mit Erfolg gestellt wer=
den können.

Was übrigens die Aufstellung eines nach Klassen=
zielen eingetheilten Turnlehrplanes betrifft, so scheinen
uns für dieselbe folgende Grundsätze und Gesichtspunkte
der Beachtung zu bedürfen:

Der Turnunterricht entspricht seinem Werthe nach nicht
irgend einem andren einzelnen Unterrichtsgegenstande der
Schule, sondern er ist als eine Summe von Anregungen
zu betrachten, die man der Gesammtheit der wissenschaft=
lichen Lehrgegenstände gegenüber stellen kann. Dagegen
entsprechen die verschiedenen Turnarten (Freiübungen,
Ordnungsübungen, Uebungen an verschiedenartigen Ge=
räthen) den einzelnen Unterrichtsgegenständen der Geistes=
schule; und wie es in dieser wichtigere und weniger
wichtige Lehrgegenstände giebt, so sind auch in der Turn=
schule die einzelnen Turnarten keineswegs gleichwerthig.

Denn wie in der Geistesschule manche Gegenstände nur
für die unteren, manche nur für die mittleren, andre
für die mittleren und oberen, wieder andre nur für die
oberen Klassen geeignet sind, so passen auch in der Turn=
schule einzelne Uebungsarten (z. B. Pferdspringen, Stab=
springen, Gerwerfen) nur für die mittleren und oberen
Klassen, manche (z. B. Fechten, wenn es überhaupt in
der Schule geübt werden soll,) nur für die oberen Klassen,
manche dagegen nur für die unteren (wie einzelne Wurf=
übungen mit Ball und Reifen, auch wohl die Uebungen
an den Schwebestangen), manche nur für die mittleren
(wie etwa Rundlauf). Dagegen würden einzelne Uebungs=
arten (z. B. der Freisprung, Frei= und Ordnungsübun=
gen) durch alle Klassen hindurchgehen müssen. Aber wie
in der Geistesschule ein Unterrichtsgegenstand, der in allen
Klassen auftritt, keineswegs in allen in gleicher Stun=
denzahl betrieben wird, so würden auch solche durch alle
Klassen hindurchgehenden Turnübungsarten durchaus nicht
in jeder Klasse dieselbe Ausdehnung zu haben brauchen. So
würden die Freiübungen in den untersten Klassen am ein=
gehendsten zu betreiben sein und allmählich nach oben
hin an Ausdehnung verlieren, der Freisprung würde
sein Hauptgewicht in den Mittelklassen finden, u. s. w.
Das auf die einzelnen Uebungsarten in den verschiedenen
Klassen zu wendende Zeitquantum würde durch eine Turn=
ordnung zu bestimmen sein, die für jede Klasse eine besondre
sein müßte. Diese Turnordnung würde dem Stunden=
plan der Geistesschule entsprechen. Wenn nun die Uebungs=
arten die einzelnen Lehrgegenstände der Turnschule dar=
stellen, so sind innerhalb dieser Lehrgegenstände die Uebungs=
gruppen und einzelnen Uebungen der durchzunehmende Lehr=
stoff. Und dieser müßte für die Klassen der Turnschule
ebenso genau eingetheilt und abgegränzt sein, wie der
Lehrstoff für die Klassen der Geistesschule. Wie z. B.
hier im Lateinischen für eine bestimmte Klasse die regel=
mäßige Declination, für eine andre die regelmäßige Con=
jugation, für eine weitere die unregelmäßigen Verba
u. s. w. vorgeschrieben sind, so müßten für jeden Gegenstand

der Turnschule die Pensa der einzelnen Klassen genau
abgemessen sein. Auch innerhalb des Pensums einer
Klasse giebt es in jedem Lehrgegenstande Hauptsachen und
Nebensachen. Jene bilden gewissermaßen die stützenden,
form= und haltgebenden Knochen des Wissenskörpers,
der von dem Schüler, sobald dieser die Klasse über=
wunden hat, fertig gebildet sein soll. Die Nebensachen
stellen aber die verbindenden Bänder und lückenausfüllen=
den Gewebsmassen dar, die in dem Körper zwar auch
nicht fehlen dürfen, aber jenen doch untergeordnet sind.
So auch in der Turnschule. In jeder Uebungsart, für
jedes Geräth giebt es Hauptübungen, die mit Nachdruck
zu betreiben sind und die jeder Schüler der Klasse gelernt
haben müßte, wenn er in eine höhere Klasse aufrücken
will; und Nebenübungen, Zwischen= und Uebergangs=
formen, die der Mannigfaltigkeit, der Abwechselung und
des leichteren Ueberganges wegen auch zu betreiben sind,
die aber niemals jene Hauptübungen verdrängen oder
auch nur ein Wenig zurückschieben dürfen. Hier fehlen
oft Turnlehrer, und selbst recht tüchtige. Wenn man
nämlich ein beschränktes Gebiet des Lehrstoffes mit Liebe
(die leicht in der Arbeit eine Vorliebe wird) für sich bearbei=
tet, so fängt man auch im Unterrichte an, dieses Gebiet mit
allen seinen — oft für das Allgemeine unwichtigen —
Einzelheiten zu bevorzugen, manches Andre aber zu ver=
nachlässigen. Da nun gerade die tüchtigeren Turnlehrer
derartige Privatarbeiten vorzugsweise zu unternehmen
pflegen, so verfallen eben sie leicht in diesen Fehler, von
dem mir auch Spieß in Bezug auf Frei= und Ordnungs=
übungen nicht ganz freigesprochen werden zu dürfen scheint. —
Die erwähnten Hauptübungen werden in einzelnen Uebungs=
arten, z. B. unter den Rundlaufübungen, spärlich auf=
treten, weil die ganze Uebungsart keine bedeutende Wich=
tigkeit hat; dagegen in den wichtigeren Uebungsarten,
z. B. Freisprung, Sprung mit Armstütz, Uebungen des
Armstützes und Armhanges häufiger, und hier werden sie
gerade Probestücke werden, nach welchen zu entscheiden
ist, in welche Klasse ein ankommender Turnschüler zu

stellen wäre oder ob einer in eine höhere Klasse versetzt werden solle. So wird auch bei Versetzungen nur in wichtigeren wissenschaftlichen Gegenständen geprüft, und auch in diesen das entscheidende Gewicht wieder auf das Wissen oder Nichtwissen der Hauptsachen gelegt.

Zwar sind auch Turnlehrpläne, welche den Uebungs= stoff nach Klassenzielen eintheilen, mit mehr oder weniger deutlicher Anerkennung und Befolgung der obigen Grund= sätze bereits mehrfach aufgestellt worden. Indeß läßt sich nicht behaupten, daß bis jetzt für irgend eine Kate= gorie von Schulen ein Lehrplan vorhanden wäre, der ohne Weiteres und in allen seinen Einzelheiten für grö= ßere Kreise als Norm gelten könnte. Immer noch wird es des Turnlehrers eigene Sache sein müssen, innerhalb gewisser, meistens ziemlich weiter oder verschiebbarer, Gränzen und Ziele, die ihm gesteckt sind oder die er sich selbst bestimmt hat, seinen besonderen Verhältnissen angemessen den Lehrstoff nach seinem Ermessen abzu= wägen, einzutheilen und zu ordnen. Anhaltepunkte und Unterstützung für eine solche Arbeit lassen sich indeß aus den vorhandenen Vorarbeiten ziemlich reichlich gewin= nen, so im Allgemeinen aus Spieß' Turnbuche, ferner in Bezug auf Schulen des männlichen Geschlechts aus „Böttcher's Turnunterricht für Gymnasien und Real= schulen, in Klassenzielen aufgestellt; Görlitz, 1868," und besonders aus dem, diesen Gegenstand mehr in Umrissen und Andeutungen als in specialisirten Ausführungen, aber gerade deßhalb sehr klar und durchsichtig behandelnden Schriftchen von J. C. Lion „Bemerkungen über Turn= unterricht in Knabenschulen; Leipzig, Keil, 1869." Für die Volksschule dürfte der „Neue Leitfaden für den Turn= unterricht in den Preußischen Volksschulen; Berlin, W. Hertz, 1868" mit einiger Kritik und Ergänzung, sowie „Böttcher's Turnunterricht für die Volksschule, Görlitz, 1861," für das Mädchenturnen das Turnbuch von Spieß sehr ergiebig und endlich für das Turnen reiferer Schüler und Erwachsener das Volksturnbuch von Ravenstein, Kapell's Handbuch für Vorturner (Stade,

Handbuch für Turner. 26

F. Steubel, 1867) und Dieter's Merkbüchlein zu be=
nutzen sein.

3. Maaß und Zeit der Uebung.

Die Anforderungen, welche durch die Uebungsthä=
tigkeit an die Turnenden gestellt werden, müssen in Be=
zug auf Quantität und Qualität der Leistungen den Kräf=
ten der Uebenden angemessen sein. Eine Stunde gut
ausgenutzte Turnzeit ist bei regelmäßiger Wiederkehr für
jüngere Knaben und Mädchen sowie für ältere von schwäch=
licher Constitution im Allgemeinen vollständig hinreichend,
um die nützlichen Wirkungen des Turnens hervorzubrin=
gen; und zwei Stunden anstrengende Turnarbeit genügen
auch den kräftigsten reiferen Knaben, Jünglingen und
Männern für diesen Zweck. Die Wiederkehr aber der
einzelnen Turnzeiten muß so geordnet sein, daß der Or=
ganismus in der Turnpause hinreichende Zeit hat, um
eine Ausgleichung des durch die Turnarbeit bewirkten
Stoffverbrauchs und der nothwendigen Neubildung ein=
treten zu lassen. Zu lang ausgedehnte oder zu schnell
einander folgende Turnzeiten würden zur Folge haben,
daß die Neubildung dem Stoffverbrauch nicht das Gleich=
gewicht halten, also allmählig eine Erschöpfung des Or=
ganismus sich zeigen würde. Meistens, besonders im
Turnunterricht der Schulen, ist über ein derartiges Ueber=
maaß von Turnthätigkeit nicht zu klagen; selbst das höchste
Maaß von Turnzeit, welches wohl eine Schule dem Tur=
nen zugestehen könnte, eine Stunde täglich, ist bei sonst
passender Ernährung und Lebensweise, die Ersatz und
Erholung zulassen muß, erfahrungsmäßig kein Uebermaaß.
Viel häufiger ist in den Schulen eine zu karg zugemessene
Turnzeit zu finden, da einerseits die einzelne Turnzeit
oft keine volle Stunde umfaßt, andrerseits aber die
Pausen zwischen den einzelnen Turnzeiten allzu lang
ausgedehnt sind. In diesen Fällen kann das Turnen
seine Wirkungen nur unvollständig erreichen. Eine Turn=

zeit von zweimal je einer Stunde in der Woche für jüngere, und von drei Stunden wöchentlich, (die als drei einzelne Stunden oder zweimal als je anderthalb Stunden verwandt werden können,) für ältere Schüler ist als das geringste Maaß der zu gewährenden Zeit zu betrachten.

Was aber die Art der Turnthätigkeit betrifft, so sind für jüngere und schwächere Turner hauptsächlich die Elementarübungen, welche ohne große Muskelkraft ausführbar sind, zu wählen. Es ist deßhalb hier ein Hauptgewicht auf die einfacheren Freiübungen zu legen, und denselben mehr Zeit als bei geübteren Turnern zu widmen. Aber auch Geräthübungen sind hier zu betreiben, sowohl leichtere Formen der Stemmthätigkeit der Unterglieder (Freisprung in die Weite, Uebungen mit dem Schwungseil, Steigeübungen an der schrägen Leiter) wie des Hangens und Ziehens der Oberglieder (an Leiter und Reck). Die Stemmthätigkeit der Oberglieder (Stütz am Barren) ist in dieser Klasse nur sehr mäßig anzuwenden. — Bei einigermaßen geübten, aber in ihrer Muskulatur nur erst mäßig entwickelten Turnern, wie sie unter Knaben im 12ten oder 13ten Jahre oft gefunden werden, sind die Turngeräthe schon in großer Mannigfaltigkeit nutzbar, die Uebungen aber so zu wählen, daß sie mehr durch Lebhaftigkeit und Wechsel der Bewegungen, als durch energische und andauernde Muskelcontractionen wirken (mehr Gewandtheits- als Kraftübungen). Bei kräftigen Turnern aber können in beiderlei Beziehungen die höchsten Forderungen gestellt werden, und treten deßhalb hier Geräthübungen wie das Pferdspringen, Stabspringen und die schwierigen und zusammengesetzten Formen der Reck- und Barrenübungen, die sowohl Kraft wie Gewandtheit in hohem Maaße erfordern, in den Vordergrund. Dagegen sind auf dieser Stufe die Freiübungen, die noch für die vorige, besonders in zusammengesetzten Formen, wichtig waren, von geringerer Bedeutung. — Die Ordnungsübungen sind auf allen Stufen zu üben, auf der untersten die einfachsten und in leichter,

faſt ſpielender Darſtellung; von da aufſteigend ſowohl in
immer ſchwierigeren Zuſammenſetzungen als mit immer
nachdrücklicherer Forderung einer genauen und ſtraffen
Ausführung.

Beim Mädchenturnen ſind zunächſt ſelbſtverſtändlich
alle Uebungsformen, welche das Schicklichkeitsgefühl ver=
letzen würden (ausgedehnte Spreizbewegungen der Beine,
Grätſchſprünge, Grätſch = und Reitſitzarten, Ueberſchläge
u. dgl.) gänzlich zu verwerfen, ſodann iſt aber ſtets mehr
eine mild anregende als hart anſtrengende Thätigkeit,
in der auch dem Gefühl für Schönheit und Zierlichkeit
der Bewegung Rechnung getragen wird, anzuwenden.
Darnach werden hier die Freiübungen, beſonders in den
Formen der künſtlichen Gang = und Laufarten, die Ge=
räthübungen überwiegen, und für letztere werden beſon=
ders Geräthe wie Rundlauf, Schaukelringe, Wippe, Schwe=
beſtangen, Schwungſeil paſſende Formen darbieten.

Zu jeder Turnübung iſt als Vorbedingung eine
geiſtige Thätigkeit nothwendig, vermöge deren allein die
Uebungsform aufgefaßt und reproducirt werden kann.
Dieſe geiſtige Thätigkeit ſoll aber im Verhältniß zu der
körperlichen nicht überwiegen, es ſoll vielmehr letztere
eine Erholung von geiſtiger Anſtrengung, eine Erfriſchung
nach geiſtiger Abſpannung ſein. Deßhalb iſt es fehler=
haft, derartig zuſammengeſetzte Uebungen (etwa Frei=
oder Ordnungsübungen) von den Turnern zu fordern,
daß dieſe zur Auffaſſung und Darſtellung derſelben ſo
große Anſpannung ihrer Aufmerkſamkeit nöthig haben
wie bei mancher ſchwierigen Denkthätigkeit im geiſtigen
Unterrichte, und nicht geiſtig erfriſcht ſondern ermüdet
werden. —

Die Verwendung der Turnzeit auf die verſchiedenen
Uebungsarten wird durch eine Turnordnung beſtimmt,
welche zu Anfang eines längeren Zeitraumes (etwa eines
Semeſters) feſtgeſtellt wird. Es hat ſich für die Turn=
ordnung als zweckmäßig ergeben, jede Turnſtunde mit
Frei = oder Ordnungsübungen zu beginnen, die bei jün=
geren Schülern längere, bei älteren kürzere Zeit dauern

(15 bis 30 Minuten). Darauf folgen die Geräthübungen in ungefähr halbstündiger Dauer. Dieselben sind in der Turnordnung so zu wählen, daß eine gleichmäßige Bethätigung des Unter= und des Oberkörpers durch regelmäßigen, passenden Wechsel der Geräthe (z. B. Bock mit Reck, Sturmspringel mit Barren) eintritt. Wenn die einzelne Turnzeit (etwa 1½ Stunde) ausreicht, um in derselben an zwei Geräthen zu turnen, so tritt dieser Geräthewechsel schon in einer Turnzeit in unmittelbarer Folge der Geräthe, bei kürzerer Turnzeit (1 Stunde) dagegen, die nur an einem Geräthe zu turnen gestattet, erst in zwei auf einander folgenden Turnzeiten ein. Den Geräthübungen schließt sich zweckmäßig, wenn auch nicht zu Ende einer jeden einzelnen Turnzeit Spiel oder Turnkür (d. h. selbstständige Uebung der Turner nach ihrer eigenen Wahl) an. Für jüngere Schüler ist die Turnkür unstatthaft, mit denselben aber das Spiel häufiger als mit älteren zu betreiben.

Auch außer den gewöhnlichen Turnstunden sind zuweilen länger dauernde Spiele im Freien, in Feld und Wald vorzunehmen, die zugleich in schönster Weise mit Turnfahrten verbunden werden können.

4. Methodische Behandlung der Uebenden.

Die Frei= und Ordnungsübungen und alle sonst als Gemeinübungen ausgeführten Uebungen sind sehr geeignet, dem einzelnen Schüler das Bewußtsein der Zugehörigkeit zu einer größeren, gegliederten Masse zu geben, von der er nur ein kleines, unbedeutendes, aber gleichwohl nothwendiges Glied ist, — das Bewußtsein der Zugehörigkeit zu einer Masse, ohne deren Zusammenwirken die Uebung gar nicht ausführbar wäre, die aber doch jeder Einzelne stören kann. Da lernt der Knabe, sich in ein Ganzes ein= und den Gesetzen desselben unterzuordnen; Gemeinsinn, Sinn für Gesetzlichkeit, Gehorsam erwachsen aus diesen Uebungen. Deßhalb sind dieselben werthvoll und nothwendig, aber im Turnen weder allein noch überwiegend berechtigt. Denn wenn Gehorsam und Gemeinsinn vernünftige Bedeutung haben sollen, so müssen ihnen gleichwiegend entgegenstehen freier Wille und Selbstständigkeit des Individuums. Zu letzteren Eigenschaften helfen aber im Turnen vorzugsweise die Uebungen an den Geräthen, wenn sie nicht als Gemeinübungen betrieben werden. Weil die Geräthübungen meistens eine größere Anstrengung erfordern als Frei- und Ordnungsübungen, auch oft mit ihrer Ausführung ein gewisses Wagniß verbunden ist, welches in der Nichtbeachtung und Ueberwindung einer freilich meist nur scheinbaren Gefahr besteht, so dienen sie hauptsächlich zur Erwerbung von Muskel- und Willenskraft, Muth und Entschlossenheit. Außerdem aber erhält der Uebende durch sie Selbstständigkeit und die Fähigkeit, seine Kraft zu berechnen und richtig anzuwenden, weil hier fast immer die Bewegungen so mannigfach und schnell in einander greifen, daß ihre Einzelheiten nur durch den eigenen Willen, nicht aber, wenigstens nicht bei zusammengesetzteren Geräthübungen, so wie es bei den Freiübungen möglich, überall durch den Befehl des Lehrers geregelt werden können. Sollen deßhalb die Geräthübungen die ihnen eigenthümlichen Wirkungen voll entfalten, so dürfen sie, sobald sie zu zusammengesetzteren Formen sich entwickelt haben, nicht mehr als Gemeinübungen betrieben werden. Denn der für Gemeinübungen nothwendige Befehl ist nicht allein ungenügend zur Regeluug der Einzelheiten einer zusammengesetzteren Thätigkeit am Turngeräth, sondern er stört und schwächt auch die Muskelaction, weil der zugleich auf den Befehl achtende Turner nicht eben so intensiv die Muskeln wirken lassen kann, als wenn er seine ungetheilte Aufmerksamkeit ihrer Thätigkeit zuwendet. Deßhalb ist es bei älteren und geübteren Turnern, wo die Geräthübungen zu den schwierigeren und complicirteren Formen aufsteigen, angemessen, diese Uebungen von einer größeren Zahl von Turnern nicht gemeinsam auf Befehl ausführen zu lassen, sondern eine größere Gesammtmasse von Turnern in mehrere kleinere Abtheilungen (Züge) und diese wiederum in noch kleinere Theile von ungefähr je acht bis fünfzehn Zugehörigen (in Riegen) zu theilen. Jeder solchen Riege steht zunächst ein Vorturner vor. Im Männer- und Vereinsturnen hat derselbe die Bedeutung eines selbstständigen Lehrers, welcher für seine Riege die nöthigen allgemeinen Anweisungen giebt und außerdem jedem einzelnen Turner der Riege seiner besonderen Eigenthümlichkeit gemäß Hülfe, Rath und Correctur ertheilt. Im Schülerturnen dagegen behält der Lehrer, auch wenn in Riegen geturnt wird, die in alle Einzelheiten der Turnthätigkeit gehende Aufsicht, er selbst ordnet alle vorzunehmenden Uebungen an, und seine Vorturner sind nur die Ersten der Riegen, welche den Uebrigen die Uebungen vormachen und ihnen beim Nachmachen Schutz und Nachhülfe gewähren. Damit dem Lehrer auch beim Riegenturnen eine derartige Einwirkung möglich sei, so darf die Zahl der von einem Lehrer geleiteten Riegen nicht wohl vier übersteigen, und es ist nöthig, daß alle diese Riegen an gleichen Geräthen (z. B. an vier Barren, Recken, Böcken u. s. w.), die übersichtlich neben einander stehen müssen, turnen. Nur in diesen Arten des Riegenturnens ist es möglich, beim Unterricht dem Einzelnen gebührend Rechnung zu tragen, zu individualisiren. Bei jüngeren Schülern dagegen, wo einerseits die Geräthübungen in einfacheren Formen auftreten, andrerseits die Forderungen der Individualität noch weniger deutlich, auch die Anregungen des eigenen Willens meistens schwach sind, können und sollen auch Geräthübungen vorzugsweise als Gemeinübungen auf Befehl betrieben werden. Uebrigens können gelegentlich, z. B. bei Schauturnen, auch von geübteren Turnern zusammengesetzte Geräthübungen als Gemeinübungen dargestellt werden, wenn dieselben zuvor in der Einzelthätigkeit zur vollen Fertigkeit eingeübt waren. — Alle Gemeinübungen können nur dann gelingen, wenn sie von sämmtlichen Uebenden in gleichem Rhythmus, der sich im Zeitmaaß und Tact der Bewegungen ausspricht, ausgeführt werden. Die Gleichmäßigkeit solcher Uebungsthätigkeit wird aber angeregt und

erhalten durch den zweckmäßig eingerichteten Befehl
(Commando) des Lehrers. Dieser (in der Regel) laut
ausgesprochene oder (ausnahmsweise) durch Zeichen ver=
ständlich angedeutete Befehl muß zunächst jede Uebungs=
thätigkeit einleiten. Der ausgesprochene Befehl besteht
aus zwei Theilen, deren erster, die Ankündigung,
Alles dasjenige enthalten muß, was den Turnern zur
Ausführung der Bewegungen zu wissen nöthig ist; deren
zweiter, das Ausführungswort, sich nach kurzer
Pause der Ankündigung anschließt und in einem einzigen,
womöglich einsilbigen Schlagwort (meistens der Imperativ=
form eines Zeitworts) die Ausführung der Uebung for=
dert; z. B. Arme zur Waghalte seitwärts heben! —
Hebt! Als Ausführungswort für das Befehligen aller
Gangbewegungen ist das Wort „Marsch!" allgemein
im Gebrauch. Wenn die Ankündigung mehrere verschie=
denartige Thätigkeiten den Uebenden vorlegt, so wird die
Ausführung recht zweckmäßig durch das Wort „Uebt!"
befohlen. Zuweilen kann es zweckmäßig sein, das Aus=
führungswort durch ein (hörbares oder sichtbares) Aus=
führungszeichen, welches der Lehrer giebt, z. B. einen
Handklapp, ein Aufheben des Armes zu ersetzen. Bei
Schauturnen, an denen sehr viele Turner Theil nehmen,
wird es jedenfalls passend sein, auch die Ankündigung
nicht durch Worte, die dann schwer verständlich, sondern
durch Zeichen, die weithin erkennbar sind, am beßten
durch Vormachen jeder Uebung auf erhöhtem Standpunkt
zu geben. Häufig ist es, um Tact und Zeitmaaß der
verschiedenen Bewegungstheile einer Uebung zu regeln,
nothwendig, nicht bloß die Gesammtübung durch den Be=
fehl zu veranlassen, sondern auch ihre einzelnen Theile
durch Zeichen, die während der Uebung dieselbe begleiten
(Zählen, Handklappen, Tactirbewegungen des Armes),
zu ordnen. In jedem Falle hat der Lehrer den Befehl
nach dem Verständniß der Turner und sonstigen Umstän=
den zweckmäßig einzurichten und daran zu denken, daß
beim Turnen keinesweges, wie beim militärischen Exer=
citium, stereotype, sondern in sich verständliche Befehls=

formen nöthig sind. Um den Rhythmus der Bewegungen
in den Gemeinübungen herzustellen und zu erhöhen, wir=
ten sehr günstig auch Gesang und Musik, doch dürfen,
außer bei nicht anstrengenden Gangbewegungen, die Ueben=
den nicht selber singen. Wenn man mit straffer Haltung
marschirt, Lauf= und Sprungbewegungen, Arm = oder
Rumpfbewegungen u. dgl. ausführt, so wäre es höchst
verkehrt, zugleich singen zu wollen, weil dann jede Art
der Thätigkeit die andre beeinträchtigen, beide zusammen
aber dem Uebenden schaden würden.

Was die Zahl der Turner, die beim geordneten
Betriebe der Gemeinübungen von einem Lehrer mit
Erfolg unterrichtet werden können, betrifft, so darf die=
selbe Sechzig wohl kaum überschreiten, dagegen auch nicht
viel unter Dreißig sinken, wenn noch Ordnungsübungen
in anregender Mannigfaltigkeit ausgeführt werden sol=
len. — —

Es ist schon früher gesagt worden, daß zweckmäßig
betriebene Turnübungen nicht bloß leibliche Kraft und
Gesundheit, sondern auch den Boden für ein gesundes
Geistesleben und mancherlei werthvolle geistige Eigen=
schaften wie Frische und Fröhlichkeit, Geweckheit und
Rührigkeit der Auffassung und des Denkens, Selbststän=
digkeit, Willens= und Thatkraft, Ausdauer, Geistesgegen=
wart, Gemeinsinn, Sinn für Gesetz und Ordnung u. s. w.
hervorzubringen und zu stärken geeignet seien. Damit ist
zugleich ausgesprochen, daß das Turnen ein schätzbares
Mittel der Erziehung des Menschen für den geregelten
Verband der menschlichen Gesellschaft, für das bürgerliche
Leben sei. Denn ein Gegenstand, der individuelle Selbst=
ständigkeit in Verbindung mit Gemeinsinn in jungen Men=
schen entwickelt, erzieht sie zur Bürgertugend und Vater=
landsliebe, wie es eigentlich jeder Zweig der Erziehung
thun sollte. Das Turnen hat aber nicht bloß die mittel=
bar und langsam wirkenden Mittel der Erziehung, welche
ihre Erfolge an die leibliche Uebung anknüpfen, zur Er=
zeugung und Belebung dieser patriotischen Gesinnung
benutzt, sondern auch unmittelbar wirkende Anregungen,

wie den Gesang vaterländischer Lieder, welche die Thaten
und Schicksale des Volkes und seiner Helden preisen, die
Feier von Gedenktagen großer Ereignisse in der Geschichte
des Vaterlandes durch turnerische Spiele und Feste,
u. dgl. m. Es ist gewiß wohlgethan, diesem schönen
und wirksamen turnerischen Brauch auch in Zukunft nicht
untreu zu werden. Zu den unmittelbar sittlich wirkenden
Mitteln des Turnens gehören auch der schon in alter
Zeit bekannte, und von Jahn wieder aufgebrachte Tur=
nerwahlspruch: „Frisch, frei, fröhlich, fromm,“ wie auch
der gleichfalls von Jahn eingeführte Turnergruß „Gut
Heil,“ die beide noch jetzt in turnerischen Kreisen allge=
mein bekannt und von denen der Wahlspruch mit Recht
auch geschätzt ist.

5. Hülfsmittel des Betriebes.

Das wichtigste Erforderniß für einen gedeihlichen
Turnunterricht ist zwar ein tüchtiger Turnlehrer, indeß
kann auch ein solcher nur mäßige Erfolge erzielen, wenn
es ihm an genügenden äußeren Vorrichtungen für den
Betrieb des Turnens fehlt. Solche Vorrichtungen werden
in einer zweckmäßig eingerichteten Turnanstalt geboten,
die aus einem heizbaren Turnsaale und einem neben
demselben liegenden Turnplatze bestehen muß. Turnan=
stalten, welche zum täglichen Betriebe eines stundenweise
abgemessenen Turnunterrichts dienen sollen, müssen in
Städten so gelegen sein, daß sie von den Turnern bequem
und schnell erreicht werden können. Turnräume, die nur
für eine Schule bestimmt sind, werden am zweckmäßig=
sten in unmittelbarer Verbindung mit derselben angelegt
werden; solche dagegen, die mehreren Schulen zugleich
dienen sollen, (und diese werden in größeren Städten
der Kostenersparniß wegen die gewöhnlicheren sein,) müssen
möglichst im Mittelpunkte des von diesen Schulen beherrsch=
ten Raumes liegen. Ein Saal zum Turnen ist dringend
nöthig, wenn das Turnen überhaupt zu einer nennens=
werthen Entwicklung kommen soll, da ohne ihn der Unter=

richt im Winter sowohl wie bei ungünstiger Sommer=
witterung, die einen längeren Aufenthalt im Freien ver=
bietet, unterbrochen werden muß. Im Turnsaal kann
man nun freilich auch bei schönem Sommerwetter turnen,
indessen ist für solches doch ein freier Turnplatz überaus
wünschenswerth, da gerade eine lebhafte Bewegung in
frischer Luft ungemein heilsam wirkt. Aus letzterem
Grunde sind auch kleine dumpfige Säle und zwischen
Häusern und hohen Mauern eingebaute Plätze zu ver=
werfen. Zwar genügt für eine turnende Schulklasse von
ungefähr fünfzig Schülern oder für einen kleineren Turn=
verein von fünfzig bis siebzig Mitgliedern ein Turnsaal,
der etwa ein Rechteck von 30 und 60 Fuß Seitenlängen
bildet; aber wünschenswerth wird es immerhin sein, große
luftige Turnhallen zu erbauen, die außer der schulmäßi=
gen Uebung ein frisches lebendiges Spiel und Tummeln
sich entfalten lassen.*) Für letzteres sind allerdings
Plätze im Walde, fern von der ungesunderen Luft der
Städte, am geeignetsten, aber ihr Besuch ist zeitraubend,
und man kann sie deßhalb zum regelmäßigen Turnunter=
richt nur mit großer Beeinträchtigung desselben verwenden.
Dessenungeachtet sind sie, wo sie vorhanden sind, hoch
zu schätzen und hin und wieder zu solchen Spielen, die
in den eingeschränkten Räumen innerhalb der Stadt
unmöglich sind (wie Ballspiele, Jagd, Ritter und Bür=
ger u. dgl.), zu benutzen.

Jede Turnanstalt muß in ihrem Saal und Platz
eine den Bedürfnissen ihrer Schüler genügende Geräth=
einrichtung besitzen. Verschieden sind aber die Turnbe=
dürfnisse einer Volksschule für Knaben, eines Gymna=
siums, erwachsener Männer, einer Mädchenschule u. s. w.,
und man muß bei der Einrichtung einer Turnanstalt wohl
beachten, für welche Kategorie von Turnern und ob nur
für eine oder für mehrere die Einrichtung herzustellen ist.
Auch Mittel zum Schutz vor Beschädigungen (wie Loh=

*) Vgl. E. Angerstein, Grundsätze des Turnbetriebes,
Berlin, G. Reimer, 1867, S. 26.

aufschüttungen auf dem Turnplatze, Matratzen im Saale), Nebenräume zur Aufbewahrung von Geräthen, zum Um= kleiden u. dgl. sind erforderlich. Auf alle mannigfaltigen Einzelheiten der Einrichtung von Turnanstalten näher einzugehen, fehlt es hier an Raum. Es sei deßhalb in Bezug auf diesen für Turnlehrer wichtigen Gegenstand auf die ausführliche „Anleitung zur Einrichtung von Turnanstalten v. W. Angerstein, Berlin, Haude= und Spener'sche Buchhandlung, 1863" verwiesen. —

Zu den äußeren Hülfsmitteln des Turnens gehört eine zweckmäßige Turnkleidung, die dauerhaft und doch leicht und von solchem Schnitt sein muß, daß sie keine Bewegung des Turners hemmt und seinen Körper nirgend beengt und drückt. Für männliche Turner empfiehlt sich die allbekannte Jacke und Hose von grauer Leinwand, doch nicht der in vielen Turnvereinen beliebte Gürtel zur Befestigung der Beinkleider, der die Baucheingeweide drückt und zur Entstehung von Unterleibsbrüchen Veran= lassung geben kann. Statt seiner sind Hosenträger zu benutzen. Auch Halsbinden und Tücher und enge Hem= denkragen, welche die Blutcirculation in den großen Hals= gefäßen stören, ferner Stiefel mit hohen Absätzen sind beim Turnen zu vermeiden. Statt der letzteren sind leichte Schuhe aus Segeltuch oder weichem Leder zu empfehlen. Mädchen bekleiden sich zum Turnen zweck= mäßig mit einer wenig über das Knie hinabreichenden weiten Bluse aus leichtem Stoff, welche alle Bewegungen der Arme vollkommen frei gestatten muß, und um die Hüften durch einen elastischen Gürtel zusammen gehalten werden kann; ferner mit langen Beinkleidern. —

Trotz aller Sicherheitsvorrichtungen und gewissen= hafter Aufsicht der Lehrer und Vorturner kommen zuweilen, wenn auch verhältnißmäßig selten, auf Turnplätzen kör= perliche Verletzungen der Turner, besonders Hautabschür= fungen, Quetschungen, Blutungen, Verstauchungen, Ver= renkungen und Knochenbrüche vor. Eine gut eingerichtete Turnanstalt muß unter ihren Hülfsmitteln auch solche Gegenstände besitzen, welche zur ersten Behandlung der

Verletzten geeignet sind. Bei allen obigen Verletzungen empfiehlt sich zunächst die Anwendung der Kälte in der Form kalter Wasserumschläge. Um solche machen zu können, braucht man Tücher und Stücke von alter Lein= wand, zur Reinigung bei Blutungen Badeschwämme, zur Bedeckung leichterer Hautverletzungen Heftpflaster und endlich zur vorläufigen Unterstützung und Feststellung gebrochener oder verrenkter Glieder Schienen von Pappe oder Span und einige Rollbinden. Bei allen nicht ganz unbedeutenden Verletzungen ist die Hülfe eines Arztes sobald als möglich herbeizuschaffen; bis zur Ankunft desselben dürften meistens die genannten Hülfsmittel genü= gen. Eine für Turnlehrer berechnete genauere Beschrei= bung der beim Turnen häufiger vorkommenden Verletzun= gen sowie die Anweisung zu ihrer ersten Behandlung findet sich in „Roth, Grundriß der physiolog. Anatomie für Turnlehrer = Bildungsanstalten; Berlin, Vossische Buch= handlung, 1866, S. 182 u. flgde.

„Sollten eure Thaten euch selbst unsichtbar sich
verlieren im Strom eurer Zeit, — tröstet euch:
keiner hat umsonst gelebt. Tausende haben ruhm=
los gewirkt, aber darum nicht vergänglich."

Dya = Na = Sore.

www.ingramcontent.com/pod-product-compliance
Lightning Source LLC
Chambersburg PA
CBHW021346210326
41599CB00011B/765